福建省高职高专土建大类十二五规划教材

建筑工程材料

主　编◎陈宝璠　林松柏
副主编◎吴延风　林婵华
编写者◎陈宝璠　林松柏
吴延风　林婵华
朱龙芬　许晓英
郭　妍

厦门大学出版社
XIAMEN UNIVERSITY PRESS
国家一级出版社
全国百佳图书出版单位

内容简介

本书是根据福建省高等职业教育土建类专业的教学要求,并根据国家颁布的有关新规范、新标准编写而成的。

本书除绪论外共10章,主要内容包括建筑工程材料的基本性质、天然石料、砌筑材料、无机胶凝材料、普通混凝土和砂浆、钢材、沥青胶结料、沥青混合料、合成高分子材料和建筑功能材料等。

本书力求体现现代装饰材料的新技术、新标准和新规范。理论联系实际,突出应用性,适用面广,可作为建筑工程技术等专业的教材,也可作为建筑工程设计、施工、科研、工程管理、监理人员的学习参考指导书。

福建省高职高专土建大类十二五规划教材

前 言

本书是在福建省高等职业教育土建类专业教材编审委员会指导下编写的，是建筑工程技术等专业主干课程的专业教材之一。

本书主要讲述了建筑工程材料的基本组成、简易生产工艺、技术性质、应用等基本理论及应用技术。通过学习，将能掌握主要建筑工程材料的性质、用途和使用方法，并了解工程材料性质与材料结构的关系以及性能改善的途径，能针对不同工程合理选用材料，了解材料与设计参数及施工措施选择的相互关系。

本书主要内容包括绪论、建筑工程材料的基本性质、天然石料、砌筑材料、无机胶凝材料、普通混凝土和砂浆、钢材、沥青胶结料、沥青混合料、合成高分子材料和建筑功能材料等。

本书力求体现现代装饰材料的新技术、新标准和新规范。理论联系实际，突出应用性，适用面广，可作为建筑工程技术等专业的教材，也可供建筑工程设计、施工、科研、工程管理、监理人员学习参考。

本书由黎明职业大学陈宝璠和林松柏任主编，厦门城市学院吴延风和福建交通职业技术学院林婵华任副主编。编写分工为：黎明职业大学陈宝璠（绪论，第3章第1节，第4章第1、4、5节，第5章第1、2、3、4、5、6、7、8、9、11、12、13节，第6章，第7章，第8章和第10章第1节，以及各章节的教学目的、教学要求、实训与创新、复习思考题与习题）、黎明职业大学林松柏（第9章）、厦门城市学院吴延风（第1章）、福建交通职业技术学院林婵华（第2章、第5章第10节）、福建水利电力职业技术学院朱龙芬（第3章第2节）、闽西职业技术学院许晓英（第4章第2、3节）、福建林业职业技术学院郭妍（第10章第2节）。在编写过程中得到福建省高等职业教育土建类专业教材编审委员会领导和专家的大力支持和指导，在此表示感谢！

由于新材料、新品种不断涌现，各行业的技术标准不统一，加之编者水平有限，编写时间仓促，不妥与疏漏之处在所难免，敬请读者批评指正。

编 者

2012年3月

前言

目 录

绪 论…… 1

0.1 建筑工程材料的分类 …… 1

0.2 建筑工程材料的标准化 …… 2

0.3 建筑工程材料的发展趋势 …… 3

0.3.1 建筑工程材料的发展阶段 …… 3

0.3.2 建筑工程材料的发展方向 …… 4

0.4 “建筑工程材料”的学习目的和学习方法 …… 4

0.4.1 了解或掌握材料的组成、结构和性质间的关系…… 5

0.4.2 运用对比的方法 …… 5

0.4.3 密切联系工程实际,重视试验课并做好试验…… 5

第1章 建筑工程材料的基本性质…… 6

1.1 材料的化学组成、微观结构与宏观构造…… 6

1.1.1 材料的化学组成 …… 6

1.1.2 材料的微观结构 …… 7

1.1.3 材料的宏观构造 …… 8

1.1.4 材料的孔隙与空隙…… 10

1.1.5 孔隙对材料性质的影响…… 10

1.2 材料与质量有关的性质…… 11

1.2.1 材料的各种体积…… 11

1.2.2 材料的绝对密度…… 12

1.2.3 材料的表观密度…… 13

1.2.4 材料的体积密度…… 13

1.2.5 材料的堆积密度…… 13

1.2.6 材料的孔隙率与密实度…… 14

1.2.7 材料的空隙率与填充率…… 15

1.3 材料与水有关的性质…… 16

1.3.1 亲水性与憎水性…… 16

1.3.2 吸水性…… 17

1.3.3 吸湿性…… 18

1.3.4 耐水性…… 18

1.3.5 抗渗性……19
1.3.6 抗冻性……20
1.4 材料与热有关的性质……20
1.4.1 热容与比热容……21
1.4.2 导热性……22
1.4.3 材料的温度变形……22
1.4.4 材料的耐燃性与耐火性……23
1.5 材料与声和光有关的性质……24
1.5.1 建筑材料的声学性能……24
1.5.2 建筑材料的光学性质……25
1.6 材料的力学性质……26
1.6.1 强度……26
1.6.2 弹性和塑性……29
1.6.3 脆性和韧性……29
1.6.4 硬度和耐磨性……29
1.7 材料的耐久性、装饰性与环保性……30
1.7.1 耐久性……30
1.7.2 装饰性……31
1.7.3 环保性……32
复习思考题与习题……33
第2章 天然石料……35
2.1 天然岩石的分类及工程中常用岩石的特性……35
2.1.1 岩浆岩……35
2.1.2 沉积岩……36
2.1.3 变质岩……36
2.2 岩石的技术性质……37
2.2.1 物理性质……37
2.2.2 力学性质……39
2.2.3 化学性质……40
2.2.4 工艺性质……40
2.3 岩石的加工类型与选用原则……41
2.3.1 石材的加工类型……41
2.3.2 石材的选用原则……41
2.4 人造石材……42
2.4.1 树脂型人造石材……42
2.4.2 水泥型人造石材……42
2.4.3 复合型人造石材……43
2.4.4 烧结型人造板材……43
复习思考题与习题……43

第3章　砌筑材料 …………………………………………………………… 44
3.1　砌墙砖……………………………………………………………………… 44
3.1.1　烧结砖……………………………………………………………… 44
3.1.2　蒸养(压)砖………………………………………………………… 51
3.2　砌块………………………………………………………………………… 53
3.2.1　普通混凝土小型空心砌块(NHB) ……………………………… 54
3.2.2　蒸压加气混凝土砌块(ACB) …………………………………… 56
3.2.3　轻骨料混凝土小型空心砌块(LB) ……………………………… 58
复习思考题与习题 ……………………………………………………………… 61
第4章　无机胶凝材料 ……………………………………………………… 62
4.1　石膏………………………………………………………………………… 62
4.1.1　石膏的制备………………………………………………………… 62
4.1.2　建筑石膏的凝结硬化机理………………………………………… 63
4.1.3　建筑石膏的性质及用途…………………………………………… 64
4.2　石灰………………………………………………………………………… 66
4.2.1　石灰的制备………………………………………………………… 66
4.2.2　石灰的胶凝机理…………………………………………………… 67
4.2.3　石灰的性质、主要技术要求及用途 …………………………… 68
4.3　水玻璃……………………………………………………………………… 70
4.3.1　水玻璃的制备与性质……………………………………………… 71
4.3.2　水玻璃的胶凝机理………………………………………………… 71
4.3.3　水玻璃的用途……………………………………………………… 71
4.4　菱苦土……………………………………………………………………… 72
4.4.1　菱苦土的制备……………………………………………………… 72
4.4.2　菱苦土的胶凝机理………………………………………………… 73
4.4.3　菱苦土的性质……………………………………………………… 73
4.4.4　菱苦土的用途……………………………………………………… 74
4.5　水泥………………………………………………………………………… 75
4.5.1　硅酸盐水泥………………………………………………………… 75
4.5.2　掺混合材料的硅酸盐水泥………………………………………… 87
4.5.3　铝酸盐水泥………………………………………………………… 92
4.5.4　其他水泥品种……………………………………………………… 95
4.5.5　水泥在土木工程中的应用 ……………………………………… 100
复习思考题与习题……………………………………………………………… 102
第5章　水泥混凝土和砂浆 ………………………………………………… 104
5.1　概述 ……………………………………………………………………… 104
5.1.1　混凝土的发展史 ………………………………………………… 104
5.1.2　混凝土的分类 …………………………………………………… 104
5.1.3　混凝土的性能特点和基本要求 ………………………………… 106

5.1.4 混凝土的组成及应用 …… 107
5.1.5 现代混凝土的发展方向 …… 107
5.2 混凝土的组成材料 …… 108
5.2.1 水泥 …… 108
5.2.2 细骨料 …… 109
5.2.3 粗骨料 …… 112
5.2.4 拌和与养护用水 …… 116
5.2.5 混凝土外加剂 …… 117
5.2.6 混凝土矿物掺和料 …… 124
5.3 新拌混凝土性能 …… 128
5.3.1 和易性的概念 …… 129
5.3.2 和易性测定方法及评定 …… 129
5.3.3 坍落度的选择 …… 130
5.3.4 影响和易性的主要因素 …… 131
5.3.5 和易性的调整与改善 …… 134
5.3.6 新拌混凝土的凝结时间 …… 134
5.4 混凝土的力学性能 …… 134
5.4.1 混凝土的受压破坏机理 …… 134
5.4.2 混凝土的强度 …… 135
5.5 混凝土的变形性能 …… 141
5.5.1 化学收缩 …… 141
5.5.2 温度变形 …… 141
5.5.3 干湿变形 …… 142
5.5.4 在荷载作用下的变形 …… 142
5.6 混凝土耐久性能 …… 144
5.6.1 混凝土的抗渗性 …… 145
5.6.2 混凝土的抗冻性 …… 146
5.6.3 混凝土的碳化与钢筋锈蚀 …… 146
5.6.4 混凝土的抗侵蚀性 …… 147
5.6.5 碱—骨料反应 …… 148
5.6.6 提高耐久性的措施 …… 148
5.7 混凝土的质量控制与强度评定 …… 149
5.7.1 混凝土强度的质量控制 …… 149
5.7.2 混凝土强度的评定 …… 152
5.8 水泥混凝土配合比设计 …… 153
5.8.1 混凝土配合比设计的基本要求 …… 153
5.8.2 混凝土配合比设计的三个参数 …… 154
5.8.3 混凝土配合比设计步骤 …… 154
5.8.4 普通混凝土配合比设计实例 …… 159

5.9 路面水泥混凝土 …… 162
5.9.1 路面混凝土的组成材料 …… 162
5.9.2 路面水泥混凝土的技术性质 …… 163
5.9.3 路面水泥混凝土配合比设计(以弯拉强度为指标设计)强度 f_c …… 165
5.9.4 水泥混凝土配合比设计示例(以弯拉强度为设计指标的设计方法) …… 167
5.10 泵送混凝土 …… 169
5.10.1 泵送混凝土定义及特点 …… 169
5.10.2 泵送混凝土的可泵性 …… 169
5.10.3 坍落度损失 …… 170
5.10.4 泵送混凝土对原材料的要求 …… 170
5.10.5 泵送混凝土配合比设计基本原则 …… 171
5.11 高性能混凝土简述 …… 172
5.11.1 引言 …… 172
5.11.2 高性能混凝土的组成和结构 …… 173
5.11.3 高性能混凝土的原材料 …… 174
5.11.4 实例 …… 175
5.12 建筑砂浆 …… 175
5.12.1 砌筑砂浆 …… 175
5.12.2 抹面砂浆 …… 180
5.12.3 特种砂浆 …… 183
复习思考题与习题 …… 184
第6章 钢 材 …… 186
6.1 建筑工程用钢材的冶炼和分类 …… 186
6.1.1 建筑工程用钢材 …… 186
6.1.2 钢的冶炼和加工对钢材质量的影响 …… 186
6.1.3 钢的分类 …… 187
6.2 建筑工程用钢材的主要技术性能 …… 188
6.2.1 力学性能 …… 188
6.2.2 工艺性能 …… 192
6.3 钢材的化学成分对钢材性能的影响 …… 193
6.3.1 硅 …… 193
6.3.2 锰 …… 194
6.3.3 钛 …… 194
6.3.4 钒 …… 194
6.3.5 碳 …… 194
6.3.6 磷 …… 195
6.3.7 硫 …… 195
6.3.8 氮、氧、氢 …… 195
6.4 钢材的冷加工及热加工 …… 195

6.4.1 冷加工强化 …… 195
6.4.2 时效处理 …… 196
6.4.3 热处理 …… 197
6.5 钢材的标准和选用 …… 197
6.5.1 建筑工程常用钢种 …… 198
6.5.2 建筑工程常用钢材 …… 203
6.6 钢材的腐蚀与防护 …… 209
6.6.1 钢材的腐蚀 …… 209
6.6.2 钢材的保护 …… 210
复习思考题与习题 …… 211
第7章 沥青胶结料 …… 212
7.1 沥青 …… 212
7.1.1 石油沥青 …… 212
7.1.2 煤沥青 …… 221
7.2 沥青基及改性沥青基防水材料 …… 223
7.2.1 基层处理剂 …… 224
7.2.2 沥青胶 …… 228
7.2.3 沥青嵌缝油膏 …… 229
7.2.4 沥青及改性沥青防水卷材 …… 229
复习思考题与习题 …… 231
第8章 沥青混合料 …… 232
8.1 概述 …… 232
8.1.1 定义 …… 232
8.1.2 沥青混合料的分类 …… 233
8.1.3 沥青混合料的优缺点 …… 235
8.2 沥青混合料的组成材料 …… 235
8.2.1 沥青 …… 236
8.2.2 粗骨料 …… 236
8.2.3 细骨料 …… 238
8.2.4 填料 …… 240
8.3 沥青混合料的结构与强度理论 …… 241
8.3.1 沥青混合料组成结构的现代理论 …… 241
8.3.2 沥青混合料的结构 …… 242
8.3.3 沥青混合料的强度理论 …… 242
8.3.4 影响沥青混合料强度的因素 …… 243
8.3.5 提高沥青混合料强度的措施 …… 246
8.4 沥青混合料的技术性质和技术要求 …… 247
8.4.1 沥青混合料的技术性质 …… 247
8.4.2 热拌沥青混合料的技术指标 …… 251

8.5 沥青混合料的配合比设计 …… 253
8.5.1 目标配合比设计阶段 …… 253
8.5.2 生产配合比设计阶段 …… 260
复习思考题与习题 …… 261
第9章 合成高分子材料 …… 262
9.1 高分子材料基本知识 …… 262
9.1.1 高分子材料的分类 …… 262
9.1.2 高分子材料的合成方法及命名 …… 264
9.1.3 高分子材料的基本性质 …… 264
9.2 常用建筑高分子材料 …… 265
9.2.1 树脂和塑料 …… 265
9.2.2 橡胶 …… 267
9.2.3 高分子合金 …… 268
9.3 高分子材料在建筑工程中的应用 …… 269
9.3.1 合成高分子防水材料 …… 269
9.3.2 涂料 …… 279
9.3.3 建筑胶 …… 281
9.3.4 高分子改性水泥混凝土 …… 283
9.3.5 高分子改性沥青 …… 286
复习思考题与习题 …… 287
第10章 功能材料 …… 288
10.1 建筑装饰材料 …… 288
10.1.1 装饰材料的基本要求及选用 …… 288
10.1.2 常用装饰材料 …… 289
10.2 保温隔热材料 …… 298
10.2.1 保温隔热材料的性能要求 …… 298
10.2.2 保温隔热材料的类型 …… 300
10.2.3 保温隔热材料的应用 …… 304
10.2.4 保温隔热材料的发展趋势 …… 305
复习思考题与习题 …… 306

参考文献 …… 307

绪　论

教学目的:理解建筑工程材料在专业学习中的重要性。学习时,注意这门课的特点和学习方法,一般从材料的基本组成、建筑性能、应用等几方面来进行掌握,重点放在材料的基本性能和应用上。

教学要求:掌握建筑工程材料的定义、分类和标准化。了解建筑工程材料在建筑工程中的地位和作用,以及建筑工程材料的发展历史和发展方向。

0.1　建筑工程材料的分类

建筑工程材料是建筑工程结构物所用材料的总称,包括地基基础、梁、板、柱、墙体、屋面等所用到的各种材料。建筑工程材料种类繁多,性能差别悬殊,使用量很大,正确选择和使用工程材料,不仅与构筑物的坚固、耐久和适用性有密切关系,而且直接影响工程造价(因为材料费用一般要占工程总造价的 50%～60%)。因此,在选材时应充分考虑材料的技术性能和经济性,在使用中加强对材料的科学管理,无疑会对提高工程质量和降低工程造价起重要作用。

建筑工程材料按一定的原则有各种不同的分类方法:

(1)根据材料来源,可分为天然材料和人工材料;

(2)根据材料在建筑工程结构物中的使用部位,可分为饰面材料、承重材料、屋面材料、墙体材料和地面材料等;

(3)根据材料在建筑工程中的功能,又可分为承重结构材料、非承重结构材料和功能(防水、装饰、防火、声、光、电、热、磁等)材料等。

(4)目前,建筑工程材料最基本的分类方法是根据组成物质的种类和化学成分分类,可分为无机材料、有机材料和复合材料,各大类中又可细分,见表 0-1。

表 0-1　建筑工程材料分类

<table>
<tr><td rowspan="6">建筑工程材料分类</td><td rowspan="6">无机材料</td><td rowspan="2">金属材料</td><td>黑色金属:钢、铁</td></tr>
<tr><td>有色金属:铝、铜等及其合金</td></tr>
<tr><td rowspan="4">非金属材料</td><td>天然石材:砂石及各种石材制品</td></tr>
<tr><td>烧土及熔融制品:黏土砖、瓦、陶瓷及玻璃等</td></tr>
<tr><td>胶凝材料:石膏、石灰、水泥、水玻璃等</td></tr>
<tr><td>混凝土及硅酸盐制品:混凝土、砂浆及硅酸盐制品</td></tr>
</table>

续表

<table>
<tr><td rowspan="5">建筑工程材料分类</td><td rowspan="3">有机材料</td><td>植物质材料</td><td>木材、竹材等</td></tr>
<tr><td>沥青材料</td><td>石油沥青、煤沥青、沥青制品</td></tr>
<tr><td>高分子材料</td><td>塑料、涂料、胶黏剂</td></tr>
<tr><td rowspan="2">复合材料</td><td>无机材料基复合材料</td><td>水泥刨花板、混凝土、砂浆、纤维混凝土</td></tr>
<tr><td>有机材料基复合材料</td><td>沥青混凝土、玻璃纤维增强塑料(玻璃钢)</td></tr>
</table>

0.2 建筑工程材料的标准化

建筑工程中使用的各种材料及其制品应具有满足使用功能和所处环境要求的某些性能,而材料及其制品的性能或质量指标必须用科学方法所测得的确切数据来表示。为使测得的数据能在有关研究、设计、生产、应用等各部门得到承认,有关测试方法和条件、产品质量评价标准等均由专门机构制定并颁发"技术标准",并对包括产品规格、分类、技术要求、验收规则、代号与标志、运输与储存及抽样等做出详尽明确的规定,作为共同遵循的依据。建筑工程材料的技术标准是产品质量的技术依据。

技术标准:按照其适用范围,可分为国家标准、行业标准、地方标准和企业标准等。

国家标准:是指对全国经济、技术发展有重大意义,必须在全国范围内统一的标准,简称"国标"。国家标准由国务院有关主管部门(或专业标准化技术委员会)提出草案,报国家标准总局审批和发布。

行业标准:也是专业产品的技术标准,主要是指全国性各专业范围内统一的标准,简称"行标"。这种标准由国务院所属各部和总局组织制定、审批和发布,并报送国家标准总局备案。

企业标准:凡没有制定国家标准、行业标准的产品或工程,都要制定企业标准。这种标准是指仅限于企业范围内适用的技术标准,简称"企标"。为了不断提高产品或工程质量,企业可以制定比国家标准或行业标准更先进的产品质量标准。现将国家标准及部分行业标准列于表 0-2 中。

表 0-2 国家及行业标准代号

标准名称	代号	标准名称	代号
国家标准	GB	交通行业	JT
建材行业	JC	冶金行业	YB
建工行业	JG	石化行业	SH
铁道部	TB	林业行业	LY
中国工程建设标准化协会	CECS	中国土木协会	CCES

随着国家经济技术的迅速发展和对外技术交流的增加,我国还引入了不少国际技术标准,现将常见的标准列于表 0-3 中,以供参考。

表 0-3 国际组织及几个主要国家标准

标准名称	代号	标准名称	代号
国际标准	ISO	德国工业标准	DIN
国际材料与结构试验研究协会	RILEM	韩国国家标准	KS
美国材料试验协会标准	ASTM	日本工业标准	JIS
英国标准	BS	加拿大标准协会	CSA
法国标准	NF		

0.3 建筑工程材料的发展趋势

0.3.1 建筑工程材料的发展阶段

建筑工程材料的生产和使用是随着人类社会生产力的发展和科学技术水平的提高而逐步发展起来的。根据建筑物或构筑物所用的结构材料，大致分为三个阶段：

1. 天然材料

远古时代人类只能依赖大自然的恩赐，“巢处穴居”。随着社会生产力的发展，人类进入石器、铁器时代，利用简单的生产工具能够挖土、凿石为洞，伐木搭竹为棚，从巢处穴居进入了稍经加工由土、石、木、竹构成的棚屋，为简单地利用材料迈出了可喜的一步。

2. 烧土制品

以后人类学会用黏土烧制砖、瓦，用岩石烧制石灰、石膏。与此同时，木材的加工技术和金属的冶炼与应用也有了相应的发展。此时材料的利用才由天然材料进入人工生产阶段，居住条件有了改善，砖石、砖木混合结构成了这一时期的主要特征。以后人类社会进入漫长的封建社会阶段，生产力发展缓慢，工程材料的发展也缓慢，长期停留在“秦砖汉瓦”水平上。人类社会活动范围的扩大、工商业的发展和资本主义的兴起，城市规模的扩大和交通运输的日益发达，都需要建造更多、更大、更好以及具有某些特殊性能的建筑物和附属设施，以满足生产、生活和工业等方面的需要，如大型公共建筑、大跨度的工业厂房、海港码头、铁路、公路、桥梁以及给水排水、水库电站等工程。

3. 钢筋混凝土

显然，原有的工程材料在数量、质量和性能方面均不能满足上述的新要求，供求矛盾推动工程材料的发展进入了新的阶段。水泥、混凝土的出现，钢铁工业的发展，钢结构、钢筋混凝土结构也就应运而生。这是 18 世纪、19 世纪结构和材料的主要特征。进入 20 世纪以后，随着社会生产力的更大发展和科学技术水平的迅速提高，以及材料科学的形成和发展，工程材料的品种增加、性能改善、质量提高，一些具有特殊功能的材料也相继得到发展。在工业建筑上，根据生产工艺、质量要求和耐久性的需要，研制和生产了各种耐热、耐磨、抗腐蚀、抗渗透、防爆或防辐射材料；在民用建筑上，为了室内温度的稳定并尽量节约能源，制造了多种有机和无机的保温绝热材料。为了减少室内噪声并改善建筑物的音质，也制成了相应的吸声、隔声材料。

随着社会的进步、环境保护和节能降耗的需要，对建筑工程材料提出了更高、更多的要求。因而，今后一段时间内，建筑工程材料将向以下几个方向发展。

0.3.2　建筑工程材料的发展方向

1. 轻质高强

现今，钢筋混凝土结构材料自重大，限制了建筑物向高层、大跨度方向进一步发展。通过减轻材料自重，以尽量减轻结构物自重，可提高经济效益。目前，世界各国都在大力发展高强混凝土、加气混凝土、轻骨料混凝土、空心砖、石膏板等材料，以适应建筑工程发展的需要。

2. 节约能源

建筑工程材料的生产能耗和建筑物使用能耗在国家总能耗中一般占20%～35%。研制和生产低能耗的新型节能釉面工程材料，是构建节约型社会的需要。

3. 利用废渣

充分利用工业废渣、生活废渣、建筑垃圾生产建筑工程材料，将各种废渣尽可能资源化，以保护环境，节约自然资源，使人类社会可持续发展。

4. 智能化

所谓智能化材料，是指材料本身具有自我诊断和预告破坏、自我修复的功能，以及可重复利用性。建筑工程材料向智能化方向发展，是人类社会向智能化社会发展过程中降低成本的需要。

5. 多功能化

利用复合技术生产多功能材料、特殊性材料及高性能材料，对提高建筑物的使用功能、经济性及加快施工速度等有着十分重要的作用。

6. 绿色化

产品的设计以改善生产环境，提高生活质量为宗旨，产品具有多功能，不仅无损而且有益于人的健康；产品可循环或回收再利用，或形成无污染环境的废弃物。因此，生产材料所用的原料尽可能少用天然资源，大量使用废渣、垃圾、废液等废弃物；采用低能耗制造工艺和对环境无污染的生产技术；生产配制和生产过程中，不使用对人体和环境有害的污染物质。

0.4　“建筑工程材料”的学习目的和学习方法

“建筑工程材料”在建筑工程、建筑类各专业中是一门专业技术基础课。学习本课程的目的是使学生获得有关建筑工程材料的基本理论、基本知识和基本技能，为学习房屋建筑学、施工技术、钢筋混凝土结构设计等专业课程提供有关材料的基础知识，并为今后从事设计、施工和管理工作合理选择和正确使用材料奠定基础。

“建筑工程材料”的内容庞杂，品种繁多，涉及许多学科或课程，其名词、概念和专业术语多，且各种建筑工程材料相对独立，即各章之间的联系较少。此外，公式推导少，以叙述为主，许多内容为实践规律的总结。因此，其学习方法与力学、数学等的学习方法完全不同。学习“建筑工程材料”时应从材料科学的观点和方法及实践的观点来进行，否则就会感到枯燥无味，难以掌握材料组成、性质、应用以及它们之间的相互联系。

0.4.1　了解或掌握材料的组成、结构和性质间的关系

掌握建筑工程材料的性质与应用是学习的目的，但孤立地看待和学习，就免不了要死记硬背。材料的组成和结构决定材料的性质和应用，因此学习时应了解或掌握材料的组成、结构与性质间的关系。应特别注意掌握的是，材料内部的孔隙数量、孔隙大小、孔隙状态及其影响因素，它们对材料的所有性质均有影响，同时还应注意外界因素对材料结构与性质的影响。

0.4.2　运用对比的方法

通过对比各种材料的组成和结构来掌握它们的性质和应用，特别是通过对比来掌握它们的共性和特性。这在学习水泥、混凝土、沥青混合料等章节时尤为重要。

0.4.3　密切联系工程实际，重视实验课并做好实验

“建筑工程材料”是一门实践性很强的课程，学习时应注意理论联系实际，利用一切机会注意观察周围已经建成的或正在施工的工程，提出一些问题，在学习中寻求答案，并在实践中验证和补充书本所学内容。实验课是本课程的重要教学环节，通过实验可验证所学的基本理论，学会检验常用材料的实验方法，掌握一定的实验技能，并能对实验结果进行正确的分析和判断。这对培养学习与工作能力及严谨的科学态度十分有利。

实训与创新

通过调查当地某一现代建筑，说明建筑工程材料的类型及地位，并写出不少于1 000字的小论文。

第1章 建筑工程材料的基本性质

教学目的:通过学习材料的基本性质,要求了解材料科学的一些基本概念,并掌握材料各项基本力学性质、物理性质、化学性质、装饰性和耐久性等材料性质的意义,以及它们之间的相互关系和在工程实践中的意义。

教学要求:熟练掌握建筑工程材料的基本性质。掌握建筑工程材料的基本物理性质、耐久性的基本概念。了解建筑工程材料的基本组成、结构和构造,了解建筑工程材料的结构和构造与材料基本性质之间的关系。

建筑工程材料是建筑工程的物质基础,建筑工程的各个部位要承受各种不同的作用,因而要求建筑材料具有相应的不同性质。如用于建筑结构的材料要受到自身荷载及各种外力的作用,因此,选用的材料应具有所需要的力学性能。建筑物要保证其正常使用,还必须具备防水、保温、隔声、耐热、耐腐蚀等各种要求,这些功能都必须由所采用的建筑工程材料提供。我们只有熟悉和掌握各种建筑工程材料的基本性质,才能在工程设计与施工中正确选择和合理地使用建筑工程材料。

建筑工程材料的基本性质可分为以下四个方面:

(1)物理性质:包括材料的物理状态特征,与质量有关的性质,与水有关的性质,与热、声光有关的性质。

(2)力学性质:包括强度、变形性能、硬度以及耐磨性。力学性质从逻辑上讲属于物理性质之一,但其在建筑工程材料中有着重要地位,故将其单列出来进行讨论。

(3)化学性质:包括材料的化学特性、抗腐蚀性、化学稳定性。因各种建筑工程材料的化学性能差异较大,我们将在以后各章节结合具体材料讨论其化学性质。

(4)耐久性:指建筑工程材料在使用过程中承受各种荷载、风吹、日晒、雨淋、冻融、磨损、腐蚀等各种作用而保持其原有性质的能力,不同建筑材料的耐久性往往有不同的内容,这一点在学习时要注意区别。

1.1 材料的化学组成、微观结构与宏观构造

1.1.1 材料的化学组成

世界上的物质数以亿计,性能千差万异,这决定于其不同的化学组成,化学组成是造成材料性能各异的主要原因。建筑工程材料按化学组成可分为三大类:无机材料、有机材料和

复合材料。无机材料包括金属材料、非金属材料；有机材料包括植物材料、沥青材料、合成高分子材料；复合材料包括有机—无机复合材料、金属—非金属复合材料、金属—有机复合材料。

化学组成是指构成材料的化学元素及化合物的种类、数量和相的形态。我们从材料的元素及化合物的组成、矿物组成和相组成三方面作一简单介绍。

1. 元素及化合物组成

材料的元素及化合物组成是指构成材料的化学元素及化合物的种类和数量。如建筑钢材除其主要成分 Fe 之外，还有 C、Si、Mn、V、Ti、S、P、O、N 等各种元素，这些元素所占的比例虽少，但对钢材的性能有很大的影响。又如硅酸盐水泥含有 $Ca(OH)_2$，这就要求硅酸盐水泥不能用于海洋工程，因为 $Ca(OH)_2$ 会与海水中的盐类（Na_2SO_4、$MgSO_4$ 等）发生反应，生成体积膨胀疏松无强度的产物。所以，研究建筑工程材料的性质，首先要了解其元素及化合物组成，由此进一步分析材料的各种性质。

2. 矿物组成

将无机非金属材料中具有特定的晶体结构、特定的物理力学性能的组成结构称为矿物。矿物组成是指构成材料的矿物的种类和数量。例如水泥熟料的矿物组成为：$3CaO \cdot SiO_2$（37%～60%）、$2CaO \cdot SiO_2$（15%～37%）、$3CaO \cdot Al_2O_3$（7%～15%）、$4CaO \cdot Al_2O \cdot Fe_2O_3$（10%～18%），这些矿物成分的含量高低决定了水泥的各种性能。若提高硅酸三钙（$3CaO \cdot SiO_2$）含量，则水泥硬化速度较快，强度较高，可以制得高强水泥和早强水泥；若提高硅酸二钙（$2CaO \cdot SiO_2$）的含量，会减少水化热，从而制得低热水泥。又如黏土与由其烧结的陶瓷都含有 SiO_2 与 Al_2O_3 两种矿物，但黏土在焙烧中 SiO_2 与 Al_2O_3 分子团结合生成 $3SiO_2 \cdot Al_2O_3$（莫来石晶体），使陶瓷不同于黏土而具有强度与硬度。需指出的是，元素组成相同的物质可以是不同的矿物，如金刚石和石墨其化学成分都是碳元素，但其晶体结构不同（同素异形体），其力学性质大相径庭。研究无机类建筑工程材料的性质，分析其矿物组成是必需的。

3. 相组成

材料中具有相同物理、化学性质的均匀部分称为相。凡由两相或两相以上物质组成的材料称为复合材料。建筑工程材料大多数是多相固体，如混凝土可认为是骨料颗粒（骨料相）分散在水泥浆基体（基相）中所组成的两相复合材料。复合材料是典型的多相固体材料，目前主要有金属—非金属复合材料、有机—无机复合材料、金属—有机复合材料三大类。研究复合材料要从其相组成开始分析。

1.1.2　材料的微观结构

材料的微观结构是指材料在原子分子层次上的组成形式，其尺寸范围一般在 10^{-10}～10^{-6}m 之间，在技术上可用电子显微镜或 X 射线来分析研究该层次上的结构特征。材料的强度、硬度、弹塑性、熔点、导电性、导热性等许多重要性质与其微观结构有着密切的关系。在微观结构层次上，材料可分为晶体、玻璃体、胶体。

晶体的微观结构特点是组成物质的微观粒子在空间的排列有确定的几何位置关系，形成所谓的空间点阵。晶体结构的物质具有强度高、硬度较大、有确定的熔点、力学性质各向异性的共性。建筑工程材料中的金属材料(钢材、铝合金等),非金属材料中的石膏、水泥石中的某些矿物(如水化硅酸三钙、水化硫铝酸钙),天然石材中的各种造岩矿物(硅酸盐、碳酸盐)等都是典型的晶体结构。

玻璃体微观结构的特点是组成物质的微观粒子在空间的排列呈无序混沌状态,其分子排列类似于液体的分子排列,所以也有人认为是一种固态液体。玻璃体结构的材料具有化学活性高、无确定的熔点、力学性质各向同性的特点。建筑玻璃、粉煤灰、火山灰、高炉粒化矿渣等都是典型的玻璃体结构材料。

胶体是建筑材料中常见的一种微观结构形式,通常由极细微的固体颗粒均匀分布在液体中所形成。胶体与晶体、玻璃体最大的不同点是可呈分散相和网状结构两种结构形式,分别称为溶胶和凝胶。溶胶失水后成为具有一定强度的凝胶结构,可以把材料中的晶体或其他固体颗粒黏结为整体。硅酸盐水泥中的水化硅酸钙和水化铁酸钙及气硬性胶凝材料中的水玻璃都是典型的胶体结构。

1.1.3 材料的宏观构造

材料在宏观层次上的组成型式称为构造,宏观层次指的是用肉眼或放大镜能够分辨的材料组织,其尺寸在 10^{-5} m 数量级以上。材料的宏观构造具体分成以下几种:

1. 致密状构造

该构造完全没有或基本没有孔隙,在放大镜下观察表面致密无间隙。具有该种构造的材料一般密度大,硬度高,吸水性小,导热性高,抗渗性强。致密状构造代表性的建筑工程材料有建筑钢材、铝合金、玻璃等。

2. 多孔状构造

该种构造具有较多的孔隙,孔隙直径在 10^{-3} m 级以上,肉眼能看得清表面的孔隙。该种构造的材料一般都为轻质材料,具有较好的保温隔热性和隔音吸声性能,同时具有较高的吸水性。常见的具有多孔状构造的建筑工程材料有加气混凝土、烧结砖、泡沫塑料、刨花板等。

3. 微孔状构造

该种构造具有众多直径微小的孔隙,直径在 10^{-3} m 级以下,通过放大镜能看见表面的孔隙。该种构造的材料通常密度和导热系数较小,有良好的隔音吸声性能和吸水性,抗渗性较差。建筑石膏是典型的微孔状构造材料。

4. 颗粒状构造

该种构造为固体颗粒的聚集体,如石子、砂、蛭石、陶粒、珍珠岩等。该种构造的材料可由胶凝材料黏结为整体,也可单独以填充状态使用。该种构造的材料性质因材质不同相差较大,石子与砂属于密实型颗粒状构造,往往与胶凝材料一起形成混凝土;而蛭石、陶粒、珍珠岩等属于多孔颗粒状构造,可作为保温层的填充材料使用。

5. 纤维状构造

该种构造通常呈力学各向异性,其性质与纤维走向有关,平行方向纤维强度高,导热性能较好，垂直方向则反之。纤维状构造的材料一般具有较好的保温和吸声性能。木材、石棉、玻璃纤维都属于纤维状构造的材料。

6. 层状构造

该种构造往往是用各向异性的片状材料层层胶结而成的，可以综合各层材料的性能优势。一般单层材料其性能呈各向异性，但多层交错叠合可以获得各向同性。可以按需叠合加工，从而显著提高材料的强度、硬度、绝热性、装饰性等。常用的层状构造材料有多层板、复合地板、纸面石膏板、塑料贴面板等，参见图 1-1。

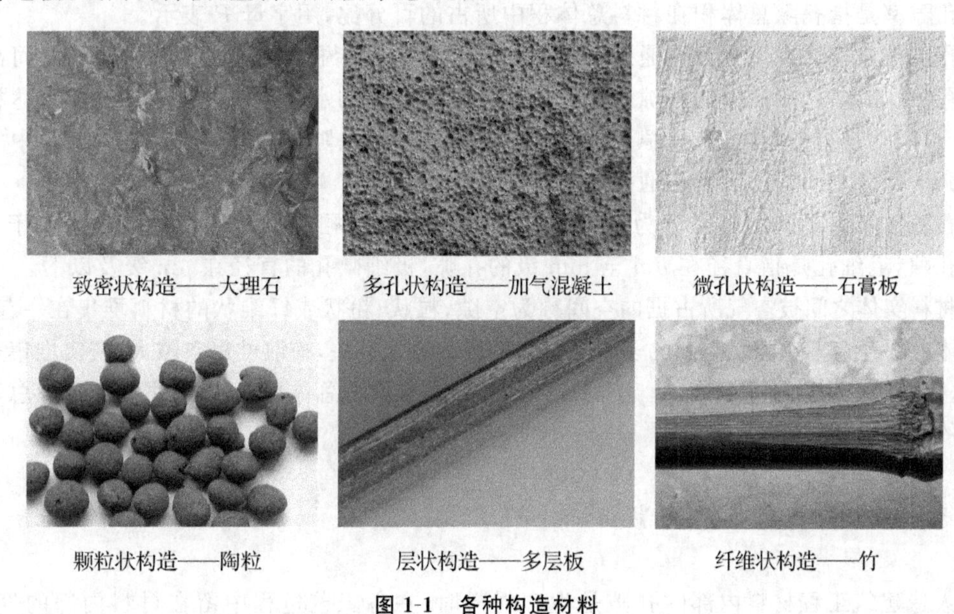

图 1-1　各种构造材料

一般致密状构造的材料具有强度大、硬度高、吸水性小、抗渗抗冻性好的特性，多孔状与微孔状构造的材料具有强度低、吸水性大、保温隔热性能好的特性，表 1-1 是各种构造建筑工程材料的主要特性。

表 1-1　各种构造建筑工程材料的主要特性

序号	构造类型	常见材料	主要特性
1	致密状构造	钢材、玻璃、塑料、石材	强度硬度高，吸水性小，抗渗抗冻性好
2	多孔状构造	烧结砖、泡沫塑料、加气混凝土	强度低，吸水性大，保温隔热性能好
3	微孔状构造	石膏制品	孔隙尺寸小，性能同上
4	颗粒状构造	砂子、石子、陶粒、珍珠岩	具有空隙，空隙的大小取决于颗粒形状、级配
5	纤维状构造	木材、竹材、石棉纤维及钢纤维制品	与纤维平行、垂直方向的性能差异较大（各向异性）
6	层状构造	胶合板等人工板材、部分岩石（大多沉积岩）	综合性能好，具有解理、层理性质

1.1.4 材料的孔隙与空隙

除了致密状构造的建筑工程材料外，其他建筑工程材料实体内部和实体间往往被少量的空气所占据。一般材料实体内部被空气所占据的空间称为孔隙，而材料实体之间被空气所占据的空间称为空隙。

材料的孔隙状况由孔隙率、孔隙连通性和孔隙直径三个指标来说明。

孔隙率是指孔隙总体积在材料总体积中所占的百分比，用字母 P 表示。

孔隙按其连通性可分为连通孔和封闭孔。连通孔是指孔隙之间、孔隙和外界之间都连通的孔隙（如木材、矿渣中的孔隙），这样的连通孔隙外部的水分能够通过毛细现象直达材料内部；封闭孔是指孔隙之间、孔隙和外界之间都不连通的孔隙（如发泡聚苯乙烯、陶粒中的孔隙）；介于两者之间的称为半连通孔或半封闭孔。

孔隙按其直径的大小可分为粗大孔、毛细孔、极细微孔三类。粗大孔指直径大于 mm 级的孔隙，毛细孔是指直径在 μm 至 mm 级的孔隙，极细微孔的直径在 μm 级及以下。

材料实体之间被空气所占据的空间称为空隙，粒状、粉状或纤维状的材料堆集在一起，在堆集体内部存在着空隙。空隙的多少与材料的堆集方式有关，松散堆集空隙大，密实堆集空隙就小，空隙状况用空隙率来表示。空隙率是指材料在其堆积总体积中，颗粒之间的空隙总体积所占的百分比，用字母 P' 表示。

1.1.5 孔隙对材料性质的影响

人造建筑工程材料内部的孔隙是生产材料时，在各工艺过程中留在材料内部的气孔。如生产水泥、石膏制品时，为达到施工要求的流动性和可塑性，用水量往往远超过理论需水量（即水泥、石膏的化学反应所需的水量），多余的水即形成了材料内部的毛细孔隙，水分蒸发或泌水所留下的通道为连通的孔隙。配制混凝土时掺入引气剂，引入大量的微小气泡，则形成封闭孔隙。脱氧不完全的钢材内部也有气泡，也会形成封闭孔隙，这种孔隙是钢材的缺陷，对钢材的强度有很大的影响。烧结黏土砖时，砖坯中的空气和水蒸气受热膨胀形成孔隙，若由通路溢出，则形成连通孔隙。天然火成岩也有孔隙，岩浆中含有气体（多为硫化物、水蒸气），当岩浆上升时，压力降低，气体膨胀，至岩浆冷凝后，留下孔隙。

通常材料内部的孔隙率 P 越大，则材料密度越小，强度越低，耐磨性、抗冻性、抗渗性、耐腐蚀性及其耐久性越差，而保温隔热性、吸声隔音能力、吸水性和吸湿性等越强。

孔隙的连通性对材料的性质有明显的影响，连通孔对材料的吸水性、吸声性贡献较大，而封闭孔对材料的保温隔热性能的提高有很大的贡献。

孔隙直径的大小对材料的性质有很大的影响。直径大于 mm 级的粗大孔隙主要影响材料的密度、强度等性能；直径在 μm～mm 级的连通毛细孔隙对水具有强烈的毛细作用，主要影响材料的吸水性、抗渗性、抗冻性等性能；极细的直径在 μm 级及以下的微孔直径微小，对材料的性能影响不显著。

孔隙的形状对材料的性能也有不同程度的影响，在孔隙率相同的情况下，开口孔隙尤其是非球形孔隙（如扁平状孔隙，即裂纹）占比例多，则材料的强度低，抗渗性、抗冻性、耐腐蚀性也差，但对吸声性有利。孔隙尺寸愈大，对材料的上述影响就愈明显。

1.2　材料与质量有关的性质

材料与质量有关的性质指的是材料的各种密度，密度是单位体积内的质量，由于密度不仅与质量有关，还与体积有关，所以我们先从材料的体积构成开始分析。另外体积与材料内部的孔隙与空隙有关，我们还要分析一下材料内部的孔隙与空隙情况。

1.2.1　材料的各种体积

体积是材料占有的空间尺寸，由于材料具有不同的物理状态，因而表现出不同的体积。一般来说，材料内部除了固体物质所占的体积之外，还有许多的孔，有的孔之间相互连通，且与外界相通，称为开口孔隙；有的孔互相独立，不与外界相通，称为闭口孔隙。参见图 1-2 和图 1-3。

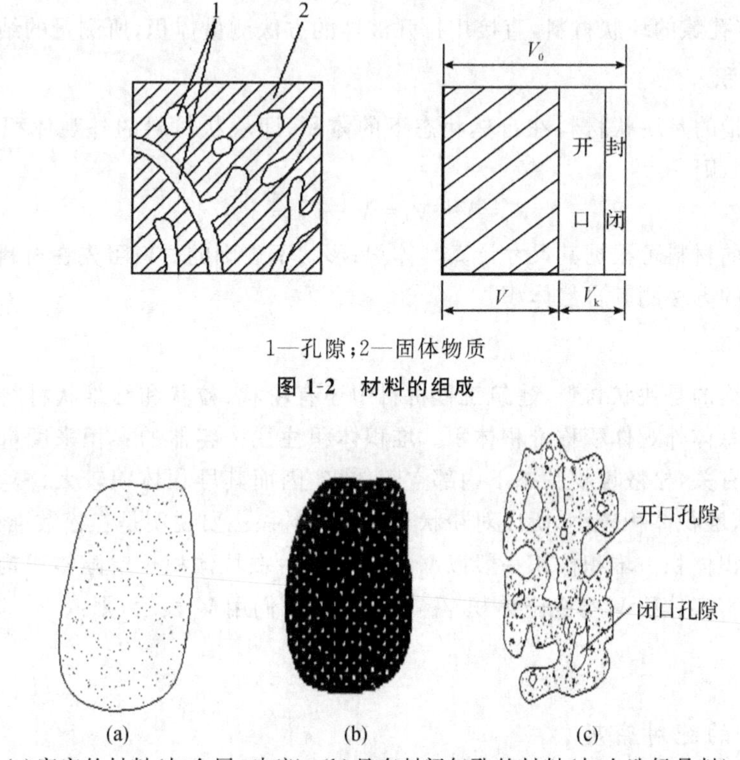

1—孔隙；2—固体物质

图 1-2　材料的组成

(a)密实的材料(如金属、玻璃)；(b)具有封闭气孔的材料(如人造轻骨料)；

(c)具有开口孔隙和闭口孔隙的材料(如火山灰颗粒)

图 1-3　材料孔隙的类型

1. 绝对密实体积

绝对密实体积指的是干燥材料在绝对密实状态下的体积，即材料内部固体物质的体积

(图 1-2 中 2 表示的部分),它不包括材料内部孔隙所占的体积(图 1-2 中 1 表示的部分),材料绝对密实体积一般以 V 表示。

建筑材料中除了金属(钢、铝等)材料、玻璃等几乎绝对密实的材料外,一般材料内部都有孔隙。绝对密实的材料占有的空间可认为等于其绝对密实体积 V,形状规则的绝对密实材料,可直接测量其体积,不规则的可用排开液体的方法来测其绝对密实体积 V。对有孔隙的块状材料,如果直接测量体积或直接用排开液体的方法,测量结果往往无法将材料孔隙部分的体积全排除掉。为此我们将其磨成规定细度的粉末,将所有的闭口孔隙都暴露出来成为开口孔隙,然后用排开液体的方法来测其绝对密实体积。

材料内部孔隙用 V_k 表示,它包含开口与闭口的孔隙之和,所有开口孔隙的体积之和用 $V_{开}$ 表示,所有闭口孔隙的体积之和用 $V_{闭}$ 表示,则:

$$V_k = V_{开} + V_{闭}$$

2. 表观体积

表观体积指的是材料绝对密实体积 V 与材料内部与外界不连通的闭口孔隙的体积 $V_{闭}$ 之和,用 V' 表示,则:

$$V' = V + V_{闭}$$

显然,对有孔隙的块状材料,直接用排开液体的方法测量体积,所测量的结果就是 V'。

3. 自然体积

自然体积指的是块状材料在自然状态下的体积,即块状材料的外观体积(含内部孔隙 V_k),用 V_0 表示,则:

$$V_0 = V + V_k = V + V_{开} + V_{闭}$$

形状规则的材料可根据其尺寸计算其体积;形状不规则的材料可先在材料表面涂蜡,然后用排开液体的方法测其自然体积。

4. 堆积体积

前面所讨论的是块状材料,建筑工程材料中还有粉状、粒状和纤维状材料,这类材料在堆积状态下的总体外观体积称堆积体积。堆积体积往往按容器的容积来度量,而且体积大小与堆积形式有关,松散堆积状态下内部空隙较多,因而其堆积体积较大,密实堆积状态下内部空隙较少,堆积体积较小,所以对粉状与粒状材料往往要说明是在松散堆积还是密实堆积情况下的堆积体积。堆积体积一般以 V_0' 表示,它由颗粒体积+空隙体积构成,而颗粒体积包含了绝对密实体积 V 与孔隙体积 V_k,空隙体积我们用 V_p 表示,则:

$$V_0' = V + V_k + V_p$$

1.2.2 材料的绝对密度

绝对密度(下面简称密度)是指材料在绝对密实状态下单位体积的质量,按下式计算:

$$\rho = \frac{m}{V}$$

式中,ρ—密度,g/cm^3;

m—质量,g;

V—材料在绝对密实状态下的体积，简称绝对体积或实体积，cm^3。

密度大小取决于组成物质的原子量大小和分子结构，原子量越大，分子结构越紧密，材料的密度则越大。

建筑工程材料中除少数材料(钢材、玻璃等)接近绝对密实外，绝大多数材料内部都包含有一些孔隙。测定有孔隙的材料密度时，应把材料磨成细粉以排除其内部孔隙，经干燥后用李氏密度瓶测定其绝对体积。

1.2.3　材料的表观密度

表观密度指的是材料单位表观体积内的质量，按下式计算：

$$\rho' = \frac{m}{V'}$$

式中，ρ'—表观密度，g/cm^3 或 kg/m^3；

m—质量，g 或 kg；

V'—材料在自然状态下的表观体积，cm^3 或 m^3。

表观密度的大小除取决于该材料的密度外，还与材料闭口孔隙的数量和孔隙的含水程度有关。材料闭口孔隙越多，表观密度越小；当孔隙中含有水分时，其质量和体积均有所变化。因此在测定表观密度时，须注明含水状况，没有特别标明时常指气干状态下的表观密度，在进行材料对比试验时，则以绝对干燥状态下测得的表观密度值(干燥表观密度)为准。

1.2.4　材料的体积密度

体积密度指的是材料单位自然体积内的质量，按下式计算：

$$\rho_0 = \frac{m}{V_0}$$

式中，ρ_0—体积密度，g/cm^3 或 kg/m^3；

m—材料在自然状态下的质量，g 或 kg；

V_0—材料在自然状态下的体积，cm^3 或 m^3。

在自然状态下，材料内部常含有水分，单位体积内的质量随含水程度而改变，所以，体积密度除决定于材料的密度及构造状态外，还与含水程度有关。在烘干情况下测得的材料体积密度称为干燥体积密度，在空气中自然干燥的情况下测得的体积密度称为材料气干体积密度，二者是不同的，前者是完全干燥，后者含水情况与空气中的湿度有关。一般体积密度应注明其含水程度。

1.2.5　材料的堆积密度

堆积密度是指粒状、粉状或纤维状材料在堆积状态下，单位体积的质量，用下式计算：

$$\rho_0' = \frac{m}{V_0'}$$

式中，ρ_0'—堆积密度，kg/m^3；

m—质量，kg；

V_0'—堆积体积，即按一定方法装入容器的容积，m^3。

堆积体积分松散堆积体积与密实堆积体积，同样堆积密度也分松散堆积密度与密实堆积密度，建筑工程中通常采用松散堆积密度。堆积密度同表观密度、体积密度一样，也与材料的含水程度有关，所以一般情况下堆积密度也应注明其含水程度。在土木建筑工程中，计算材料用量、构件的自重，配合比设计以及确定堆放场地空间时，经常要用到材料各种密度数据。常见建筑工程材料的密度见表1-2。

表1-2　常用建筑材料的密度、表观密度、堆积密度和孔隙率

材料	密度 $\rho/(g/cm^3)$	表观密度 $\rho'/(kg/m^3)$	堆积密度 $\rho_0'/(kg/m^3)$	孔隙率/%
石灰岩	2.60	1 800～2 600	—	—
花岗石	2.60～2.90	2 500～2 800	—	0.5～3.0
碎石(石灰岩)	2.60	—	1 400～1 700	—
砂	2.60	—	1 450～1 650	—
黏土	2.60	—	1 600～1 800	—
黏土空心砖	2.50	1 000～1 400	—	—
水泥	3.10	—	1 200～1 300	—
普通混凝土	—	2 000～2 800	—	5～20
轻骨料混凝土	—	800～1 900	—	—
木材	1.55	400～800	—	55～75
钢材	7.85	7 850	—	0
铝合金	2.75	2 750	—	0
泡沫塑料	—	20～50	—	—
玻璃	2.55	—	—	—

1.2.6　材料的孔隙率与密实度

1. 孔隙率

孔隙率是指材料中孔隙体积占材料自然体积的百分率，以 P 表示，可用下式计算：

$$P=\frac{V_0-V}{V_0}\times100\%=\left(1-\frac{\rho_0}{\rho}\right)\times100\%$$

式中，P—孔隙率，%；

V—绝对密实体积，cm^3 或 m^3；

V_0—自然体积，cm^3 或 m^3；

ρ_0—体积密度，g/cm^3 或 kg/m^3；

ρ—密度，g/cm^3 或 kg/m^3。

孔隙率直接反映了材料的致密程度，其大小取决于材料的组成、结构以及制造工艺。材料的许多工程性质如强度、吸水性、抗渗性、抗冻性、导热性、吸声性等都与材料的孔隙有关。这些性质不仅取决于孔隙率的大小，还与孔隙的大小、形状、分布、连通与否等构造特征密切相关。常用建筑工程材料的孔隙率参见表1-2。

2. 密实度

密实度是指材料体积内被固体物质所充实的程度，也就是固体物质的密实体积 V 占自然体积 V_0 的比例。以 D 表示，密实度的计算公式如下：

$$D=\frac{V}{V_0}\times100\%=\frac{\rho_0}{\rho}\times100\%$$

式中，D—密实度，%。

V—绝对密实体积，cm^3 或 m^3；

V_0—自然体积，cm^3 或 m^3；

ρ_0—体积密度，g/cm^3 或 kg/m^3；

ρ—密度，g/cm^3 或 kg/m^3。

材料的 ρ_0 与 ρ 愈接近，即 $\frac{\rho_0}{\rho}$ 愈接近于1，材料就愈密实。密实度、孔隙率从不同角度反映材料的致密程度，建筑工程上一般用孔隙率。

密实度和孔隙率的关系为：

$$P+D=1$$

1.2.7　材料的空隙率与填充率

1. 空隙率

空隙率是指粒状或粉状材料颗粒之间的空隙体积占其堆积体积的百分率，用 P' 表示，按下式计算：

$$P'=\frac{V_0'-V_0}{V_0'}\times100\%=\left(1-\frac{\rho_0'}{\rho_0}\right)\times100\%$$

式中，P'—空隙率，%；

V_0'—堆积体积，cm^3 或 m^3；

V_0—自然体积，cm^3 或 m^3；

ρ_0'—堆积密度，kg/m^3；

ρ_0—体积密度，g/cm^3 或 kg/m^3。

空隙率的大小反映了散粒材料的颗粒互相填充的紧密程度。在配制混凝土、砂浆等材料时，宜选用空隙率小的砂、石。要使砂、石空隙率小，需对砂、石进行合理级配。所谓级配就是使不同粒径的砂、石由小到大逐级填充上一级颗粒的空隙，颗粒的数量、大小搭配得愈合理，使空隙率愈小，配制的混凝土愈密实，水泥用量也愈节省。

2. 填充率

填充率是指散粒或粉状材料颗粒的自然体积占其堆积体积的百分率，用 D' 表示。

$$D'=\frac{V_0}{V_0'}\times 100\%=\frac{\rho_0'}{\rho_0}\times 100\%$$

式中，D'—填充率，%；

V_0'—堆积体积，cm^3或m^3；

V_0—自然体积，cm^3或m^3；

ρ_0'—堆积密度，kg/m^3；

ρ_0—体积密度，g/cm^3或kg/m^3。

空隙率与填充率之间的关系为：

$$P'+D'=1$$

材料的各种密度、孔隙率及空隙率等是建筑工程材料的重要指标，常称为材料的基本物理性质。

1.3 材料与水有关的性质

建筑物常年与水接触，会受到水的各种侵蚀，如受自然界的雨、雪、地下水、冻融等的作用。所以要了解材料与水有关的性质，包括材料的亲水性与憎水性、吸水性、含水性、抗冻性、抗渗性等，才能尽可能将水对建筑工程材料的影响降到最低。

1.3.1 亲水性与憎水性

水可以在某些材料表面铺展开（如水在琉璃表面的现象），即这类材料表面可以被水浸润，此种性质称为亲水性，具备此种性质的材料称为亲水性材料；水在另一类材料表面不能铺展开（如水在石蜡表面的现象），即这类材料不能被水浸润，此种性质称为憎水性，具备憎水性的材料称为憎水性材料。

材料具有亲水性或憎水性的根本原因在于材料的分子组成及分子间的相互作用。亲水性材料与水分子之间的分子亲和力大于水分子之间的内聚力，反之，憎水性材料与水分子之间的亲和力小于水分子之间的内聚力。

在物理上对材料亲水性或憎水性的界定，通常以润湿角的大小进行划分。润湿角的顶点在材料、水和空气三相的交点处，大小为从顶点沿水滴表面的切线（γ_L）与水和固体接触面（γ_{SL}）所成的夹角，以θ表示。润湿角θ愈小，表明材料愈易被水润湿，亲水性愈强。材料的润湿角$\theta\leqslant 90°$时，为亲水性材料；材料的润湿角$\theta>90°$时，为憎水性材料。水在亲水性材料表面可以铺展开，且能通过毛细管作用自动将水吸入材料内部；水在憎水性材料表面不仅不能铺展开，而且水分不能渗入材料的毛细管中，见图1-4。

大多数建筑工程材料，如石料、砖、混凝土、木材、金属、玻璃等都属于亲水性材料，表面都能被水润湿。亲水性材料如有连通的孔隙，水能通过毛细管作用进入材料的内部，图1-5(a)，这会大大提高材料的吸水性、含水性，降低材料的抗冻性、抗渗性。

还有些建筑材料，如沥青、石蜡等属于憎水性材料，表面不能被水润湿。该类材料一般能阻止水分渗入毛细管中，如图1-5(b)所示，因而能降低材料的吸水性。憎水性材料不仅可用作防潮、防水、防腐材料，而且还可用来对亲水性材料的表面进行处理。在亲水材料的表面涂上一层憎水材料，可以降低其吸水性。

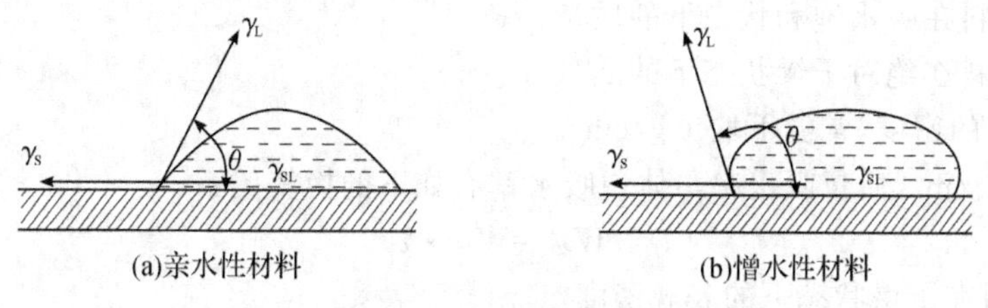

图 1-4　材料润湿角

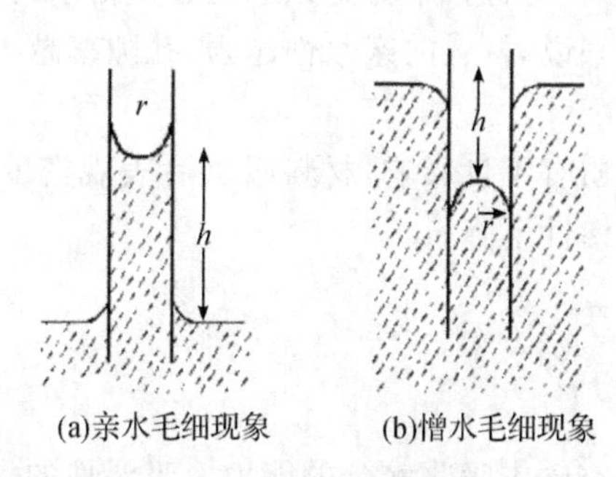

图 1-5　毛细现象

1.3.2　吸水性

材料在浸水状态下，即材料在水中吸收水分的能力称为吸水性。吸水性的大小用吸水率来表示，吸水率有两种表示方法，即质量吸水率 $W_{质}$ 与体积吸水率 $W_{体}$。

1. 质量吸水率

质量吸水率为材料吸水饱和时，所吸收水分的质量占材料干燥时质量的百分率，计算公式如下：

$$W_{质}=\frac{m_{湿}-m_{干}}{m_{干}}\times 100\%$$

式中，$W_{质}$—质量吸水率，%；

$m_{湿}$—材料在吸水饱和状态下的质量，g；

$m_{干}$—材料在绝对干燥状态下的质量，g。

2. 体积吸水率

对质量吸水率超过 100%的建筑材料（如木材、加气混凝土等），由于吸入水分的质量超过了材料干燥时的质量，为了更科学地反映其吸水性，故用体积吸水率来衡量其吸水性。体积吸水率为材料吸水饱和时，吸入水分的体积占干燥材料自然体积的百分率。体积吸水率的计算公式为：

$$W_{体}=\frac{V_{水}}{V_0}\times 100\%=\frac{m_{湿}-m_{干}}{V_0}\times\frac{1}{\rho_{H_2O}}\times 100\%$$

式中，$W_{体}$—体积吸水率，%；

$V_{水}$—吸水饱和时，吸入水的体积，cm^3；

V_0—干燥材料在自然状态下的体积，cm^3；

$m_{湿}$—材料在吸水饱和状态下的质量，g；

$m_{干}$—材料在绝对干燥状态下的质量，g；

ρ_{H_2O}—水的密度，常温下取 1 g/cm^3。

$\rho_{H_2O}=1\ g/cm^3$，质量吸水率与体积吸水率有如下的换算关系：

$$W_{体}=W_{质}\cdot\rho_0$$

式中，ρ_0—材料在干燥状态下的表观密度。

影响材料吸水率的因素，一与材料本身是亲水的还是憎水的有关，二与材料的孔隙率的大小及孔隙构造有关。一般来说，材料的亲水性越强，孔隙率越大，连通的毛细孔隙越多，其吸水率也越大。

吸水率增大对材料的性质有不良影响，材料吸水后表观密度增加，体积会膨胀，强度降低，导热性增大，抗冻性及抗渗性下降。

1.3.3 吸湿性

吸湿性是指材料在潮湿空气中吸收水分的能力。吸湿性的大小用含水率 $W_{含}$ 表示。含水率为材料所含水的质量占材料干燥质量的百分数。可按下式计算：

$$W_{含}=\frac{m_{含}-m_{干}}{m_{干}}\times100\%$$

式中，$W_{含}$—含水率，%；

$m_{含}$—材料含水时的质量，g；

$m_{干}$—材料完全干燥（烘干至恒重）时的质量，g。

材料的吸湿性除与材料本身（亲水性、孔隙率与孔隙构造等）有关外，还与周围的温度、湿度有关。气温越低，相对湿度越大，材料的含水率也就越大。

材料随着空气湿度的变化，既能在空气中吸收水分，又可向空气中扩散水分，最后与空气湿度达到平衡，此时的含水率称为平衡含水率。木材的吸湿性随着空气湿度变化特别明显，木门窗制作后如长期处在空气湿度小的环境中，为了与周围湿度平衡，木材便向外散发水分，含水率下降，于是门窗体积收缩而致干裂。在混凝土的施工配合比设计中，也要考虑砂、石料在堆放现场时的平衡含水率的因素。

1.3.4 耐水性

一般材料吸水后，水分会渗入材料内部，削弱材料内部组成微粒间的结合力，引起强度的下降。当材料内含有可溶性物质（如石膏、石灰等）时，吸入的水还可能溶解部分物质，造成材料强度的严重降低。

耐水性是指材料长期在饱和水作用下而不被破坏，强度也不显著降低的性质。材料的耐水性用软化系数 $K_{软}$ 表示，其定义式如下：

$$K_{软}=\frac{f_{饱}}{f_{干}}$$

式中，$K_{软}$—软化系数；

$f_{饱}$—材料在吸水饱和状态下的抗压强度，MPa；

$f_{干}$—材料在干燥状态下的抗压强度，MPa。

软化系数一般在 0～1 之间波动，软化系数越大，耐水性越好。通常 $K_{软}$ 大于 0.80 的材料可认为是耐水材料。长期受水浸泡或处于潮湿环境的重要结构物 $K_{软}$ 应大于 0.85，次要建筑物或受潮较轻的情况下，$K_{软}$ 也不宜小于 0.75。

1.3.5　抗渗性

抗渗性是指材料抵抗压力水或其他压力液体作用而不被渗透的性能。土木建筑工程中许多材料常含有孔隙、孔洞或其他缺陷，当材料两侧的水压差较高时，水可能从高压侧通过内部的孔隙、孔洞或其他缺陷渗透到低压侧。这种压力水的渗透，不仅会将材料内的某些成分溶解带出，而且渗入的水还会带入能腐蚀材料的其他介质，造成材料的进一步破坏。地下建筑物、水工建筑物或屋面材料都需材料具有足够的抗渗性，以防止渗水、漏水现象。材料抗渗性有两种不同表示方式。

1. 渗透系数

材料的抗渗性常用渗透系数 K 表示。在压力水作用下透过水量的多少遵守达西定律：

$$W=K\frac{Ath}{d}$$

式中，K—渗透系数，cm/h；

W—透过材料试件的水量，cm^3；

A—透水面积，cm^2；

h—材料两侧的水压差，cm；

d—试件厚度，cm；

t—透水时间，h。

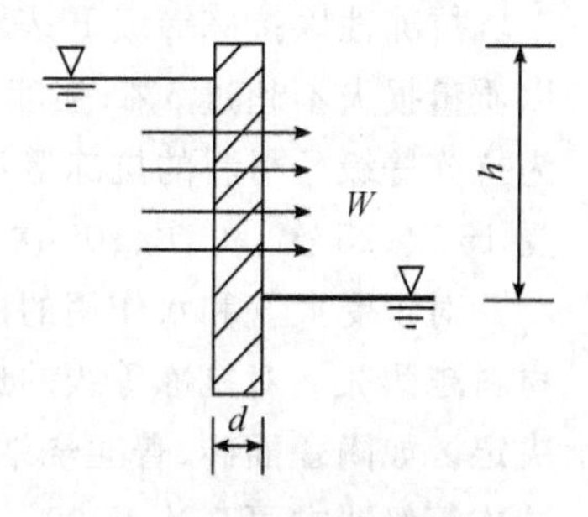

图 1-6　材料透水示意图

上式表示，在一定时间 t 内，透过材料试件的水量 W 与试件的渗水面积 A 及水头差 h 成正比，与试件厚度 d 成反比，如图1-6所示。

比例系数 K 定义为渗透系数：

$$K=\frac{Wd}{Ath}$$

渗透系数越小，说明材料的抗渗性越强。一些抗渗防水材料（如油毡）的防水性常用渗透系数表示。

2. 抗渗等级

还有一些建筑工程材料（如混凝土）的抗渗性是用抗渗等级来表示的。抗渗等级是指用标准方法进行透水试验时，材料标准试件在透水前所能承受的最大水压力，并以字母 P 及可承受的水压力（以 0.1 MPa 为单位）来表示抗渗等级。

$$P=10p-1$$

式中，P—抗渗等级；

p—开始渗水前的最大水压力，MPa。

如 P4、P6、P8、P10、P12 分别表示试件能承受 0.4 MPa、0.6 MPa、0.8 MPa、1.0 MP、1.2 MP 的水压而不渗透。可见，抗渗等级越高，抗渗性越好。

实际上，材料抗渗性不仅与其亲水性有关，更取决于材料的孔隙率及孔隙特征。孔隙率小而且孔隙封闭的材料具有较高的抗渗性，抗渗性是决定建筑工程材料耐久性的主要指标之一。

1.3.6 抗冻性

1. 建筑工程材料的冻融破坏

建筑物或构筑物在自然环境下，温暖季节被水浸湿，寒冷季节受冰冻，材料内部毛细孔隙中的水结成冰，体积将增大约 9%，因而对材料孔壁产生巨大的冰晶压力，其局部应力会高达 100 MPa，从而使材料内部产生微裂纹，使材料的强度下降。此外在冻结融化时，材料内外的温差(引起温度应力)对材料也有破坏作用，加速原来微裂纹的扩展，最终使材料进一步破坏。随着冻融循环的反复，材料的破坏作用逐步加剧，这种破坏称为冻融破坏。冻融破坏的表现形式一是质量减少，二是强度降低。冻融破坏的衡量标准是质量减少 5%，或强度降低 25%。

2. 抗冻性与抗冻等级

抗冻性是指材料在吸水饱和状态下，能经受反复冻融循环作用而不被破坏，强度也不显著降低的性能。

抗冻性以抗冻等级 F 表示。在标准试验条件下，试件按规定方法进行冻融循环试验，以质量损失不超过 5%，强度下降不超过 25%，所能经受的最大冻融循环次数来表示，或称为抗冻等级。材料的抗冻等级可分为 F15、F25、F50、F100、F200 等，分别表示此材料可承受 15 次、25 次、50 次、100 次、200 次的冻融循环。

对于受大气和水作用的建筑工程材料，抗冻性往往决定了它的耐久性，抗冻等级越高，材料越耐久。对抗冻等级的选择应根据工程种类、结构部位、使用条件、气候条件等因素来决定。如陶瓷面砖、普通烧结砖等墙体材料要求的抗冻等级为 F15 或 F25，而水工混凝土的抗冻等级要求可高达 F500。

要提高材料的抗冻性，需减少开口孔隙。在生产建筑工程材料时常有意引入部分封闭的孔隙，如在混凝土中掺入引气剂。引气剂产生的闭口孔隙可切断材料内部的毛细孔隙，使开口孔隙减少，当开口的毛细孔隙中的水结冰时，所产生的压力可将开口孔隙中尚未结冰的水挤入到无水的闭口孔隙中，即这些封闭孔隙可起到卸压的作用，大大提高混凝土的抗冻性能。但引入气泡后，混凝土的孔隙率增大，强度会有所降低。

1.4 材料与热有关的性质

本节我们讨论材料与热有关的性质，即材料的热工性质。

1.4.1 热容与比热容

材料在受热时吸收热能，冷却时放出热能的性质称为热容。热容的大小用热容量 C 表示。热容量反映的是材料整体存储热能的能力，它与材料总体质量和比热容有关。

比热容定义为单位质量(1 g)的材料温度升高或降低(1 K)所吸收或放出的热能。比热容的计算式如下：

$$c=\frac{Q}{m(T_2-T_1)}$$

式中，c—比热容，J/(g. K)；

Q—材料吸收或放出的热量，J；

m—质量，g；

T_2-T_1—材料受热或冷却前后的温差，K。

材料热容量的计算式为：

$$C=mc=\frac{Q}{T_2-T_1}$$

式中，C—热容量，J/K 或 kJ/K；

m—质量，g 或 kg；

c—比热容，J/(g·K)；

Q—材料吸收或放出的热量，J 或 kJ；

T_2-T_1—材料受热或冷却前后的温差，K。

热容量 C 等于质量与比热容的积，热容量大可以稳定周围环境的温度。闽南地区的石结构房屋、闽西的土楼宽厚的墙体提供了很大的 m 及较高的比热容 c，比一般砖混结构或框架结构的房子具有大得多的热容量，因此给人冬暖夏凉的感受。在表 1-3 中，水的比热容最大，为 4.19 J/(g·K)，因此蓄水的平屋顶也使室内有冬暖夏凉的感受；沿海、沿湖的城市比起内陆城市昼夜温差小，也是水体对环境温度的调节。常用建筑工程材料的比热容参见表 1-3。

表 1-3 常用建筑材料的热导率和比热容

材料名称	热导率/[W/(m·K)]	比热容/[J/(g·K)]	材料名称	热导率/[W/(m·K)]	比热容/[J/(g·K)]
建筑钢材	58	0.48	大理石	3.50	0.88
铝	204	0.88	黏土空心砖	0.64	0.92
普通混凝土	1.28	0.88	松木	0.17～0.35	2.51
水泥砂浆	0.93	0.84	泡沫塑料	0.03	1.30
白灰砂浆	0.81	0.84	冰	2.20	2.05
普通黏土砖	0.81	0.84	水	0.60	4.19
花岗石	3.49	0.92	静止空气	0.025	1.00

1.4.2 导热性

导热性是指材料传导热能的能力，其大小用热导率 λ 表示。在物理意义上，热导率为单位厚度的材料，当两侧面温差为 1 K 时，在单位时间内通过单位面积的热能。均质材料的热导率可用下式表示：

$$\lambda=\frac{Qd}{At(T_2-T_1)}$$

式中，λ—热导率，W/(m·K)；

Q—传导热能，J；

d—材料厚度，m；

A—热传导面积，m^2；

t—热传导时间，h；

T_2-T_1—材料两侧温度差，K。

材料传热示意图参见图 1-7。

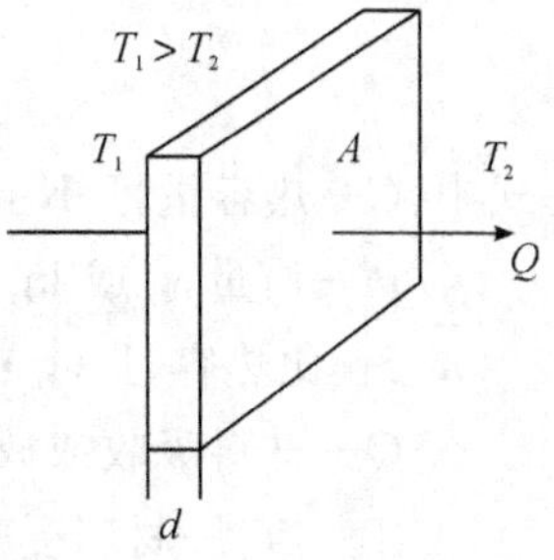

$T_1>T_2$

T_1 A T_2

Q

d

图 1-7 材料传热示意图

显然，热导率越小，材料的保温隔热性能越好。各种建筑材料的热导率差别很大，除金属材料外，各种建筑材料的热导率大致在 0.03 W/(m·K)(泡沫塑料)至 3.500 W/(m·K)(大理石)之间。通常将 $\lambda \leqslant 0.15$ W/(m·K)的材料称为绝热材料，而金属材料称为热的良导体。

影响材料的导热系数的因素主要有下面几点：

(1)材料的组成与结构。一般地说导热系数，金属材料＞非金属材料、无机材料＞有机材料、晶体材料＞非晶体材料。

(2)同种材料孔隙率越大，导热系数越小。细小孔隙、闭口孔隙比粗大孔隙、开口孔隙对降低导热系数更为有利，因为空气传递热量的方式主要是对流，细小孔隙、闭口孔隙可避免空气的对流传热。

(3)含水或含冰时，会使导热系数急剧增加。因为水的导热系数是空气的 25 倍，而冰的导热系数又是水的 4 倍，当材料受潮或受冻时会使材料热导率急剧增大，导致材料的保温隔热效果变差。所以，对于多孔结构的保温隔热材料，要注意防潮、防冻。

(4)温度越高，物体内部粒子运动越快，导热系数就越大(金属材料除外)。

(5)宏观组织结构呈层状或纤维构造的材料的热导率因热流与纤维方向不同而异，顺纤维或层内材料的热导率明显高于与纤维垂直或层间方向的热导率。

1.4.3 材料的温度变形

材料的温度变形是指温度升高或降低时材料的体积或长度的变化，这就是我们常说的热胀冷缩现象。在结构设计上为避免材料的热胀冷缩，专门设置变形缝。材料的温度变形，用热膨胀系数来表示，在物理学上具体分为材料的体膨胀系数和线膨胀系数。对固体材料，工程实际中广泛使用线膨胀系数，所以我们仅讨论材料的线膨胀系数。

材料的线膨胀系数指的是固体物质的温度每改变 1 ℃时，其长度的变化与它在 0 ℃时长度之比。由于材料的线膨胀与温度不成严格的线性关系，因此线膨胀系数不是常数，一般随温度升高而略有增大。但是在常温范围内，这个差异较小，一般计算可略去不计，所以我们定义 α 为材料在常温下的平均线膨胀系数，单位为 K^{-1}。这样材料在常温范围内因温度变化而产生的长度增加可用下式计算：

$$\Delta L=(T_2-T_1)\cdot\alpha\cdot L$$

式中，ΔL—线膨胀或线收缩量，mm 或 cm；

T_2-T_1—材料前后的温度差，K；

α—材料在常温下的平均线膨胀系数，K^{-1}；

L—材料原来的长度，mm 或 cm。

表 1-4 是常用材料在 20 ℃时的线膨胀系数，表中可见素混凝土与碳钢具有相近的线膨胀系数，这一点是钢筋与混凝土能很好地结合在一起并发挥各自优势，形成建筑工程上广泛使用的钢筋混凝土的前提条件。事实上，复合材料各相之间应具有相同或相近的线膨胀系数，否则会因温度变化导致不同相的物质变形不一致而产生温度应力，最后有可能引起材料的不规则变形或破坏。

表 1-4　常用工程材料在 293 K(20 ℃)时的线膨胀系数

材料	$\alpha/(10^{-6}/K)$	材料	$\alpha/(10^{-6}/K)$
素混凝土	10～14	碳钢	10.6～13.2
玻璃	4.0～11.5	铝合金	23.8
岩石	4.5～8.8	铸铁	9.2～11.8

1.4.4　材料的耐燃性与耐火性

材料的耐燃性指的是材料遇火焰或在高温作用下可否燃烧的性质。我国相关规范中把材料按耐燃性分为燃烧材料(如木材、竹材及大部分的有机材料)、难燃材料(如纸面石膏板、水泥刨花板、沥青混凝土等)和非燃烧材料(如钢材、砖、石、混凝土等)三大类。

在建筑工程中，应根据建筑物的耐火等级、使用部位选用不同耐燃性的材料。当采用燃烧材料时应进行防火处理。

耐火性是指材料在火焰或高温作用下，保持不被破坏、性能不明显下降的能力。用其耐受时间(h)来表示，称为耐火极限。

耐燃性与耐火性是两个不同的概念，但它们又密切相关，要注意区分。耐燃的材料不一定耐火，而耐火的材料一般都耐燃。如钢材是非燃烧材料，但其耐火性一般，耐火极限仅 0.25 h。发生在美国的“9・11”恐怖袭击事件，纽约世界贸易中心的两幢钢结构 110 层摩天大楼(双子塔)在遭到攻击起火半小时后相继倒塌，就是因为钢材的耐火极限仅为 0.25 h。故钢材虽为重要的建筑结构材料，但其耐火性却较差，作为建筑结构钢使用时须进行特殊的耐火处理。

1.5 材料与声和光有关的性质

1.5.1 建筑材料的声学性能

声音是人耳能感受到的机械波，其频率在20～20 000 Hz之间。我们生活的空间有各种各样的声音，为降低噪音，特别是在室内营造一个安静的环境，要了解材料的声学性能。关于材料的声学性能，我们讨论吸声性与隔声性两个方面的问题。

1. 吸声性与吸声材料

声波在穿透材料时，声能被材料所吸收的性质称为材料的吸声性，用吸声系数 ζ 表示。吸声系数 ζ 定义为被材料吸收的声能与入射声能的比值。理论上，如果某种材料完全反射声音，那么它的 $\zeta=0$；如果某种材料将入射声能全部吸收，那么它的 $\zeta=1$。事实上，所有材料的 ζ 介于0和1之间，也就是不可能全部反射，也不可能全部吸收。

材料对不同频率的声波会有不同的吸声系数，声学上使用吸声系数频率特性曲线描述材料在不同频率上的吸声性能。按照ISO标准和国家标准，吸声测试报告中吸声系数的频率范围是100～5 000 Hz，将100～5 000 Hz的吸声系数取平均得到的数值是平均吸声系数，平均吸声系数反映了材料总体的吸声性能。如未特别说明，ζ 指的是平均吸声系数。$\zeta \geqslant 0.20$ 的材料就属于吸声材料，一般在教学楼内的封闭走廊、门厅及楼梯间的顶棚，条件许可时宜设置吸声系数不小于0.50的吸声材料或在走廊的顶棚和墙裙以上墙面设置吸声系数不小于0.30的吸声材料。

测量材料吸声系数的方法有两种，一种是混响室法，一种是驻波管法。混响室法测量声音无规则入射时的吸声系数，即声音由四面八方射入材料时能量损失的比例；而驻波管法测量声音正入射时的吸声系数，声音入射角度仅为90°。两种方法测量的吸声系数是不同的，建筑工程上使用的是混响室法测量的吸声系数，因为在室内声音入射都是无规则的。

在室内，声音会很快充满各个角落，因此，将吸声材料放置在房间任何表面都有吸声效果。吸声材料吸声系数越大，吸声面积越大，吸声效果越明显。可以利用吸声天花、吸声墙板、空间吸声体等进行吸声降噪。吸声材料可分为以下几类：

(1)多孔性吸声材料：这种材料内部有大量的微小孔隙或空腔，彼此沟通，声波入射时引起其中的空气分子振动，空气分子不断撞击材料分子，将部分声能转换成材料内能(热能)而被吸收。这类材料有矿棉、玻璃棉、泡沫塑料等，常用于高频声波的吸收。

(2)纤维物挂帘：这种材料纤维交织，内存孔隙，声波作用在纤织物上时，一方面使纤维物中的分子随声波振动吸收声能，并进一步使纤维之间相互运动并摩擦；另一方面使空气分子不断撞击纤维，使部分声能变成纤织物热能而被吸收。这类材料有灯芯绒、平绒、布材等，可用于中高频声波的吸收。

(3)成型吸声板：这种材料是用矿棉、纤维棉加工的成型板材，常用于天花板、墙面装饰，其吸声频段较宽，吸声系数中等，吸声原理兼有上述两类材料的吸声特点。

(4)薄板吸声材料:利用板材如胶合板、石棉板、纤维板、薄木板等,与墙面龙骨组成空腔,声音作用于腔体形成共振,声能在空腔体内被消耗,这类吸声材料适合低频段声波的吸收。

(5)孔腔板组合共振吸声:穿孔板(胶合板、石膏板及木板等)后贴微孔吸声材料,利用龙骨组合成大小不一的口腔,构成较宽范围的中低频声波的吸收装置。

以上是比较常见的吸声材料,共同的特点是每种材料都有微小细孔,声波进入到这些小孔中,产生多次的反射,渐渐地把声能转换成热能。不同直径的小孔对应不同波长的声波,所以各种材料吸收的声音频率不同。

2. 隔声性与隔声技术

隔声性是指材料减弱或阻断声波传播的性能。声波在建筑物中的传播主要有两种途径,一是通过空气传播,二是通过建筑物本体(主要是结构材料,如梁、板、墙及框架)传播,因而隔声也分为两种形式,隔空气声和隔固体声。

如果声源来自空气中,主要靠建筑物的围户结构来隔绝声音,这属于隔空气声。空气声的隔声所遵循的是声学中的质量定律,即围户结构(隔声材料)密度越大,越不容易受声波的作用产生热运动,声音就越不易透过围户结构(隔声材料),所以选密度大的材料做围户结构(隔声材料),隔声效果好。对于隔空气声要求很高的室内,可以采用双层墙,也可采用多层复合结构内加吸声材料的墙体来隔绝声音。隔空气声的薄弱环节是门和窗,门窗周边的缝隙是最容易漏声的部位。提高门窗隔声的技术,一是对门窗周边、玻璃周边作密封处理,二是采用厚重的门扇或多层复合结构内填充吸声材料的门扇,三是采用双层玻璃的窗扇。

如果声源是发生在建筑物本体上(机械撞击建筑物上的梁、板、墙及框架),使声音通过固体的建筑材料传至建筑物的其他地方,这类隔音就称隔固体声。为隔断声波在建筑物本体中的传播途径,可采用下面的措施:一是在楼板表面铺设弹性面层,木地板下设置龙骨架空层或浮筑楼面,可大大减少楼板上人的活动对楼下的影响;二是在结构材料交接处设置弹性材料或空气隔离层,可有效地阻止或减弱固体声的传播;三是楼板下做隔声吊顶,吊顶与楼板间采用弹性连接,如果吊顶内再铺设吸声材料可进一步提高楼层间隔音。

需要指出的是,隔声与吸声是两个不同的概念,吸声效果好的多孔材料隔声效果不一定好。

1.5.2　建筑材料的光学性质

光是由光源发出并被人眼所感知的波长在380～780 nm范围内的电磁波,光源分太阳(自然光源)和人造光源。建筑光环境是由光照射到室内外空间所形成的环境,是建筑环境中不可或缺的组成部分。建筑光环境除了提供我们生活、工作、学习的照明环境外,还能构建空间,塑造形体,渲染气氛,显现色彩,引导视线,突出重点,装饰环境。建筑光环境与建筑材料,特别是建筑装饰材料的光学性质密切相关。

人们在建筑物内所看到的光可分成直达光和间接光。直达光是由光源直接照射的结果,间接光是经过各界面或其他物体反射后到达的光。直达光如果是经过透光材料(如窗扇上的玻璃)到达,就成为透射光。不同材料对光的反射和透射的性能不同,因此,选用不同的材料,就会在建筑空间形成不同的光照效果。

在光传播过程中，达到不同介质（如空气与玻璃、空气与墙等）分界面时，入射光通量 φ 中的一部分被反射回原先的介质中（如反射回空气），这部分光通量称为反射光通量 φ_ρ；另一部分进入介质（玻璃或墙）内部被介质所吸收，称为吸收光通量 φ_α；如果介质具有一定的透明性，则还有第三部分会透过介质（如玻璃）进入另一侧空间，称为透射光通量 φ_τ。根据能量守恒定律，这三部分光通量之和应等于入射光通量，即：

$$\varphi=\varphi_\rho+\varphi_\alpha+\varphi_\tau$$

对确定的介质，各部分光能量的比值是确定的，我们定义被照面反射光通量与入射光通量之比为反射比 λ：

$$\lambda=\varphi_\rho/\varphi$$

反射比大的材料在同样的光照下更为明亮，采用为室内墙面和天花会使室内更为亮堂。水泥砂浆抹面的反射比为 0.32，石膏的反射比为 0.91，白乳胶漆表面的反射比为 0.84，白色抛光铝板的反射比为 0.83～0.87。所以我们一般不用水泥砂浆抹面直接作为室内墙面，而是刮腻子并涂上反射比大的墙面漆。

被照面（物）透射的光通量与入射光通量之比为透射比 τ：

$$\tau=\varphi_\tau/\varphi$$

透射比大的材料采光性好，例如，3～6 mm 厚的普通玻璃的透射比为 0.78～0.82，3～6 mm 厚的磨砂玻璃的透射比为 0.55～0.60，1 mm 厚的乳白玻璃的透射比为 0.60，2～6 mm 厚的五色有机玻璃的透射比为 0.85。

被照面（物）吸收的光通量与入射光通量之比为吸收比 α：

$$\alpha=\varphi_\alpha/\varphi$$

吸收比大的建筑装饰材料具有很强的吸收光的能力，不宜直接用在需要光线的房间的墙面或天花。

这样，反射比、透射比与吸收比的关系为：

$$\lambda+\tau+\alpha=1$$

1.6 材料的力学性质

材料的力学性质是指材料在外力作用下的变形性质和抵抗破坏的性质，它对保证建筑物正常安全使用至关重要，是选用建筑结构材料首先考虑的因素。

1.6.1 强度

1. 材料的强度

材料的强度是材料在应力作用下抵抗破坏的能力。通常情况下，建筑材料内部的应力多由外力（或荷载）作用而引起，随着外力增加，应力也随之增大，直至材料内部质点间结合力不足以抵抗外力时，材料发生破坏。材料破坏时，应力达到极限值，这个极限应力值就称为材料的强度，也称强度极限。

在工程上，通常采用破坏试验法对材料的强度进行实测。将预先制作的试件放置在材料试验机上，施加外力（荷载）直至破坏，根据试件尺寸和破坏时的荷载值，计算材料的强度。根据外力作用方式的不同，材料强度有抗压、抗拉、抗剪、抗弯（抗折）强度等，如图 1-8 所示。

材料的抗压、抗拉、抗剪强度的计算公式可统一按下式计算：

$$f=\frac{F_{\max}}{A}$$

式中，f—抗拉、抗压、抗剪强度，MPa；

$F_{\max}$—材料破坏时的最大荷载，N；

A—试件受力面积，mm^2。

材料的抗弯强度与受力情况有关，一般试验方法是将条形试件放在两支点上，中间作用一集中荷载，见图 1-8(d)。对矩形截面试件，其抗弯强度用下式计算：

$$f_w=\frac{3F_{\max}L}{2bh^2}$$

式中，f_w—抗弯强度，MPa；

$F_{\max}$—材料受弯破坏时的最大荷载，N；

L—两支点的间距，mm；

b、h—试件横截面的宽度及高度，mm。

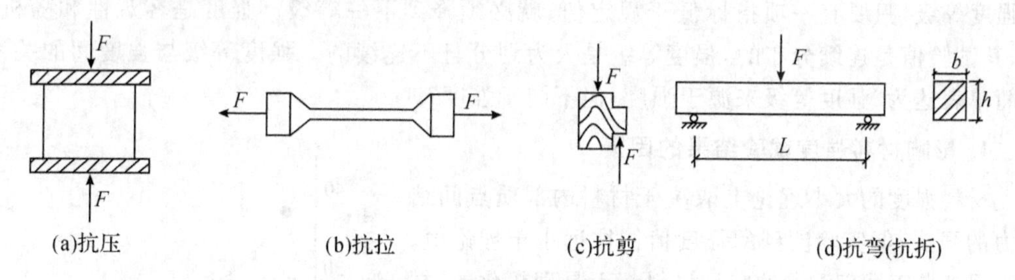

图 1-8　常见材料强度试验

常用建筑材料的各种强度见表 1-5。由表中可见，不同材料的各种强度相差很大。花岗石、混凝土抗压强度远大于其抗拉强度，这类材料适合做基础、墙体、桩等受压构件，而钢材的抗压与抗拉强度是相等的，所以钢材是优秀的结构材料。

表 1-5　常用建筑工程材料的强度值　　单位：MPa

材料名称	抗压强度	抗拉强度	抗折强度
钢材	215～1 600	215～1 600	—
普通混凝土	5～60	1～9	—
轻骨料混凝土	5～50	0.4～2	—
花岗石	100～250	5～8	10～14
松木（顺纹）	30～50	80～120	60～100

2. 材料的比强度

为了便于不同材料的强度比较，我们引进比强度这一概念。所谓比强度是指按单位质量计算的材料的强度，其值等于材料的强度与其体积密度之比，即 f/ρ_0。比强度是衡量材料轻质高强的一个重要指标，有了比强度的概念，我们就容易对各种材料的强度进行横向比较。从表1-6可见，木材(顺纹)强度值虽比低碳钢低，但其比强度却高于低碳钢，这说明在相等质量材料的前提下，木材抵抗外力的能力高于低碳钢。目前最广泛使用的结构材料普通混凝土，其比强度很低，也就是质量高而强度低，作为结构材料自重大，目前各国都在努力促使普通混凝土向轻质高强方向发展。

表1-6 常用建筑工程材料的比强度

材料	体积密度 ρ_0/(kg/m³)	抗压强度 f_c/MPa	比强度 f_c/ρ_0
低碳钢	7 860	415	0.53
松木	500	34.3(顺纹)	0.69
普通混凝土	2 400	29.4	0.012
玻璃钢	2 000	450	0.225

3. 材料的强度等级

强度等级是人为按强度对材料进行的分级，如硅酸盐水泥按7 d、28 d抗压强度值分成42.5、52.5、62.5等多个不连续的强度等级，又如普通混凝土划分为C15、C20、C25、C30至C80等14个强度等级。根据规定，划分强度等级时，所有的指标均达到要求时，才能确定为该强度等级，只要有一项指标低于规定值，就必须降到下一等级。强度是客观性和随机性的，其试验值是连续分布的，强度等级是人为划分且不连续的。强度等级与强度间的关系，可简单表达为"强度等级来源于强度，但不同于强度"。

4. 影响材料强度试验结果的因素

材料强度的大小理论上取决于材料内部质点间结合力的强弱，但实验测到的强度值往往远小于理论值。这原因来自于我们测量的实际材料都不是理想化的，材料中存在着各种缺陷，如孔隙、含水、杂质等，试验时还存在各种外界因素，这都影响到实测值。如混凝土的孔隙率对强度值有明显的影响，孔隙率大，抗压强度减低，见图1-9。

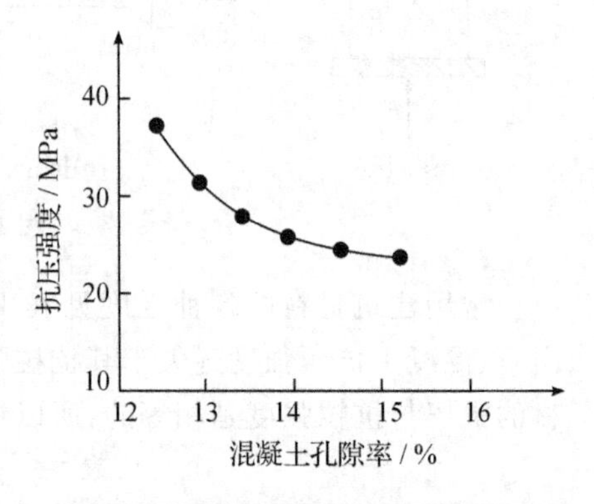

图1-9 混凝土强度与孔隙率的关系

在进行材料强度试验时，下列因素会影响到强度试验结果：

(1)试件的形状、大小。棱柱状试件的强度小于正立方体试件，大试件的强度小于小试件的强度。

(2)试件的温度。一般情况下试件温度越高，所测强度值越低。

(3)试件含水情况。干燥试件的强度大于含水试件的强度。

(4)加荷速度。强度试验的加荷速度影响到测量结果，加荷越快所测值越高。试验时要缓慢地增加荷载。

(5)表面状况。做抗压试验时，承压板与试件间摩擦越小，所测得强度值越低。

为使测试结果准确、可靠且具有可比性，对于强度为主要性质的材料，必须严格按照统一规范的标准试验方法进行静力强度的测试，不得随意改变实验条件。

1.6.2　弹性和塑性

弹性和塑性反应的都是材料的变形性能，它们描述材料变形后可否恢复的特性。

材料在外力作用下产生变形，当外力取消后能够完全恢复原来形状的性质称为弹性，这种可完全恢复的变形称为弹性变形或可恢复变形，明显具有弹性变形的材料称为弹性材料。弹性变形是可逆的，遵守胡克定律，其数值的大小与外力成正比。其比例系数称为弹性模量 E，在弹性范围内，弹性模量 E 为常数，其值等于应力 σ 与应变 ε 的比值，即

$$E=\frac{\sigma}{\varepsilon}$$

式中，σ—应力，MPa；

ε—应变，无量纲；

E—弹性模量，MPa。

弹性模量是衡量材料抵抗变形能力的一个指标，E 越大，材料越不易变形。

材料在外力作用下产生变形，外力撤销后，仍能保持变形后的形状和尺寸，并且不产生裂缝的性质称为塑性。这种不能恢复的变形称为塑性变形或不可恢复变形。明显具有塑性变形的材料称为塑性材料。

实际上，纯弹性与纯塑性的材料都是不存在的。不同的材料在外力的作用下表现出不同的变形特征。例如，低碳钢在受力不大时仅产生弹性变形，此时，应力与应变的比值为一常数。随着外力增大直至超过弹性极限时，则不但出现弹性变形，而且出现塑性变形。对于沥青混凝土，在它受力开始，弹性变形和塑性变形便同时发生，除去外力后，弹性变形可以恢复，而塑性变形不能恢复。具有上述变形特征的材料称为弹塑性材料。

1.6.3　脆性和韧性

材料受力达到一定程度时，无先兆地突然发生破坏，且无明显的塑性变形，称为脆性。大部分无机非金属材料均属脆性材料，如天然石材、烧结普通砖、陶瓷、玻璃、普通混凝土、砂浆、铸铁等。脆性材料的另一特点是抗压强度高，而抗拉、抗折强度低。

材料在冲击或动力荷载作用下，能吸收较大能量而不被破坏的性能，称为韧性或冲击韧性。韧性以试件破坏时单位面积所消耗的功表示。如木材、建筑钢材、橡胶等属于韧性材料。韧性材料的特点是塑性变形大，受力时产生的抗拉强度接近或高于抗压强度。桥梁、路面、吊车梁及有抗震要求的结构都要考虑材料的韧性。

1.6.4　硬度和耐磨性

1. 材料的硬度

硬度表示材料表面的坚硬程度，是抵抗其他硬物刻画、压入其表面的能力。不同材料的硬度测定方法不同，建筑工程材料主要有三种测量硬度的方法：压入法、刻画法和回弹法。压入法常用于测量木材、金属等韧性材料的硬度；刻画法用于天然矿物硬度的划分，按滑石、石膏、

方解石、萤石、磷灰石、正长石、石英、黄玉、刚玉、金刚石的顺序，分为10个硬度等级；回弹法用于测定混凝土表面硬度，并间接推算混凝土的强度，也用于测定陶瓷、砖、砂浆、塑料、橡胶、金属等的表面硬度并间接推算其强度。一般，硬度大的材料耐磨性较强，但不易加工。

2. 材料的耐磨性

耐磨性是材料表面抵抗磨损的能力。材料的耐磨性用磨耗率 G 表示，磨耗率越低表明材料的耐磨性越好，磨耗率计算公式如下：

$$G=\frac{m_1-m_2}{A}$$

式中，G—磨耗率，g/cm^2；

m_1—材料磨损前的质量，g；

m_2—材料磨损后的质量，g；

A—材料试件的受磨面积，cm^2。

建筑工程中，用于道路、地面、踏步等部位的材料均应考虑其硬度和耐磨性。一般来说，强度较高且密实材料的硬度较大，耐磨性较好。

1.7 材料的耐久性、装饰性与环保性

1.7.1 耐久性

耐久性是泛指材料在正常使用过程中，受各种内在或外来因素的作用，能长久地不改变原有品质，不被破坏，且保持其使用功能的性质。耐久性是一项综合指标，包括抗冻性、抗渗性、抗化学侵蚀性、抗碳化性能、大气稳定性、耐磨性等多种性质。

材料在建筑物之中，除要受到各种外力的作用之外，还经常要受到环境中许多自然因素的破坏作用。这些破坏作用包括物理、化学、机械及生物的作用。

物理作用有干湿变化、温度变化及冻融变化等。这些作用将使材料发生体积的胀缩，或导致内部裂缝的扩展，时间长久之后即会使材料逐渐破坏。在寒冷地区，冻融变化对材料会起着显著的破坏作用。在高温环境下，经常处于高温状态的建筑物或构筑物，所选用的建筑材料要具有耐热性能。在民用和公共建筑中，考虑安全防火要求，须选用具有抗火性能的难燃或不燃的材料。

化学作用包括大气、水以及使用条件下酸、碱、盐等物质的水溶液或有害气体对材料的侵蚀作用，使材料的组成发生质的变化，从而引起材料的变化，如水泥石的化学侵蚀、钢材的锈蚀等。

机械作用包括使用荷载的持续作用，交变荷载引起材料疲劳、冲击、磨损、磨耗等。

生物作用包括菌类、昆虫等的作用而使材料腐朽、蛀蚀而被破坏，如白蚁对木材的蛀蚀。

砖、石料、混凝土等矿物材料，多是由于物理作用而破坏，也可能同时会受到化学作用的破坏；金属材料主要是由于化学作用引起腐蚀；木材等有机质材料常因生物作用而破坏；沥青材料、高分子材料在阳光、空气和热的作用下，会逐渐老化而使材料变脆或开裂。

材料的耐久性指标是根据工程所处的环境条件来决定的。例如,处于冻融环境的工程,所用材料的耐久性以抗冻性指标来表示;处于暴露环境的有机材料,其耐久性以抗老化能力来表示。由于耐久性是一项长期性质,所以对材料耐久性最可靠的判断是在使用条件下进行长期的观察和测定,这样做需要很长时间。通常是根据使用要求,在实验室进行快速试验,并对此耐久性作出判断。实验室快速试验包括干湿循环、冻融循环、加湿与紫外线干燥循环、碳化、盐溶液浸渍与干燥循环、化学介质浸渍等。

1.7.2　装饰性

随着社会经济水平的提高,人们越来越追求舒适、美观、整洁、健康的居住、工作环境及各种室内外活动环境。美好的室内外环境在很大程度上取决于建筑材料的装饰性。建筑装饰材料指的是能够美化环境、协调人工环境与自然环境之间的关系、增加环境情趣的一类建筑材料,是目前发展和变化最快的建筑材料。

装饰材料主要用作建筑墙面、柱面、地面、顶棚及屋面等的饰面层,这类材料往往同时具备装饰、结构、耐磨、防水、防潮、绝热、防火、吸声和隔音等两种以上的功能。我们这里仅讨论材料的装饰性,即讨论其美化环境的主要功能。

1. 材料的色彩

色彩最能突出体现建筑物的美感,古今中外著名的建筑无一不是利用材料的色彩来塑造其美的。不同的色彩给人的感受不同:白色或浅色给人以明快、清新的感觉;深色则显得端庄、稳重;红色、橙色、黄色等暖色调,使人感到热烈、兴奋、温暖;绿色、蓝色、紫罗兰色等冷色调,使人感到宁静、幽静、清凉。建筑设计师要根据材料的色彩,艺术性地构建美的室内外环境。

色彩是材料对光的反射效果。构成材料颜色的本质比较复杂,它受微量组成物质(如金属氧化物)的影响很大,同时与光线的光谱组成和人眼对光谱的敏感性有关,不同的人对同一种颜色所感受到的色彩效果是有差异的。因此,生产中鉴别材料的颜色,通常采用标准色板进行比较,或者用光谱分色仪进行测定。

2. 材料的光泽

光泽是材料对光线镜面反射与漫反射的综合效果,也是材料重要的装饰性能之一。镜面反射产生高光泽,高光泽的材料具有很高的观赏性,同时在灯光的配合下,能对空间环境的装饰效果起到强化、点缀和烘托的作用。许多装饰材料的表面进行抛光处理,如大理石板材、花岗石板材、不锈钢板材等,以达到高的光泽。事物是一分为二的,材料的高光泽往往也会产生眩光,当人们视野中出现亮度极高或对比度过大的高光泽材料时,反而会感到不适。这时可选用亚光的饰面材料,以获得柔和的光环境。

材料的光泽度是用光电光泽度计进行测定的,可对金属制品、油漆涂料、塑胶材料、竹木制品、陶瓷制品、皮革制品、薄膜纸张、印刷油墨等众多领域的材料和制品表面的光泽进行测量。

3. 材料的透明性

透明性是光线透射穿过材料的效果。能透光又能透视的材料称透明体,如普通平板玻璃;只能透光不能透视的材料称半透明体,如磨砂玻璃。透明材料具有良好的透光性,被广泛地用作建筑物的采光和装饰。利用透明材料对空间进行装饰,可以给人轻快、豪华、视野开阔和大空间的感觉。采用透明材料建造的玻璃幕墙建筑,给人以通透明亮,具有强烈时代气息之感。半透明的材料主要用在具有私密性的环境,在保证良好采光的同时又给人以安全感。

4. 材料的质感

质感是指材料给人的感觉和印象,是人对材料刺激的主观感受,是人的感觉系统因生理刺激对材料做出的反应或由人的知觉系统从材料的表面特征得出的信息,是人们通过感觉器官对材料做出的综合印象。它包括材料自身粗糙光滑、柔软坚硬、明暗色差、凹凸错落、晶斑大小、纹理构造、图案花纹等诸多方面,也包含人对材料的感知,如导热系数大的金属材料具有冰冷的质感,天然石材、木材的晶斑与纹理给人以质朴与回归自然的感受,大面积混凝土带给我们笨重、粗犷、脆硬的印象,清水勾缝墙面使人产生浓浓的乡情。不同材料的材质决定了材料的特性和相互间的差异性。在装修材料的运用中,人们往往利用材质的特性和差异性来创造富有个性的室内环境。在越来越强调个性化设计的今天,装修材料的质感表现将成为环境设计中空间与材质运用的新焦点。

5. 材料的几何性质

几何性质指的是材料的几何形状、尺寸大小及空间造型。建筑装饰材料有板状、块状、筒状、波浪片状、薄片状、条型及其他异型,使用时可拼成各种图案和花纹。建筑设计与环境设计包含了大量的几何元素,材料的几何性质为设计师提供了多种选择。对建筑材料还可进行适当的造型处理,如对水磨石、水刷石、干黏石、喷刷涂料进行分格或形成各种图案,可获得很好的装饰效果。各种景观材料和园林造型材料,如绿化混凝土、仿木混凝土、彩色地砖、仿古砖等装饰制品也可进行几何处理,以增加环境的美观、趣味。

1.7.3 环保性

建筑材料的环保性有狭义与广义之分。狭义的环保性仅指建筑材料作为建筑物的一部分,在建筑物生命期内对人的健康、安全的保障,对环境的影响及维持建筑物使用功能所消耗的能源问题。广义的环保性除了前述的内容之外,还应包含:(1)建筑材料在原料开采、生产、运输、存储等过程中对地球资源、能源和环境的影响;(2)建筑材料在建筑施工中对能源的消耗以及生产的粉尘、污水、垃圾、噪音等对环境的影响;(3)建筑物在生命期后,对建筑进行解体时形成的垃圾、粉尘等对环境的影响以及垃圾的回收利用问题。

建筑材料的大量生产和使用,一方面为人类带来了越来越多的物质享受,另一方面也给地球的环境和生态平衡造成了不良的影响。2011 年我国水泥产量 20.6 亿吨、粗钢产量 6.96 亿吨,分别占全球产量的 62%和 46%,生产水泥、钢材的同时要消耗大量的能源,排出二氧化碳和二氧化硫等有害气体和粉尘,这些会产生温室效应和大量的酸雨。大兴土木的同时,砍伐了大量树木,大量的森林消亡,从而造成自然景观的破坏,河床变形和改道,水土流失,耕地减少,沙漠化严重等。

城市噪音 1/3 来自建筑施工;无机矿物质材料含有放射性物质,如放射性材料高的花岗石、大理石、煤矿石砖等，会使人患放射病、癌症或遗传性疾病；有机材料中，含高挥发性的有机物质的涂料，含甲醛等过敏性化学物质较多的胶合板、纤维板、胶合剂，以及含微纤维物质的石棉纤维、水泥制品等，都会对人体健康产生严重的危害。

因此降低建材工业的能耗，减少二氧化碳和二氧化硫的排放，研究材料的环保性，开发环保材料，是 21 世纪建筑材料发展的重要课题。环保性材料是指既能减轻对地球环境造成的负荷，又能与自然生态环境友好协调共生，可持续发展，并为人类构造更安全、更舒适、更健康环境的材料。

实训与创新

通过重点掌握建筑工程材料的基本性质，到实训基地考察，研究建筑工程材料与水有关的性质，考察、研究建筑工程材料的弹性、塑性等的科学实例，并选择其中之一写出不少于 500 字的小论文。

复习思考题与习题

1.1　建筑工程材料应具备哪些基本性质？为什么？

1.2　材料的内部结构分为哪些层次？不同层次的结构中，其结构状态或特征对材料性质有何影响？

1.3　材料的密度、表观密度、体积密度和堆积密度有何差别？

1.4　材料的密实度和孔隙率与散粒材料的填充率和空隙率有何差别？

1.5　材料的亲水性、憎水性、吸水性、吸湿性、耐水性、抗渗性及抗冻性的定义、表示方法及影响因素是什么？

1.6　什么是材料的导热性？导热性的大小如何表示？材料导热性与哪些因素有关？

1.7　脆性材料和韧性材料有什么区别？

1.8　材料在荷载(外力)作用下的强度有几种？

1.9　试验条件对材料强度有无影响？影响怎样？为什么？

1.10　什么是材料的强度等级、比强度？强度等级与强度有何关系与区别？

1.11　说明材料的脆性与韧性、弹性和塑性的区别。

1.12　说明材料的疲劳极限、硬度、磨损及磨耗的概念。

1.13　什么是材料的耐久性？材料为什么必须具有一定的耐久性？

1.14　建筑物的屋面、外墙、基础所使用的材料各应具备哪些性质？

1.15　当某种材料的孔隙率增大时，下表内其他性质如何变化？(用符号表示：↑增大、↓下降、—不变、？不定)

孔隙率	密度	表观密度	强度	吸水率	抗冻性	导热性
↑						

1.16　某岩石试样经烘干后其质量为 482 g，将其投入盛水的量筒中，当试样吸水饱和

后水的体积由 452 cm^3 增加到 630 cm^3。饱和面干时取出试件称量，质量为 487 g。试问：①该岩石的开口孔隙率为多少？②表观密度是多少？

1.17 称取堆积密度为 1 500 kg/cm^3 的干砂 200 g，将此砂装入容量瓶内，加满水并排尽气泡（砂已吸水饱和），称得总质量为 510 g，将此瓶内的砂倒出，向瓶内重新注满水，此时称得总质量为 386 g，试计算砂的表观密度。

1.18 普通黏土砖进行抗压强度试验：干燥状态下的破坏强度为 20.70 kN；水饱和后的破坏强度为 17.25 kN。若砖的受压面积为 11.5 cm×12.0 cm，试问此砖可否用于建筑物中常与水接触的部位？

1.19 配制混凝土用的卵石，其密度为 2.65 g/cm^3，干燥状态下的堆积密度为 1 550 kg/cm^3。若用砂子将卵石的空隙填满，试问 1 m^3 卵石需用多少砂子？

1.20 含水率为 10% 的 100 g 的湿砂，其中干砂的质量为多少克？

1.21 现有甲、乙两相同组成的材料。密度为 2.7 g/cm^3。甲材料的绝对体积密度为 1 400kg/cm^3，质量吸水率为 17%，乙材料吸水饱和后的体积密度为 1 862 kg/cm^3，体积吸水率为 46.2%。试求：(1)甲材料的孔隙率和体积吸水率；(2)乙材料的绝对体积密度和孔隙率；(3)评价甲、乙两种材料，指出哪种材料更宜作为外墙材料。为什么？

第2章　天然石料

教学目的：天然石材可作为砌体材料，也可加工成装饰板材、碎石、砂子等，还可以作为某些建筑工程材料的生产原料。种类相同而用途不同的天然石材，对其性质的要求不完全相同。本章主要学习天然石材的一般性质。

教学要求：熟练掌握天然石材的物理性质和力学性质，及花岗石和大理石的主要特性。掌握在建筑行业中常用石材的品种。了解岩石的形成和分类、天然石材的工艺性质、其他岩石的特性与应用，能正确、合理地选用建筑石材。

建筑用石材分为天然石材和人工石材两大类。

天然石材是由天然岩石经过或不经加工而制得的石材。它是古老的建筑材料之一，世界上有很多著名的古建筑是由天然石材建造而成的，如意大利的比萨斜塔、古埃及的金字塔、我国的赵州桥等。目前石材作为结构材料已很大程度被钢筋混凝土、钢材所取代。由于天然石材具有抗压强度高，耐久性、耐磨性及装饰性好等优点，目前在土木工程中较多用作建筑装饰材料、基础和墙身等砌筑材料、路面铺砌材料以及混凝土的骨料等。

2.1　天然岩石的分类及工程中常用岩石的特性

岩石是由各种不同的地质作用所形成的天然矿物的集合体。天然岩石根据其形成的地质条件不同，分为岩浆岩、沉积岩和变质岩三大类。

2.1.1　岩浆岩

岩浆岩是地壳深处的岩浆涌向地表或地下一定深度处，因温度和压力条件发生变化，使之冷凝而形成的岩石。根据岩浆岩的成因分为以下三类。

1. 深成岩

深成岩是地壳深处的岩浆，受上部覆盖层压力的作用，缓慢且较均匀地冷凝而形成的岩石。深成岩的矿物结晶完整且晶粒较粗，结构致密，呈块状构造，具有抗压强度高、吸水率小、表观密度大及抗冻性、耐磨性良好的性质。

深成岩有花岗石、花岗斑岩、正长岩、辉长岩、橄榄岩等。建筑工程最为常用的是花岗石。花岗石是酸性岩类，具有致密的结晶结构，其颜色一般为灰白、微黄和淡红等。花岗石结构致密，其孔隙率(0.04%～2.8%)和吸水率(0.1%～0.7%)很小，堆积密度大(2 500～

2 800kg/m^3)，抗压强度高(120～250 MPa)，抗冻性好(F100～F200)，耐风化和耐久性好，使用年限为75～200年，高质量的可达1000年以上。由于其较耐硫酸和硝酸的腐蚀，故可用作设备的耐酸衬里。花岗石表面经琢磨加工后光泽美观，是优良的装饰材料。但在高温下，由于花岗石内部石英晶型转变膨胀会引起破坏，故耐火性差。在建筑工程中花岗石常用于基础、闸坝、桥墩、台阶、路面、墙石及纪念性建筑物等。

2. 喷出岩

喷出岩是岩浆喷出地表时，在压力骤减和气温冷却较快的条件下形成的岩石。喷出岩结晶条件差，多呈隐晶质或玻璃体结构。当喷出的岩浆形成的岩石很厚时，其结构接近深成岩；当喷出岩凝固形成较薄的岩层时，常呈多孔构造，近似火山岩。

常见的喷出岩有玄武岩、安山岩和辉绿岩等。玄武岩硬度高，脆性大，抗风化能力强，堆积密度为2 900～3 500 kg/m^3，抗压强度为100～500 MPa。常用作高强度混凝土的骨料，也用其铺筑道路路面等。辉绿岩有较高的耐酸性，可用作耐酸混凝土的骨料。

3. 火山岩

火山岩是火山爆发时岩浆被喷到空中，急速冷却后形成的岩石。火山岩为玻璃体结构且呈多孔构造，表观密度小，如火山灰、火山渣、浮石和凝灰岩等。工程中火山灰、火山渣可作为水泥的混合材料。浮石可作轻混凝土的骨料。

2.1.2 沉积岩

沉积岩是地表的各类岩石经长期风化、搬运、沉积、压固、胶结作用而形成的岩石。沉积岩为层状构造，密度小，孔隙率和吸水率较大，强度较低，耐久性较差。

根据生成条件，沉积岩分成碎屑岩类(如砂岩、砾岩等)、黏土岩类(如页岩、泥岩)、化学及生物化学岩类(如石灰岩、白云岩)。石灰岩和砂岩是建筑工程中常用的沉积岩。

石灰岩主要成分是$CaCO_3$，主要矿物成分为方解石，常含有白云石、菱镁矿、石英、黏土等。石灰岩的化学成分、矿物组成、致密程度及物理性质差异甚大，颜色常见的有灰白色、浅灰色，常因含有杂质呈现深灰色、灰黑色和浅红色。堆积密度为2 300～2 700 kg/m^3，抗压强度为100～500 MPa，吸水率为0.53%～27%。如果岩石中黏土含量不超过3%～4%，其耐久性和抗冻性较好。石灰岩来源广，且采掘加工方便。质地较密实的石灰岩常用于砌筑建筑工程的基础、桥墩、台阶等，或作为骨料大量用于混凝土中。此外，石灰岩也是生产其他建筑材料(石灰、水泥、玻璃)的主要原料。

砂岩主要的造岩矿物有石英及少量的长石、方解石和白云岩等。根据胶结物的不同，砂岩可分为硅质砂岩、钙质砂岩、铁质砂岩和黏土质砂岩。砂岩因胶结物的种类及胶结的致密程度不同，性质差异很大。致密的硅质砂岩性能接近于花岗石，可用于纪念性建筑及耐酸工程；钙质砂岩的性质类似石灰岩，抗压强度为60～80 MPa，较易加工，应用较广，可作为基础、踏步、人行道等的建筑材料，但耐酸性差；铁质砂岩的性能比钙质砂岩差，其致密者可用于一般建筑工程；黏土质砂岩浸水易软化，建筑工程中一般不用。

2.1.3 变质岩

变质岩是地壳中的原岩受温度、压力及化学活动性流体的影响，在固体状态下发生再结晶作用而形成的新的岩石。

通常岩浆岩变质后，其结构不如原岩坚实，性能变差，如花岗石变质后形成片麻岩则易于分层剥落，耐久性差。沉积岩形成变质岩后，则其建筑性能有所提高，如石灰岩和白云岩变质后得到的大理石，比原来的岩石坚固耐久。

工程中常用的变质岩有大理石，天然大理石具有黑、白、灰、绿和米黄等多种颜色，且斑纹多样，磨光后光洁细腻，纹理自然，美丽典雅，常用于地面、墙面、柱面、栏杆等室内的高级饰面材料。但由于其抗风化性能差，遇酸雨或空气中酸性氧化物（SO_3 等）的酸性侵蚀失去光泽，变得多孔粗糙，故一般不宜用作室外装修。此外，还应注意，当用作人流量较大场所的地面装饰板材时，由于大理石硬度较低，因而板材的磨光面易损坏。

2.2　岩石的技术性质

岩石的技术性质主要从物理性质、力学性质、化学性质和工艺性四方面进行评价。

2.2.1　物理性质

岩石的物理性质包括物理常数（如密度、体积密度和孔隙率等）、吸水性、耐水性、抗冻性、耐热性等。

1. 物理常数

岩石的物理常数是岩石矿物组成结构状态的反映，与岩石的技术性质有着密切的关系。岩石的内部组成结构主要由矿质实体和孔隙（包括与外界连通的开口孔隙和不与外界连通的闭口孔隙）组成，如图 2-1(a)所示。各部分质量与体积的关系如图 2-1(b)所示。

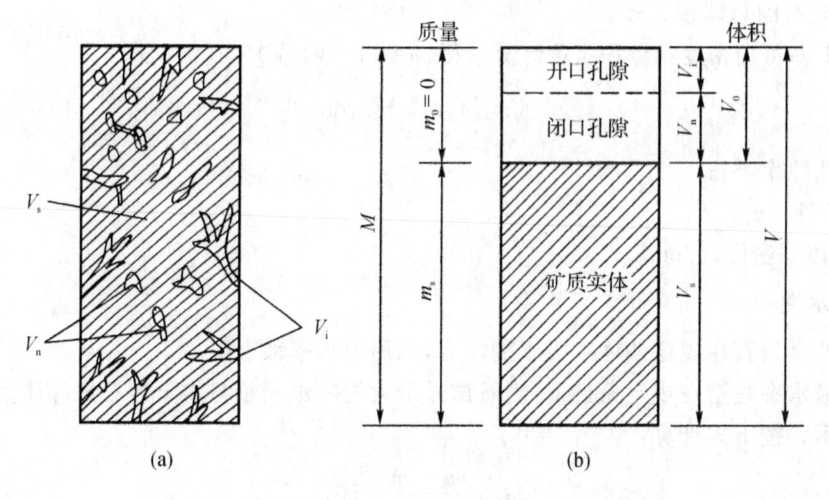

(a)岩石组成结构外观；(b)岩石结构的质量与体积的关系

图 2-1　岩石组成结构

(1)密度

密度是岩石在规定条件[(105±5)℃下烘至恒重,温度(20±2)℃]下,烘干岩石矿质实体单位体积(不包括开口与闭口孔隙)的质量,用ρ_t表示。

$$\rho_t=\frac{m_s}{V_s}$$

式中,ρ_t—密度,g/cm^3;

m_s—矿质实体的质量,g;

V_s—矿质实体的体积,cm^3。

岩石密度的测定方法采用密度瓶法。要获得矿质实体的体积,必须将岩石粉碎磨细,通过试验测定出来。

(2)体积密度

在规定条件下,烘干岩石(包括孔隙在内)的单位体积的质量。根据岩石含水状态,体积密度可分为干密度、饱和密度和天然密度。用字母ρ_b表示。

$$\rho_b=\frac{m_s}{V_s+V_n+V_i}$$

式中,ρ_b—体积密度,g/cm^3;

m_s、V_s—意义同前;

V_i、V_n—岩石开口孔隙和闭口孔隙的体积,cm^3。

利用量积法、水中称量法和蜡封法来测定毛体积密度。

(3)孔隙率

岩石的孔隙率是指岩石孔隙体积占岩石总体积的百分率。岩石孔隙率表示为:

$$n=\frac{V_0}{V}\times 100\%$$

式中,n—孔隙率,%;

V_0—孔隙(包括开口和闭口孔隙)的体积,cm^3;

V—岩石的总体积,cm^3。

孔隙率亦可用密度和体积密度计算求得:$n=(1-V_s/V)\times 100\%$,即:

$$n=\left(1-\frac{\rho_b}{\rho_t}\right)\times 100$$

式中,n—孔隙率,%;

ρ_t—密度,g/cm^3;

ρ_b—体积密度,g/cm^3。

2. 吸水性

吸水性是岩石在规定条件下吸水的能力,采用吸水率来表征。

岩石吸水率是指在规定条件下,岩石试样最大的吸水质量与烘干岩石试件质量之比,以百分率表示。按下式计算:

$$\omega_a=\frac{m_1-m}{m}\times 100$$

式中,ω_a—岩石吸水率,%;

m—烘至恒量时的试件质量,g;

m_1—吸水至恒量时的试件质量,g。

吸水率能有效地反映岩石微裂隙的发育程度,可用来判断岩石的抗冻性和抗风化等性能。

3. 耐水性

当岩石含有黏土或者易溶于水的物质时,在饱水情况下,强度会明显下降。石材的耐水性以软化系数表示。

软化系数大于或等于0.9的为高耐水性岩石,软化系数为0.7～0.9的属中耐水性岩石,软化系数为0.6～0.7的为低耐水性岩石。一般软化系数小于0.8的石材不允许用于重要建筑。

4. 抗冻性

抗冻性是指岩石抵抗冻融破坏的能力,指岩石在吸水饱和状态下,经受冻融循环的次数。

岩石抗冻性试验通常采用直接冻融法。试件在饱水状态下,在－15 ℃时冻结4 h后,放入(20±5)℃水中融解4 h,为冻融循环一次,如此反复冻融至规定次数为止。经历规定的冻融循环次数,详细检查各试件有无剥落、裂缝、分层及掉角等现象,并记录检查情况。将冻融试验后的试件烘至恒重,称其质量,然后测定其抗压强度,如质量损失不超过5%,强度降低不大于25%,则为抗冻性合格。石材的抗冻等级分为F5、F10、F15、F25、F50、F100和F200等。

如无条件进行冻融试验,也可采用坚固性简易快速测定法,这种方法通过饱和硫酸钠溶液进行多次浸泡与烘干循环来测定。

5. 耐热性

岩石耐热性与其化学成分及矿物组成有关,在高温下,造岩矿物会产生分解或变质,由于各种造岩矿物的热膨胀系数不同,受热后会产生内应力以致崩裂。含石膏的石材,在100 ℃开始破坏;含碳酸镁的石材,温度高于725 ℃会发生破坏;含碳酸钙的石材,温度达到827 ℃时才开始破坏;石英与其他矿物所组成的结晶石材(如花岗石),温度高于700 ℃时强度迅速下降。

6. 放射性

少量天然石材中含有某些放射性元素,主要是放射性核元素镭226、钍232等,如超标会对人体的健康不利。其标准可参照《建筑材料放射性核素限量》(GB 6566-2001)。

2.2.2　力学性质

工程结构物中使用的岩石应具备一定的力学性质,如抗压、抗拉、抗剪、抗折强度,还应具备如抗磨光、抗冲击和抗磨耗等力学性能。在此主要讨论确定岩石的抗压强度、耐磨性和硬度三项性质。

1. 单轴抗压强度

单轴抗压强度,是指将岩石制备成标准试件[建筑地基用岩石制备成直径为(50±2)

mm，高径比为 2∶1 的圆柱体试件；桥梁工程用岩石制备成边长为(70±2)mm 的立方体试件；路面工程用岩石制备成边长为(50±2)mm 的立方体试件或直径和高均为(50±2)mm的圆柱体试件]，经吸水饱和后，在单轴受压并按规定的加载条件下，达到极限破坏时单位承压面积的荷载。按下式计算：

$$R=\frac{P}{A}$$

式中，R—抗压强度，MPa；

P—试件破坏时的荷载，N；

A—试件的截面积，mm^2。

抗压强度是岩石力学性质中最重要的一项指标，是岩石强度分级和岩性描述的主要依据。

2. 耐磨性

耐磨性是岩石抵抗撞击、边缘剪力和摩擦的联合作用的性能。

耐磨性包括耐磨损性(石材受摩擦作用)和耐磨耗性(石材同时受摩擦和冲击作用)两个方面。耐磨损性以单位摩擦面积所产生的质量损失大小来表示，耐磨耗性以单位质量所产生的质量损失的大小来表示。一般而言，石材的强度高，则耐磨性也较好。

3. 硬度

硬度是指抵抗刻画的能力，以莫氏或肖氏硬度表示。其值大小取决于矿物的硬度和构造。石材的硬度与抗压强度具有相关性，一般抗压强度越高，其硬度也越高。硬度越高，其耐磨性和抗刻画性越好，但表面加工越困难。

2.2.3 化学性质

岩石的化学性质将影响混合料(各种矿质集料与水泥或沥青组成)的物理和力学性质。根据试验研究的结果，按 SiO_2 含量的多少将岩石划分为酸性、碱性及中性。按克罗斯的分类法，岩石化学组成中 SiO_2 含量大于 65％的岩石称为酸性岩石，如花岗石、石英岩等；SiO_2 含量为 52％～65％的岩石称为中性岩石，如闪长岩、辉绿岩等；含 SiO_2 量小于 52％的岩石称为碱性岩石，如石灰岩、玄武岩等。在选择与沥青结合的岩石时，应考虑岩石的酸碱性及其对沥青与岩石黏结性的影响。

2.2.4 工艺性质

岩石的工艺性质指开采及加工的适应性，包括加工性、磨光性和抗钻性。

加工性指对岩石进行劈裂、破碎与凿琢等加工的难易程度。强度、硬度较高的石材，不易加工；质脆而粗糙，颗粒交错，含层状或片状构造以及已风化的岩石，都难以满足加工要求。

磨光性指岩石能否磨成光滑表面的性质。致密、均匀、细粒的岩石一般有良好的磨光性，可磨成光滑亮洁的表面，疏松多孔、鳞片状结构的岩石磨光性均较差。

抗钻性指岩石钻孔的难易程度。影响抗钻性的因素很复杂，一般与岩石的强度、硬度等性质有关。

2.3　岩石的加工类型与选用原则

2.3.1　石材的加工类型

建筑上使用的石材，按加工后的外形规则程度分为块状石材、板状石材、散粒石材、各种石制品等。

1. 块状石材

块状石材多为砌筑石材。分为毛石和料石两类。

(1)毛石(又称为片石或块石)

毛石是由爆破直接获得的石块，依其外形又分为乱毛石与平毛石。乱毛石形状不规则，平毛石是乱毛石略经加工而成的，形状较乱毛石整体，基本上有六个面，但表面粗糙。毛石常用于砌筑毛石基础、勒脚、墙身、堤坝及配制毛石混凝土等。平毛石还可用于铺筑小径石路。

(2)料石

料石是经人工或者机械开采出的较规则的六面体石块，略加凿制而成，至少有一个面的边角整齐，以便互相合缝。根据表面加工程度的不同，可分为四种：

毛料石——表面不经加工或稍微修饰的料石；

粗细料石——正表面的凹凸相差不大于 20 mm 的料石；

半细料石——正表面的凹凸相差不大于 10 mm 的料石；

细料石——正表面的凹凸相差不大于 2 mm 的料石。

料石主要用于砌筑基础、墙身、踏步、地坪等，形状复杂的料石用于柱头、柱脚、楼梯、窗台板、栏杆等。

2. 板材

板材是用致密岩石经凿平、锯断、磨光等各种加工方法制作而成的厚度一般为 20 mm 的板状石材，如花岗石板材、大理石板材等。

3. 散粒石料

建筑工程中的散粒石料主要指碎石、卵石和色石渣三种。碎石和卵石常用作骨料，卵石还可作为园林、庭院等地面的铺砌材料。色石渣由天然大理石或花岗石等残碎料加工而成，有各种色彩，可供作人造大理石、水磨石、干黏石及其他饰面粉刷骨料之用。

2.3.2　石材的选用原则

建筑工程中应根据建筑物的类型、环境条件等慎重选用石材，使其既符合工程使用条件，又经济合理。一般应考虑以下几点：

1. 力学指标

根据石材在建筑物中不同的使用部位，选用满足强度、硬度等力学性能要求的石材，如承重用的石材（基础、墙体等）强度是选材的主要依据之一，对于地面用石材则应主要考虑其具有较高的硬度和耐磨性。

2. 耐久性

根据建筑物的重要性和使用环境，选择耐久性良好的石材。如用于室外的石材不可忽略其抗风化性能的优劣；处于高温高湿、严寒等特殊环境下的石材应考虑所用石材的耐热、抗冻及耐化学侵蚀性等。

3. 质感与色彩

装饰用石材应注意石材的质感、色彩与建筑物类型及周围环境的协调，以取得最佳的装饰效果。

4. 经济性

由于天然石材自重大，开采运输不便，应综合考虑地方资源，尽可能就地取材，以降低成本。

5. 环保性

在选用室内装饰用石材时，应注意其放射性指标是否合格。

2.4 人造石材

用人工方法加工制造的具有天然石材花纹和纹理的合成石，称为人造石材。以人造花岗石、大理石和水磨石最多。人造石材有质量轻、强度高、耐污染、耐腐蚀、施工简便等优点，是现代建筑理想的装饰材料。

根据人造石材使用的胶结材料不同分为以下四种：

2.4.1 树脂型人造石材

树脂型人造石材是以有机树脂为胶结剂，与天然碎石、石粉及颜料等配制拌成混合料，经浇捣成型、固化、脱模、烘干、抛光等工序而制成。

2.4.2 水泥型人造石材

水泥型人造石材是以白色水泥、彩色水泥、普通水泥为胶结材料，与大理石碎石和石粉颜料等配制拌和，经成型、养护、磨平、抛光等工序而制成。

2.4.3　复合型人造石材

复合型人造石材由无机胶结料和有机胶结料共同组合而成。例如，用无机材料将填料黏结成型后，再将胚体浸渍于有机单体里，使其在一定条件下聚合，或在廉价的水泥型基板上复合聚酯型薄层，组成复合板材，以获得最佳的装饰效果和经济指标。

2.4.4　烧结型人造板材

烧结型人造板材的生产工艺和陶瓷工艺类似，即将长石、石英、方解石等粉石和赤铁矿粉及高岭土等混合成矿粉，再配以一定比例的黏土混合制成泥浆，经制胚、成型和艺术加工后，再经高温焙烧而成，如仿花岗石瓷砖、仿大理石陶瓷艺术板等。

以上四种人造石材中，树脂型人造石材是目前国内外使用较多的一种人造石材。它具有质轻高强、不易破碎、便于粘贴施工，有良好的耐酸碱、耐腐蚀和抗污染性，色彩花纹仿真性强，易加工的特点，但有易老化的缺点。

实训与创新

运用石材的主要建筑性能，调查建筑或装饰施工工地等实训基地，并选择其中之一写出关于在建筑工地或装饰工地有关石料的选材、质量检测的不少于 500 字的科技小论文。

复习思考题与习题

2.1　岩石按地质成因可分为哪几类？各类岩石的一般特征是什么？

2.2　何谓岩石的结构与构造？岩石有哪些构造？

2.3　在建筑中常用的岩浆岩、沉积岩、变积岩有哪几种？主要用途有哪些？

2.4　一般岩石具有哪些主要技术性质？其技术指标是什么？

2.5　天然石料是根据什么指标划分等级的？分几个等级？

2.6　土木工程中常用的天然石料有哪几种？它们各有何特点？

2.7　花岗石和大理石各有哪些特性和用途？大理石一般不宜用于室外，但汉白玉、艾叶青等有时可用于室外装饰，为什么？

2.8　土木工程中常用的石料制品有几种？它们多用在土木工程中哪些部位？

2.9　选择天然石材应注意哪些问题？

第3章　砌筑材料

教学目的：烧结普通砖是我国传统的墙体材料，使用量大，使用面广，为了环境保护、可持续发展、建筑节能等，我国鼓励使用蒸压蒸养砖和砌块。了解烧结普通砖技术性能，重点掌握蒸养（压）砖和砌块的技术要求。

建筑的砌块化已成为一种发展趋势。

教学要求：熟练掌握烧结普通砖的性质与应用特点。掌握烧结多孔砖、烧结空心砖、蒸养蒸压砖、砌块的主要性质与应用特点。

砌筑材料是指用来砌筑、拼装或用其他方法构成承重或非承重墙体或构筑物的材料。其中墙体材料具有承重、围护和分隔作用，其重量占墙体总重量的50%以上，合理选用墙体材料对建筑物的结构形式、高度、跨度、安全、使用功能及工程造价等均有重要意义。墙体材料的品种很多，根据外形和尺寸大小分为砌墙砖、砌块(block)和板材(panel)三大类，每一类中又分为实心和空心两种形式。我国传统的砌筑材料主要是烧结普通砖（实心黏土砖）和石块，烧结普通砖在我国砌墙材料产品构成中曾占“绝对统治”地位，是世界上烧结普通砖的“王国”。由于烧结普通砖不论从对土地的破坏、资源与能源的耗费以及对环境的污染的任何一个角度来分析，都不符合可持续发展的要求，因此，近年来，我国大力开发了节土、节能、利渣、利废、多功能、有利于环保的各类砌块、蒸养砖等砌筑材料。

3.1　砌墙砖

砌墙砖是指以黏土、工业废料及其他地方资源为主要原料，按不同工艺制成的，在建筑上用来砌筑墙体的块状材料。按制作工艺分为烧结砖和蒸养砖。

3.1.1　烧结砖

烧结砖(fired brick)是以砂质黏土、页岩、煤矸石、粉煤灰为主要原料，经焙烧等工艺制成的矩形直角六面体块材。按使用的原料又分为烧结黏土砖(N)、烧结页岩砖(Y)、烧结粉煤灰砖(F)和烧结煤矸石砖(M)，分别简称黏土砖、页岩砖、粉煤灰砖和煤矸石砖。按孔洞率的不同分为烧结普通砖（又称实心砖，fired common brick，孔洞率＜25%）、烧结多孔砖(fired perforated brick，孔洞率≥25%)和烧结空心砖(fired hollow brick，孔洞率≥40%)三种。

1. 烧结砖的工艺流程

烧结砖的工艺流程为:原料开采和处理→成型→干燥→焙烧→成品。

(1)原料的开采和处理

原料的开采在原料矿进行,当原料矿整体的化学成分和物理性能基本相同,质量均匀时,可采用任意方式开采;当不均匀时,可沿断面均匀取土。为了破坏黏土的天然结构,开采的原料需要经风化、混合搅拌、陈化和原料的细碎处理过程。

(2)成型

烧结砖的成型方法依黏土的塑性不同,可采取不同的成型方法,有塑性挤出法或半硬挤出法。前者成型时坯体中含水大于18%,后者坯体中含水小于18%。

(3)干燥

砖坯成型后,含水量较高,如若直接焙烧,会因坯体内产生的较大蒸汽压使砖坯爆裂,甚至造成砖垛倒塌等严重后果。因此,砖坯成型后需要进行干燥处理,干燥后的砖坯含水要降至6%以下。干燥有自然干燥和人工干燥两种。前者是将砖坯在阴凉处阴干后再经太阳晒干,受季节限制;后者是利用焙烧窑中的余热对砖坯进行干燥,不受季节限制。干燥中常出现的问题是干燥裂纹,在生产中应严格控制。

(4)焙烧

焙烧是烧结砖最重要的环节,焙烧时,坯体内发生了一系列的物理化学变化。当温度达110 ℃时,坯体内的水全部被排出,温度升至500～700 ℃,有机物燃尽,黏土矿物和其他化合物中的结晶水脱出。温度继续升高,黏土矿物发生分解,并在焙烧温度下重新化合生成合成矿物(如硅线石等)和易熔硅酸类新生物。原料不同,焙烧温度(最高烧结温度)有所不同,通常黏土砖为950 ℃左右,页岩砖、粉煤灰砖为1 050 ℃左右,煤矸石砖为1 100 ℃左右。当温度升高达到某些矿物的最低共熔点时,便出现液相,该液相包裹一些不熔固体颗粒,并填充在颗粒的间隙中,在制品冷却时,这些液相凝固成玻璃相。从微观上观察烧结砖的内部结构,结晶的固体颗粒被玻璃相牢固地黏结在一起,所以烧结砖的性质与生坯完全不同,既有耐水性,又有较高的强度和化学稳定性。

焙烧温度若控制不当,就会出现过火砖和欠火砖,过火砖变形较大,欠火砖耐水性和强度都较低,因此,焙烧时要严格控制焙烧温度。为节约能耗,在坯体制作过程中,加入粉煤灰、煤矸石、煤粉,经烧结制成的砖叫"内燃砖",这种砖的质量较均匀。

焙烧砖坯的窑主要有轮窑、隧道窑和土窑,用轮窑或隧道窑烧砖的特点是生产量大,可以利用余热,可节省能源,烧出的砖的色彩为红色,也叫红砖。土窑的特点是窑中的焙烧"气氛"可以调节,到达焙烧温度后,可以采取措施使窑内形成还原气氛,使砖中呈红色的高价Fe_2O_3还原成呈青色的FeO,从而得到青砖。青砖多用于仿古建筑的修复。

2. 烧结普通砖

烧结普通砖曾在我国使用得非常广泛,尽管我国在逐渐限制烧结砖的生产和使用,但由于烧结普通砖的使用历史悠久,其性能及特点已被人们所熟悉,质量检验技术已成熟,因此烧结普通砖的技术性质已成为发展其他墙体材料时的参考。

(1)烧结普通砖的规格和质量等级

①烧结普通砖的规格

砖的外形为直角六面体，其公称尺寸为长 240 mm，宽 115 mm，高 53 mm，如加上 10 mm 的砌筑灰缝，则 4 块砖长，8 块砖宽或 16 块砖厚均为 1 m，1 m^3 的砖砌砌体共需 512 块砖。在建筑上，墙厚的尺寸以普通砖为基础，如“二四墙”、“三七墙”和“四九墙”，分别为一块、一块半和两块砖长的厚度。

②等级

普通砖按 10 块砖试样的抗压强度平均值 $\overline{f}$ 和抗压强度标准值 f_k 或单块最小抗压强度值 f_{min} 分为 MU30、MU25、MU20、MU15、MU10 五个强度等级。强度和抗风化性能合格的砖，根据尺寸偏差、外观质量、泛霜和石灰爆裂分为优等品(A)、一等品(B)、合格品(C)三个质量等级。其中，优等品可以用于清水墙和墙体装饰，一等品、合格品可以用于混水墙。中等泛霜的砖不能用于潮湿部位。

(2)技术要求

《烧结普通砖》(GB 5101-2003)规定的技术要求包括尺寸偏差、外观质量、强度、抗风化性能、泛霜和石灰爆裂。其中各指标要求如下：

①尺寸允许偏差

砖的尺寸允许偏差见表 3-1。

表 3-1　尺寸允许偏差(GB 5101-2003)　　单位：mm

公称尺寸	优等品		一等品		合格品	
	样本平均偏差	样本极差 ≤	样本平均偏差	样本极差 ≤	样本平均偏差	样本极差 ≤
240	±2.0	8	±2.5	8	±3.0	8
115	±1.5	4	±2.0	6	±2.5	7
53	±1.5	5	±1.6	5	±2.0	6

②外观质量

砖的外观质量应符合表 3-2 中的规定。

表 3-2　外观质量(GB 5101-2003)　　单位：mm

项目	优等品	一等品	合格品
两条面高度差，不大于	2	3	5
弯曲，不大于	2	3	5
杂质突出高度，不大于	2	3	5
缺棱掉角的三个破坏尺寸，不得同时大于	15	20	30
裂纹长度，不大于			
a. 大面上宽度方向及其延伸至条面上水平裂纹的长度	70	70	110
b. 大面上长度方向及其延伸至顶面或条面上水平裂纹的长度	100	100	150
完整面，不小于	一条面和一顶面	一条面和一顶面	—
颜色	基本一致	—	—

③砖的强度等级

普通砖的强度等级的评定方法如下：

第一步，分别测出 10 块砖的破坏荷载，并求出 10 块砖的强度个别值和平均值：

$$\overline{f}=\frac{1}{10}\sum_{i=1}^{10}f_i$$

第二步，根据 $\overline{f}$ 及 f_i 求出强度标准差 S 及变异系数 δ：

强度标准差：

$$S=\sqrt{\frac{1}{9}\sum_{i=1}^{10}(\overline{f}-f_i)^2}$$

变异系数：

$$\delta=\frac{S}{\overline{f}}$$

第三步，根据 δ 值确定评定方法：当 $\delta\leqslant 0.21$ 时，按平均值 $\overline{f}$ 和强度标准值 f_k 评定（其中强度标准值 $f_k=\overline{f}-1.80S$）；当 $\delta>0.21$ 时，按平均值和单块最小抗压强度值评定。各强度等级具体指标见表 3-3。

表 3-3　烧结普通砖强度等级（GB 5101-2003）　单位：MPa

强度等级	抗压强度平均值 $\overline{f}$，≥	变异系数 $\delta\leqslant 0.21$	变异系数 $\delta>0.21$
		强度标准值 f_k，≥	单块最小抗压强度值 f_{min}，≥
MU30	30.0	22.0	25.0
MU25	25.0	18.0	22.0
MU20	20.0	14.0	16.0
MU15	15.0	10.0	12.0
MU10	10.0	6.5	7.5

④抗风化性能

砖的抗风化性能用抗冻融试验或吸水率试验来衡量。GB 5101-2003 规定，风化指数≥12 700 者为严重风化区，风化指数＜12 700 者为非严重风化区。风化指数是指日气温从正温降到负温或从负温升回正温的平均天数，与每年从霜冻之日起到消失霜冻之日止这一期间降雨量的平均值的乘积。正温严重风化区中的 1、2、3、4、5 地区（表 3-4）的砖必须进行冻融试验，15 次冻融循环试验后每块砖样不允许出现裂纹、分层、掉皮、缺棱、掉角等冻坏现象，而且干质量损失不大于 2%。其他地区的砖抗风化性能符合表 3-5 规定时可不做冻融试验；否则，必须进行冻融试验。

表 3-4　风化区划分

严重风化区		非严重风化区		
1. 黑龙江省	8. 青海省	1. 山东省	8. 四川省	15. 海南省
2. 吉林省	9. 陕西省	2. 河南省	9. 贵州省	16. 云南省
3. 辽宁省	10. 山西省	3. 安徽省	10. 湖南省	17. 西藏自治区
4. 内蒙古自治区	11. 河北省	4. 江苏省	11. 福建省	18. 上海市
5. 新疆维吾尔自治区	12. 北京市	5. 湖北省	12. 台湾省	19. 重庆市
6. 宁夏回族自治区	13. 天津市	6. 江西省	13. 广东省	
7. 甘肃省		7. 浙江省	14. 西壮族自治区	

表 3-5　抗风化性能(GB 5101-2003)

砖种类＼项目	严重风化区				非严重风化区			
	5 h 沸煮吸水率/%,≤		饱和系数,≤		5 h 沸煮吸水率/%,≤		饱和系数,≤	
	平均值	单块最大值	平均值	单块最大值	平均值	单块最大值	平均值	单块最大值
黏土砖	21	23	0.85	0.87	23	25	0.88	0.90
粉煤灰砖	23	25	0.85	0.87	30	32	0.88	0.90
页岩砖	16	18	0.74	0.77	18	20	0.78	0.80
煤矸石砖	19	21	0.74	0.77	21	23	0.78	0.80

⑤泛霜

泛霜是指可溶性盐类(如硫酸盐类)在砖或砌块表面的析出现象,一般是白色粉末、絮团或片状结晶。砖出现泛霜不仅影响外观,而且因结晶膨胀引起砖表层酥松,甚至剥落。优等品不应有泛霜,一等品不允许出现中等泛霜,合格品不应出现严重泛霜。

⑥石灰爆裂

当砂质黏土中含石灰石时,焙烧后将有生石灰生成,生石灰遇水膨胀导致砖块裂缝。因此,对于石灰爆裂产生的区域在标准中都作出了规定。

另外,产品不允许有欠火砖、酥砖和螺旋砖。

(3)烧结普通砖的应用

在建筑工程中,烧结普通砖主要用作墙体材料,也可砌筑砖柱、砖拱、烟囱、沟渠、基础等,还可以与其他轻质材料构成复合墙体。

烧结普通砖有一定的强度和耐久性,并有较好的隔热性,是传统的墙体材料。但由于焙烧普通砖的过程中要大量占用耕地,消耗能源,污染环境,因此国家为促进墙体材料结构调整和技术进步,提高建筑工程质量和改善建筑功能,出台了一系列政策。根据我国墙体材料革新和墙体材料"十五"规划要求,全国已有 170 个大中城市于 2003 年 6 月 30 日以前禁止使用实心黏土砖。除此之外,所有省会城市在 2005 年底以前全面禁止使用实心黏土砖,在沿海地区和大中城市,禁用范围将逐步扩大到以黏土为主要原料的墙体材料。

3. 烧结多孔砖和烧结空心砖

与普通砖相比,多孔砖和空心砖具有以下优越性:在生产方面,节土、节煤和提高生产效率,如孔洞率为 24%的多孔砖,可比实心砖节约 24%的土及煤,用与实心砖相同的挤泥机,可相应提高成型效率。由于其质量低,还提高了装运与出窑效率。在施工方面,可提高工效约 30%,节约砂浆 20%,节约运输费约 15%。由于可使建筑物自重下降,可减少基础荷重,降低造价,且在使用方面,由于导热系数比普通砖低,故绝热效果优于普通砖,因而目前多孔砖和空心砖已成为普通砖的替代产品。

(1)烧结多孔砖

①孔洞

烧结多孔砖的孔洞率大于 25%,对单个孔洞尺寸的规定是圆孔直径不大于 22 mm;非圆内切圆直径不大于 15 mm,手抓孔为 30～40 mm×75～80 mm。若设矩形条孔,还应满足孔长不大于 50 mm，且孔长不小于孔宽的 3 倍。

②规格尺寸

按照《烧结多孔砖》(GB 13544-2000)的规定，砖的外形为直角六面体，其外形如图 3-1 所示。

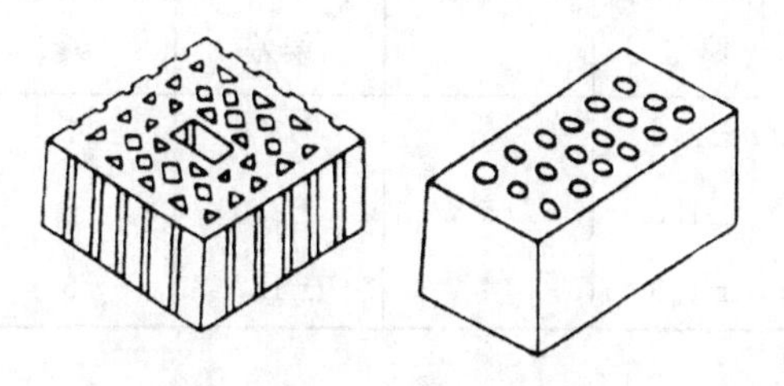

图 3-1　烧结多孔砖外形

烧结多孔砖的长(L)、宽(B)、高(H)应分别符合下列尺寸要求：290 mm，240 mm；190 mm，180 mm，175 mm，140 mm，115 mm；90 mm。常见尺寸有 240 mm×115 mm×90 mm (P 型砖)、190 mm×190 mm×90 mm(M 型砖)等。

③烧结多孔砖的等级

多孔砖根据尺寸偏差、外观质量、泛霜和石灰爆裂，分为优等品(A)、一等品(B)、合格品(C)三个质量等级，按强度分为 MU30、MU25、MU20、MU15、MU10 五个强度等级。烧结多孔砖的强度等级、外观质量和尺寸允许偏差的要求分别见表 3-6、表 3-7 和表 3-8。

表 3-6　烧结多孔砖强度等级(GB 13544-2000)　单位：MPa

强度等级	抗压强度平均值 $\bar{f}$，≥	变异系数 $\delta \leq 0.21$	变异系数 $\delta > 0.21$
		强度标准值 f_k，≥	单块最小抗压强度值 f_{min}，≥
MU30	30.0	22.0	25.0
MU25	25.0	18.0	22.0
MU20	20.0	14.0	16.0
MU15	15.0	10.0	12.0
MU10	10.0	6.5	7.5

表 3-7　烧结多孔砖外观质量(GB 13544-2000)　单位：mm

项目	优等品	一等品	合格品
1. 颜色(一条面和一顶面)	一致	一致	—
2. 完整面，不小于	一条面和一顶面	一条面和一顶面	—
3. 缺棱掉角的三个破坏尺寸，不得同时大于	15	20	30
4. 裂纹长度，不大于			
a. 大面上深入孔壁 15 mm 以上宽度方向及其延伸到条面的长度	60	80	100
b. 大面上深入孔壁 15 mm 以上长度方向及其延伸到顶面的长度	60	100	120
c. 条面上的水平裂纹	80	100	120
5. 杂质在砖面上造成的凸出高度，不大于	3	4	5

表 3-8 烧结多孔砖尺寸允许偏差(GB 13544-2000) 单位:mm

尺寸	优等品		一等品		合格品	
	样本平均偏差	样本极差,≤	样本平均偏差	样本极差,≤	样本平均偏差	样本极差,≤
长:290、240	±2.0	6	±2.5	7	±3.0	8
宽:190、180、175、140、115	±1.5	5	±2.0	6	±2.5	7
高:90	±1.5	4	±1.7	5	±2.0	6

(2)烧结空心砖

烧结空心砖的孔洞率等于或大于 40%,其孔的尺寸大而数量少,孔的方向平行于大面和条面,如图 3-2 所示。烧结空心砖尺寸应满足:长度(L)不大于 365 mm,宽度(B)不大于 240 mm。常见尺寸有 240 mm×180 mm×115 mm、290 mm×190 mm×90 mm 等。

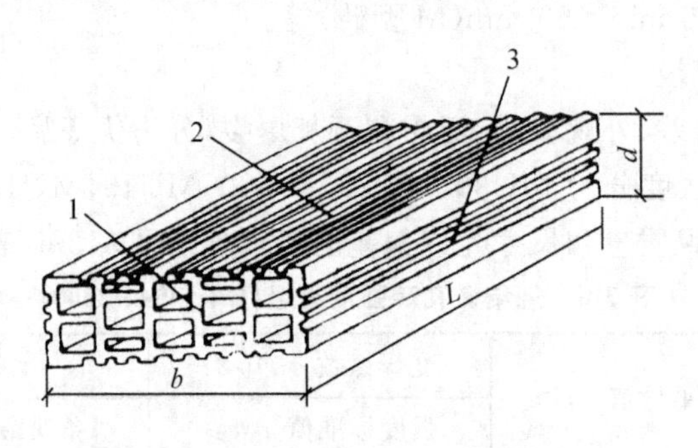

1—顶面;2—大面;3—条面

L—长度;b—宽度;d—高度

图 3-2 烧结空心砖的外形

烧结空心砖根据其大面和条面的抗压强度分为 MU10、MU7.5、MU5.0、MU3.0、MU2.0 五个强度等级,根据其体积密度分为 800、900、1 000、1 100 四个密度级别。每个密度级别的产品根据其孔洞及孔排列数、尺寸偏差、外观质量、强度等级分为优等品(A)、一等品(B)、合格品(C)三个质量等级,其中强度等级指标、尺寸允许偏差和外观质量要求分别见表 3-9、表 3-10、表 3-11。

表 3-9 空心砖强度等级(GB 13545-2003) 单位:MPa

强度等级	抗压强度平均值 $\overline{f}$,≥	变异系数 $\delta\leqslant0.21$	变异系数 $\delta>0.21$
		强度标准值 f_k,≥	单块最小抗压强度值 f_{min},≥
MU10	10.0	7.0	8.0
MU7.5	7.5	5.0	5.8
MU5.0	5.0	3.5	4.0
MU3.0	3.0	2.5	2.8
MU2.0	2.0	1.6	1.8

表 3-10　烧结空心砖的尺寸允许偏差(GB 13545-2003)

单位:mm

尺寸	优等品	一等品	合格品
＞200	±4	±5	±7
200～100	±3	±4	±5
＜100	±3	±4	±4

表 3-11　空心砖外观质量(GB 13545-2003)

单位:mm

项目	优等品	一等品	合格品
1. 弯曲,不大于	3	4	4
2. 缺棱掉角的三个破坏尺寸,不得同时大于	15	30	40
3. 未贯穿裂纹长度,不大于			
a. 大面上宽度方向及其延伸到条面的长度	不允许	100	140
b. 大面上长度方向或条面上水平方向的长度	不允许	120	160
4. 贯穿裂纹长度,不大于			
a. 大面上宽度方向及其延伸到条面的长度	不允许	60	80
b. 壁、肋沿长度方向、宽度方向及其水平方向长度	不允许	60	80
5. 肋、壁内残缺长度,不大于	不允许	60	80
6. 完整面,不少于	一条面和一大面	一条面或一大面	—
7. 欠火砖和酥砖	不允许	不允许	不允许

(3)烧结多孔砖和空心砖的应用

烧结多孔砖强度高,主要用于砌筑六层以下的承重墙体。空心砖自重轻,强度较低,多用作非承重墙,如多层建筑内隔墙或框架结构的填充墙等。

3.1.2　蒸养(压)砖

蒸养(压)砖是以石灰和含硅材料(砂子、粉煤灰、煤矸石、炉渣和页岩等)加水拌和,经压制成型、蒸汽养护或蒸压养护而成的。

1. 蒸压灰砂砖

蒸压灰砂砖是以石灰和天然砂为主要原料,经磨细、计量配料、搅拌混合、消化、压制成型(一般温度为 175～203 ℃,压力为 0.8～1.6 MPa 的饱和蒸汽)养护、成品包装等工序而制成的空心砖或实心砖。

(1)灰砂砖的技术要求

灰砂砖的规格尺寸同烧结普通砖,为 240 mm×115 mm×53 mm,体积密度为 1 800～1 900kg/m³,导热系数为 0.61 W/(m·K)。根据产品的外观与尺寸偏差、强度和抗冻性分为优等品(A)、一等品(B)和合格品(C)三个质量等级,按抗压强度和抗折强度分为 MU25、MU20、MU15、MU10 四个强度等级。蒸压灰砂砖的尺寸偏差与外观质量见表 3-12,强度等级和抗冻性指标见表 3-13。

表 3-12　灰砂砖尺寸偏差和外观质量(GB 11945-1999)

<table>
<tr><th colspan="2">项目</th><th>优等品</th><th>一等品</th><th>合格品</th></tr>
<tr><td rowspan="3">尺寸偏差/mm</td><td>长度</td><td>±2</td><td rowspan="3">±2</td><td rowspan="3">±2</td></tr>
<tr><td>宽度</td><td>±2</td></tr>
<tr><td>高度</td><td>±1</td></tr>
<tr><td rowspan="3">缺棱掉角</td><td>个数(个),不多于</td><td>1</td><td>1</td><td>2</td></tr>
<tr><td>最大尺寸/mm,不大于</td><td>10</td><td>15</td><td>20</td></tr>
<tr><td>最小尺寸/mm,不大于</td><td>5</td><td>10</td><td>10</td></tr>
<tr><td colspan="2">对应高度差/mm,不大于</td><td>1</td><td>2</td><td>3</td></tr>
<tr><td rowspan="3">裂纹/mm,≤</td><td>条数(条)</td><td>1</td><td>1</td><td>2</td></tr>
<tr><td>大面上深入孔壁 15 mm 以上,宽度方向及其延伸到条面的长度</td><td>20</td><td>50</td><td>70</td></tr>
<tr><td>大面上深入孔壁 15 mm 以上,长度方向及其延伸到顶面的长度</td><td>30</td><td>70</td><td>100</td></tr>
</table>

表 3-13　灰砂砖的强度等级和抗冻性指标(GB 11945-1999)

<table>
<tr><th rowspan="3">强度等级</th><th colspan="4">强度指标</th><th colspan="2">抗冻性指标</th></tr>
<tr><th colspan="2">抗压强度/MPa</th><th colspan="2">抗折强度/MPa</th><th rowspan="2">5 块冻后抗压强度/MPa,平均值,≥</th><th rowspan="2">单块砖干质量损失/%,<</th></tr>
<tr><th>平均值,≥</th><th>单块值,≥</th><th>平均值,≥</th><th>单块值,≥</th></tr>
<tr><td>MU25</td><td>25.0</td><td>20.0</td><td>5.0</td><td>4.0</td><td>20.0</td><td>—</td></tr>
<tr><td>MU20</td><td>20.0</td><td>16.0</td><td>4.0</td><td>3.2</td><td>16.0</td><td>2.0</td></tr>
<tr><td>MU15</td><td>15.0</td><td>12.0</td><td>2.3</td><td>2.6</td><td>12.0</td><td>—</td></tr>
<tr><td>MU10</td><td>10.0</td><td>8.0</td><td>2.5</td><td>2.0</td><td>8.0</td><td>—</td></tr>
</table>

(2)灰砂砖的性能与应用

①耐热性、耐酸性差。灰砂砖中含有氢氧化钙等不耐热和不耐酸的组分,因此,不宜用于长期受热高于 200 ℃、受急冷急热交替作用或有酸性介质的建筑部位。

②耐水性良好,但抗流水冲刷能力差。在长期潮湿环境中,灰砂砖的强度变化不明显,但其抗流水冲刷能力较弱,因此,不能用于有流水冲刷的建筑部位,如落水管出水处和水龙头下面等。

③与砂浆黏结力差。灰砂砖表面光滑平整,与砂浆黏结力差,当用于高层建筑、地震区或筒仓构筑物等,除应有相应结构措施外,还应有提高砖和砂浆黏结力的措施,如采用高黏度的专用砂浆,以防止渗雨、漏水和墙体开裂。

④灰砂砖自生产之日起,应放置 1 个月以后,方可用于砌体的施工。砌筑灰砂砖砌体时,砖的含水率宜为 8%～12%,严禁使用干砖或含水饱和砖,灰砂砖不宜与烧结砖或其他品种砖同层混砌。

2. 粉煤灰砖

粉煤灰砖(fly ash brick)是以粉煤灰、石灰、石膏以及骨料为原料,经坯料制备、压制成型、常压或高压蒸汽养护等工艺过程制成的实心粉煤灰砖。常压蒸汽养护的称蒸养粉煤灰砖，高压蒸汽（温度在 176 ℃，工作压力在 0.8 MPa 以上）养护制成的称蒸压粉煤灰砖。

粉煤灰具有火山灰性，在水热环境中，在石灰碱性激发剂和石膏的硫酸盐激发剂共同作用下，形成水化硅酸钙、水化铝酸钙等多种水化产物。蒸压养护可使砖中的活性组分水热反应充分，砖的强度高，性能趋于稳定，而蒸养粉煤灰砖的性能较差，墙体更易出现开裂等弊端。

根据《粉煤灰砖》(JC 239-2001)规定，粉煤灰砖按抗压强度和抗折强度划分为 MU30、MU25、MU20、MU15、MU10 五个强度等级；按尺寸偏差、外观质量、强度和干缩分为优等品(A)、一等品(B)和合格品(C)三个质量等级。优等品强度应不低于 MU15，优等品和一等品的干缩值应不大于 0.65 mm/m，合格品应不大于 0.75 mm/m。

蒸压粉煤灰砖的外观尺寸同烧结普通砖，性能上与灰砂砖相近，同样因砖中含有氢氧化钙，不得用于长期受热高于 200 ℃、受急冷急热交替作用或有酸性介质的建筑部位。压制成型的粉煤灰砖表面光滑平整，并可能有少量“起粉”，与砂浆黏结力低，使用时，应尽可能采用专用砌筑砂浆。粉煤灰砖的初始吸水能力差，后期的吸水较大，施工时应提前湿水，保持砖的含水率在 10%左右，以保证砌筑质量。由于粉煤灰砖出釜后收缩较大，因此，出釜 1 周后才能用于砌筑。

3.2　砌块

砌块是指砌筑用的人造块材，外形多为直角六面体，也有各种异型的。砌块系列中主规格的长度、宽度、高度有一项或一项以上分别大于 365 mm、240 mm、115 mm，但高度不大于长度或宽度的 6 倍，长度不超过高度的 3 倍。

由于砌块规格较大，制作效率高，同时也能提高施工机械化程度，加快建设速度，加上所采用的原材料可以是砂、石、水泥，也可以是炉渣、粉煤灰、煤矸石等工业废料，与传统黏土砖相比可节约大量土地资源和能源，因此是建筑上常用的新型墙体材料，发展速度很快。

砌块的品种很多，分类方式也很多，常按以下的方法分类。

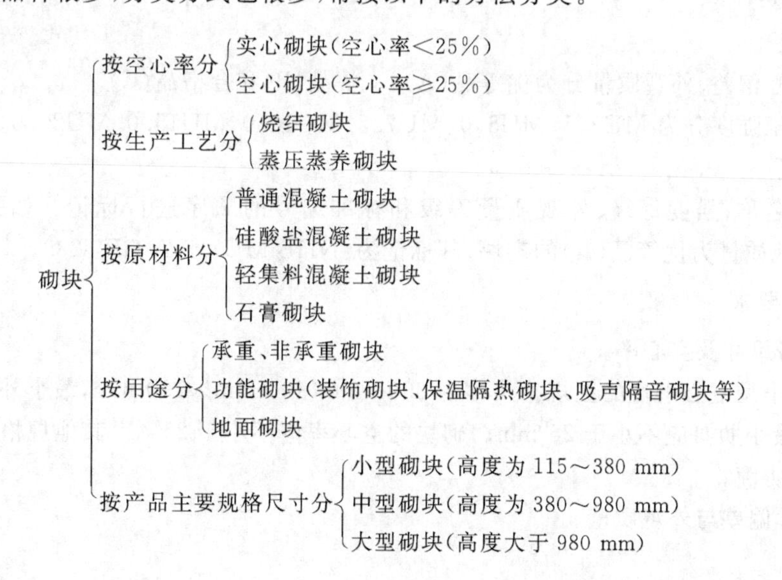

目前建筑工程中常用的建筑砌块有普通混凝土小型空心砌块、加气混凝土砌块、轻集料混凝土小型空心砌块等。

3.2.1 普通混凝土小型空心砌块(NHB)

普通混凝土小型空心砌块是以水泥为胶凝材料,以砂、碎石或卵石、煤矸石、炉渣为集料,加水搅拌,经振动、加压或冲压成型,并养护而制成的小型并有一定空心率的墙体材料。常用于地震设计烈度为Ⅷ度和Ⅷ度以下地区的一般工业与民用建筑物的墙体。

1. 砌块各部位名称

砌块各部位名称见图 3-3。

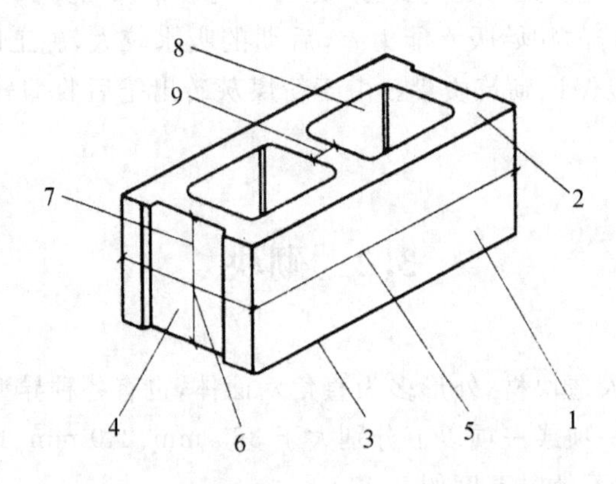

1—条面;2—坐浆面(肋厚较小的面);3—铺浆面(肋厚较大的面);

4—顶面;5—长度;6—宽度;7—高度;8—壁;9—肋

图 3-3 混凝土小型空心砌块

2. 等级和标记

(1)等级

按其尺寸偏差、外观质量分为优等品(A)、一等品(B)和合格品(C)。

按其抗压强度分为 MU3.5、MU5.0、MU7.5、MU10.0、MU15.0、MU20.0。

(2)标记

按产品名称、强度等级、外观质量等级和标准编号的顺序进行标记。如强度等级为 MU7.5、外观质量为优等品(A)的砌块,其标记为:NHB MU7.5 A GB 8239。

3. 技术要求

(1)规格尺寸及空心率

混凝土小型空心砌块的主规格尺寸为 390 mm×190 mm×190 mm,最小外壁厚应不小于 30 mm,最小肋厚应不小于 25 mm。砌块的空心率应不小于 25%。其他规格尺寸也可以由供需双方协商。

(2)尺寸偏差与外观质量

混凝土小型空心砌块的允许尺寸偏差与外观质量应符合表3-14的要求。

表3-14　尺寸允许偏差、外观质量(GB 8239-1997)

项目名称			优等品(A)	一等品(B)	合格品(C)
尺寸偏差	长度/mm		±2	±3	±3
	宽度/mm		±2	±3	±3
	高度/mm		±2	±3	+3 −4
外观质量	弯曲/mm,不大于		2	2	3
	缺棱掉角	个数不多于	0	2	2
		三个方向投影尺寸的最小值/mm,不大于	0	20	30
	裂纹延伸投影的尺寸/mm,累计不大于		0	20	30

(3)强度等级

强度等级应符合表3-15的要求。

表3-15　强度等级(GB 8239-1997)　　单位:MPa

强度等级		MU3.5	MU5.0	MU7.5	MU10.0	MU15.0	MU20.0
砌块抗压强度	平均值不小于	3.5	5.0	7.5	10.0	15.0	20.0
	单块最小值不小于	2.8	4.0	6.0	8.0	12.0	16.0

(4)相对含水率

相对含水率为混凝土小型空心砌块出厂时的含水率与其吸水率之比。砌块因失水而产生的收缩会导致墙体开裂,为了控制砌块建筑的墙体开裂,国家标准GB 8239-1997规定了砌块的相对含水率应符合表3-16的要求。

表3-16　相对含水率(GB 8239-1997)　　单位:%

使用地区	潮湿	中等	干燥	备注
相对含水率不大于	45	40	35	1. 潮湿是指年平均相对湿度大于75%的地区; 2. 中等是指年平均相对湿度50%~75%的地区; 3. 干燥是指年平均相对湿度小于50%的地区。

(5)抗渗性

混凝土小型空心砌块的抗渗与建筑物外墙体的渗漏关系十分密切,用于清水墙砌块的抗渗性要求:抗渗性测定任意一块水面下降高度(三块吸水饱和试件条面上分别加水压200 mm,2 h后水面下降高度)不大于10 mm。

(6)抗冻性

混凝土小型空心砌块的抗冻性应符合表3-17的规定。

表 3-17　抗冻性(GB 8239-1997)

<table>
<tr><th>使用环境条件</th><th colspan="2">抗冻等级</th><th>指标</th><th>备注</th></tr>
<tr><td>非采暖地区</td><td colspan="2">不规定</td><td>—</td><td rowspan="3">1. 非采暖地区是指最冷月份平均气温高于−5 ℃的地区；
2. 采暖地区是指最冷月份平均气温低于或等于−5 ℃的地区。</td></tr>
<tr><td rowspan="2">采暖地区</td><td>一般环境</td><td>D15</td><td rowspan="2">强度损失≤25%
质量损失≤5%</td></tr>
<tr><td>干湿交替环境</td><td>D25</td></tr>
</table>

3.2.2　蒸压加气混凝土砌块(ACB)

蒸压加气混凝土砌块，简称加气混凝土砌块，是以水泥、石英砂、粉煤灰、矿渣等为原料，经过磨细，并以铝粉为发气剂，按一定比例配合，经过料浆浇筑，再经过发气成型、坯体切割、蒸压养护等工艺制成的一种轻质、多孔建筑墙体材料(图 3-4)。

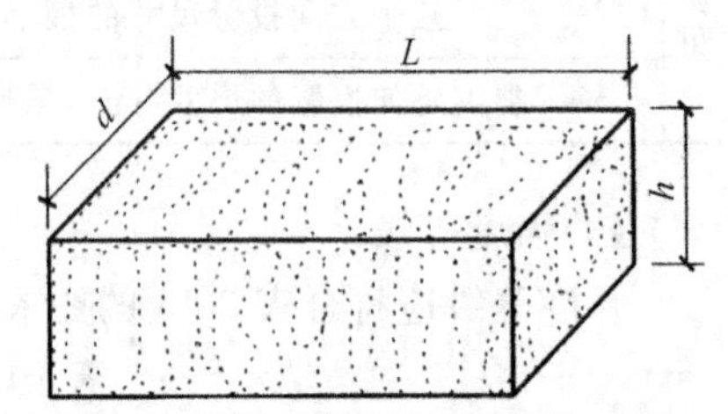

图 3-4　蒸压加气混凝土砌块示意图

1. 砌块的品种

主要有三类砌块：

一是由水泥、矿渣和砂子等原料制成的砌块；

二是由水泥、石灰和砂子等原料制成的砌块；

三是由水泥、石灰和粉煤灰等原料制成的轻质砌块。

2. 砌块的规格

砌块的规格尺寸有以下两个系列，见表 3-18。

表 3-18　砌块的规格尺寸(GB 11968-2006)　　单位：mm

长度(L)	高度(H)	宽度(B)
600	100、125、150、200、250、300、120、180、240	200、240、250、300

注：如需要其他规格，可由供需双方协商解决。

3. 砌块等级

砌块强度级别有：A1.0、A2.0、A2.5、A3.5、A5.0、A7.5、A10 七个级别。

砌块干密度级别有 B03、B04、B05、B06、B07、B08 六个级别。

砌块按尺寸偏差、外观质量、干密度、抗压强度和抗冻性分为优等品(A)、合格品(B)二个等级。

4. 砌块产品标记

例如，强度级别为 A3.5、干密度级别为 B05、优等品、规格尺寸为 600 mm×200 mm×250 mm 的蒸压加气混凝土砌块的标记为：ACB A3.5 B05 600×200×250A GB 11968。

5. 砌块的主要技术性能要求

砌块的尺寸允许偏差和外观质量应符合表 3-19 的规定。

砌块的抗压强度应符合表 3-20 的规定。

砌块的干密度应符合表 3-21 的规定。

砌块的强度级别应符合表 3-22 的规定。

砌块的干燥收缩、抗冻性和导热系数(干态)应符合表 3-23 的规定。

表 3-19　砌块尺寸偏差与外观(GB 11968-2006)

项目		指标	
		优等品(A)	合格品(B)
尺寸允许偏差/mm	长度 L	±3	±4
	宽度 B	±1	±2
	高度 H	±1	±2
缺棱掉角	最小尺寸/mm,不得大于	0	30
	最大尺寸/mm,不得大于	0	70
	大于以上尺寸的缺棱掉角个数,不多于	0	2
裂纹长度	贯穿一棱二面的裂纹长度不得大于裂纹所在面的裂纹方向尺寸总和的	0	1/3
	任一面的裂纹长度不得大于裂纹方向尺寸的	0	1/2
	大于以上尺寸的裂纹条数,不多于	0	2
爆裂、粘模和损坏深度/mm,不得大于		10	30
平面弯曲、表面疏松、层裂、表面油污		不允许	

表 3-20　砌块的立方体抗压强度(GB 11968-2006)

强度等级		A1.0	A2.0	A2.5	A3.5	A5.0	A7.5	A10.0
立方体抗压强度/MPa	平均值不小于	1.0	2.0	2.5	3.5	5.0	7.5	10.0
	单块最小值不小于	0.8	1.6	2.0	2.8	4.0	6.0	8.0

表 3-21　砌块的干密度(GB 11968-2006)　　单位:kg/m³

干密度级别		B03	B04	B05	B06	B07	B08
干密度	优等品(A),≤	300	400	500	600	700	800
	合格品(B),≤	325	425	525	625	725	825

表 3-22　砌块的强度级别(GB 11968-2006)

干密度级别		B03	B04	B05	B06	B07	B08
强度级别	优等品(A)	A1.0	A2.0	A3.5	A5.0	A7.5	A10.0
	合格品(B)			A2.5	A3.5	A5.0	A7.5

表 3-23 干燥收缩、抗冻性和导热系数(GB 11968-2006)

干密度级别			B03	B04	B05	B06	B07	B08
干燥收缩值[a]	标准法/(mm/m),≤		0.50					
	快速法/(mm/m),≤		0.80					
抗冻性	质量损失/%,≤		5.0					
	冻后强度/MPa	优等品(A)	0.8	1.6	2.8	4.0	6.0	8.0
		合格品(B)			2.0	2.8	4.0	6.0
导热系数(干态)/[W/(m·K)],≤			0.10	0.12	0.14	0.16	0.18	0.20

注:a 规定采用标准法、快速法测定砌块干燥收缩值,若测定结果发生矛盾不能判定时,则以标准法测定的结果为准。

6. 蒸压加气混凝土砌块的特点及应用

蒸压加气混凝土砌块的特点是:

(1)表观密度小,质量轻(仅为烧结普通砖的1/3),工程应用可使建筑物自重减轻2/5～1/2,有利于提高建筑物的抗震性能,并降低建筑成本。

(2)多孔砌块导热系数小[0.14～0.28 W/(m·K)],保温性能好。

(3)砌块加工性能好(可钉、可锯、可刨、可黏结),使施工便捷。制作砌块可利用工业废料,有利于保护环境。

蒸压加气混凝土砌块的应用是:砌块可用于一般建筑物墙体,可作为低层建筑的承重墙和框架结构,现浇混凝土结构建筑的外墙填充、内墙隔断,也可用于抗震圈梁构造柱多层建筑的外墙或保温隔热复合墙体。使用加气混凝土砌块不得用于建筑基础和处于浸水、高湿和有化学侵蚀的环境中,也不能用于承重制品表面温度高于80 ℃的建筑部位。

3.2.3 轻骨料混凝土小型空心砌块(LB)

轻骨料混凝土小型空心砌块是以水泥和轻质集料为主要原料,按一定的配合比拌制成轻骨料混凝土拌和物,经砌块成型机成型与适当养护制成的轻质墙体材料。

轻质骨料根据其来源可以划分为三类:

天然轻集料:天然形成的多孔岩石,经破碎、筛分而成的轻集料,如浮石、火山渣等。

工业废渣轻集料:以工业废渣为原料,经破碎、筛分或烧胀而成的轻集料,如粉煤灰陶粒、自然煤矸石、煤渣、膨胀矿渣珠等。

人造轻集料:以地方材料为原料,经烧胀而成的轻集料,如页岩陶粒、黏土陶粒、膨胀珍珠岩、膨胀蛭石、沸石轻集料等。

1. 轻骨料混凝土小型空心砌块的类别、等级与产品标记

(1)类别

按砌块孔的排数分为四类:单排孔(1)、双排孔(2)、三排孔(3)和四排孔(4)。

(2)等级

砌块密度等级分为九级：600、700、800、900、1 000、1 100、1 200、1 300、1 400。

砌块强度等级分为五级：2.5、3.5、5.0、7.0、10.0。

(3)产品标记

轻集料混凝土小型空心砌块(LB)按产品名称、类别、密度等级、强度等级、质量等级和标准编号的顺序进行标记。

例如，密度等级为 800 级、强度等级为 3.5 级、质量等级为一等品的轻集料混凝土双排孔小砌块的标记为：LB 2 800 3.5B GB/T 15229。

2. 技术要求

(1)规格尺寸、尺寸偏差、外观质量

砌块的主规格尺寸为 390 mm×190 mm×190 mm，其他尺寸可由供需双方商定。

尺寸允许偏差、外观质量要求见表 3-24。

(2)密度等级要求见表 3-25。

(3)强度等级要求见表 3-26。

(4)吸水率、干燥收缩率、相对含水率

吸水率不应大于 18%，干燥收缩率应不大于 0.065%，相对含水率的要求见表 3-27。

(5)碳化系数和软化系数

碳化系数不应小于 0.8，软化系数不应小于 0.8。

(6)抗冻性

抗冻性应符合表 3-28 的要求。

(7)放射性

砌块的放射性应符合 GB 6566 要求。

表 3-24　尺寸允许偏差、外观质量(GB 15229-2002)

项目		指标
尺寸允许偏差/mm	长度	±3
	宽度	±3
	高度	±3
最小外壁厚/mm，≥	用于承重墙体	30
	用于非承重墙体	20
肋厚/mm，≥	用于承重墙体	25
	用于非承重墙体	20
缺棱掉角，≤	个数/个	2
	3 个方向投影的最大值/mm	20
裂缝延伸的累计尺寸/mm，≤		30

表 3-25　密度等级(GB 15229-2002)　　单位：kg/m^3

密度等级	600	700	800	900	1 000	1 100	1 200	1 300	1 400
干表观密度范围	＞500 ≤600	＞600 ≤700	＞700 ≤800	＞800 ≤900	＞900 ≤1 000	＞1 000 ≤1 100	＞1 100 ≤1 200	＞1 200 ≤1 300	＞1 300 ≤1 400

表 3-26　强度等级(GB 15229-2002)　单位:MPa

强度等级	砌块抗压强度		密度等级范围
	平均值	最小值	
MU2.5	≥2.5	≥2.0	≤800
MU3.5	≥3.5	≥2.8	≤1 000
MU5.0	≥5.0	≥4.0	≤1 200
MU7.5	≥7.5	≥6.0	≤1 300
MU10.0	≥10.0	≥8.0	≤1 400

表 3-27　相对含水量(GB 15229-2002)

环境湿度条件	相对含水率/%	备注
潮湿	≤40	1. 相对含水率是指砌块出厂含水率与吸水率之比: $W=\frac{\omega_1}{\omega_2}\times 100\%$ 式中,W—相对含水率,%; ω_1—砌块出厂时的含水率,%; ω_2—砌块的吸水率,%。 2. 使用地区的湿度条件: 潮湿——系指年平均相对湿度大于75%的地区; 中等——系指年平均相对湿度50%~75%的地区; 干燥——系指年平均相对湿度小于50%的地区。
中等	≤35	
干燥	≤30	

表 3-28　抗冻性(GB 15229-2002)

环境条件	抗冻标号	质量损失/%	强度损失/%
温和与夏热冬暖地区	F15	≤5	≤25
夏热冬冷地区	F25		
寒冷地区	F35		
严寒地区	F50		

3. 轻集料混凝土小型空心砌块的特点及应用

目前国内外使用轻骨料混凝土小型空心砌块非常广泛。这是因为与普通混凝土小型空心砌块相比它具有许多优势。

(1)轻质。表观密度为510~1 400 kg/m^3。

(2)保温性能好。导热系数在0.18~0.8 W/(m·K)之间,如表观密度为800 kg/m^{3}的砌块导热系数大约为0.27 W/(m·K)。

(3)有利于综合治理与应用。

(4)强度较高。强度等级为MU7.5、MU10.0的可用于砌筑多层建筑的承重墙体。强度等级低于 MU5.0 的用于框架结构中的非承重隔墙。

4. 产品堆放和运输

(1)砌块应按类别、密度等级和强度等级分批堆放。

(2)砌块装卸时,严禁碰撞、扔摔,应轻码轻放,不许用翻斗车倾卸。

(3)砌块堆放和运输时应有防雨、防潮和排水措施。

实训与创新

目前国内外建筑墙体材料均向"环保"、"绿色"的方向发展,运用常用的砌墙砖和砌块的主要技术性质的知识,调查当地建筑业目前常用的墙体材料的种类、主要技术要求和质量检测项目及检测手段,并写出不少于500字的科技小论文。

复习思考题与习题

3.1　砌墙砖分哪几类?

3.2　某住宅楼地下室墙体用普通黏土砖,设计强度等级为 MU10,经对现场送检试样进行检验,抗压强度测定结果如下表:

试件编号	1	2	3	4	5	6	7	8	9	10
抗压强度/MPa	11.2	9.8	13.5	12.3	9.6	9.4	8.8	13.1	9.8	12.5

试评定该砖的强度是否满足设计要求。

3.3　为什么烧结多孔砖和空心砖是普通黏土砖的替代产品?烧结多孔砖和空心砖的孔形特点及其主要用途是什么?

3.4　砌块与砌墙砖相比,有什么优缺点?

3.5　烧结普通砖的标准尺寸是多少?其技术性能要求有哪些?强度等级和产品等级是怎样划分的?

3.6　什么是蒸养蒸压砖?常见的蒸养蒸压砖有哪些?它们的强度等级如何划分?在工程中的应用要注意哪些事项?

3.7　什么是普通混凝土砌块?有哪几个强度等级?在建筑中的应用有哪些优点?

3.8　什么是蒸压加气混凝土砌块?与其他类型砌块相比,有何特点?

3.9　蒸压加气混凝土砌块质量等级是如何划分的?

第4章 无机胶凝材料

教学目的:(1)了解建筑石膏和石灰的生产;掌握建筑石膏和石灰的质量标准、主要特性和应用,掌握石灰的熟化过程。

(2)掌握硅酸盐水泥熟料的矿物组成及其特性;理解并掌握硅酸盐水泥的定义、主要技术性质、质量标准和检验方法,理解水泥石的腐蚀和所采取的防止方法。

(3)掌握其他通用水泥的定义、主要技术性质、质量标准和检验方法。

(4)能正确判断水泥的质量状况,掌握通用水泥的验收和保管方法。

(5)简单了解特性水泥和专用水泥。

教学要求:要求重点掌握硅酸盐水泥的特性及适用条件,在此基础上比较各种水泥的特性及适用条件。

土木工程中,凡是经过一系列物理、化学作用,能将散粒材料或块状材料黏结成整体的材料称为胶凝材料。按物质的化学属性,胶凝材料分为有机和无机两大类。有机胶凝材料种类较多,在土木工程中常用的有沥青、各类胶乳剂等。无机胶凝材料除水玻璃外,一般为粉末状固体,在使用时用水或水溶液拌和成浆体。按照硬化条件分为水硬性胶凝材料和气硬性胶凝材料,气硬性胶凝材料是在空气中凝结、硬化并保持和增长强度的胶凝材料。在土木工程中使用较多的有石灰和石膏,其次是菱苦土和水玻璃。水硬性胶凝材料是不仅能在空气中凝结和硬化,而且能在水中继续保持和增长强度的胶凝材料,如各种水泥。本章将分别介绍气硬性胶凝材料和水硬性胶凝材料。

4.1 石膏

石膏是以 $CaSO_4$ 为主要成分的传统气硬性胶凝材料之一。我国石膏资源丰富,兼之建筑性能优良,制作工艺简单,因此近年来石膏板、建筑饰面板等石膏制品已成为极有发展前途的新型建筑材料之一。

4.1.1 石膏的制备

1. 石膏胶凝材料的原料

生产石膏胶凝材料的原料有天然石膏(又称生石膏、软石膏)、含硫酸钙的化工副产品和工业副产石膏，其化学式为$CaSO_4 \cdot 2H_2O$，也称二水石膏(dihydrate gypsum)，常用天然二水石膏。

2. 石膏的制备方法及品种

(1)石膏的制备

石膏的生产工序主要是粉碎、加热与粉磨。由于原材料质量不同，煅烧时压力与温度不同，可得到不同品种的石膏。

(2)石膏的品种

①建筑石膏(calcined gypsum)。在常压下加热温度达到107～170 ℃时，二水石膏脱水变成β型半水石膏(semi-hydrated gypsum)(即建筑石膏，又称熟石膏)，其反应式为

$$CaSO_4 \cdot 2H_2O \xrightarrow{107\sim170\ ℃} \beta\text{-}CaSO_4 \cdot \frac{1}{2}H_2O + \frac{3}{2}H_2O$$

②高强石膏(high strength gypsum)。将二水石膏在压蒸条件下(0.13 MPa，125 ℃)加热，则生成α型半水石膏(即高强石膏)，其反应式为

$$CaSO_4 \cdot 2H_2O \xrightarrow{125\ ℃(0.13\ MPa)} \alpha\text{-}CaSO_4 \cdot \frac{1}{2}H_2O + \frac{3}{2}H_2O$$

α型和β型半水石膏，虽然化学成分相同，但宏观性能相差很大。表4-1列出了α型与β型半水石膏的强度、密度及水化热等性能，进行比较后可见，由于α型半水石膏的标准稠度用水量比β型小很多，因此强度大得多。从表4-2中可知，两种石膏在宏观上的差别主要源于亚微观上即晶粒的形态、大小以及聚集状态等方面的差别。

α型半水石膏结晶完整，常是短柱状，晶粒较粗大，聚集体的内比表面积较小；β型半水石膏结晶较差，常为细小的纤维状或片状聚集体，内比表面积较大。因此，前者的水化速率慢，水化热低，需水量小，硬化体的强度高，而后者则与之相反。

表4-1 α型半水石膏和β型半水石膏的性能比较

类别	标准稠度用水量	抗压强度/MPa	密度/(g/cm^3)	水化热/(J/mol)
α-半水石膏	0.40～0.45	24～40	2.73～2.75	17 200±85
β-半水石膏	0.70～0.85	7～10	2.62～2.64	19 300±85

表4-2 α型半水石膏和β型半水石膏的内比表面积

类别	内比表面积/(m^2/kg)	晶粒平均粒径/nm
α-半水石膏	19 300	94
β-半水石膏	47 000	38.8

石膏的品种虽很多，但在建筑上应用最多的是建筑石膏。

4.1.2 建筑石膏的凝结硬化机理

建筑石膏与适量的水拌和后，最初成为可塑的浆体，但很快失去可塑性和产生强度，并逐渐发展成为坚硬的固体，这种现象称为凝结硬化(setting and hardening)。长期以来，人们对半水石膏的水化硬化机理做过大量研究工作，归纳起来，主要有两种理论：一种是结晶

理论(或称溶解—析晶理论),另一种是胶体理论(或称局部化学反应理论)。前者由法国学者雷·查德里提出,并得到大多数学者的赞同。基本要点如下:

1. 半水石膏加水后进行如下化学反应:

$$CaSO_4 \cdot \frac{1}{2}H_2O + \frac{3}{2}H_2O \rightarrow CaSO_4 \cdot 2H_2O$$

半水石膏首先溶解形成不稳定的过饱和溶液。这是因为半水石膏在常温下(20 ℃)的溶解度较大,为 8.85 g/L 左右,而这对于溶解度为 2.04 g/L 左右的二水石膏来说,则处于过饱和溶液中,因此,二水石膏胶粒很快(大约需 7~12 min)结晶析出。

2. 二水石膏结晶,促使半水石膏继续溶解,继续水化,如此循环,直到半水石膏全部耗尽。

3. 由于二水石膏粒子比半水石膏粒子小得多,其生成物总表面积大,所需吸附水量也多,加之水分的蒸发,浆体的稠度逐渐增大,颗粒之间的摩擦力和黏结力增加,因此浆体可塑性减少,表现为石膏的"凝结"。

4. 随着水化的不断进行,二水石膏胶体微粒凝聚并转变为晶体。晶体颗粒逐渐长大,且晶体颗粒间相互搭接、交错、共生,使浆体失去可塑性,产生强度,即浆体产生"硬化"。

4.1.3 建筑石膏的性质及用途

1. 建筑石膏的特性

与水泥和石灰等无机胶凝材料相比,石膏具有以下特征:

(1)建筑石膏的装饰性好。建筑石膏为白色粉末,可制成白色的装饰板,也可加入彩色矿物颜料制成丰富多彩的彩色装饰板。

(2)凝结硬化快。建筑石膏一般在加水后的 3~5 min 内便开始失去塑性,一般在 30 min 左右即可完全凝结,为了满足施工操作的要求,可加入缓凝剂,以降低半水石膏的溶解度和溶解速度。常用的缓凝剂有硼砂、酒石酸钾钠、柠檬酸、聚乙烯醇、石灰活化膏胶和皮胶等,掺量为 0.1%~0.5%。掺缓凝剂后,石膏制品的强度将有所降低。

(3)凝结硬化时体积微膨胀。石膏凝固时不像石灰和水泥那样出现体积收缩现象,反而略有膨胀,膨胀率约为 0.5%~1%。这使得石膏制品表面光滑细腻,尺寸精确,轮廓清晰,形体饱满,容易浇筑出纹理细致的浮雕花饰,因而特别适合制作建筑装饰制品。

(4)孔隙率大,体积密度小。建筑石膏水化反应的理论需水量只占半水石膏质量的 18.6%,但在使用中,为满足施工要求的可塑性,往往要加 60%~80%的水,由于多余水分的蒸发,在内部形成大量孔隙,孔隙率可达 50%~60%。因此,体积密度小,为 800~1 000 kg/m^3,属于轻质材料。

(5)强度低。建筑石膏的强度低,但其强度发展速度较快,2 h 的抗压强度可达 3~6 MPa,7 d 为 8~12 MPa。

(6)有较好的功能性。石膏制品孔隙率高,且均为微细的毛细孔,因此导热系数小,一般为 0.121~0.205 W/(m·K);隔热保温性好,吸声性强,吸湿性大,使其具有一定的调温、调湿功能。当空气中水分含量过大,即湿度过大时,石膏制品能通过毛细管很快地吸水;当空气湿度减小时,又很快地向周围扩散,直到水分平衡,形成一个室内"小气候的均衡状态"。

(7)具有良好的防火性。建筑石膏与水作用转变为 $CaSO_4 \cdot 2H_2O$,硬化后的石膏制品含有占其总质量 20.93%的结合水。遇火时,结合水吸收热量后大量蒸发,在制品表面形成水蒸气幕,隔绝空气,缓解石膏制品本身温度的升高,有效地阻止火的蔓延。

(8)耐水性和抗冻性差。建筑石膏硬化后有很强的吸湿性和吸水性,在潮湿条件下,晶粒间的结合力减弱,导致强度下降,其软化系数仅为 0.2~0.3,是不耐水的材料。为了提高建筑石膏及其制品的耐水性,可以在石膏中掺入适当的防水剂(如有机硅防水剂),或掺入适量的水泥、粉煤灰、磨细粒化高炉矿渣等。另外,石膏浸泡在水中,由于二水石膏微溶于水,也会使其强度下降。若石膏制品吸水后受冻,会因水分结冰膨胀而破坏。

2. 建筑石膏的技术要求

建筑石膏为白色粉末,密度为 2.60~2.75 g/cm³,堆积密度为 800~1 000 kg/m³。技术要求主要有强度、细度和凝结时间,并按 2 h 强度(抗折强度)分为 3.0、2.0 和 1.6 三个等级。其基本技术要求见表 4-3。其中抗折强度和抗压强度为试样与水接触 2 h 后测得的。指标中若有一项不合格,则判定该产品不合格。

表 4-3　建筑石膏物理力学性能(GB/T 9776-2008)

<table>
<tr><td colspan="2">等级</td><td>3.0</td><td>2.0</td><td>1.6</td></tr>
<tr><td rowspan="2">2 h 强度/MPa</td><td>抗折强度,≥</td><td>3.0</td><td>2.0</td><td>1.6</td></tr>
<tr><td>抗压强度,≥</td><td>6.0</td><td>4.0</td><td>3.0</td></tr>
<tr><td>细度/%</td><td>0.2 mm 方孔筛筛余,≤</td><td colspan="3">10</td></tr>
<tr><td rowspan="2">凝结时间/min</td><td>初凝时间,≥</td><td colspan="3">3</td></tr>
<tr><td>终凝时间,≤</td><td colspan="3">30</td></tr>
</table>

注:表中强度为 2 h 强度。

3. 建筑石膏的用途

建筑石膏在建筑中应用十分广泛,可用于制作粉刷石膏、石膏砂浆和各类石膏墙体材料。

(1)粉刷石膏

将建筑石膏加水调成石膏浆体可用作室内粉刷涂料,其粉刷效果好,比石灰洁白、美观。目前,有一种新型粉刷石膏,是在石膏中掺入优化抹灰性能的辅助材料及外加剂配制而成的抹灰材料,按用途可分为面层粉刷石膏、底层粉刷石膏和保温层粉刷石膏三类。其不仅建筑功能性好,施工工效也高。

(2)石膏砂浆

将建筑石膏加水、砂拌和成石膏砂浆,用于室内抹灰或作为油漆打底层。石膏砂浆隔热保温性能好,热容量大,因此能够调节室内温度和湿度,给人以舒适感。用石膏砂浆抹灰后的墙面不仅光滑细腻,洁白美观,而且还具有功能效果及施工效果好等特点,所以称其为室内高级抹灰材料。

(3)墙体材料

建筑石膏还可以用作生产各类装饰制品和石膏墙体材料。

①石膏装饰制品

以建筑石膏为主要原料，掺加少量纤维增强材料，加水搅拌成石膏浆体，将浆体注入各种各样的金属（或玻璃）模具中，就可得到不同花样、形状的石膏装饰制品。主要品种有装饰板、装饰吸声板、装饰线角、花饰、装饰浮雕壁画、挂饰及建筑艺术造型等。它们是公用和住宅建筑物的墙面和顶棚常用的装饰制品，适用于中高档室内装饰。

②石膏墙体材料

石膏墙体材料主要有四类：纸面石膏板、纤维石膏板、空心石膏板和石膏砌块。

建筑石膏在储存中，需要防雨、防潮，储存期一般不宜超过三个月，如超过三个月，其强度降低30%左右。

4.2 石灰

石灰(lime)是种古老的气硬性胶凝材料之一。由于生产石灰的原料来源广泛，生产工艺简单，成本低廉，因此至今仍被广泛应用于土木工程中。

4.2.1 *石灰的制备*

1. 石灰的原料

生产石灰的原料主要是以碳酸钙为主要成分的天然岩石，如石灰岩。除天然原料外，还可以利用化学工业副产品。

2. 石灰的生产

由石灰石在立窑中煅烧成生石灰(burnt lime)，实际上是碳酸钙($CaCO_3$)的分解过程，其反应式如下：

$$CaCO_3 \rightarrow CaO + CO_2 \uparrow \quad -178\ kJ/mol$$

$CaCO_3$在600 ℃左右已经开始分解，800～850 ℃时分解加快，通常把898 ℃作为$CaCO_3$的分解温度。温度提高，分解速度将进一步加快。生产中石灰石的煅烧温度一般控制在1 000～1 200 ℃或更高。

生石灰的质量与氧化钙（或氧化镁）的含量有很大关系，还与煅烧条件（煅烧温度和煅烧时间）有直接关系。当温度过低或时间不足时，得到含有未分解的石灰核心，这种石灰称为欠火石灰(under burned lime)，它使生石灰的有效利用率降低；当温度正常，时间合理时，得到的石灰是多孔结构，内比表面积大，晶粒较小，这种石灰称正火石灰(burned lime)，它与水反应的能力（活性）较强；当煅烧温度提高和时间延长时，晶粒变粗，内比表面积缩小，内部多孔结构变得致密，这种石灰称为过火（过烧或死烧）石灰(over burned lime)，其与水反应的速度极为缓慢，以致在使用之后才发生水化作用，产生膨胀而引起崩裂或隆起等现象。

3. 石灰的种类

(1)按石灰成品加工方法分类

①块状石灰。由原料煅烧而得的产品，主要成分为CaO。

②磨细石灰。由块状生石灰磨细而得的细粉，主要成分仍为CaO。

③消石灰(熟石灰)。将石灰用适量的水消化而得的粉末,主要成分为 $Ca(OH)_2$。

④石灰浆(石灰膏)。将生石灰用多量水(为石灰体积的 3～4 倍)消化而得的可塑性浆体,主要成分为 $Ca(OH)_2$。

⑤石灰乳。生石灰加较多的水消化而得的白色悬浮液,主要成分为 $Ca(OH)_2$ 和水。

(2)按 MgO 含量分类

①钙质石灰。MgO 含量不大于 5%。

②镁质石灰。MgO 含量为 5%～20%。

③白云质石灰。MgO 含量为 20%～40%。

4.2.2　*石灰的胶凝机理*

石灰的凝结硬化机理可分为三个部分:一为水化过程,二为石灰浆体结构的形成,三为石灰的硬化过程。

1. 生石灰的水化(熟化、消解、消化或淋灰)

生石灰使用前一般都用水熟化,熟化是一种水化作用,其反应式如下:

$$CaO + H_2O \rightarrow Ca(OH)_2 \quad + 65\ kJ/mol$$

这一反应过程也称为石灰的消解(消化)过程。生石灰水化反应具有以下特点:

(1)水化速度快,放热量大(1 kg 生石灰放热 1 160 kJ)。

(2)水化过程中体积增大。块状石灰消化成松散的消石灰粉,其外观体积可增大 1～2.5 倍,因为生石灰为多孔结构,内比表面积大,水化速度快,常常水化速度大于水化产物的转移速度,大量的新生反应物将冲破原来的反应层,使粒子产生机械碰撞,甚至使石灰浆体散裂成质地疏松的粉末。

工程中熟化的方式有两种。第一种是制消石灰粉。工地调制消石灰粉时,常采用淋灰法,即每堆放 0.5 m 高的生石灰块,淋 60%～80%的水,直到数层,使之充分消解而又不过湿成团。第二种是制石灰浆。石灰在化灰池中熟化成石灰浆通过筛网流入储灰坑,石灰浆在储灰坑中沉淀并除去上层水分后成石灰膏。为了消除过火石灰的危害,石灰浆应在储灰坑中"陈伏"2～3 个星期。根据《建筑装饰工程质量验收规范》(GB 50210-2001)的规定,抹面用的石灰膏应熟化 15 d 以上。"陈伏"期间,石灰浆表面应保有一层水分,以免碳化。

2. 石灰的硬化

石灰浆体的硬化包括两个同时进行的过程:结晶作用和碳化作用。

(1)结晶作用

游离水分蒸发,氢氧化钙逐渐从饱和溶液中结晶析出,并产生强度,但因析出的晶体数量很少,所以强度不高。

(2)碳化作用

碳化作用是氢氧化钙与空气中的二氧化碳化合生成碳酸钙晶体,释放出水分并被蒸发。其反应如下:

$$Ca(OH)_2 + CO_2 + nH_2O \rightarrow CaCO_3 \downarrow + (n+1)H_2O$$

因为空气中 CO_2 的浓度很低,且石灰浆体的碳化过程从表层开始,生成的碳酸钙层结构致密，又阻碍了CO_2向内层的渗透，因此，石灰浆体的碳化过程极其缓慢。

由石灰硬化的原因及过程可以得出石灰浆体硬化慢、强度低、不耐水的结论。

4.2.3 石灰的性质、主要技术要求及用途

1. 石灰的性质

(1)保水性和可塑性好

生石灰熟化为石灰浆时，生成了颗粒极细(直径约1 μm)的呈胶体分散状态的氢氧化钙，表面吸附一层较厚的水膜，因而保水性好，水分不易泌出，并且水膜使颗粒间的摩擦力减小，故可塑性也好。石灰的这一性质常被用来改善砂浆的保水性，以克服水泥砂浆保水性差的缺点。

(2)硬化慢，强度低

从石灰浆体的硬化过程可以看出，由于空气中二氧化碳稀薄，碳化极为缓慢。碳化后形成紧密的$CaCO_3$硬壳，不仅不利于CO_2向内部扩散，同时也阻止水分向外蒸发，致使$CaCO_3$和$Ca(OH)_2$结晶体生成量减少且生成缓慢，硬化强度也不高。按1∶3配合比的石灰砂浆，其28 d的抗压强度仅为0.2～0.5 MPa，而受潮后，石灰溶解，强度更低。

(3)硬化时体积收缩大

石灰硬化时，氢氧化钙颗粒吸附的大量水分，在硬化过程中不断蒸发，并产生很大的毛细管压力，使石灰浆体产生很大的收缩，甚至造成开裂。所以除调成石灰乳作薄层外，通常施工时常掺入一定量的骨料(如砂子等)或纤维材料(如麻刀、纸筋等)。

(4)耐水性差

在石灰硬化体中，大部分仍然是未碳化的$Ca(OH)_2$，$Ca(OH)_2$微溶于水，当已硬化的石灰浆体受潮时，耐水性极差，甚至使已硬化的石灰溃散。因此，石灰不宜用于易受水浸泡的建筑部位。

2. 石灰的主要技术要求

根据我国建材行业标准《建筑生石灰》(JC/T 479-1992)的规定，按技术指标将钙质石灰和镁质石灰分为优等品、一等品和合格品三个等级(见表4-4)。根据《建筑消石灰粉》(JC/T 481-1992)的规定，按技术指标将钙质消石灰粉(MgO＜4％)、镁质消石灰粉(4％≤MgO≤24％)和白云石消石灰粉(24％≤MgO＜30％)分为优等品、一等品和合格品三个等级(表4-5)。通常优等品、一等品适用于面层和中间涂层；合格品仅用于砌筑。

表4-4 建筑生石灰各等级的技术指标(JC/T 479-1992)

项目	钙质石灰			镁质石灰		
	优等品	一等品	合格品	优等品	一等品	合格品
CaO＋MgO含量/％，不小于	90	85	80	85	80	75
未消化残渣含量5 mm圆孔筛筛余/％，不大于	5	10	15	5	10	15
CO_2含量/％，不大于	5	7	9	6	8	10
产浆量/(L/Kg)，不小于	2.8	2.3	2.0	2.8	2.3	2.0

表 4-5　建筑消石灰粉各等级的技术指标(JC/T 481-1992)

项目		钙质石灰粉			镁质石灰粉			白云石消石灰粉		
		优等品	一等品	合格品	优等品	一等品	合格品	优等品	一等品	合格品
CaO+MgO 含量/%，不小于		70	65	60	65	60	55	65	60	55
游离水含量/%		0.4～2	0.4～2	0.4～2	0.4～2	0.4～2	0.4～2	0.4～2	0.4～2	0.4～2
体积安定性		合格	合格	—	合格	合格	—	合格	合格	—
细度	0.9 mm 筛筛余/%，不大于	0	0	0.5	0	0	0.5	0	0	0.5
	0.125 mm 筛筛余/%，不大于	3	10	15	3	10	15	3	10	15

在道路工程中，石灰常用于稳定和处治土类工程材料，用于路基活底基层，根据《公路路面基层施工技术规范》(JTJ 034-2000)，路用石灰分为Ⅰ、Ⅱ、Ⅲ级，道路生石灰具体要求见表 4-6。

表 4-6　道路生石灰各等级的技术指标(JTJ 034-2000)

项目	钙质生石灰			镁质生石灰		
	Ⅰ	Ⅱ	Ⅲ	Ⅰ	Ⅱ	Ⅲ
CaO+MgO 含量/%，不小于	85	80	70	80	75	65
未消化残渣含量 5 mm 圆孔筛筛余/%，不大于	7	11	17	10	14	20
MgO 含量/%	≤5			>5		

道路熟石灰的具体要求见表 4-7。

表 4-7　道路熟石灰各等级的技术指标(JTJ 034-2000)

项目		钙质熟石灰			镁质熟石灰		
		Ⅰ	Ⅱ	Ⅲ	Ⅰ	Ⅱ	Ⅲ
含水量/%，不大于		4	4	4	4	4	4
细度	0.71 mm 筛筛余/%，不大于	0	1	1	0	1	1
	0.125 mm 筛筛余/%，不大于	13	20	—	13	20	—
MgO 含量/%		≤4			>4		

3. 石灰的用途

(1)石灰乳涂料和砂浆

石灰膏加入多量的水可稀释成石灰乳，用石灰乳作粉刷涂料，其价格低廉，颜色洁白，施工方便，调入耐碱颜料还可使色彩丰富，调入聚乙烯醇、干酪素、氧化钙或明矾可减少涂层粉化现象。

用石灰膏或熟石灰配制的石灰砂浆或水泥石灰砂浆是建筑工程中用量最大的材料之一。

(2)灰土和三合土

将消石灰粉与黏土拌和，称为石灰土(灰土)，若再加入砂石或炉渣、碎砖等即成三合土。石灰常占灰土总重的10%～30%，即一九、二八及三七灰土。石灰量过高，往往导致强度和耐水性降低。施工时，将灰土或三合土混合均匀并夯实，可使彼此黏结为一体，同时黏土等成分中含有的少量活性SiO_2和活性Al_2O_3等酸性氧化物，在石灰长期作用下反应，生成不溶性的水化硅酸钙和水化铝酸钙，使颗粒间的黏结力不断增强，灰土或三合土的强度及耐水性能也不断提高。因此，灰土和三合土在一些建筑物的基础和地面垫层及公路路面的基层被广泛应用。

(3)无熟料水泥和硅酸盐制品

石灰与活性混合材料(如粉煤灰、煤矸石、高炉矿渣等)混合，并掺入适量石膏等，磨细后可制成无熟料水泥。石灰与硅质材料(含SiO_2的材料，如粉煤灰、煤矸石、浮石等)，必要时加入少量石膏，经高压或常压蒸汽养护，生成以硅酸钙为主要产物的混凝土。硅酸盐混凝土中主要的水化反应如下：

$$Ca(OH)_2 + SiO_2 + H_2O \rightarrow CaO \cdot SiO_2 \cdot 2H_2O$$

硅酸盐混凝土按密实程度可分为密实和多孔两类。前者可生产墙板、砌块及砌墙砖(如灰砂砖)，后者用于生产加气混凝土制品，如轻质墙板、砌块、各种隔热保温制品等。

(4)碳化石灰板

碳化石灰板是将磨细石灰、纤维状填料(如玻璃纤维)或轻质骨料搅拌成型，然后用二氧化碳进行人工碳化(12～24 h)而制成的一种轻质板材。为了减轻容重和提高碳化效果，多制成空心板。人工碳化的简易方法是用塑料布将坯体盖严，通以石灰窑的废气。

碳化石灰空心板体积密度为700～800 kg/m^3(当孔洞率为30%～39%时)，抗弯强度为3～5 MPa，抗压强度为5～15 MPa，导热系数小于0.2 W/(m·K)，能锯、钉，所以适宜用作非承重内隔墙板、无芯板、天花板等。

值得注意的是，石灰在空气中存放时，会吸收空气中的水分熟化成石灰粉，再碳化成碳酸钙而失去胶结能力，因此生石灰不易久存。另外，生石灰受潮熟化会放出大量的热，并且体积膨胀，所以储运石灰应注意安全。

4.3 水玻璃

水玻璃(water glass)俗称泡花碱，化学成分为$R_2O \cdot nSiO_2$。固体水玻璃是一种无色、天蓝色或黄绿色的颗粒，高温高压溶解后是无色或略带色的透明或半透明黏稠液体。根据所含碱金属氧化物的不同，常有硅酸钠水玻璃($Na_2O \cdot nSiO_2$)、硅酸钾水玻璃($K_2O \cdot nSiO_2$)和硅酸锂水玻璃($Li_2O \cdot nSiO_2$)之分。我国大量使用的是钠水玻璃，而钾水玻璃和锂水玻璃虽然性能上优于钠水玻璃，但由于价格贵，较少使用。水玻璃在工业中有较广泛的应用，如用于制造化工产品（硅胶、白炭黑、黏合材料、洗涤剂、造纸等）、冶金行业和建筑施工等。

4.3.1　水玻璃的制备与性质

1. 水玻璃的生产

生产水玻璃的方法有湿法和干法两种。湿法生产硅酸钠水玻璃时，将石英砂和苛性钠液体在压蒸锅（2～3 atm）内用蒸汽加热，并加以搅拌，使其直接反应生成液体水玻璃。干法是将石英砂和碳酸钠磨细拌匀，在熔炉内于1 300～1 400 ℃温度下熔化，按下式反应生成固体水玻璃，然后在水中加热溶解而成液体水玻璃：

$$Na_2CO_3 + nSiO_2 \rightarrow Na_2O \cdot nSiO_2 + CO_2 \uparrow$$

2. 水玻璃的化学性质

水玻璃是一种水溶性硅酸盐。其化学式是 $Na_2O \cdot nSiO_2$。水玻璃的模数 n 与浓度是影响水玻璃的主要化学性质。水玻璃中二氧化硅与碱金属氧化物之间的物质的量比 n 称为水玻璃模数，即 $n = SiO_2$ 物质的量/R_2O 物质的量。水玻璃模数一般为1.5～3.5，模数提高，水玻璃中的胶体组分增多，黏结能力大。但模数越大，水玻璃越难以在水中溶解。n 为1时，水玻璃在常温水中即可溶解；n 加大，则只能在热水中溶解；$n>3$ 时，要在4 atm以上的蒸汽中才能溶解。模数相同的水玻璃溶液，密度越大，则浓度越稠，黏性越大，黏结力越好。常用模数为2.6～3.0，密度为1.3～1.5 g/cm^3。在液体水玻璃中加入尿素，不改变黏度的情况下可提高黏结力25%左右。

4.3.2　水玻璃的胶凝机理

液体水玻璃在空气中能吸收二氧化碳，生成二氧化硅凝胶：

$$Na_2O \cdot nSiO_2 + CO_2 + mH_2O \rightarrow Na_2CO_3 + nSiO_2 \cdot mH_2O$$

二氧化硅凝胶（$nSiO_2 \cdot mH_2O$）干燥脱水，析出固态二氧化硅，水玻璃硬化。由于空气中 CO_2 浓度低，这个过程进行得很慢，为了加速硬化，可将水玻璃加热或加入氟硅酸钠（Na_2SiF_6）作促硬剂，以加快硅胶的析出，反应如下：

$$2(Na_2O \cdot nSiO_2) + Na_2SiF_6 + mH_2O \rightarrow Na_2CO_3 + (2n+1)SiO_2 \cdot mH_2O$$

$$(2n+1)SiO_2 \cdot mH_2O \rightarrow (2n+1)SiO_2 + mH_2O$$

加入氟硅酸钠后，初凝时间可缩短到30～60 min。

氟硅酸钠的适宜用量为水玻璃质量的12%～15%，如果用量小于12%，硬化速度慢，强度低，且未反应的水玻璃易溶于水，导致耐水性差；用量过多（超过15%），会引起凝结过快，造成施工困难。氟硅酸钠有一定的毒性，操作时应注意安全。

4.3.3　水玻璃的用途

水玻璃具有良好的胶结能力，硬化后抗拉和抗压强度高，不燃烧，耐热性好，耐酸性强，

可耐除氢氟酸外的各种无机酸和有机酸的作用,但耐碱性和耐水性较差。水玻璃在建筑上的用途有以下几种:

1. 涂刷或浸渍材料表面,提高其抗风化能力

直接将密度为1.5 g/cm³的液体水玻璃涂刷或浸渍多孔材料时,由于在材料表面形成SiO_2膜层,可提高抗水及抗风化能力,又因材料的密实度提高,还可提高强度和耐久性。但不能用以涂刷或浸渍石膏制品,因二者反应,在制品孔隙中生成硫酸钠结晶,体积膨胀,将制品胀裂。

2. 加固土壤

用模数为2.5～3.0的液体水玻璃和氯化钙溶液加固土壤,两种溶液发生化学反应,生成的硅胶能吸水肿胀,能将土粒包裹起来填实土壤空隙,从而起防止水分渗透和加固土壤的作用。

3. 配制防水剂

在水玻璃中加入两种、三种或四种矾的溶液,搅拌均匀,即可得二矾、三矾或四矾防水剂。如四矾防水剂是以蓝矾(硫酸铜)、白矾(硫酸铝钾)、绿矾(硫酸亚铁)、红矾(重铬酸钾)各取一份溶于60份沸水中,再降至50 ℃,投入400份水玻璃,搅拌均匀而成的。这类防水剂与水泥水化过程中析出的氢氧化钙反应生成不溶性硅酸盐,堵塞毛细管道和孔隙,从而提高砂浆的防水性,这种防水剂因为凝结迅速,宜调配水泥防水砂浆,适用于堵塞漏洞、缝隙等局部抢修。

4. 配制耐酸砂浆、耐酸混凝土

水玻璃具有较高的耐酸性,用水玻璃和耐酸粉料、粗细骨料配合,可制成防腐工程用的耐酸胶泥、耐酸砂浆和耐酸混凝土。

5. 配制耐火材料

水玻璃硬化后形成SiO_2非晶态空间网状结构,具有良好的耐火性,因此可与耐热骨料一起配制成耐热砂浆及耐热混凝土。

4.4 菱苦土

菱苦土(magnesia)是一种白色或浅黄色的粉末,其主要成分是氧化镁(MgO),镁质胶凝材料(magnesium oxychloride binder)就是用菱苦土与氯化镁溶液配制而成的。镁质胶凝材料又称氯氧镁水泥。由于该胶凝材料制成的产品易发生返卤、变形等,近十几年来,人们不断对其进行改性,并取得了良好的效果。

4.4.1 菱苦土的制备

1. 菱若土的原料

生产菱苦土的原料主要有天然菱镁矿($MgCO_3$)、蛇纹石($3MgO \cdot 2SiO_2 \cdot 2H_2O$)、白云

岩($MgCO_3 \cdot CaCO_3$),也可利用冶炼轻质镁合金的熔渣或以海水为原料来提制菱苦土。

2. 菱苦土的生产

菱苦土的生产与石灰相近,主要工艺是煅烧,实际上是碳酸镁($MgCO_3$)的分解过程,其反应式如下:

$$MgCO_3 \rightarrow MgO + CO_2 \uparrow \quad -12\ kJ/mol$$

$MgCO_3$一般在 400 ℃开始分解,到 600~650 ℃时分解反应剧烈进行,实际生产中煅烧温度为 700~850 ℃。煅烧温度对 MgO 的结构及水化反应活性影响很大。例如,在 450~700 ℃煅烧并磨细到一定细度的 MgO,在常温下数分钟内就可完全水化。在 1 300 ℃以上煅烧所得的 MgO 实际上成为死烧 MgO,几乎丧失胶凝性质。

4.4.2　菱苦土的胶凝机理

MgO 与水拌和,立即发生下列化学反应:

$$MgO + H_2O \rightarrow Mg(OH)_2$$

在常温下,水化生成物 $Mg(OH)_2$的最大浓度可达 0.8~1.0 g/L,而 $Mg(OH)_2$在常温下的平衡溶解度为 0.01 g/L,所以溶液中 $Mg(OH)_2$的相对过饱和度很大,过大的过饱和度会产生结晶压力,使硬化过程中形成的结晶结构网破坏。因此,菱苦土不能用水调和。

菱苦土常用氯化镁($MgCl_2 \cdot 6H_2O$)、硫酸镁($MgSO_4 \cdot 7H_2O$)、铁矾[$KFe(SO_4)_2 \cdot 12H_2O$]等盐类的溶液来调拌,以降低体系的过饱和度,加速 MgO 溶解。最常用的是氯化镁溶液,其硬化后的主要产物为氯氧化镁($xMgO \cdot yMgCl_2 \cdot zH_2O$)与 $Mg(OH)_2$,其反应式为

$$xMgO + yMgCl_2 + zH_2O \rightarrow xMgO \cdot yMgCl_2 \cdot zH_2O$$

$$MgO + H_2O \rightarrow Mg(OH)_2$$

它们从溶液中析出,呈针状晶体,彼此机械啮合、凝聚和结晶,使浆体凝结硬化,若提高温度,可使硬化加快。

MgO 与 $MgCl_2$的摩尔比为 4~6 时,生成的水化产物相对稳定,因而氯化镁($MgCl_2 \cdot 6H_2O$)的掺量为 55%~60%。采用氯化镁水溶液拌制的浆体,其初凝时间为 30~60 min,1 d 强度可达最高强度的 50%以上,7 d 可达最高强度 40~70 MPa,体积密度为 1 000~1 100 kg/m^3。

用 $MgCl_2$溶液作调和剂,硬化浆体的强度高,但吸湿性大,易返潮和翘曲变形,水分蒸发后表面泛“白霜”,抗水性差。改用硫酸镁、铁矾作调和剂,可降低吸湿性,但强度较低。

4.4.3　菱苦土的性质

菱苦土具有碱性较低、胶凝性较高、强度较高和对植物类纤维不腐蚀的性质。按《镁质胶凝材料用原料》(JC/T 449-2000),将菱苦土分为优等品(A)、一等品(B)和合格品(C),其化学成分见表 4-8。

按《镁质胶凝材料用原料》(JC/T 449-2000),优等品(A)、一等品(B)和合格品(C)的菱

苦土的物理性能分别见表4-9。

表4-8　菱苦土化学成分(JC/T 449-2000)

级别	优等品(A)	一等品(B)	合格品(C)
氧化镁(MgO)/%,不小于	80	75	70
游离氧化钙(CaO)/%,不大于	2	2	2
烧失量/%,不大于	8	10	12

表4-9　菱苦土物理性能(JC/T 449-2000)

等级	凝结时间		细度	抗折强度/MPa,不小于		抗压强度/MPa,不小于		安定性
	初凝/min,不小于	终凝/h,不大于	0.08 mm方孔筛筛余/%,不大于	1 d	3 d	1 d	3 d	
优等品	40	7	15	5.0	7.0	25.0	30.0	合格
一等品	40	7	15	4.0	6.0	20.0	25.0	合格
合格品	40	7	20	3.0	5.0	15.0	20.0	合格

4.4.4　菱苦土的用途

由于菱苦土具有碱性较低、胶凝性较高、强度较高和对植物类纤维不腐蚀的性质。建筑工程中常用于以下几个方面:

1. 地面材料

用菱苦土、木屑、滑石粉和石英砂等制作的地面,具有隔热、防火、无噪声、防爆(碰撞时不发出火星)及具有一定弹性的特性。

2. 制作平瓦、波瓦和脊瓦

以玻璃纤维为加筋材料,可制成抗折强度高的玻纤波形瓦。掺入适量的粉煤灰、沸石粉等改性材料,并经过防水处理,可制成氯氧镁水泥平瓦、波瓦和脊瓦。

3. 刨花板

将刨花、亚麻或其他木质纤维材料与菱苦土混合后,压制成平板,主要用于墙的复合板、隔板、屋面板等。

4. 空心隔板

以轻细骨料为填料,制成空心隔板,可用于建筑内墙的分隔。

菱苦土运输和储存时应避光和免于受潮,且不可久存,以防菱苦土吸收空气中的水分成为氢氧化镁,再碳化成为碳酸镁,从而失去化学活性。

4.5　水泥

水泥呈粉末状，与水混合后，经过物理化学反应过程，能由可塑性浆体变成坚硬的石状体，并能将散粒状材料胶结成为整体，是一种良好的胶凝材料。水泥属于水硬性胶凝材料。

自水泥问世以来，就一直是土木工程材料中的主体材料。目前世界上水泥的品种众多，已达200余种，按其化学组成可分为硅酸盐系水泥、铝酸盐系水泥、硫铝酸盐系水泥、铁铝酸盐系水泥、磷酸盐系水泥、氟铝酸盐系水泥等系列。按照国家标准GB/T 4131-1997《水泥的命名、定义和术语》规定，按水泥的性能及用途可分为三大类，即用于一般土木建筑工程的通用水泥——六大硅酸盐系列水泥，具有专门用途的专用水泥，及具有某种比较突出性能的特性水泥。

水泥的品种繁多，但最基本的水泥是硅酸盐水泥。

4.5.1　硅酸盐水泥

1. 硅酸盐水泥的生产及其矿物组成

按国家标准《通用硅酸盐水泥》国家标准第1号修改单(GB 175-2007/XG1-2009)，凡由硅酸盐水泥熟料、0～5%石灰石或粒化高炉矿渣、适量石膏磨细制成的水硬性胶凝材料，称为硅酸盐水泥(portland cement)。硅酸盐水泥分为两类，不掺加混合材料的称Ⅰ型硅酸盐水泥，其代号为P·Ⅰ；在硅酸盐水泥熟料粉磨时掺加不超过水泥质量5%的石灰石或粒化高炉矿渣混合材料的称Ⅱ型硅酸盐水泥，其代号为P·Ⅱ。

(1)硅酸盐水泥的生产

①原料

石灰质原料有石灰岩、泥灰岩、白垩、贝壳等，石灰质原料主要为硅酸盐水泥熟料矿物提供所需CaO，通常要求石灰质原料的CaO含量不低于45%～48%。

黏土质原料有黄土、黏土、页岩、泥岩、粉砂岩及河泥等。从化学成分上看，黏土质原料主要为硅酸盐水泥熟料提供所需的SiO_2和Al_2O_3，及少量Fe_2O_3。

当石灰质原料和黏土质原料配合后的生料不符合要求时，就要根据所缺少的组分，掺加相应的原料进行校正，当SiO_2含量不足时，必须加硅质原料如砂岩、粉砂岩等进行校正；氧化铁含量不够时，必须加氧化铁含量大于40%的铁质原料如铁矿粉、黄铁矿渣等进行校正。此外，为了改善煅烧条件，常常加入少量的矿化剂等。

②水泥生产工艺流程

硅酸盐水泥的生产分为三个阶段：石灰质原料、黏土质原料及少量校正原料破碎后，按一定比例配合、磨细，并调配成成分合适、质量均匀的生料，称为生料制备；生料在水泥窑内煅烧至部分熔融所得到的以硅酸钙为主要成分的硅酸盐水泥熟料，称为熟料煅烧；熟料加适量石膏和其他混合材料共同磨细为水泥，称为水泥粉磨。硅酸盐水泥生产的工艺流程如图4-1所示。

(2)水泥熟料的矿物组成

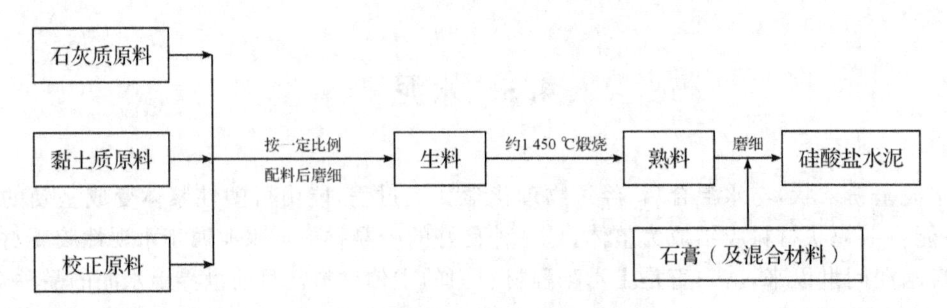

图 4-1　硅酸盐水泥生产的工艺流程

在以上的主要熟料矿物中，硅酸三钙和硅酸二钙的总含量在70%以上，铝酸三钙和铁铝酸四钙的含量在25%左右，故称为硅酸盐水泥。除主要熟料矿物外，水泥中还含有少量游离 CaO、游离 MgO 和碱，但其总含量一般不超过水泥总量的10%。

(3)硅酸盐水泥熟料矿物的水化特性

硅酸盐水泥的性能是由其组成矿物的性能决定的。水泥具有许多优良建筑技术性能，主要是由于水泥熟料中几种主要矿物水化作用的结果。因此，要了解水泥的性质，必须了解每种矿物的水化特性。

熟料矿物与水发生的水解或水化作用统称为水化，水泥单矿物与水发生水化反应，生成水化物，并放出一定的热量。

①硅酸三钙(tricalcium silicate)

C_3S 在常温下发生水化反应，大致可用下式表示：

$$2(3CaO \cdot SiO_2)+6H_2O=3CaO \cdot 2SiO_2 \cdot 3H_2O+3Ca(OH)_2$$

简写为：

$$2C_3S+6H=CSH+3CH$$

硅酸三钙水化速度很快，生成的水化硅酸钙几乎不溶于水，而立即以胶体微粒的形式析出，并逐渐凝聚而成为凝胶。水化硅酸钙的尺寸很小[$(10 \sim 1\ 000) \times 10^{-10}$ m]，相当于胶体物质，显微结构是纤维状，其组成的 CaO/SiO_2 分子比和 H_2O/SiO_2 分子比在较大范围内波动，且较难精确区分，所以通称为 CSH 凝胶。由于水化硅酸钙凝胶(CSH)具有巨大的比表面积和刚性凝胶的特性，凝胶粒子间存在范德华力和化学结合键，因此，具有较高的强度。而 $Ca(OH)_2$ 晶体生成的数量比水化硅酸钙凝胶少，通常只起填充作用，但因其具有层状构造，层间结合较弱，在受力较大时是裂缝的策源地。

②硅酸二钙(dicalcium silicate)

C_2S 的水化反应很慢，但其水化产物中的水化硅酸钙与 C_3S 的水化生成物是同一种形态，其反应式大致可表示为

$$2(2CaO \cdot SiO_2)+4H_2O=3CaO \cdot 2SiO_2 \cdot 3H_2O+Ca(OH)_2$$

简写为：

$$2C_2S+4H=CSH+CH$$

硅酸二钙和硅酸三钙比较，其差别在于前者水化速度特别慢，并且生成的 $Ca(OH)_2$ 较少。

③铝酸三钙(tricalcium aluminate)

C_3A 与水的反应非常迅速，水化放热量较大，水化产物的组成结构受水化条件影响

较大。

在常温下 C_3A 依下式水化：

$$3CaO \cdot Al_2O_3 + 6H_2O = 3CaO \cdot Al_2O_3 \cdot 6H_2O$$

简写为：

$$C_3A + 6H = C_3AH_6$$

生成的水化铝酸三钙为可溶性立方晶体。

在液相中，$Ca(OH)_2$ 浓度达到饱和状态时，水化铝酸三钙会转变：

$$3CaO \cdot Al_2O_3 \cdot 6H_2O + Ca(OH)_2 + 6H_2O = 4CaO \cdot Al_2O_3 \cdot 13H_2O$$

生成的水化铝酸四钙为六方晶体，在室温下，它能稳定存在于水泥浆体的碱性介质中，其数量增长很快，认为是使水泥浆体产生瞬凝的一个主要原因。因此，在水泥粉磨时，需掺入石膏，调节凝结时间。

在有石膏存在时，C_3A 开始水化生成的水化铝酸四钙还会立即与石膏反应：

$$4CaO \cdot Al_2O_3 \cdot 13H_2O + 3(CaSO_4 \cdot 2H_2O) + 13H_2O = 3CaO \cdot Al_2O_3 \cdot 3CaSO_4 \cdot 31H_2O + Ca(OH)_2$$

简写为：

$$C_4AH_{13} + 3\overline{S}H_2 + 13H = C_3A\overline{S}_3H_{31} + CH$$

生成的高硫型水化硫铝酸钙（$3CaO \cdot Al_2O_3 \cdot 3CaSO_4 \cdot 31H_2O$）又称钙矾石（AFt），是难溶于水的针状晶体。它包围在熟料颗粒周围，形成“保护膜”，延缓水化。

当石膏耗尽时，C_3A 还会与钙矾石反应生成单硫型水化硫铝酸钙（AFm）：

$$3CaO \cdot Al_2O_3 \cdot 3CaSO_4 \cdot 31H_2O + 2(3CaO \cdot Al_2O_3) + 5H_2O = 3(3CaO \cdot Al_2O_3 \cdot CaSO_4 \cdot 12H_2O)$$

简写为：

$$C_3A\overline{S}_3H_{31} + 2C_3A + 5H = 3C_3A\overline{S}H_{12}$$

单硫型水化硫铝酸钙（$3CaO \cdot Al_2O_3 \cdot CaSO_4 \cdot 12H_2O$）为六方板状晶体。

④铁铝酸四钙（tetracalcium aluminoferrite）

C_4AF 的水化与 C_3A 极为相似，只是水化反应速度较慢，水化热较低。其反应式大致可表示为

$$4CaO \cdot Al_2O_3 \cdot Fe_2O_3 + 7H_2O = 3CaO \cdot Al_2O_3 \cdot 6H_2O + CaO \cdot Fe_2O_3 \cdot H_2O$$

简写为：

$$C_4AF + 7H = C_3AH_6 + CFH$$

反应生成 C_3AH_6 晶体和 CFH 凝胶体。

综上所述，如果忽略一些次要和少量成分，硅酸盐水泥水化后的主要水化产物有水化硅酸钙（CSH）凝胶、水化铁酸钙（CFH）凝胶、氢氧化钙（CH）板状晶体、水化铝酸钙（C_3AH_6）立方晶体和水化硫铝酸钙（AFt）针状晶体。这五种水化产物的性能如表4-10所示。

表4-10　硅酸盐水泥水化产物及性能

序号	水化产物	性能
1	水化硅酸钙	胶凝性强，强度高，不溶于水
2	水化铁酸钙	胶凝性差，强度低，难溶于水

续表

序号	水化产物	性能
3	氢氧化钙	强度较高，溶于水
4	水化铝酸钙	强度低，溶于水
5	水化硫铝酸钙	强度高，不溶于水，能提高水泥石早期强度

在充分水化的水泥石中，水泥石中水化硅酸钙凝胶约占70%，$Ca(OH)_2$约占20%，水化硫铝酸钙（包括高硫型和单硫型的）约占7%，未水化的熟料残余物和其他微量组分大约占3%。

由以上水泥熟料中几种主要矿物的水化特性可知，不同熟料矿物与水作用所表现的性能不同。对水泥的性能要求主要是强度、凝结硬化速度、水化放热量的大小及收缩大小等。各种水泥熟料矿物水化所表现的特性见表4-11。

表4-11　硅酸盐水泥熟料主要矿物单独与水作用时的特性

名称		C_3S	C_2S	C_3A	C_4AF
水化反应速度		快	慢	最快	快
凝结硬化速度		快	慢	最快	快
28 d水化热		大	小	最大	中
强度	早期	高	低	低	低
	后期		高		
干缩性		中	小	大	小
耐化学侵蚀性		中	良	差	优

水泥是几种熟料矿物的混合料，改变熟料矿物成分间的比例时，水泥的性质即发生相应的变化。例如提高C_3S的含量，可以制得高强度水泥；又如降低C_3A和C_3S含量，提高C_2S含量，可以制得水化热低的水泥，如大坝水泥。

2. 硅酸盐水泥的凝结硬化

水泥加水拌和后，成为可塑的水泥浆，水泥浆逐渐变稠失去塑性，但尚不具有强度的过程，称为水泥的“凝结”；随后产生明显的强度并逐渐发展而成为坚硬的人造石，即水泥石，这一过程称为水泥的“硬化”。凝结和硬化是人为划分的，实际上是一个连续的复杂的物理化学变化过程。

硅酸盐水泥凝结硬化的过程非常复杂，自从1882年雷·查特里（Le Chatelier）首次提出水泥凝结硬化理论以来，学者们至今还在不断地研究，目前一般的看法如下：

首先，水泥加水后，未水化的水泥颗粒分散在水中，形成水泥浆，如图4-2(a)所示。

然后，水泥在水泥浆中立即发生快速反应，在几分钟内便生成过饱和溶液，然后反应急剧减慢，这是由于水泥颗粒表面生成了硫铝酸钙微晶膜或凝胶状膜层，如图4-2(b)所示。

接着，水泥产物的量随时间而增加，新生胶粒不断增加，水化物膜层增厚，游离水分不断减少，颗粒间空隙也不断缩小，而分散相中最细的颗粒通过分散介质薄层，相互无序连接而生成三维空间网，形成凝聚结构，如图 4-2(c)所示。这种结构在振动的作用下可以破坏，但又能可逆地恢复，因此具有凝胶的触变性。在形成凝聚结构的同时，水泥浆发生“凝结”。

随着以上过程的不断进行，固态的水化物不断增多，颗粒间的接触点数目增加；结晶体(CH、C_3AH_6和 AFt)和凝胶体(CSH 凝胶)互相贯穿，形成了凝聚结构，随着水化继续进行，CSH 凝胶增多，填充硬化的水泥石毛细孔中，使孔隙率下降，强度逐渐增长，从而进入了硬化阶段，如图 4-2(d)所示。

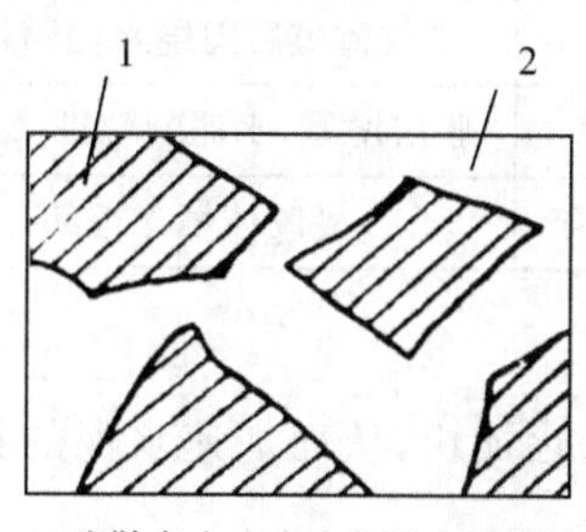

(a)分散在水中未水化的水泥颗粒

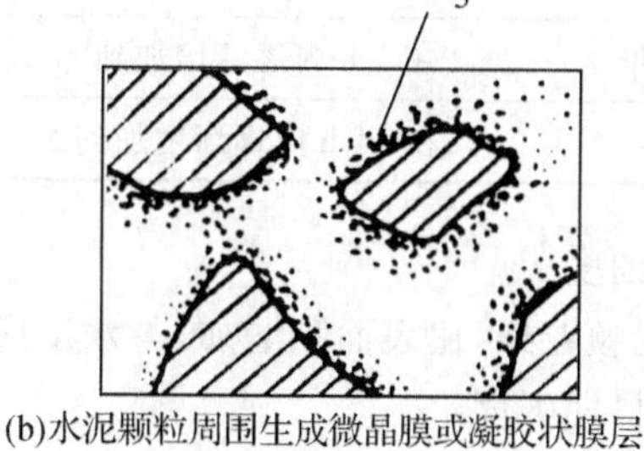

(b)水泥颗粒周围生成微晶膜或凝胶状膜层

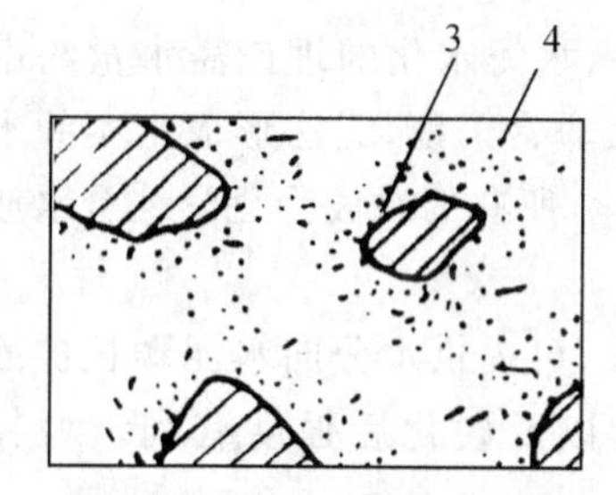

(c)水化物膜层长大形成凝聚结构（凝结）

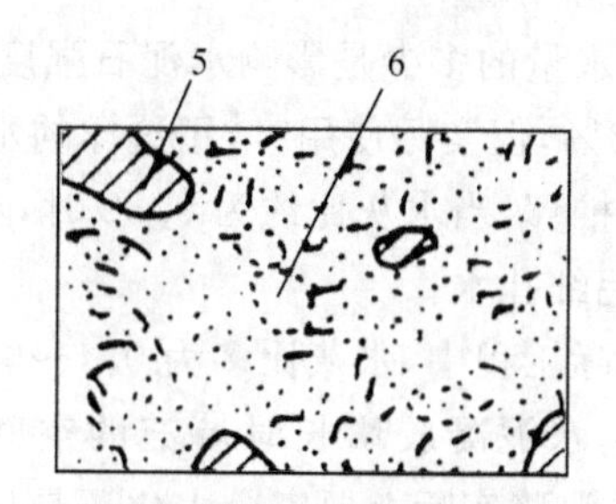

(d)水化物增多，填充毛细孔（硬化）

1—水泥颗粒；2—水分；3—凝胶；4—晶体；5—未水化的水泥内核；6—毛细孔

图 4-2　凝结硬化过程

水泥的水化与凝结硬化是从水泥颗粒表面开始，逐渐往水泥颗粒的内核深入进行的。它是一个连续的过程。水化是水泥产生凝结硬化的前提，而凝结硬化是水泥水化的结果。开始时，由于水化速度快，水泥强度增长也快；但由于水化不断进行，堆积在未水化的水泥颗粒周围水化产物不断增多，便阻碍了水和水泥颗粒未水化部分的接触，水化减慢，强度增长也减慢。无论时间多久，水泥内核很难达到完全水化。因此，在硬化的水泥石中，同时包含有水泥熟料矿物水化的凝胶体和结晶体、未水化的水泥颗粒、水(自由水和吸附水)和孔隙(毛细孔和凝胶孔)，它们在不同时期相当数量的变化，使水泥石的性质随之改变。

根据水化反应速度和物理化学的主要变化，可将水泥的凝结硬化阶段划分为表 4-12 中所列的几个阶段。

水泥的凝结硬化过程也就是水泥强度发展的过程。为了正确使用水泥，并能在生产中采取有效措施，调节水泥的性能，必须了解水泥水化硬化的影响因素。

影响硅酸盐水泥凝结硬化的因素除矿物成分、细度、用水量外，还有养护时间、环境的温湿度以及石膏的掺量等。

(1)矿物组成

熟料各矿物单独与水作用后的特性是不同的，它们相对含量的变化，将导致不同的凝结硬化特性。比如当水泥中 C_3A 含量高时，水化速率快，但强度不高；而 C_2S 含量高时，水化速率慢，早期强度低，后期强度高。

表 4-12　水泥凝结硬化的几个阶段

凝结硬化阶段	放热反应速度/[J/(g·h)]	持续时间	主要物理化学变化
初始反应期	168	5～10 min	初始溶解和水化
潜伏期	4.2	1 h	凝胶体膜层围绕水泥颗粒成长
凝结期	在 6 h 内逐渐增加到 4.2	6 h	膜层增厚，水泥颗粒进一步水化
硬化期	在 24 h 内逐渐增加到 21	6 h 至若干年	凝胶体填充毛细孔

(2)细度

水泥颗粒细，比表面积增加，与水反应的机会增多，水化加快，从而加速水泥的凝结、硬化，提高早期强度。

(3)拌和水量

拌和水量的多少是影响水泥石强度的关键因素之一，水泥水化的理论需水量约占水泥质量的 23%，但实际使用时，用这样的水量拌制的水泥浆非常干涩，无法形成密实的水泥石结构。经推算，当水灰比约为 0.38 时，水泥可以完全水化，所有的水成为化学结合水或凝胶水，而无毛细孔水。

在实际工程中，水灰比多为 0.4～0.7，适当的毛细孔，可提供水分向水泥颗粒扩散的通道，可作为水泥凝胶增长时填充的空间，对水泥石结构以及硬化后强度有利。水灰比为 0.38 的水泥浆实际上要完全水化还是比较困难的。

(4)养护时间

水泥的水化是从表面开始向内部逐渐深入进行的，随着时间的延续，水泥的水化程度在不断增大，水化产物也不断增加，并填充毛细孔，使毛细孔孔隙率减小，凝胶孔孔隙率相应增大。水泥加水拌和后，前 4 周的水化速度较快，强度发展也较快，大约 4 周后显著减慢。但是，只要维持适当的温度和湿度，水泥的水化速度将不断进行，水泥强度在几个月、几年，甚至几十年后还会持续增长。

(5)温度和湿度

温度对水泥的凝结硬化有明显的影响。当温度升高时，水化加快，水泥强度增加也较快，特别是对 C_2S 来说，由于 C_2S 的水化速度慢，所以温度对它的影响更大。C_3A 在常温时水化就较快，放热也较多，所以温度影响较小。当温度降低时，水泥水化作用减小，凝结硬化时间延长，强度增加缓慢，尤其对早期强度影响很大。当温度<5 ℃时，水泥水化硬化速度大大减慢；当温度<0 ℃时，水化会停止，强度不仅不增长，还会因为水泥浆体中的水分结冻膨胀，而使水泥石结构产生破坏。

湿度是保证水泥水化的必备条件。因为在潮湿环境下的水泥石，能保持有足够的水分进行水化和凝结硬化，生成的水化物进一步填充毛细孔，促进水泥石的强度发展。保持一定的温度和湿度使水泥石强度不断增长的措施，称为养护。在测定水泥强度时，必须在标准规定的标准温度和湿度环境中养护至规定的龄期。

(6)石膏

水泥中掺入适量的石膏，可调节水泥的凝结硬化速度。在水泥粉磨时，若不掺石膏或石膏掺量不足时，水泥会发生瞬凝现象，这是由于 C_3AH_6 在溶液中电离出 Al^{3+}，它与硅酸钙凝胶的电荷相反，促使胶体凝聚。加入石膏后，石膏与 C_3AH_6 作用，生成 AFt，难溶于水，沉淀在水泥颗粒表面上形成保护膜，降低了溶液中 Al^{3+} 的浓度，并阻碍了水泥的水化，延缓了水泥的凝结。但如果石膏掺量过多，则会促使水泥凝结加快，同时，还会在后期引起水泥石的膨胀，而使其开裂破坏。

3. 硅酸盐水泥的技术性质

国家标准《通用硅酸盐水泥》国家标准第 1 号修改单（GB 175-2007/XG1-2009）对其物理、化学性能指标等均做了明确规定。

(1)物理性质

①细度——选择性指标

水泥颗粒的粗细程度称为细度。一般认为，水泥粒径在 40 μm 以下的颗粒才具有较高的活性，大于 100 μm 活性就很小了。细度与水泥的水化速度、凝结硬化速度、早期强度和空气硬化收缩量等成正比，与成本及储存期成反比。

比表面积法与筛析法相比，能较好地反映水泥粗细颗粒的分布情况，是较为合理的方法。所谓的比表面积就是指单位质量的水泥粉末所具有的总面积，用 m^2/kg 表示。国家标准《通用硅酸盐水泥》国家标准第 1 号修改单（GB 175-2007/XG1-2009）规定，硅酸盐水泥比表面积应大于 300 m^2/kg。

②标准稠度用水量

水泥的物理性质中有体积安定性和凝结时间，为了使检验的这两种性质有可比性，国家标准规定了水泥浆的稠度，获得这一稠度时所需的水量称为标准稠度用水量，以水与水泥质量的比值来表示。影响标准稠度用水量的因素有熟料的矿物组成（如 C_3A 需水性最大，C_2S 需水性最小）、水泥的细度、混合材料品种（如沸石粉需水性大）和数量等。

③凝结时间

水泥的凝结时间分初凝（initial setting）时间和终凝（final setting）时间。初凝时间是指从水泥加水拌和起至标准稠度的水泥净浆开始失去可塑性所需的时间。终凝时间是指从水泥加水拌和起至标准稠度的水泥净浆完全失去可塑性所需的时间。

国家标准《通用硅酸盐水泥》国家标准第 1 号修改单（GB 175-2007/XG1-2009）规定，初凝时间不得早于 45 min，终结时间不得迟于 390 min。实际上国产硅酸盐水泥的初凝时间一般在 1～3 h，终凝时间一般在 4～6 h。

为使混凝土和砂浆在施工中有充分的时间进行搅拌、运输、浇捣、砌筑和成型，则要求水泥初凝时间不能过短。当施工完毕，则要求尽快硬化，具有强度，因此要求终凝时间不应过长。

④强度及强度等级

水泥强度检验是按《水泥胶砂强度检验方法》（GB/T 17671-1999）的规定进行的。该法是将水泥、标准砂和水按规定比例（1∶3∶0.5）配制成胶砂，并制成 40 mm×40 mm×160 mm 的试件，脱模后在标准条件下[1 d 内为温度（20±1）℃，相对湿度在 90%以上的空气中；1 d 后为温度（20±1）℃的水中]养护一定龄期（3 d、28 d）后测得其强度。

国家标准《通用硅酸盐水泥》国家标准第 1 号修改单（GB 175-2007/XG1-2009）规定，硅酸盐水泥的强度等级可分为42.5、42.5R、52.5、52.5R、62.5、62.5R六个级别，并具体规定各等级所对应的抗压强度和抗折强度在3 d、28 d时的最小值不得低于表4-13中的数值。硅酸盐水泥的强度受矿物成分的相对含量和细度的影响。

表4-13　硅酸盐水泥各龄期的强度要求(GB 175-2007/XG1-2009)

品种	强度等级	抗压强度/MPa		抗折强度/MPa	
		3 d	28 d	3 d	28 d
硅酸盐水泥	42.5	≥17.0	≥42.5	≥3.5	≥6.5
	42.5R	≥22.0		≥4.0	
	52.5	≥23.0	≥52.5	≥4.0	≥7.0
	52.5R	≥27.0		≥5.0	
	62.5	≥28.0	≥62.5	≥5.0	≥8.0
	62.5R	≥32.0		≥5.5	
普通硅酸盐水泥	42.5	≥17.0	≥42.5	≥3.5	≥6.5
	42.5R	≥22.0		≥4.0	
	52.5	≥23.0	≥52.5	≥4.0	≥7.0
	52.5R	≥27.0		≥5.0	
矿渣硅酸盐水泥、火山灰质硅酸盐水泥、粉煤灰硅酸盐水泥、复合硅酸盐水泥	32.5	≥10.0	≥32.5	≥2.5	≥5.5
	32.5R	≥15.0		≥3.5	
	42.5	≥15.0	≥42.5	≥3.5	≥6.5
	42.5R	≥19.0		≥4.0	
	52.5	≥21.0	≥52.5	≥4.0	≥7.0
	52.5R	≥23.0		≥4.5	

⑤体积安定性

国家标准《通用硅酸盐水泥》国家标准第1号修改单(GB 175-2007/XG1-2009)规定，用沸煮(沸煮3 h)法检测水泥的体积安定性必须合格。测试方法可以用饼法和雷氏法，有争议时以雷氏法为准。饼法是指观察水泥净浆试饼沸煮后的外形变化，如试饼无裂纹，无翘曲，则水泥的体积安定性合格。雷氏法则是测定水泥净浆试件在雷氏夹中沸煮前后的尺寸变化，即膨胀值，如雷氏夹膨胀值大于5.0 mm，则体积安定性不合格。

水泥的体积安定性是指水泥在凝结硬化过程中体积变化的均匀性。如果在已经硬化后，水泥石内部产生不均匀的体积变化，即所谓体积安定性不良，就会使构件产生破坏应力，使结构物及构件产生裂缝、弯曲，甚至崩坍等，降低建筑物质量，甚至引起严重的工程事故。

造成安定性不良的原因，一般是由于熟料中所含的游离氧化钙过多，也可能是由于熟料中所含的游离氧化镁或生产水泥时掺入石膏过多造成的。熟料中所含的游离氧化钙或游离氧化镁都是过烧的，熟化很慢，在水泥经硬化后才进行熟化：

$$CaO+H_2O=Ca(OH)_2$$

$$MgO+H_2O=Mg(OH)_2$$

这时体积膨胀引起不均匀的体积变化,使水泥开裂。

沸煮只能加速氧化钙的熟化作用,所以只能检测游离氧化钙引起的水泥体积安定性不良。由于游离氧化镁只在压蒸下加速熟化,石膏的危害则需长期在常温水中才能发现,两者均不便于快速检验。所以,国家标准规定水泥熟料中游离氧化镁含量不得超过5.0%,水泥中三氧化硫含量不得超过3.5%,以控制水泥的体积安定性。

体积安定性不良的水泥应作废品处理,不能用于工程中。某些体积安定性不合格的水泥(如游离CaO含量高造成体积安定性不合格的水泥)在空气中存放一段时间后,由于游离CaO吸收空气中的水蒸气而熟化,体积安定性可能会变得合格,此时可以使用。

(2)化学性质

水泥的化学性质指标主要控制水泥中有害的化学成分,要求其不超过一定的限量,否则可能对水泥的性质和质量带来危害。

①氧化镁

水泥中氧化镁含量应不超过5.0%。如果水泥压蒸安定性试验合格,则水泥中氧化镁含量允许放宽到6.0%。氧化镁是指存在于熟料中的游离氧化镁,它与水反应后生成氢氧化镁,这一反应生成物将使体积膨胀1.5倍,如果过多将造成水泥石结构产生裂缝,甚至破坏。

②三氧化硫

水泥中SO_3的含量不得超过3.5%。三氧化硫是添加石膏时带入的成分,其量过多时会与铝酸钙矿物生成较多的AFt,产生较大的体积膨胀,同样会造成水泥石体积膨胀。

③烧失量

Ⅰ型硅酸盐水泥烧失量不大于3.0%,Ⅱ型硅酸盐水泥烧失量不大于3.5%。烧失量是指水泥在一定温度、一定时间内加热后烧失的数量。水泥煅烧不佳或受潮后,均会导致烧失量增加。用烧失量来限制石膏和混合材料中杂质含量,以保证水泥的质量。

④不溶物

Ⅰ型硅酸盐水泥不溶物含量不大于0.75%,Ⅱ型硅酸盐水泥不溶物含量不大于1.50%。不溶物是指水泥在浓盐酸中溶解保留下来的不溶性残留物,再以NaOH溶液处理,经HCl中和,过滤后所得的残渣,再经高温灼烧所剩的物质。不溶物越多,对水泥质量影响越大。

⑤碱

水泥中碱含量按水泥中$Na_2O+0.658K_2O$的计算值来表示。当水泥中的碱与某些碱活性骨料发生化学反应时,会引起混凝土膨胀破坏,这种现象称为“碱—骨料反应”。它是影响混凝土耐久性的一个重要因素。使用活性骨料或用户要求提供低碱水泥时,水泥中碱含量不大于0.60%,或者由供需双方商定。

(3)其他性质

①水化热(heat of hydration)

水泥在水化过程中放出的热称为水化热。水化热的大小与放热速度主要取决于水泥的矿物组成和细度,而且还与水灰比、混合材料及外加剂的品种、数量等因素有关。

鲍格(Bogue)研究得出,对于硅酸盐水泥,1～3 d龄期内水化放热量为总放热量的50%,7 d为75%,6个月为83%～91%。由此可见,水泥水化热量大部分在早期(3～7 d)放出，以后逐渐减少。

②抗冻性(frost resistance)

抗冻性是指水泥石抵抗冻融循环的能力。在严寒地区使用水泥时，抗冻性是水泥石的重要性质之一。影响抗冻性的因素主要是水泥各成分的含量和水灰比。当C_3S含量高时，水泥的抗冻性好，适当提高石膏掺量也可提高抗冻性；水灰比控制在0.40以下，抗冻性好；水灰比大于0.55时，抗冻性将显著降低。

③抗渗性(anti-permeability)

抗渗性是指水泥石抵抗液体渗透作用的能力。水泥石的抗渗性与它的孔隙率和孔径大小有关，也与水灰比、水化程度、所掺混合材料的性能、养护条件等有关。水灰比小，水化程度高，水泥中凝胶含量高，抗渗性高。

在进行混凝土配合比计算和储运水泥时，需要知道水泥的密度和堆积密度，硅酸盐水泥的密度为3.0～3.15 g/cm^3，平均可取3.10 g/cm^3；其堆积密度在松散状态一般为900～1 300 kg/m^3，在紧密状态下一般为1 400～1 700 kg/m^3。

4. 硅酸盐水泥的腐蚀与防护

硅酸盐水泥硬化后，在通常的使用条件下，有较好的耐久性。但在某些腐蚀性液体或气体介质的长期作用下，水泥石将会发生一系列物理、化学变化，使水泥石的结构逐渐遭到破坏，强度逐渐降低，甚至全部溃裂破坏，这种现象称为水泥石的腐蚀。

引起水泥石腐蚀的原因很多，作用也甚为复杂，下面介绍几种典型介质的腐蚀作用。

(1)软水腐蚀(溶出性侵蚀)

①腐蚀介质：蒸馏水、雨水、雪水、工厂冷凝水、含重碳酸盐甚少的河水与湖水等都属于软水。

②腐蚀机理：当水泥石长期与这些软水相接触时，最先溶出的是$Ca(OH)_2$(每升水中能溶解1.3 g以上的氢氧化钙)，在静水及无水压的情况下，由于周围的水易为溶出的$Ca(OH)_2$所饱和，溶出作用就中止，所以溶出仅限于表面，影响不大；在流动水及压力水作用下，且混凝土渗透性又较大时，$Ca(OH)_2$就会被不断溶解流失，而且，由于石灰浓度的持续下降，还会引起其他水化物的分解溶蚀，使水泥石结构遭受进一步的破坏，这种现象称为溶析。

当环境水中含较多的重碳酸盐时，则它会与水泥石中的$Ca(OH)_2$发生作用，生成几乎不溶于水的碳酸钙：

$$Ca(OH)_2 + Ca(HCO_3)_2 \rightarrow 2CaCO_3\downarrow + 2H_2O$$

生成的碳酸钙沉积在已硬化水泥石的孔隙内，形成密实的保护层，阻止了外界水分的侵入和内部氢氧化钙的析出。如环境水含有一定数量的重碳酸盐时，这种“自动填充”作用可以制止溶出侵蚀的继续进行。

将与软水接触的混凝土事先在空气中硬化，形成碳酸钙外壳，可对溶出性侵蚀起到保护作用。

(2)酸类腐蚀

①腐蚀介质：工业废水、地下水或沼泽水中常含有无机酸和有机酸，工业窑炉中的烟气含有氧化硫，遇水后会生成亚硫酸。

②腐蚀机理：水泥石在溶有酸类的水中，将受到化学溶解和溶失作用，还会因生成物体

积膨胀，产生水泥石的膨胀破坏。酸性水对水泥石作用的反应方程式为：

$$2HR \rightleftharpoons 2H^+ + 2R^-$$

$$Ca(OH)_2 \rightleftharpoons Ca^{2+} + 2OH^-$$

$$2H^+ + 2OH^- \rightleftharpoons 2H_2O$$

$$Ca^{2+} + 2R \rightleftharpoons CaR_2$$

酸性水对水泥石侵蚀作用的强弱取决于水中氢离子浓度，pH 小于 6，水泥石就可能遭受腐蚀，pH 越小，腐蚀越强烈。当 H^+ 达到足够浓度时，还能直接与固相水化硅酸钙、水化铝酸钙及无水硅酸钙、铝酸钙等起反应，造成水泥石结构严重破坏。

A. 碳酸腐蚀(carbonic acid attack)：工业污水、地下水中常溶解较多的二氧化碳，这种水对水泥石的腐蚀作用是通过下面方式进行的。

开始时是与水泥石中的氢氧化钙作用，生成不溶于水的碳酸钙：

$$Ca(OH)_2 + CO_2 + H_2O \rightarrow CaCO_3 \downarrow + 2H_2O$$

生成的碳酸钙再与含碳酸的水作用转变成易溶于水的重碳酸钙，它是可逆反应：

$$CaCO_3 + CO_2 + H_2O \rightleftharpoons Ca(HCO_3)_2$$

当水中含较多的碳酸，并超过平衡浓度时，则上述反应向右移动。因此，水泥石中的氢氧化钙，通过转变为易溶的 $Ca(HCO_3)_2$ 而溶失。氢氧化钙的浓度降低，还会导致水泥石中其他水化物的分解，使腐蚀作用进一步加剧。

B. 一般酸的腐蚀(general acid attack)：各种酸类对水泥石有不同程度的腐蚀作用，它们与水泥石中的氢氧化钙作用后生成的化合物，或者易溶于水，或者体积膨胀，在水泥石内造成内应力，导致破坏。腐蚀作用最快的是无机酸中的盐酸、氢氟酸、硝酸、硫酸和有机酸中的乙酸、蚁酸和乳酸。

例如，盐酸与 $Ca(OH)_2$ 作用生成易溶于水的 $CaCl_2$ 和水：

$$2HCl + Ca(OH)_2 = CaCl_2 + 2H_2O$$

又如，硫酸与 $Ca(OH)_2$ 作用：

$$H_2SO_4 + Ca(OH)_2 = CaSO_4 \cdot 2H_2O$$

生成二水石膏后，或者直接在水泥石孔隙中结晶产生膨胀，或再与水化铝酸钙作用生成高硫型水化硫铝酸钙，其破坏性更大。

(3)盐类腐蚀

①硫酸盐的腐蚀

A. 腐蚀介质：包括海水、湖水、盐沼水、地下水、某些工业污水、流经高炉矿渣或煤渣的水等。

B. 腐蚀机理：腐蚀介质中常含有钠、钾、铵等硫酸盐，它们与水泥石中的氢氧化钙发生置换反应，生成硫酸钙：

$$Ca(OH)_2 + Na_2SO_4 + 2H_2O = CaSO_4 \cdot 2H_2O + 2NaOH$$

硫酸钙与水泥石中的固态水化铝酸钙作用生成高硫型水化硫铝酸钙：

$$4CaO \cdot Al_2O_3 \cdot 12H_2O + 3CaSO_4 + 20H_2O = 3CaO \cdot Al_2O_3 \cdot 3CaSO_4 \cdot 31H_2O + Ca(OH)_2$$

生成的 $3CaO \cdot Al_2O_3 \cdot 3CaSO_4 \cdot 31H_2O$(AFt)含有大量结晶水，体积比反应物增加 1.5 倍以上，使水泥石内产生很大的结晶压力，造成膨胀开裂，以致破坏。高硫型水化硫铝酸钙呈现针状晶体，通常称为“水泥杆菌”。

当硫酸盐浓度较高时，硫酸钙在孔隙中直接形成二水石膏，体积膨胀，从而导致水泥石破坏。

②镁盐的腐蚀

A. 腐蚀介质：包括海水、地下水等，常含有大量的镁盐，主要是硫酸镁和氯化镁。

B. 腐蚀机理：它们与水泥石中的氢氧化钙发生复分解反应。其反应如下：

$$MgCl_2+Ca(OH)_2=CaCl_2+Mg(OH)_2$$

$$MgSO_4+Ca(OH)_2+2H_2O=CaSO_4\cdot 2H_2O+Mg(OH)_2$$

生成物中有易溶的钙盐、松软而无胶结能力的氢氧化镁，二水石膏则引起硫酸盐的破坏作用。因此，硫酸镁对水泥石起镁盐和硫酸盐的双重腐蚀作用。

(4)强碱的腐蚀

①腐蚀介质：包括制碱厂、铝厂等能产生较高浓度碱液的地方。

②腐蚀机理：一般情况下，水泥石能抵抗浓度不大的碱类溶液的侵蚀，但若长期处于较高浓度的含碱溶液中，则将发生缓慢腐蚀。首先，氢氧化钠与熟料中未水化的铝酸盐作用，生成易溶的铝酸钠：

$$3CaO\cdot Al_2O_3+6NaOH=3Na_2O\cdot Al_2O_3+3Ca(OH)_2$$

当水泥石被氢氧化钠溶液浸透后又在空气中干燥，与空气中的二氧化碳作用生成碳酸钠：

$$2NaOH+CO_2=Na_2CO_3+H_2O$$

碳酸钠在水泥石毛细孔中结晶沉积，而使水泥石胀裂。

除以上腐蚀外，对水泥石也有一定腐蚀作用的还有糖、铵盐、动物脂肪、含环烷酸的石油产品等。

实际上水泥石的腐蚀是一个极为复杂的物理化学作用过程，往往是几种腐蚀作用同时存在、互相影响的结果。从物理和化学角度归纳分析，其主要原因有以下几种：

A. 水泥石有易被腐蚀的成分，主要是氢氧化钙和水化铝酸钙；

B. 水泥石本身不密实，有很多毛细孔通道，腐蚀介质容易侵入；

C. 腐蚀与通道相互作用。

(5)腐蚀的防止

根据以上腐蚀原因的分析，使用水泥时可以采取下列防止腐蚀的措施：

①合理选择与环境条件相适宜的水泥品种。例如，硫铝酸盐水泥、掺混合材料的硅酸盐水泥及高铝水泥等，尽量减少水泥石中 $Ca(OH)_2$和水化铝酸钙的含量。

②提高水泥石的密实度，降低孔隙率。例如，降低水灰比，掺加外加剂，采取机械施工等方法。

③在水泥石表面加做保护层，以隔离侵蚀介质与水泥石的接触。例如，采用耐腐蚀的涂料(沥青质、环氧树脂等)或贴板材(花岗石板、耐酸瓷砖等)。

5. 硅酸盐水泥的性能与应用

(1)凝结硬化快、早期强度高和强度等级高

硅酸盐水泥具有凝结硬化快、早期强度高以及强度等级高的特性，故可用于地上、地下和水中重要结构的高强及高性能混凝土工程中，也可用于有早强要求的混凝土工程中。

(2)抗冻性好

硅酸盐水泥水化放热量高，早期强度也高，因此可用于冬季施工及严寒地区遭受反复冻融的工程。

(3)抗碳化性能好

硅酸盐水泥水化后生成物中有20%～25%的$Ca(OH)_2$，因此水泥石的碱度不易降低，对钢筋有保护作用，抗碳化性能好。

(4)水化热高

因为硅酸盐水泥的水化热高，所以不宜用于大体积混凝土工程。

(5)耐腐性差

由于硅酸盐水泥石中含有较多的易受腐蚀的氢氧化钙和水化铝酸钙，因此其耐腐蚀性能差，不宜用于水利工程、海水作用和矿物水作用的工程。

(6)不耐高温

当水泥石受热温度达250～300 ℃时，水泥石中的水化物开始脱水，水泥石收缩，强度开始下降；当温度达700～800 ℃时，强度降低更多，甚至破坏。水泥石中的氢氧化钙在547 ℃以上开始脱水分解成氧化钙，当氧化钙遇水，则因熟化而发生膨胀导致水泥石破坏。因此，硅酸盐水泥不宜用于有耐热要求的混凝土工程以及高温环境。

(7)干缩小

硅酸盐水泥在硬化过程中，形成大量的水化硅酸钙胶体，使水泥石密实，游离水分少，不易产生干缩裂纹，可用于干燥环境的混凝土工程。

(8)耐磨性好

硅酸盐水泥强度高，耐磨性好，而且干缩小，可用于路面与地面工程。

4.5.2　掺混合材料的硅酸盐水泥

掺混合材料的硅酸盐水泥(portland cement with blending materials)是指由硅酸盐水泥熟料、适量混合材料及石膏共同磨细所制成的水硬性胶凝材料，与硅酸盐水泥同属硅酸盐系列水泥。与硅酸盐水泥相比，掺混合材料的硅酸盐水泥由于利用了工业废料和地方材料，因此，节省了硅酸盐水泥熟料，降低了水泥的成本，扩大了水泥强度等级范围，改善了硅酸盐水泥的性能。

1. 水泥混合材料

在生产水泥时，为了改善水泥的性能，调节水泥的强度等级，而加到水泥中去的人工或天然的矿物材料，称为水泥混合材料。水泥混合材料通常分为活性混合材料和非活性混合材料两大类。

(1)活性混合材料

混合材料磨成细粉，与石灰或与石灰和石膏拌和在一起，加水后在常温下，能生成具有胶凝性的水化产物，既能在水中，也能在空气中硬化的混合材料，称为活性混合材料。属于这类性质的混合材料有粒化高炉矿渣、火山灰质混合材料和粉煤灰等。

①粒化高炉矿渣(granulated blast-furnace slag)

粒化高炉矿渣是将炼铁高炉的熔融矿渣，经急冷而成的松软颗粒，粒径一般为0.5～5 mm。急冷一般用水淬方法进行，故又称为水淬高炉矿渣。成粒的目的在于阻止结晶，使其绝大部分成为不稳定的玻璃体，储有较高的潜在活性。

粒化高炉矿渣的活性成分主要为活性氧化硅和活性氧化铝，其总量一般在90%以上。磨细的粒化高炉矿渣单独与水拌和时，反应极慢，但在氢氧化钙溶液中就能发生水化，在饱和的氢氧化钙溶液中反应更快。通常称以氢氧化钙液相来激发矿渣活性的物料为碱性激发剂。在含有氢氧化钙的碱性介质中，加入一定数量的硫酸钙，就能使矿渣的潜在活性较充分地发挥出来，产生的强度比单独加氢氧化钙高得多，这一类物质称为硫酸盐激发剂。碱性激发剂能与矿渣颗粒反应生成水化硅酸钙与水化铝酸钙，而硫酸盐激发剂能进一步与矿渣中的活性氧化铝化合，生成水化硫铝酸钙。

②火山灰质混合材料(pozzolana blending materials)

火山灰是火山爆发时，随同熔岩一起喷发的大量碎屑沉积在地面或水中成为的松软物质。由于喷出后即遭急冷，因此含有一定量的玻璃体，这些玻璃体是火山灰活性的主要来源，它的主要成分是活性氧化硅和活性氧化铝。火山灰质混合材料是泛指火山灰一类物质，按其化学成分和矿物结构可分为含水硅酸质、铝硅玻璃质、烧黏土质等。

含水硅酸质火山灰其活性成分以活性 SiO_2 为主，如硅藻土、硅藻石、蛋白石和硅质渣等。

铝硅玻璃质混合材料其活性成分以活性 SiO_2 和活性 Al_2O_3 为主，如火山灰、凝灰岩、浮石和某些工厂废渣等。

烧黏土质混合材料其活性成分以活性 Al_2O_3 为主，如烧黏土、煤渣、煤矸石等。

③粉煤灰(fly ash)

火力发电厂以煤为燃料发电，煤粉燃烧后，从烟气中收集下来的灰渣，称为粉煤灰，又称飞灰。它的粒径一般为0.001～0.05 mm。粉煤灰所含颗粒大多为玻璃态实心或空心的球形体，表面比较致密，表面越致密越好。粉煤灰的活性主要决定于玻璃体的含量，大多数粉煤灰的活性成分中以活性 SiO_2、活性 Al_2O_3 为主，总量达70%以上。粉煤灰中未燃的碳应在1%～2%以内。

(2)非活性混合材料

非活性混合材料是指不具有活性或活性很低的人工或天然的矿物材料。常用的非活性混合材料有磨细石英砂、黏土、石灰石、慢冷矿渣和各种废渣等。它们与水泥成分不起化学作用或化学作用很小，因此，这类混合材料也称为惰性混合材料。将它们掺入到硅酸盐水泥中，主要起提高产量、调节水泥强度等级、减少水化热等作用。当工地用高强度等级水泥拌制砂浆或低强度等级混凝土时，可掺入非活性混合材料以代替部分水泥，起到降低成本及改善砂浆或混凝土的和易性的作用。

2. 活性混合材料的作用

粒化高炉矿渣、火山灰质混合材料和粉煤灰都属于活性混合材料，它们的成分中均含有活性氧化硅和活性氧化铝或仅含活性氧化硅或活性氧化铝，与水调和后，本身不会硬化或硬化极为缓慢，强度很低。但在氢氧化钙溶液中，就会发生显著的水化，而在饱和氢氧化钙溶液中水化更快，其水化反应一般认为是：

$$xCa(OH)_2 + SiO_2 + (n-x)H_2O = xCaO \cdot SiO_2 \cdot nH_2O$$

$$xCa(OH)_2 + Al_2O_3 + (m-x)H_2O = xCaO \cdot Al_2O_3 \cdot mH_2O$$

式中 x、y 值决定于混合材料的种类、石灰和活性氧化硅的比例、环境温度以及作用所延续的时间等，一般为 1 或稍大；n、m 值一般为 1～2.5。

$Ca(OH)_2$ 与活性 Al_2O_3 相互作用形成水化铝酸钙。

当液相中有石膏存在时，它将与水化铝酸钙反应生成 AFt。这些水化物既能在空气中，又能在水中继续硬化，具有较高的强度。可以看出，氢氧化钙和石膏的存在使活性混合材料的潜在活性得到发挥，即氢氧化钙和石膏起着激发水化，促使凝结硬化的作用，故称为激发剂。常用的激发剂有碱性激发剂和硫酸盐激发剂两类，一般用作碱性激发剂的是石灰和能在水化时析出氢氧化钙的硅酸盐水泥熟料。硫酸盐激发剂有二水石膏或半水石膏，并包括各种化学石膏。硫酸盐激发剂的激发作用必须在有碱性激发剂的条件下才能充分发挥。

3. 掺混合材料的硅酸盐水泥

掺混合材料的硅酸盐水泥的组分应符合表 4-14 的规定。

表 4-14　掺混合材料硅酸盐水泥的组分

品种	代号	组分/%			
		熟料＋石膏	粒化高炉矿渣	火山灰质混合材料	粉煤灰
普通硅酸盐水泥	P·O	≥80 且<95	>5 且≤20		
矿渣硅酸盐水泥	P·S·A	≥50 且<80	>20 且≤50	—	—
	P·S·B	≥30 且<50	>50 且≤70	—	—
火山灰质硅酸盐水泥	P·P	≥60 且<80	—	>50 且≤40	—
粉煤灰硅酸盐水泥	P·F	≥60 且<80	—	—	>20 且≤40
复合硅酸盐水泥	P·C	≥50 且<80	>20 且≤50		

掺混合材料的硅酸盐水泥首先水泥熟料水化，然后水化生成的氢氧化钙与活性混合材料中的活性氧化硅和活性氧化铝发生水化反应，因此称为二次水化。由此可见，掺混合材料的硅酸盐水泥与硅酸盐水泥比较，凝结硬化慢，早期强度低。掺混合材料的硅酸盐水泥主要有普通硅酸盐水泥、矿渣硅酸盐水泥、火山灰硅酸盐水泥、粉煤灰硅酸盐水泥和复合硅酸盐水泥等。

(1)普通硅酸盐水泥(ordinary portland cement)

①定义与代号

按国家标准《通用硅酸盐水泥》国家标准第 1 号修改单(GB 175-2007/XG1-2009)，凡是由硅酸盐水泥熟料、5%～20%混合材料及适量石膏磨细制成的水硬性胶凝材料，称为普通硅酸盐水泥(简称普通水泥)，其代号为 P·O。

掺活性混合材料时，最大掺量不超过 20%，其中允许用不超过水泥质量 5%的窑灰或不超过水泥质量 10%的非活性混合材料来代替。

掺非活性混合材料时，最大掺量不得超过水泥质量的 10%。

②技术要求

A. 细度。普通硅酸盐水泥细度指标是 0.08 mm 方孔筛筛余不超过 10%。

B. 凝结时间。普通水泥初凝时间不得早于 45 min，终凝时间不得迟于 600 min。

C. 强度等级。普通水泥强度等级分为 32.5、32.5R、42.5、42.5R、52.5、52.5R。各强度等级水泥的各龄期强度不得低于表 4-13 中的值。

普通水泥的体积安定性、氧化镁含量、三氧化硫含量、碱含量等其他技术要求同硅酸盐水泥。

③普通水泥的主要性能及应用

普通水泥与硅酸盐水泥的区别在于其混合材料的掺量，普通水泥为6%～15%，硅酸盐水泥仅为0～5%，由于混合材料的掺量变化幅度不大，在性质上差别也不大，但普通水泥在早期强度、强度等级、水化热、抗冻性、抗碳化能力上略有降低，而耐热性、耐腐蚀性略有提高。普通水泥与硅酸盐水泥的应用范围大致相同。但由于性能上有一点差异，一些硅酸盐水泥不能用的地方普通硅酸盐水泥可以用，使得普通水泥成为建筑行业应用面最广、使用量最大的水泥品种。

(2)矿渣硅酸盐水泥(portland blast furnace slag cement)、火山灰质硅酸盐水泥(portland pozzolana cement)、粉煤灰硅酸盐水泥(portland fly-ash cement)

①定义及代号

A. 矿渣硅酸盐水泥。按国家标准《通用硅酸盐水泥》国家标准第1号修改单(GB 175-2007/XG1-2009)，凡由硅酸盐水泥熟料和粒化高炉矿渣、适量石膏磨细制成的水硬性胶凝材料称为矿渣硅酸盐水泥(简称矿渣水泥)，其代号为P·S。水泥中粒化高炉矿渣的掺量按质量百分比计为20%～70%。允许用石灰石、窑灰、粉煤灰和火山灰混合材料中的一种代替矿渣，但代替量不得超过水泥质量的8%，替代后水泥中粒化高炉矿渣不得少于20%。

B. 火山灰质硅酸盐水泥。按国家标准《通用硅酸盐水泥》国家标准第1号修改单(GB 175-2007/XG1-2009)，凡由硅酸盐水泥熟料和火山灰质混合材料、适量石膏磨细制成的水硬性胶凝材料称为火山灰质硅酸盐水泥(简称火山灰水泥)，其代号为P·P。水泥中火山灰质混合材料的掺量按质量百分比计为20%～40%。

C. 粉煤灰硅酸盐水泥。根据国家标准《通用硅酸盐水泥》国家标准第1号修改单(GB 175-2007/XG1-2009)，凡由硅酸盐水泥熟料和粉煤灰、适量石膏磨细制成的水硬性胶凝材料称为粉煤灰硅酸盐水泥(简称粉煤灰水泥)，其代号为P·F。水泥中粉煤灰的掺量按质量百分比计为20%～40%。

②技术要求

三种掺混合材料水泥的技术要求如下：

A. 细度、凝结时间和体积安定性。三种水泥的细度、凝结时间和体积安定性与普通水泥要求相同，或0.45 mm方孔筛筛余不大于30%。

B. 氧化镁含量。规定水泥熟料中氧化镁的含量同硅酸盐水泥(P·S·B不要求)，但是，当熟料中氧化镁含量为5.0%～6.0%时，如矿渣水泥中混合材料总量大于40%或火山灰水泥和粉煤灰水泥中混合材料掺加量大于30%，制成的水泥可不做压蒸试验。

C. 三氧化硫含量。矿渣水泥中三氧化硫的含量不得超过4.0%，火山灰水泥和粉煤灰水泥中三氧化硫的含量不得超过3.5%。

D. 强度等级。这三种水泥根据3 d和28 d的抗压强度和抗折强度划分强度等级，分别为32.5、32.5R、42.5、42.5R、52.5、52.5R。三种水泥的各龄期强度不得低于表4-13中的值。

③矿渣水泥、火山灰水泥、粉煤灰水泥的水化特性

矿渣水泥、火山灰水泥、粉煤灰水泥水化时有一个共同点就是二次水化，即水化反应分

两步进行：

首先，熟料矿物水化析出氢氧化钙、水化硅酸钙、水化铝酸钙、水化铁酸钙等水化产物。然后，活性混合材料开始水化，熟料矿物析出的氢氧化钙作为碱性激发剂，掺入水泥中的石膏作为硫酸盐激发剂，促进三种混合材料中活性氧化硅和活性氧化铝的活性发挥，生成水化硅酸钙、水化铝酸钙、水化硫铝酸钙。由于三种混合材料的活性成分含量不同，因此，生成物的相对含水量及水化特点也有些差异。

矿渣水泥的水化产物主要是水化硅酸钙凝胶、高硫型水化硫铝酸钙、氢氧化钙、水化铝酸钙及其固溶体。水化硅酸钙和高硫型水化硫铝酸钙成为硬化矿渣水泥石的主体，水泥石的结构致密，强度也高。

火山灰水泥的水化产物与矿渣水泥相近，但硬化一定时期后，游离氢氧化钙含量极低，生成水化硅酸钙凝胶的数量较多，水泥石结构比较致密。

粉煤灰水泥的水化产物基本与火山灰水泥相同，但致密的球形玻璃体结构致使其吸水性小，水化速率慢。

④矿渣水泥、火山灰水泥、粉煤灰水泥的共同特性

A. 凝结硬化速度慢，早期强度低，但后期强度较高。由于这三种水泥的熟料含量较少，早强的熟料矿物量也相应减少，而二次水化反应在熟料水化之后才开始进行，因此这三种水泥均不适合有早强要求的混凝土工程。

由于粉煤灰表面非常致密，早期强度比矿渣水泥和火山灰水泥还低，适合于受载较晚的混凝土工程。

B. 抗腐蚀能力强。三种水泥水化后的水泥石中，易遭受腐蚀的成分相应减少，其原因一是二次水化反应消耗了易受腐蚀的 $Ca(OH)_2$，致使水泥石中的 $Ca(OH)_2$ 含量减少；二是熟料含量少，水化铝酸钙的含量也减少。因此，这三种水泥的抗腐蚀能力均比硅酸盐水泥和普通水泥强。适宜水工、海港等受软水和硫酸盐腐蚀的混凝土工程。

当火山灰水泥采用的火山灰质混合材料为烧黏土质和黏土质凝灰岩时，由于这类混合材料中活性 Al_2O_3 多，使水化生成物中水化铝酸钙含量增多，其含量甚至高于硅酸盐水泥。因此，这类火山灰水泥不耐硫酸盐腐蚀。

C. 水化热低。这三种水泥中熟料少，放热量高的矿物成分 C_3S 和 C_3A 的含量也少，水化放热速度慢，放热量低，适宜大体积混凝土工程。

D. 硬化时对温热敏感性强，适合高温养护。这三种水泥对养护温度很敏感，低温情况下凝结硬化速度显著减慢，所以不宜进行冬季施工。另外，在湿热条件下（如采用蒸汽养护）这三种水泥可以使凝结硬化速度大大加快，可获得比硅酸盐水泥更为明显的强度增长效果，所以适宜蒸汽养护生产预制构件。

E. 抗碳化能力差。这三种水泥石中 $Ca(OH)_2$ 含量少，碱度较低，其碳化速度较快，对防止混凝土中钢筋锈蚀不利；又因碳化造成水化产物的分解，使硬化的水泥石表面产生“起粉”现象。所以，不宜用于二氧化碳浓度较高的环境。

F. 抗冻性差。由于这三种水泥掺入了较多的混合材料，使水泥需水量增加，水分蒸发后造成毛细孔通道粗大和增多，对抗冻不利，不宜用于严寒地区，特别是严寒地区水位经常变动的部位。

⑤矿渣水泥、火山灰水泥、粉煤灰水泥的不同特性

A. 矿渣水泥的耐热性好。由于硬化后,矿渣水泥石中的氢氧化钙含量减少,而矿渣本身又耐热,因此矿渣水泥适宜用于高温环境(温度不高于 200 ℃的混凝土工程中,如热工窑炉基础等)。由于矿渣水泥中的矿渣不容易磨细,其颗粒平均粒径大于硅酸盐水泥的粒径,磨细后又是多棱角形状,因此矿渣水泥保水性差,易泌水,抗渗性差,故不宜用于有抗渗性要求的混凝土工程。

矿渣水泥是产量和用量最大的水泥品种。

B. 火山灰水泥具有较高的抗渗性和耐水性。原因是:不仅火山灰混合材料含有大量的微细孔隙,使其具有良好的保水性,而且火山灰颗粒较细,比表面积大,可使水泥石结构密实,又因在水化过程中产生较多的水化硅酸钙,可增加结构致密程度,因此适用于有抗渗要求的混凝土工程。火山灰水泥在干燥环境下易产生干缩裂缝,二氧化碳使水化硅酸钙分解成碳酸钙和氧化硅的粉状物,即发生“起粉”现象,所以,火山灰水泥不宜用于干燥地区的混凝土工程。

C. 粉煤灰水泥具有抗裂性好的特性。原因是:其独特的球形玻璃态结构,比表面积小,吸水力弱,干缩小,裂缝少,抗裂性好。但由于它的泌水速度快,若施工处理不当,易产生失水裂缝,因而不宜用于干燥环境。此外,泌水会造成较多的连通孔隙,故粉煤灰水泥的抗渗性较差,不宜用于抗渗要求高的混凝土工程。

(3)复合硅酸盐水泥(composite portland cement)

①定义与代号

凡由硅酸盐水泥熟料、两种或两种以上规定的混合材料、适量石膏磨细制成的水硬性胶凝材料,称为复合硅酸盐水泥(简称复合水泥),其代号为 P·C。水泥中混合材料总掺量按质量百分比计应大于 15%,但不超过 50%。

水泥中允许用不超过 8%的窑灰代替部分混合材料,掺矿渣时混合材料掺量不得与矿渣硅酸盐水泥重复。

②技术要求

A. 细度、安定性、凝结时间的要求均同普通水泥。

B. 氧化镁、三氧化硫的含量要求也同普通水泥。

C. 复合水泥强度等级的要求如表 4-13 所示。

③复合水泥的特点及应用

复合水泥是一种新型的通用水泥,它掺有两种或两种以上混合材料,可以相互取长补短,克服单一混合材料的一些弊端。其特性取决于所掺两种混合材料的种类、掺量及相对比例。混合材料互掺可以弥补单一混合材料的不足,使水泥更密实。复合水泥既有矿渣水泥、火山灰水泥和粉煤灰水泥水化热低的特性,又有普通水泥早期强度高的特性。但是,复合水泥的性能一般受所用混合材料性能的影响,使用时应针对工程的性质加以选用。

4.5.3 铝酸盐水泥

铝酸盐水泥(aluminate cement)是以石灰石和矾土为主要原料,配制成适当成分的生料,烧至全部或部分熔融所得的以铝酸钙为主要矿物的熟料,经磨细制成的水硬性胶凝材料,代号 CA。由于熟料中氧化铝含量大于 50%,因此又称高铝水泥。它是一种快硬、高强、耐腐蚀、耐热的水泥。根据需要也可在磨制 Al_2O_3 含量大于68%的水泥时掺加适量 α-Al_2O_3 粉。

1. 铝酸盐水泥的组成

(1)化学组成

铝酸盐水泥熟料的主要化学成分为氧化钙、氧化铝、氧化硅，还有少量的氧化铁及氧化镁、氧化钛等。它们含量是：$CaO \geqslant 32\%$，$Al_2O_3 \geqslant 50\%$，$SiO_2 \leqslant 8.0\%$，$Fe_2O_3 \leqslant 2.5\%$。

氧化铝和氧化钙是保证熟料中形成铝酸钙的基本成分。若氧化铝含量过低，熟料中会出现高碱性铝酸钙($C_{12}A_7 \cdot C_3A$)，使水泥速凝，强度下降。氧化硅可以使生料均匀烧结，加速矿物生成，但含量过多时会使早强性能下降。氧化铁含量过多将使熟料水化凝结加快而强度降低。铝酸盐水泥按 Al_2O_3 含量分为四类，见表4-15。

表4-15　铝酸盐水泥的分类(GB 201-2000)

类型	Al_2O_3/%	SiO_2/%	Fe_2O_3/%	$R_2O(Na_2O+0.658K_2O)$/%	S/%	Cl/%
CA-50	≥50，<60	≤8.0	≤2.5	≤0.4	≤0.1	≤0.1
CA-60	≥60，<68	≤5.0	≤2.0			
CA-70	≥68，<77	≤1.0	≤0.7			
CA-80	≥77	≤0.5	≤0.5			

(2)铝酸盐水泥的矿物组成

铝酸盐水泥的矿物组成主要有铝酸一钙(CA)、二铝酸一钙(CA_2)，还有少量的硅铝酸二钙或铝方柱石(C_2AS)、七铝酸十二钙($C_{12}A_7$)和硅酸二钙(C_2S)。其各自与水作用时的特点如表4-16所示。质量优良的铝酸盐水泥的矿物组成一般以铝酸一钙和二铝酸一钙为主。

表4-16　铝酸盐水泥矿物水化反应特点

矿物名称	化学成分	简式	特性
铝酸一钙	$CaO \cdot Al_2O_3$	CA	水硬活性很高，凝结慢，硬化快，是强度的主要来源，早期强度高，后期增进率不高
二铝酸一钙	$CaO \cdot 2Al_2O_3$	CA_2	硬化慢，早期强度低，后期强度高
硅铝酸二钙	$2CaO \cdot Al_2O_3 \cdot SiO_2$	C_2AS	活性很差，惰性矿物
七铝酸十二钙	$12CaO \cdot 7Al_2O_3$	$C_{12}A_7$	凝结迅速，强度不高

2. 铝酸盐水泥的水化和硬化

(1)铝酸盐水泥的水化

铝酸一钙是铝酸盐水泥的主要矿物组成。一般认为，铝酸盐水泥的水化产物结晶情况随温度有所不同。

当温度<20 ℃时，其反应为：

$$\underset{\text{铝酸一钙(CA)}}{CaO \cdot Al_2O_3} + 10H_2O = \underset{\text{水化铝酸一钙}(CAH_{10})}{CaO \cdot Al_2O_3 \cdot 10H_2O}$$

当温度为20～30 ℃时，其反应为：

$$2(CaO \cdot Al_2O_3)+11H_2O=2CaO \cdot Al_2O_3 \cdot 8H_2O+Al_2O_3 \cdot 3H_2O$$

水化铝酸二钙(C_2AH_8)　铝胶(AH_3)

当温度高于 30 ℃时，其反应为：

$$3(CaO \cdot Al_2O_3)+12H_2O=3CaO \cdot Al_2O_3 \cdot 6H_2O+2(Al_2O_3 \cdot 3H_2O)$$

C_3AH_6　　AH_3

因此，一般情况下(<30 ℃)，水化产物中有 CAH_{10}、C_2AH_8 和铝胶；但在较高温度下，水化产物主要为 C_3AH_6 和铝胶。

二铝酸一钙的水化与铝酸一钙基本相似，但水化速率极慢。七铝酸十二钙水化很快，水化产物也为 C_2AH_8。结晶的 C_2AS 与水反应则极微弱。硅铝酸二钙也会生成水化硅酸钙类的凝胶。

(2)铝酸盐水泥的硬化

水化产物 CAH_{10} 或 C_2AH_8 都属六方晶系，亚稳相，具有细长的针状和板状结构，能互相结成坚固的结晶连生体，形成晶体骨架。析出的铝胶难溶于水，填充于晶体骨架的空隙中，形成致密的结构。因此，铝酸盐水泥在早期便能获得很高的机械强度。但 CAH_{10} 或 C_2AH_8 将会自发地逐渐转化为比较稳定的 C_3AH_6，晶型转化的结果使水泥石内析出游离水，使孔隙大大增加，导致强度下降。温度越高，下降得也越明显。因此，铝酸盐水泥水化产物的品种及硬化后的水泥石结构，在温度影响下有很大的差异。

3. 铝酸盐水泥的技术要求

(1)细度。比表面积不小于 300 m^2/kg 或 0.045 mm 筛余量不大于 20%。

(2)凝结时间要求。见表 4-17。

表 4-17　铝酸盐水泥凝结时间

水泥类型	凝结时间	
	初凝时间/min，不早于	终凝时间/h，不迟于
CA-50	30	6
CA-60	30	18
CA-70	30	6
CA-80	30	6

(3)强度等级。各类型铝酸盐水泥的不同龄期强度值不得低于表 4-18 中的规定。

表 4-18　铝酸盐水泥的强度要求

类型	抗压强度/MPa				抗折强度/MPa			
	6 h	1 d	3 d	28 d	6 h	1 d	3 d	28 d
CA-50	20	40	50	—	3.0	5.5	6.5	—
CA-60	—	30	45	85	—	2.5	5.0	10.0
CA-70	—	20	40	—	—	5.0	6.0	—
CA-80	—	25	30	—	—	4.0	5.0	—

4. 铝酸盐水泥的性质及应用

(1)快硬、早强、高温下后期强度下降

由于铝酸盐水泥硬化快，早期强度高，其1 d强度一般可达到极限强度的60%～80%，适用于紧急抢修工程、冬季施工及早强要求的特殊工程。但是铝酸盐水泥硬化后产生的密实度较大的CAH_{10}和C_2AH_8在较高温度（高于25 ℃）下晶型会转变，形成水化铝酸三钙C_3AH_6，碱度很高，孔隙很多，在湿热条件下这种反应更为剧烈，使强度下降，甚至引起结构破坏。因此，铝酸盐水泥不宜在高温、高湿环境及长期承载的结构工程中使用，使用时应按最低稳定强度设计。对于CA-50铝酸盐水泥应按（50±2）℃水中养护7 d、14 d强度值之低者来确定。

（2）水化热高，放热快

铝酸盐水泥1 d可放出水化热总量的70%～80%，而硅酸盐水泥放出同样热量则需要7 d，如此集中的水化放热作用使铝酸盐水泥适合低温季节，特别是寒冷地区的冬季施工混凝土工程，不适于大体积混凝土工程。

（3）耐热性强

从铝酸盐水泥的水化特性上看，铝酸盐水泥不宜在温度高于30 ℃的环境下施工和长期使用，但高于900 ℃的环境下可用于配制耐热混凝土。这是由于温度在700 ℃时，铝酸盐水泥与骨料之间便发生固相反应，烧结结合代替了水化结合，即瓷性胶结代替了水硬胶结，这种烧结结合作用随温度的升高而更加明显，因此，铝酸盐水泥可作为耐热混凝土的胶结材料，配制900～1 300 ℃的耐热混凝土（能长期承受1 580 ℃以上高温作用的混凝土称为耐热混凝土）和砂浆，用于窑炉衬砖等。

（4）耐腐蚀性强

铝酸盐水泥水化时不放出$Ca(OH)_2$，而水泥石结构又很致密，因此高铝水泥适宜用于耐酸和抗硫酸盐腐蚀要求的工程。

（5）耐碱性差

水化铝酸钙遇碱即发生化学反应，使水泥石结构疏松，强度大幅度下降。因此，铝酸盐水泥不宜用于与碱接触的混凝土工程。

除了特殊情况外，在施工过程中，铝酸盐水泥不得与硅酸盐水泥、石灰等能够析出$Ca(OH)_2$的材料混合使用，否则会引起“瞬凝”现象，使施工无法进行，强度大大降低。同时铝酸盐水泥也不得与未硬化的硅酸盐水泥混凝土接触使用。

此外，铝酸盐水泥还不得用于高温高湿环境，也不能在高温季节施工或采用蒸汽养护（如需蒸汽养护须低于50 ℃）。铝酸盐水泥的碱度低，当用于钢筋混凝土时，钢筋保护层厚度不得小于60 mm。

铝酸盐水泥可配制一系列的膨胀水泥和自应力水泥。

4.5.4　其他水泥品种

随着现代建设工程项目的增多，通用水泥的性能已不能完全满足各类工程的要求，因此，一些具有特殊性能（如快硬性、膨胀性、装饰性等）的水泥被采用。本节将分别介绍快硬硅酸盐水泥、快硬硫铝酸盐水泥、膨胀水泥、自应力水泥、道路硅酸盐水泥、装饰水泥及砌筑水泥等。

1. 快硬硫铝酸盐水泥和快硬铁铝酸盐水泥

以适当成分的生料，经煅烧所得以无水硫铝酸钙和硅酸二钙为主要矿物成分的熟料，加入0～10%的石灰石、适量石膏磨细制成的早期强度高的水硬性胶凝材料，称为快硬硫铝酸盐水泥，其代号为R·SAC。

以适当成分的生料，经煅烧所得以无水硫铝酸钙、铁相（$4CaO \cdot Al_2O_3 \cdot Fe_2O_3$、$6CaO \cdot Al_2O_3 \cdot 2Fe_2O_3$等）和硅酸二钙为主要矿物成分的熟料，加入0～15%的石灰石、适量石膏磨细制成的早期强度高的水硬性胶凝材料，称为快硬铁铝酸盐水泥，其代号为R·FAC。

快硬硫铝酸盐水泥的水化及硬化特点是：水泥加水后，熟料中的无水硫铝酸钙会与石膏发生反应，生成高硫型水化硫铝酸钙（AFt）晶体和铝胶，AFt在较短时间里形成坚强骨架，而铝胶不断填补孔隙，使水泥石结构很快致密，从而使早期强度发展很快。熟料中的C_2S水化生成水化硅酸钙凝胶，则可使后期强度进一步增长。

快硬硫铝酸盐水泥和快硬铁铝酸盐水泥，要求细度为比表面积不小于350 m^2/kg，初凝不早于25 min，终凝不迟于180 min。快硬硫铝酸盐水泥和快硬铁铝酸盐水泥均以3 d抗压强度分为42.5、52.5、62.5、72.5四个强度等级。各龄期强度不得低于表4-19中规定。

表4-19　快硬硫铝酸盐、快硬铁铝酸盐水泥强度要求(JC 933-2003)

强度等级	抗压强度/MPa			抗折强度/MPa		
	1 d	3 d	28 d	1 d	3 d	28 d
42.5	34.5	42.5	48.0	6.5	7.0	7.5
52.5	44.0	52.5	58.0	7.0	7.5	8.0
62.5	52.5	62.5	68.0	7.5	8.0	8.5
72.5	59.0	72.5	78.0	8.0	8.5	9.0

快硬硫铝酸盐水泥和快硬铁铝酸盐水泥均具有早期强度高、抗硫酸盐腐蚀的能力强、抗渗性好、抗冻性好、微膨胀、水化热大、耐热性差的特点，因此适用于冬季施工、抢修、修补及有硫酸盐腐蚀的工程，也可用于浆锚、喷锚、拼装、节点、地质固井、堵漏等混凝土工程。

2. 膨胀水泥和自应力水泥

使水泥产生膨胀的反应主要有三种：CaO水化生成$Ca(OH)_2$、MgO水化生成$Mg(OH)_2$以及形成AFt，因为前两种反应产生的膨胀不易控制，目前广泛使用的是以AFt为膨胀成分的各种膨胀水泥。

水泥在无限制状态下，水化硬化过程中的条件膨胀称为自由膨胀。水泥在限制状态下，水化硬化过程中的条件膨胀称为限制膨胀。水泥水化后条件膨胀能使砂浆或混凝土在限制条件下产生可自应用的化学预应力。通过测定的水泥砂浆的限制膨胀率，计算可得自应力值。自应力水泥按自应力值分为不同的级别。

以适当比例的硅酸盐水泥或普通硅酸盐水泥、高铝水泥熟料和天然二水石膏粉磨细制成膨胀性的水硬性胶凝材料称为自应力硅酸盐水泥。自应力硅酸盐水泥根据28 d自应力值大小分为S_1、S_2、S_3、S_4四个等级。

明矾石膨胀水泥适用于补偿收缩混凝土、防渗混凝土、防渗抹面、预制构件梁、柱的接头和构件拼装接头等。

自应力铝酸盐水泥是以一定量的高铝水泥熟料和二水石膏粉细制成的大膨胀率胶凝材料。按 1∶2 标准砂浆 28 d 自应力值分为 3.0、4.5 和 6.0 三个级别。

以适当成分的生料，经煅烧所得以无水硫酸钙和硅酸二钙为主要矿物成分的熟料，加入适量石膏磨细制成的具有可调膨胀性能的水硬性胶凝材料，称为膨胀硫铝酸盐水泥。

3. 道路硅酸盐水泥

(1)定义

以适当成分的生料烧至部分熔融所得以硅酸钙为主要成分和较多量铁铝酸钙的硅酸盐水泥熟料，称为道路硅酸盐水泥熟料。由道路硅酸盐水泥熟料、0～10%活性混合材料和适量石膏磨细制成的水硬性胶凝材料，称为道路硅酸盐水泥(简称道路水泥)，其代号为 P·R。

(2)技术要求

①细度。0.08 mm 筛的筛余不得超过 10%。

②凝结时间。初凝不得早于 1.5 h，终凝不得迟于 10 h。

③体积安定性。沸煮法检验合格。

④干缩率和耐磨性。28 d 干缩率不得大于 0.10%，耐磨性以磨耗量表示，不得大于 3.00 kg/m^2。

⑤道路水泥分 32.5、42.5 和 52.5 三个强度等级。各强度等级各龄期强度不得低于表 4-20 中的规定。

表 4-20　道路水泥强度要求(GB 13693-2005)

强度等级	抗压强度/MPa		抗折强度/MPa	
	3 d	28 d	3 d	28 d
32.5	16.0	32.5	3.5	7.0
42.5	21.0	42.5	4.0	6.5
52.5	26.0	52.5	5.0	7.0

(3)性质与应用

与硅酸盐水泥相比，道路水泥增加了 C_4AF 的含量，降低了 C_3A 的含量，因此道路水泥具有较高的抗折强度、良好的耐磨性、较长的初凝时间和较小的干缩率，以及抗冲击、抗冻和抗硫酸盐侵蚀的能力。它特别适用于公路路面、机场跑道、车站及公共广场等工程的面层混凝土工程。

4. 装饰水泥

(1)白色硅酸盐水泥

①定义

以适当成分的生料烧至部分熔融所得以硅酸钙为主要成分，氧化铁含量极少的熟料，加入适量石膏，磨细制成的水硬性胶凝材料称为白色硅酸盐水泥，简称白水泥，其代号为 P·W。

②白色硅酸盐水泥的生产特点

为了保证白水泥的白度，生产中采取了如下措施：

A. 精选原料

选择纯净的高岭土(黏土成分)、纯石灰石或白垩、纯石英砂等。目的是要避免带入如氧化铁、氧化锰、氧化钛、氧化铬等着色氧化物。

B. 采取无灰分的燃料

生产白水泥常采用的燃料为天然气、煤气或重油。

C. 采用不含着色氧化物的衬板及研磨体

在普通磨机中常采用铸钢衬板和钢球，而生产白色水泥采用硅质石材或坚硬的白色陶瓷作为衬板及研磨体。

D. 加入氯化物或石膏

在生料中加入适量的 NaCl、KCl、$CaCl_2$ 或 NH_4Cl 等氯化物，使其在煅烧过程中与 Fe_2O_3 作用生成挥发性的 $FeCl_3$，减少 Fe_2O_3 含量，保证白度。另外，石膏的加入也有助于提高白度。

E. 采取特殊的工艺措施

为提高水泥的白度，可用还原气氛对熟料进行漂白处理，使含 Fe_2O_3 的矿物转变为含 FeO 的矿物。也可在熟料出窑时采取喷水急冷处理、粉磨时提高细度等措施提高白度。

③白水泥的技术性质

白水泥的性质与普通硅酸盐水泥相同，按照国家标准《白色硅酸盐水泥》(GB 870-2005)规定，白色硅酸盐水泥分为 32.5、42.5、52.5 三个强度等级，各等级各龄期强度不低于表 4-21中的规定。

表 4-21　白色硅酸盐水泥的强度要求(GB/T 870-2005)

强度等级	抗压强度/MPa		抗折强度/MPa	
	3 d	28 d	3 d	28 d
32.5	12.0	32.5	3.0	6.0
42.5	17.0	42.5	3.5	6.5
52.5	22.0	52.5	4.0	7.0

白水泥按白度分为特级、一级、二级和三级四个级别。初凝时间不早于 45 min，终凝时间不迟于 10 h，氧化镁含量不得超过 5%。对细度、沸煮安定性和 SO_3 含量的要求均同普通水泥。

(2)彩色硅酸盐水泥

白色硅酸盐水泥熟料、石膏和耐碱矿物颜料共同磨细，可制成彩色硅酸盐水泥。在白色水泥生料中加入少量金属氧化物作为着色剂，直接烧成彩色熟料，然后再磨细制成彩色水泥。制造红色、黑色或棕色水泥时，可在普通水泥中加耐碱矿物颜料，不一定用白色水泥。

彩色硅酸盐水泥的 0.080 mm 方孔筛筛余不得大于 6.0%，SO_3 含量不得超过 4.0%，初凝时间不得早于 1 h，终凝时间不得迟于 10 h，体积安定性必须合格。彩色硅酸盐水泥的强度等级分为 22.5、32.5、42.5 三个强度等级，各等级各龄期强度不低于表 4-22 中的规定。

表 4-22　彩色水泥的强度要求(JC/T 2015-2000)

强度等级	抗压强度/MPa		抗折强度/MPa	
	3 d	28 d	3 d	28 d
22.5	7.5	27.5	2.0	5.0
32.5	10.0	32.5	2.5	5.5
42.5	15.0	42.5	3.0	6.5

(3)白水泥和彩色水泥的应用

白水泥与彩色水泥主要用于建筑装饰工程的粉刷与雕塑,有艺术性的彩色混凝土或钢筋混凝土等各种装饰部件和制品,可做成装饰砂浆,如拉毛、水刷石、水磨石、斩假石等用于室内、外饰面。

5. 砌筑水泥

(1)定义

国家标准《砌筑水泥》(GB/T 3183-2003)规定,凡由一种或一种以上的水泥混合材料,加入适量硅酸盐水泥熟料和石膏,经磨细制成的和易性较好的水硬性胶凝材料,称为砌筑水泥,其代号为 M。

水泥中混合材料掺加量按质量百分比计大于 50%,允许掺入适量的石灰石或窑灰。水泥中混合材料掺加量不得与矿渣水泥重复。

(2)技术要求

国家标准《砌筑水泥》(GB/T 3183-2003)规定,砌筑水泥的细度为 80 mm 方孔筛筛余不大于 10%;初凝时间不得早于 1 h,终凝时间不得迟于 12 h;沸煮安定性合格;SO_3 含量不大于 4.0%;流动性指标为流动度,采用灰砂比为 1∶2.5,水灰比为 0.46 的砂浆测定的流动度值应大于 125 mm;泌水率少于 12%。砌筑水泥分为 12.5、22.5 两个强度等级,各强度等级水泥各龄期强度不低于表 4-23 中的规定。

表 4-23　砌筑水泥强度要求(GB/T 3183-2003)

强度等级	抗压强度/MPa		抗折强度/MPa	
	3 d	28 d	3 d	28 d
12.5	7.0	12.5	1.5	3.0
22.5	10.0	22.5	2.0	4.0

(3)性质与应用

砌筑水泥是低强度水泥,硬化慢,但和易性好,特别适合配制砂浆,也可用于基础混凝土垫层或蒸养混凝土砌块等。

6. 抗硫酸盐硅酸盐水泥

按抗硫酸盐侵蚀程度分为中抗硫酸盐硅酸盐水泥和高抗硫酸盐硅酸盐水泥两类。以适当成分的硅酸盐水泥熟料,加入适量石膏磨制而成的具有抵抗中等浓度硫酸根离子侵蚀的水硬性胶凝材料,称为中抗硫酸盐硅酸盐水泥,简称中抗硫水泥,其代号为 P·MSR。以适当成分的硅酸盐水泥熟料,加入适量石膏磨制而成的具有抵抗较高浓度硫酸根离子侵蚀的水硬性胶凝材料，称为高抗硫酸盐硅酸盐水泥，简称高抗硫水泥，其代号为 P·HSR。

在中抗硫水泥中，C_3S 和 C_3A 的含量分别不应超过 55.0% 和 5.0%。在高抗硫水泥中，C_3S 和 C_3A 的含量分别不应超过 50.0% 和 3.0%。烧失量应小于 3.0%，水泥中的 SO_3 含量小于 2.5%。水泥比表面积不得小于 280 m^2/kg。初凝时间不早于 45 min，终凝时间不得迟于 10 h。抗硫酸盐硅酸盐水泥分为 32.5、42.5 两个强度等级，各强度等级水泥各龄期强度不低于表 4-24 中的规定。

表 4-24　抗硫酸盐硅酸盐水泥强度要求(GB 748-2005)

强度等级	抗压强度/MPa		抗折强度/MPa	
	3 d	28 d	3 d	28 d
32.5	10.0	32.5	2.5	6.0
42.5	15.0	42.5	3.0	6.5

7. 中热水泥、低热水泥和低热矿渣水泥

中热硅酸盐水泥和低热矿渣硅酸盐水泥的主要特点为水化热低，适用于大坝和大体积混凝土工程。

中热硅酸盐水泥是由适当成分的硅酸盐水泥熟料加入适量石膏磨制而成的具有中等水化热的水硬性胶凝材料，简称中热水泥，其代号为 P·MH；具有低水化热的水硬性胶凝材料，简称低热水泥，其代号为 P·LH。

低热矿渣硅酸盐水泥是由适当成分的硅酸盐水泥熟料加入矿渣和适量石膏磨制而成的具有低水化热的水硬性胶凝材料，简称低热矿渣水泥。其矿渣掺量为水泥质量的 20%～60%，允许用不超过混合材料总量 50% 的磷渣或粉煤灰代替矿渣，其代号为 P·SLH。

国家标准《中热硅酸盐水泥、低热硅酸盐水泥、低热矿渣硅酸盐水泥》(GB 200-2003)规定，这三种水泥的初凝时间不得早于 60 min，终凝时间不得迟于 12 h；比表面积不得小于 250 m^2/kg；水泥中 SO_3 含量小于 3.5%。中热水泥、低热水泥和低热矿渣水泥的强度等级分别为 42.5、42.5 和 32.5，各龄期强度值须不低于表 4-25 中的数值。此外，体积安定性必须合格。

表 4-25　中热硅酸盐水泥、低热硅酸盐水泥、低热矿渣硅酸盐水泥强度要求(GB 200-2003)

水泥品种	强度等级	抗压强度/MPa			抗折强度/MPa		
		3 d	7 d	28 d	3 d	7 d	28 d
中热水泥	42.5	12.0	22.0	42.5	3.0	4.5	6.5
低热水泥	42.5	—	13.0	42.5	—	3.5	6.5
低热矿渣水泥	32.5	—	12.0	32.5	—	3.0	5.5

4.5.5　水泥在土木工程中的应用

水泥是土木工程建设中最重要的材料之一，是决定混凝土性能和价格的重要原料，在工程中，合理选用、使用、储运和妥善保管以及严格的验收，是保证工程质量、杜绝质量事故的重要措施。

1. 水泥验收与仲裁

水泥在验收时，应按国家标准规定，对细度、凝结时间、体积安定性及强度等级(标号)进行检验。凡氧化镁含量、三氧化硫含量、初凝时间、安定性中任一项不符合标准规定的，均为不合格品；凡细度、终凝时间中的任一项不符合标准规定或混合材料掺加量超过最大限度和强度低于商品强度等级的指标时，为不合格品；水泥包装标志中水泥品种、强度等级、生产者名称和出厂编号不全也属于不合格品。

2. 水泥的选用原则

不同的水泥品种有各自突出的特性，深入理解其特性是正确选择水泥品种的基础。

(1)按环境条件选择水泥品种

环境条件包括温度、湿度、周围介质、压力等工程外部条件，如在寒冷地区水位升降的环境应选用抗冻性好的硅酸盐水泥和普通水泥；有水压作用和流动水及有腐蚀作用的介质中应选掺活性混合材料的水泥；腐蚀介质强烈时，应选用专门抗侵蚀的特种水泥。

(2)按工程特点选择水泥品种

选用水泥品种时应考虑工程项目的特点，大体积工程应选用放热量低的水泥，如掺活性混合材料的硅酸盐水泥；高温窑炉工程应选用耐热性好的水泥，如矿渣水泥、铝酸盐水泥等；抢修工程应选用凝结硬化快的水泥，如快硬型水泥；路面工程应选用耐磨性好、强度高的水泥，如道路水泥。在混凝土结构工程中，常用水泥的选用可参照表4-26选择。

表4-26　通用水泥的选用

混凝土工程特点及所处环境条件			优先选用	可以选用	不宜选用
普通混凝土	1	在一般环境中的混凝土	普通水泥	矿渣水泥、火山灰水泥、粉煤灰水泥、复合水泥	—
	2	在干燥环境中的混凝土	普通水泥	矿渣水泥	火山灰水泥、粉煤灰水泥
	3	在高湿环境中或长期处于水中的混凝土	矿渣水泥、火山灰水泥、粉煤灰水泥、复合水泥	普通水泥	—
	4	厚大体积的混凝土	矿渣水泥、火山灰水泥、粉煤灰水泥、复合水泥	—	硅酸盐水泥
有特殊要求的混凝土	1	要求快硬、高强(＞C40)的混凝土	硅酸盐水泥	普通水泥	矿渣水泥、火山灰水泥、粉煤灰水泥、复合水泥
	2	严寒地区的露天混凝土，寒冷地区处于水位升降范围内的混凝土	普通水泥	矿渣水泥(强度等级＞32.5)	火山灰水泥、粉煤灰水泥
	3	严寒地区处于水位升降范围内的混凝土	普通水泥(强度等级＞42.5)	—	矿渣水泥、火山灰水泥、粉煤灰水泥、复合水泥
	4	有抗渗要求的混凝土	普通水泥、火山灰水泥	—	矿渣水泥
	5	有耐磨性要求的混凝土	硅酸盐水泥、普通水泥	矿渣水泥(强度等级＞32.5)	火山灰水泥、粉煤灰水泥
	6	受侵蚀介质作用的混凝土	矿渣水泥、火山灰水泥、粉煤灰水泥、复合水泥	—	硅酸盐水泥

3. 水泥的运输和储存

水泥在运输和储存过程中不得混入杂物，应按不同品种、强度等级或标号和出厂日期分别加以标明。水泥储存时应先存先用，对散装水泥分库存放，而袋装水泥一般堆放高度不超过 10 袋。水泥存放时不可受潮。受潮的水泥表现为结块，凝结速度减慢，烧失量增加，强度降低。对于结块水泥的处理方法为：有结块但无硬块时，可压碎粉块后按实测强度等级使用；对部分结成硬块的，可筛除或压碎硬块后，按实测强度等级用于非重要的部位；对于大部分结块的，不能作水泥用，可作混合材料掺入到水泥中，掺量不超过 25%。水泥的储存期不宜太久，常用水泥一般不超过 3 个月，因为 3 个月后水泥强度将降低 10%～20%，6 个月后降低 15%～30%，1 年后降低 25%～40%，铝酸盐水泥一般不超过 2 个月。过期水泥应重新检测，按实测强度使用。

实训与创新

大多数的无机胶凝材料在其凝结硬化过程中，均易产生收缩裂纹，在力学性能方面，表现出较大的脆性，这是大多数无机胶凝材料缺陷的共性，试根据你掌握的知识，结合调查实训基地所提供的资料，设计解决上述缺陷问题可能的技术途径。

复习思考题与习题

4.1　什么是胶凝材料、气硬性胶凝材料、水硬性胶凝材料？

4.2　生石膏和建筑石膏的成分是什么？石膏浆体是如何凝结硬化的？

4.3　为什么说建筑石膏是功能性较好的土木工程材料？

4.4　建筑石灰按加工方法不同可分为哪几种？它们的主要化学成分各是什么？

4.5　什么是欠火石灰和过火石灰？它们对石灰的使用有什么影响？

4.6　试从石灰浆体硬化原理的角度来分析石灰为什么是气硬性胶凝材料。

4.7　石灰是气硬性胶凝材料，耐水性较差，但为什么拌制的灰土、三合土却具有一定的耐水性？

4.8　水玻璃的成分是什么？什么是水玻璃的模数？水玻璃的模数、密度（浓度）对其性质有何影响？水玻璃的主要性质和用途有哪些？

4.9　菱苦土具有哪些用途？

4.10　硅酸盐水泥熟料的主要矿物组成有哪些？它们加水后各表现出什么性质？

4.11　硅酸盐水泥的水化产物有哪些？它们的性质各是什么？

4.12　制造硅酸盐水泥时，为什么必须掺入适量石膏？石膏掺量太少或太多时，将产生什么情况？

4.13　有甲、乙两厂生产的硅酸盐水泥熟料，其矿物组成如下：

生产厂	熟料矿物组成/%			
	硅酸三钙	硅酸二钙	铝酸三钙	铁铝酸四钙
甲厂	52	21	10	17
乙厂	45	30	7	18

若用上述两厂熟料分别制成硅酸盐水泥，试分析比较它们的强度增长情况和水化热等性质有何差异？简述理由。

4.14　为什么要规定水泥的凝结时间？什么是初凝时间和终凝时间？

4.15　什么是水泥的体积安定性？造成体积安定性不良的原因是什么？

4.16　为什么生产硅酸盐水泥时掺入适量石膏对水泥无腐蚀作用，而水泥石处在硫酸盐的环境介质中则易受腐蚀？

4.17　什么是活性混合材料和非活性混合材料？它们掺入硅酸盐水泥中各起什么作用？活性混合材料产生水硬性的条件是什么？

4.18　某工地仓库存有白色粉末状材料，可能为磨细生石灰，也可能是建筑石膏或白色水泥，问可用什么简易办法来辨认？

4.19　在下列混凝土工程中，试分别选用合适的水泥品种，并说明选用的理由。

(1)低温季节施工中等强度的现浇楼板、梁、柱；

(2)采用蒸汽养护的混凝土预制构件；

(3)紧急抢修工程；

(4)厚大体积的混凝土工程；

(5)有硫酸盐腐蚀的地下工程；

(6)热工窑炉基础工程；

(7)大跨度预应力混凝土工程；

(8)有抗渗要求的混凝土工程；

(9)路面的混凝土工程；

(10)修补建筑物裂缝。

第5章　水泥混凝土和砂浆

教学目的：水泥混凝土是现代土木工程最主要的结构材料，通过本章的学习，应系统地掌握水泥混凝土的配制及其主要性能，并为结构设计和施工打下坚实的基础。同时，通过学习了解砂浆的技术性质及其测定方法，学会砌筑砂浆配合比设计方法。

教学要求：结合现代土木工程的实例，重点掌握水泥混凝土的原材料要求、主要技术性能及影响因素、水泥混凝土的配合比设计方法及常用外加剂的性能和应用场合；了解水泥混凝土的施工工艺、质量检测及特殊工程的特种混凝土的性能；了解砂浆的技术性质、测定方法以及砌筑砂浆配合比设计方法。

5.1　概述

5.1.1　混凝土的发展史

混凝土是现代土木工程中用途最广、用量最大的土木工程材料之一。目前全世界每年生产的混凝土材料超过100亿吨。广义来讲，混凝土是由胶凝材料、骨料按适当比例配合，与水(或不加水)拌和制成具有一定可塑性的浆体，经硬化而成的具有一定强度的人造石。

混凝土作为土木工程材料的历史其实很久远，用石灰、砂和卵石制成的砂浆和混凝土在公元前500年就已经在东欧使用，但最早使用水硬性胶凝材料制备混凝土的是罗马人。这种用火山灰、石灰、砂、石制备的“天然混凝土”具有凝结力强、坚固耐久、不透水等特点，在古罗马得到广泛应用，万神殿和罗马圆形剧场就是其中的杰出代表。因此，可以说混凝土是古罗马最伟大的建筑遗产。

混凝土发展史中最重要的里程碑是约瑟夫·阿斯普丁发明的波特兰水泥，从此，水泥逐渐代替了火山灰、石灰用于制造混凝土，但主要用于墙体、屋瓦、铺地、栏杆等部位。直到1875年，威廉·拉塞尔斯(Willian Lascelles)采用改良后的钢筋强化的混凝土技术获得专利，混凝土才真正成为最重要的现代土木工程材料。1895—1900年间用混凝土成功地建造了第一批桥墩，至此，混凝土开始作为最主要的结构材料，影响和塑造现代建筑。

5.1.2　混凝土的分类

混凝土的种类很多，从不同的角度考虑，有以下几种分类方法：

1. 按表观密度或体积密度分类

(1)重混凝土(heavy concrete)。其体积密度大于 2 600 kg/m³，表观密度大于 2 800 kg/m³，常用重混凝土的体积密度大于 3 200 kg/m³。是用特别密实和特别重的骨料制成的，常采用重晶石、铁矿石、钢屑等作骨料及锶水泥、钡水泥共同配制防辐射混凝土，它们具有不透 X 射线和 γ 射线的性能，可作为核工程的屏蔽结构材料。

(2)普通混凝土(ordinary concrete)。体积密度为 1 950～2 500 kg/m³，表观密度为 2 300～2 800 kg/m³ 的混凝土，常用普通混凝土的体积密度为 2 300～2 500 kg/m³。是土木工程中最常用的混凝土，主要用作各种土木工程的承重结构材料。

(3)轻混凝土(light-weight concrete)。其体积密度小于 1 950 kg/m³，表观密度小于 2 300 kg/m³。它又分为三类：①轻骨料混凝土。其体积密度为 800～1 950 kg/m³。它是采用陶粒、页岩等轻质多孔骨料配制而成的。②多孔混凝土(加气混凝土、泡沫混凝土)。其体积密度为 300～1 000 kg/m³。加气混凝土是由水泥、水与发气剂配制而成的；泡沫混凝土是由水泥浆或水泥砂浆与稳定的泡沫配制而成的。③大孔混凝土(轻骨料大孔混凝土、普通大孔混凝土)。其组成中无细骨料。轻骨料大孔混凝土的体积密度为 500～1 500 kg/m³，是用碎砖、陶粒或煤渣作骨料配制成的；普通大孔混凝土的体积密度为 1 500～1 900 kg/m³，是用碎石、卵石或重矿渣作骨料配制成的；轻混凝土具有保温隔热性能好、质量轻等优点，多用于保温材料或高层、大跨度建筑的结构材料。

2. 按所用胶凝材料分类

按照所用胶凝材料的种类，可以分为水泥混凝土、石膏混凝土、水玻璃混凝土、沥青混凝土、聚合物水泥混凝土、树脂混凝土等。

3. 按流动性分类

按照新拌混凝土流动性大小，可分为干硬性混凝土(坍落度小于 10 mm 且需用维勃稠度表示)、塑性混凝土(坍落度为 10～90 mm)、流动性混凝土(坍落度为 100～150 mm)及大流动性混凝土(坍落度大于或等于 160 mm)。

4. 按用途分类

按用途可分为结构混凝土、大体积混凝土、防水混凝土、耐热混凝土、膨胀混凝土、防辐射混凝土、道路混凝土等。

5. 按生产和施工方法分类

按照生产方式，可分为预拌混凝土和现场搅拌混凝土；按照施工方法可分为泵送混凝土、喷射混凝土、碾压混凝土、挤压混凝土、离心混凝土、压力灌浆混凝土等。

6. 按强度等级分类

(1)低强度混凝土。抗压强度小于 20 MPa，主要用于一些承受荷载较小的场合，如地面。

(2)中强度混凝土。抗压强度为 20～60 MPa，是现今土木工程中的主要混凝土类型，应用于各种工程中，如房屋、桥梁、路面等。

(3)高强度混凝土。抗压强度大于 60 MPa，主要用于大荷载、抗震及对混凝土性能要求较高的场合，如高层建筑、大型桥梁等。

(4)超高强混凝土。其抗压强度在100 MPa以上,主要用于各种重要的大型工程,如高层建筑的桩基、军事防爆工程、大型桥梁等。

混凝土的品种虽然繁多,但在实践工程中还是以普通的水泥混凝土应用最为广泛,如果没有特殊说明,狭义上我们通常称其为混凝土,本章做重点讲述。

5.1.3 混凝土的性能特点和基本要求

1. 混凝土的性能特点

混凝土作为土木工程材料中使用最为广泛的一种,必然有其独特之处。它的优点主要体现在以下几个方面:

(1)易塑性。现代混凝土可以具备很好的和易性,几乎可以随心所欲地通过设计和模板形成形态各异的建筑物及构件,可塑性强。

(2)经济性。同其他材料相比,混凝土价格较低,容易就地取材,结构建成后的维护费用也较低。

(3)安全性。硬化混凝土具有较高的力学强度,目前工程构件最高抗压强度可达135 MPa,与钢筋有牢固的黏结力,使结构安全性得到充分保证。

(4)耐火性。混凝土一般而言可有1~2 h的防火时效,比起钢铁来说,安全多了,不会像钢结构建筑物那样在高温下很快软化而造成坍塌。

(5)多用性。混凝土在土木工程中适用于多种结构形式,满足多种施工要求。可以根据不同要求配制不同的混凝土加以满足,所以我们称之为“万用之石”。

(6)耐久性。混凝土本来就是一种耐久性很好的材料,古罗马建筑经过几千年的风雨仍然屹立不倒,这本身就昭示着混凝土“历久弥坚”。

由于混凝土具有以上许多优点,因此它是一种主要的土木工程材料,广泛应用于工业与民用建筑、给水与排水工程、水利工程及地下工程、国防建设等,它在国家基本建设中占有重要地位。

当然它也有不容忽视的缺点,主要表现如下:

(1)抗拉强度低。是混凝土抗压强度的1/15~1/10,是钢筋抗拉强度的1/100左右。

(2)延展性不高。混凝土是一种脆性材料,变形能力差,只能承受少量的张力变形(约0.003),否则就会因无法承受而开裂;抗冲击能力差,在冲击荷载作用下容易产生脆断。在很多情况下,必须配制钢筋才能使用。

(3)自重大,比强度低。高层、大跨度建筑物要求材料在保证力学性质的前提下,以轻为宜。

(4)体积不稳定性。尤其是当水泥浆量过大时,这一缺陷表现得更加突出,随着温度、湿度、环境介质的变化,容易引发体积变化,产生裂纹等内部缺陷,直接影响建筑物的使用寿命。

(5)需要较长时间的养护,从而延长了施工进度。

2. 混凝土的基本要求

混凝土在建筑工程中使用,必须满足以下五项基本要求或准则:

(1)满足与使用环境相适应的耐久性要求；

(2)满足设计的强度要求；

(3)满足施工规定所需的和易性要求；

(4)满足业主或施工单位渴望的经济性要求；

(5)满足可持续发展所必需的生态性要求。

5.1.4　混凝土的组成及应用

水泥混凝土的基本组成材料是水泥、粗细骨料和水。其中，水泥浆体占混凝土质量的25%～35%，砂石骨料约占65%～75%。水泥浆在硬化前起润滑作用，使混凝土拌和物具有可塑性，在混凝土拌和物中，水泥浆填充砂子孔隙，包裹砂粒，形成砂浆，砂浆又填充石子孔隙，包裹石子颗粒，形成混凝土浆体；在混凝土硬化后，水泥浆则起胶结和填充作用。水泥浆多，混凝土拌和物流动性大，反之干稠。混凝土中水泥浆过多则混凝土水化温度升高，收缩大，抗侵蚀性不好，容易引起耐久性不良。粗细骨料主要起骨架作用，传递应力，给混凝土带来很大的技术优点。它比水泥浆具有更高的体积稳定性和更好的耐久性，可以有效减少收缩裂缝的产生和发展，降低水化热。

现代混凝土中除了以上组分外，还多加入化学外加剂与矿物细粉掺和料。化学外加剂的品种很多，可以改善、调节混凝土的各种性能，而矿物细粉掺和料则可以有效提高新拌混凝土的工作性和硬化混凝土的耐久性，同时降低成本。

5.1.5　现代混凝土的发展方向

进入21世纪，混凝土研究和实践将主要围绕两个焦点展开：一是解决好混凝土耐久性的问题，二是混凝土走上可持续发展的健康轨道。水泥混凝土在过去的170多年中，几乎覆盖了所有的土木工程领域，可以说，没有混凝土就没有今天的世界。但是在应用过程中，传统水泥混凝土的缺陷也越来越多地暴露出来，集中体现在耐久性方面。我们寄予厚望的胶凝材料——水泥在混凝土中的表现，远没有我们想象的那么完美。经过近10年来的研究，越来越多的学者认识到传统混凝土过分地依赖水泥是导致混凝土耐久性不良的首要因素。给水泥重新定位，合理地控制水泥浆用量势在必行。混凝土实现性能优化的主要技术途径如下：

(1)降低水泥用量，由水泥、粉煤灰或磨细矿粉等共同组成合理的胶凝材料体系；

(2)依靠减水剂实现混凝土的低水胶比；

(3)使用引气剂减少混凝土内部的应力集中现象；

(4)通过改变加工工艺，改善骨料的粒形和级配；

(5)减少单方混凝土用水量和水泥浆量。

由于多年来大规模的建设，优质资源的消耗量惊人，我国许多地区的优质骨料趋于枯竭。水泥工业带来的能耗巨大，生产水泥放出的CO_2导致的“温室效应”日益明显，国家的资源和环境已经不堪重负，混凝土工业必须走可持续发展之路，可采取下列措施：

(1)大量使用工业废弃资源，如用尾矿资源作骨料；大量使用粉煤灰和磨细矿粉替代水泥。

(2)扶植再生混凝土产业,使越来越多的建筑垃圾作为骨料循环使用。

(3)不要一味追求高等级混凝土,应大力发展中、低等级耐久性好的混凝土。

5.2 混凝土的组成材料

在土木工程中,应用最广的是以水泥为胶凝材料,普通砂、石为骨料,加水拌成拌和物,经凝结硬化而成的水泥混凝土,又称普通混凝土。实际上,随着混凝土技术的发展,现在混凝土中经常加入外加剂和矿物掺和料以改善混凝土的性能。因此组成水泥混凝土的基本材料主要有六种:水泥、细骨料、粗骨料、水、外加剂和矿物掺和料。

混凝土的技术性质是由原材料的性质、配合比、施工工艺(搅拌、成型、养护)等因素决定的。因此,了解原材料的性质、作用及质量要求,合理选择和正确使用原材料,才能保证混凝土的质量。

5.2.1 水泥

水泥(cement)是水泥混凝土的胶凝材料,其性能对混凝土的性质影响很大,在确定混凝土组成材料时,应正确选择水泥品种和水泥强度等级。

1. 水泥品种的选择

水泥品种应该根据混凝土工程特点、所处的环境条件和施工条件等进行选择。常用水泥品种的选择见表4-26。必要时也可以采用膨胀水泥、自应力水泥或快硬硅酸盐水泥等其他水泥。所用水泥的性能必须符合现行国家有关标准的规定。在满足工程要求的前提下,应选用价格较低的水泥品种,以降低造价。

2. 水泥强度等级的选择

水泥强度等级应与混凝土的设计强度等级相适应。原则上配制高强度等级的混凝土应选用强度等级高的水泥;配制低强度等级的混凝土,选用强度等级低的水泥。通常,当混凝土强度等级为C30及以下时,水泥强度等级为混凝土的设计强度等级的1.5～2.5倍;当混凝土强度等级为C30～C50时,水泥强度等级为混凝土的设计强度等级的1.1～1.5倍;当混凝土强度等级为C60及以上时,水泥强度等级与混凝土的设计强度等级的比值小于1,但一般不宜低于0.70。表5-1是各水泥强度等级的水泥宜配制的混凝土。因为采用强度等级高的水泥配制低强度等级混凝土时,会使水泥用量偏少,影响和易性和耐久性,必须掺入一定数量的矿物掺和料。采用强度等级低的水泥配制高强度等级混凝土时,会使水泥用量过多,不经济,而且会影响混凝土的其他技术性质,如干缩等。

表5-1 水泥强度等级可配制的混凝土强度等级

水泥强度等级	宜配制的混凝土强度等级	水泥强度等级	宜配制的混凝土强度等级
32.5	C15、C20、C25	52.5	C40、C45、C50、C60
42.5	C30、C35、C40、C45	62.5	≥C60

5.2.2 细骨料

水泥混凝土所用的骨料按粒径分为细骨料和粗骨料。骨料在混凝土中所占的体积为65%～75%。由于骨料不参与水泥复杂的水化反应,因此,过去通常将它视为一种惰性填充料。随着混凝土技术的不断深入研究和发展,混凝土材料与工程界越来越意识到骨料对混凝土的许多重要性能,如和易性、强度、体积稳定性及耐久性等都会产生很大的影响。

粒径为0.15～4.75 mm的骨料为细骨料,包括天然砂和人工砂。天然砂是由自然风化、水流搬运和分选、堆积形成且粒径小于4.75 mm的岩石颗粒,包括河砂、淡化海砂、湖砂、山砂,但不包括软质岩、风化岩石的颗粒。人工砂是经除土处理的机制砂和混合砂的统称。机制砂是经除土处理,由机械破碎、筛分制成且粒径小于4.75 mm的岩石颗粒,但不包括软质岩、风化岩石的颗粒。混合砂是由机制砂和天然砂混合制成的砂。

1. 砂中有害物质的含量、坚固性

为保证混凝土的质量,混凝土用砂不应混有草根、树叶、树枝、塑料品、煤块、炉渣等杂物。砂中常含有如云母、有机物、硫化物及硫酸盐、氯盐、黏土、淤泥等杂质。云母呈薄片状,表面光滑,容易沿解理面裂开,与水泥黏结不牢,会降低混凝土强度;黏土、淤泥多覆盖在砂的表面妨碍水泥与砂的黏结,降低混凝土的强度和耐久性;硫酸盐、硫化物将对硬化的水泥凝胶体产生腐蚀;有机物通常是植物的腐烂产物,妨碍、延缓水泥的正常水化,降低混凝土强度;氯盐引起混凝土中钢筋锈蚀,破坏钢筋与混凝土的黏结,使保护层混凝土开裂。

砂子的坚固性,是指砂在自然风化和其他外界物理化学因素作用下抵抗破裂的能力。通常天然砂以硫酸钠溶液干湿循环5次后的质量损失来表示,人工砂采用压碎指标法进行试验。各指标应符合表5-2的国家行业标准《普通混凝土用砂、石质量及检验方法标准》(JGJ 52-2006)的规定。

2. 含泥量、泥块含量和石粉含量

砂中的粒径小于75 μm的尘屑、淤泥等颗粒的质量占砂子质量的百分率称为含泥量。砂中原粒径大于1.18 mm,经水浸洗、手捏后小于600 μm的颗粒含量称为泥块含量。砂中的泥土包裹在颗粒表面,阻碍水泥凝胶体与砂粒之间的黏结,降低界面强度,降低混凝土强度,并增加混凝土的干缩,易产生开裂,影响混凝土耐久性。石粉不是一般碎石生产企业所称的“石粉”、“石沫”,而是在生产人工砂的过程中,在加工前经除土处理,加工后形成粒径小于75 μm,矿物组成和化学成分与母岩相同的物质。与天然砂中的黏土成分在混凝土中所起的负面影响不同,它的掺入对完善混凝土细骨料级配、提高混凝土密实性有很大的益处,进而起到提高混凝土综合性能的作用。许多用户和企业将人工砂中的石粉用水冲掉的做法是错误的。亚甲蓝试验MB值用于判定人工砂中粒径小于75 μm的颗粒含量主要是泥土还是与母岩化学成分相同的石粉的指标。天然砂的含泥量和泥块含量应符合表5-3的规定,人工砂的石粉含量和泥块含量则应符合表5-4的规定。

表 5-2 有害物质含量、坚固性指标、压碎指标(JGJ52-2006)

项目	Ⅰ类	Ⅱ类	Ⅲ类
云母(按质量计)/%,<	1.0	2.0	2.0
轻物质(按质量计)/%,<	1.0	1.0	1.0
有机物(比色法)	合格	合格	合格
硫化物及硫酸盐(按 SO_3 质量计)/%,<	0.5	0.5	0.5
氯化物(以氯离子质量计)/%,<	0.01	0.02	0.06
质量损失/%,<	8	8	10
单级最大压碎指标/%,<	20	25	30

注:Ⅰ类宜用于强度等级大于C60的混凝土,Ⅱ类宜用于强度等级为C30～C60及有抗冻、抗渗或其他要求的混凝土,Ⅲ类宜用于强度等级小于C30的混凝土。

表 5-3 天然砂的石粉含量和泥块含量

项目	Ⅰ类	Ⅱ类	Ⅲ类
含泥量(按质量计)/%	<1.0	<3.0	<5.0
泥块含量(按质量计)/%	0	<1.0	<2.0

表 5-4 人工砂的石粉含量和泥块含量

	项目			Ⅰ类	Ⅱ类	Ⅲ类
1	亚甲蓝试验	MB 值<40或合格	石粉含量(按质量计)/%	<3.0	<5.0	<7.0①
2			泥块含量(按质量计)/%	0	<1.0	<2.0
3		MB 值≥1.40或不合格	石粉含量(按质量计)/%	<1.0	<3.0	<5.0
4			泥块含量(按质量计)/%	0	<1.0	<2.0

①根据使用地区和用途,在试验验证的基础上,可由供需双方协商确定。

3. 颗粒形状及表面特征

细骨料的颗粒形状及表面特征会影响其与水泥的黏结及混凝土拌和物的流动性。山砂的颗粒大多具有棱角,表面粗糙,与水泥的黏结较好,用它拌制混凝土的强度较高,但拌和物的流动性较差;河砂、海砂其颗粒多呈圆形,表面光滑,与水泥的黏结较差,用于拌制的混凝土的强度较低,但拌和物的流动性较好。

4. 砂的粗细程度和颗粒级配

砂的粗细程度是指不同粒径的砂混合在一起后的总体平均粗细程度,通常有粗砂、中砂、细砂之分。国家标准《建筑用砂》(GB/T 14684-2001)规定,砂的颗粒级配和粗细程度用筛分析的方法进行测定。用级配区表示砂的颗粒级配,用细度模数表示砂的粗细。砂的筛分析方法是用一套孔径为 9.50 mm、4.75 mm、2.36 mm、1.18 mm 及 0.60 mm、0.30 mm、0.15 mm 的标准方孔筛,将质量为 500 g 的干砂试样由粗到细依次过筛,然后称得余留在各个筛上的砂子质量(g),计算分计筛余(seperated sieve residue)百分率 a_i(即各号筛的筛余量与试样总量之比)、累计筛余(cumulated sieve residue)百分率 A_i(即该号筛的筛余百分率加上该号筛以上各筛余百分率之和)。分计筛余与累计筛余的关系见表 5-5。

表 5-5　分计筛余与累计筛余的关系

筛孔尺寸/mm	分计筛余量/g	分计筛余/%	累计筛余/%
4.75	M_1	a_1	$A_1=a_1$
2.36	M_2	a_2	$A_2=a_1+a_2$
1.18	M_3	a_3	$A_3=a_1+a_2+a_3$
0.60	M_4	a_4	$A_4=a_1+a_2+a_3+a_4$
0.30	M_5	a_5	$A_5=a_1+a_2+a_3+a_4+a_5$
0.15	M_6	a_6	$A_6=a_1+a_2+a_3+a_4+a_5+a_6$
＜0.15	M_7	+	—

根据下列公式计算砂的细度模数(M_x):

$$M_x=\frac{(A_2+A_3+A_4+A_5+A_6)-5A_1}{100-A_1}$$

按照细度模数把砂分为粗砂、中砂、细砂。其中,$M_x=3.7\sim3.1$ 为粗砂,$M_x=3.0\sim2.3$ 为中砂,$M_x=2.2\sim1.6$ 为细砂,$M_x=1.5\sim0.6$ 为特细砂。

颗粒级配是指不同粒径砂相互间搭配的情况。良好的级配能使骨料的空隙率和总表面积均较小,从而使所需的水泥浆量较少,并且能够提高混凝土的密实度,并进一步改善混凝土的其他性能。在混凝土中,砂粒之间的空隙由水泥浆所填充,为达到节约水泥的目的,就应尽量减少砂粒之间的空隙,因此就必须有大小不同的颗粒搭配。从图 5-1 可以看出,如果是单一粒径的砂堆积,空隙最大[图 5-1(a)];两种不同粒径的砂搭配起来,空隙就减少了[图 5-1(b)];如果三种不同粒径的砂搭配起来,空隙就更小了[图 5-1(c)]。

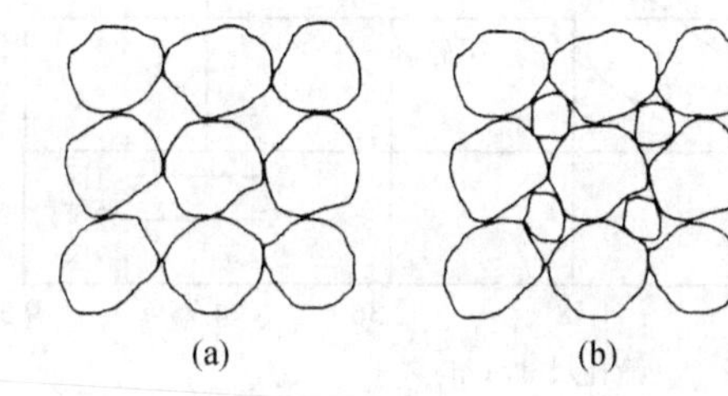

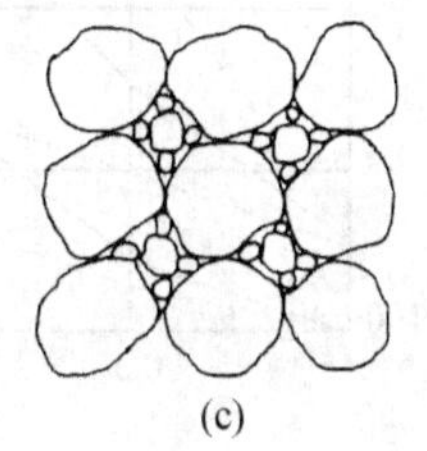

(a)　(b)　(c)

图 5-1　骨料的颗粒级配

颗粒级配常以级配区和级配曲线表示,国家标准根据 0.60 mm 方孔筛的累计筛余量分成三个级配区,如表 5-6 及图 5-2 所示。

判断砂的级配是否合格的方法如下:

(1)各筛上的累计筛余率原则上应完全处于表 5-6 或图 5-2 所规定的任何一个级配区内;

(2)允许有少量超出,但超出总量应小于 5%;

(3)4.75 mm 和 0.60 mm 筛号上不允许有任何超出。

筛分曲线超过 3 区往左上偏时,表示砂过细,拌制混凝土时需要的水泥浆量多,而且混凝土强度显著降低;超过 1 区往右下偏时,表示砂过粗,配制的混凝土,其拌和物的和易性不易控制,而且内摩擦大,不易振捣成型。一般认为,处于 2 区级配的砂,其粗细适中,级配较好，是配制混凝土最理想的级配区。当采用1区时，应提高砂率，并保持足够的水泥用量，以满足混凝土的和易性要求。当采用3区时，应适宜降低砂率，以保证混凝土的强度。

表 5-6　砂的颗粒级配(GB/T 14684-2001、JTG F30-2003)

累计筛余/% 方筛孔径/mm	级配区		
	1	2	3
9.50	0	0	0
4.75	10～0	10～0	10～0
2.36	35～5	25～0	15～0
1.18	65～35	50～10	20～0
0.60	85～71	70～41	40～16
0.30	95～80	92～70	85～55
0.15	100～90	100～90	100～90

注：1. 砂的实际颗粒级配与表中所列数字相比，除 4.75 mm 和 600 μm 筛挡外，可以略有超出，但超出总量应小于 5%。

2. 1区人工砂中 150 μm 筛孔的累计筛余可以放宽到 100～85，2区人工砂中 150 μm 筛孔的累计筛余可以放宽到 100～80，3区人工砂中 150 μm 筛孔的累计筛余可以放宽到 100～75。

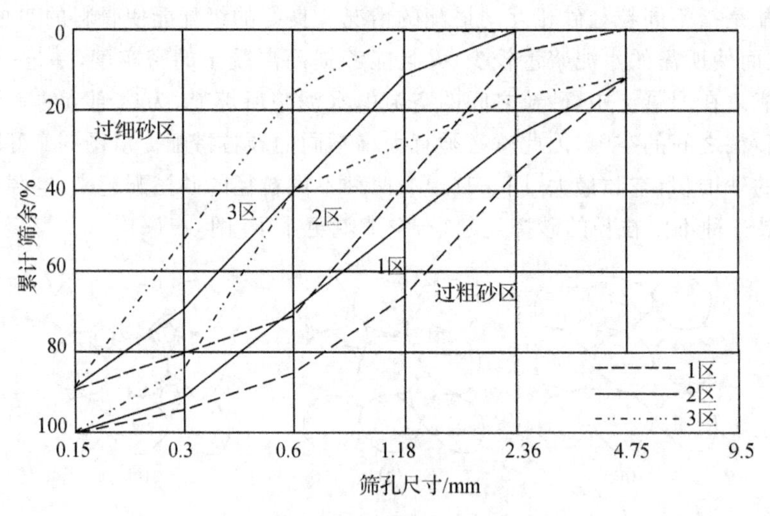

图 5-2　砂的级配曲线

5.2.3　粗骨料

根据国家标准《建筑用碎石、卵石》(GB/T14685-2001)的规定，粒径在 4.75～90 mm 的骨料称为粗骨料(coarse aggregate)，混凝土常用的粗骨料有碎石(crushed stone)和卵石(gravel)。卵石是由自然风化、水流搬运和分选、堆积形成的粒径大于 4.75 mm 的岩石颗粒；碎石是天然岩石或卵石经机械破碎、筛分制成的粒径大于 4.75 mm 的岩石颗粒。

为了保证混凝土质量，国家标准《建筑用碎石、卵石》(GB/T 14685-2001)按各项技术指标对混凝土用粗骨料划分为Ⅰ、Ⅱ、Ⅲ类骨料。其中，Ⅰ类适用于 C60 以上的混凝土，Ⅱ类适用于 C30～C60 的混凝土，Ⅲ类适用于 C30 以下的混凝土，并且提出了具体的质量要求，主要有以下几个方面。

1. 有害杂质

粗骨料中的有害杂质主要有黏土、淤泥及细屑、硫酸盐及硫化物、有机物质、蛋白石及其他含有活性氧化硅的岩石颗粒等。它们的危害作用与在细骨料中相同。对各种有害杂质的含量都不应超出国家标准《建筑用碎石、卵石》(GB/T 14685-2001)和国家行业标准《普通混凝土用砂、石质量及检验方法标准》(JGJ 52-2006)的规定。其技术要求及有害物质含量见表 5-7。

表 5-7　粗骨料的有害物质含量及技术要求(GB/T 14685-2001,JGJ 52-2006)

项目	Ⅰ类	Ⅱ类	Ⅲ类
有机物(比色法)	合格	合格	合格
硫化物及硫酸盐(按 SO_3 质量计)/%,<	0.5	1.0	1.0
含泥量(按质量计)/%,<	0.5	1.0	1.5
泥块含量(按质量计)/%	0	<0.5	<0.7
针片状颗粒(按质量计)/%,<	5	15	25

注：Ⅰ类宜用于强度等级大于 C60 的混凝土，Ⅱ类宜用于强度等级为 C30～C60 及有抗冻、抗渗或其他要求的混凝土，Ⅲ类宜用于强度等级小于 C30 的混凝土，

2. 颗粒形状与表面特征

卵石表面光滑，少棱角，空隙率和表面积均较小，拌制混凝土时所需的水泥浆量较少，混凝土拌和物和易性较好。碎石表面粗糙，富有棱角，骨料的空隙率和总表面积较大。与卵石混凝土比较，碎石具有棱角，表面粗糙，混凝土拌和物骨料间的摩擦力较大，对混凝土的流动阻滞性较强，因此所需包裹骨料表面和填充空隙的水泥浆较多。如果要求流动性相同，用卵石时用水量可少一些，所配制混凝土的强度不一定低。

碎石或卵石的针状骨粒(elongate piece，即颗粒的长度大于该颗粒的平均粒径 2.4 倍)和片状颗粒(flat piece，即颗粒的厚度小于该颗粒的平均粒径 0.4 倍)的含量应符合表 5-7 的要求。其含量不能过多，如过多既降低混凝土的泵送性能和强度，又影响其耐久性。

3. 最大粒径与颗粒级配

(1)最大粒径

粗骨料中公称粒径的上限称为该粒级的最大粒径。当骨料粒径增大时，其表面积随之减小，包裹骨料表面水泥浆或砂浆的数量也相应减少，就可以节约水泥。因此，在条件许可下，最大粒径应尽量选用大一些。试验研究证明，在普通配合比的结构混凝土中，骨料粒径大于 37.5 mm 后，由于减少用水量获得的强度提高被较少的黏结面积及大粒径骨料造成的不均匀性的不利影响所抵消，因此并没有什么好处。

对于道路混凝土，混凝土的抗折强度随最大粒径的增加而减小，因而碎石的最大粒径不宜大于 31.5 mm，碎卵石不宜大于 26.5 mm，卵石不宜大于 19 mm。而对于水工混凝土，为降低混凝土的温升，粗骨料的最大粒径可达 150 mm。骨料最大粒径还受结构形式和配筋疏密限制，石子粒径过大，对运输和搅拌都不方便，因此，要综合考虑骨料最大粒径。根据《混凝土结构工程施工质量验收规范》(GB 50204-2002)的规定，混凝土用粗骨料的最大粒径

不得超过结构截面最小尺寸的 1/4，同时不得超过钢筋间最小净距的 3/4。对于混凝土实心板，最大粒径不要超过板厚的 1/2，而且不得超过 50 mm。

对于泵送混凝土，为防止混凝土泵送时造成管道堵塞，保证泵送顺利进行，粗骨料的最大粒径与输送管的管径之比应符合表 5-8 的要求。

表 5-8　粗骨料的最大粒径与输送管的管径之比

石子品种	泵送高度/m	粗骨料的最大粒径与输送管的管径之比
碎石	50	≤1∶3
	50～100	≤1∶4
	100	≤1∶5
卵石	50	≤1∶2.5
	50～100	≤1∶3
	100	≤1∶4

(2)颗粒级配

粗骨料的级配试验采用筛分法测定，其原理与砂基本相同，见表 5-9。石子的级配按粒径尺寸分为连续粒级和单粒粒级。连续粒级是石子颗粒由小到大连续分级，每级石子占一定比例。用连续粒级配制的混凝土混合料和易性较好，不易发生离析现象，易于保证混凝土的质量，便于大型混凝土搅拌站使用，适合泵送混凝土。单粒粒级是人为地剔除骨料中某些粒级颗粒，大骨料空隙由小许多的小粒径颗粒填充，降低石子的空隙率，密实度增加，节约水泥，但是拌和物容易产生分层离析，施工困难，一般在工程中较少使用。如果混凝土拌和物为低流动性或干硬性的，同时采用机械强力振捣时，采用单粒级配是合适的。

表 5-9　碎石和卵石的颗粒级配(GB/T 14685-2001)

公称粒级/mm		累计筛余/%											
		方筛孔径/mm											
		2.36	4.75	9.50	16.0	19.0	26.5	31.5	37.5	53.0	63.0	75.0	90.0
连续粒级	5～10	95～100	80～100	0～15	0	—	—	—	—	—	—	—	—
	5～16	95～100	85～100	30～60	0～10	0	—	—	—	—	—	—	—
	5～20	95～100	90～100	40～80	—	0～10	0	—	—	—	—	—	—
	5～25	95～100	90～100	—	30～70	—	0～5	0	—	—	—	—	—
	5～31.5	95～100	90～100	70～90	—	15～45	—	0～5	0	—	—	—	—
	5～40	—	95～100	70～90	—	30～65	—	—	0～5	0	—	—	—
单粒粒级	10～20	—	95～100	85～100	—	0～15	0	—	—	—	—	—	—
	16～31.5	—	95～100	—	85～100	—	—	0～10	0	—	—	—	—
	20～40	—	—	95～100	—	80～100	—	—	0～10	0	—	—	—
	31.5～63	—	—	—	95～100	—	—	75～100	45～75	—	0～10	0	—
	40～80	—	—	—	—	95～100	—	—	70～100	—	30～60	0～10	0

路面混凝土对粗骨料的级配要求高于其他混凝土，这主要是为了增强粗骨料的骨架作用和在混凝土中的嵌锁力，减少混凝土的干缩，提高混凝土的耐磨性、抗渗性、抗冻性。路面混凝土对粗骨料的级配应满足表 5-10 的要求。

表 5-10　碎石和卵石的颗粒级配(JTG F 30-2001)

级配情况	公称粒级/mm	累计筛余/%							
		方筛孔径/mm							
		2.36	4.75	9.50	16.0	19.0	26.5	31.5	37.5
连续粒级	5～16	95～100	85～100	40～60	0～10	0	—	—	—
	5～19	95～100	85～95	60～75	30～45	0～5	0	—	—
	5～26.5	95～100	90～100	70～90	50～70	25～40	0～5	0	—
	5～31.5	95～100	90～100	75～90	60～75	40～60	20～35	0～5	0
单粒粒级	5～10	95～100	80～100	0～15	0	—	—	—	—
	10～16	—	95～100	80～100	0～15	0	—	—	—
	10～19	—	95～100	85～100	40～60	0～15	0	—	—
	16～26.5	—	—	95～100	55～75	25～40	0～10	0	—
	16～31.5	—	—	95～100	85～100	55～70	25～40	0～10	0

4. 强度

强度可用岩石抗压强度和压碎指标表示。岩石抗压强度是将岩石制成 50 mm×50 mm×50 mm 的立方体(或∅50 mm×50 mm 的圆柱体)试件，浸没于水中浸泡 48 h 后，从水中取出，擦干表面，放在压力机上进行强度试验。作为碎石或卵石的强度指标要求，在水饱和状态下，其抗压强度与设计要求的混凝土强度等级之比不应小于 1.5。但在一般情况下，其抗压强度火成岩应不小于 80 MPa，变质岩应不小于 60 MPa，水成岩应不小于 30 MPa。压碎指标是将一定量风干后筛除大于 19.0 mm 及小于 9.50 mm 的颗粒，并去除针片状颗粒的石子后装入一定规格的圆筒内，在压力机上经 3～5 min 均匀加荷载到 200 kN 并稳定 5 s，卸荷后称取试样质量(G_1)，再用孔径为 2.5 mm 的筛筛除被压碎的细粒，称取留在筛上的试样质量(G_2)。计算公式如下：

$$Q_e=\frac{G_1-G_2}{G_1}\times 100\%$$

式中，Q_e—压碎指标值，%；

G_1—试样的质量，g；

G_2—压碎试验后筛余的试样质量，g。

压碎指标值越小，表明石子的强度越高。对不同强度等级的混凝土，所用石子的压碎指标应符合表 5-11 的规定。

5. 坚固性

混凝土中粗骨料起骨架作用，必须具有足够的坚固性和强度。坚固性是指卵石、碎石在自然风化和其他外界物理化学因素作用下抵抗破裂的能力。采用硫酸钠溶液法进行试验，卵石和碎石经5次循环后，其质量损失应符合表5-11的规定。

表5-11 坚固性指标和压碎指标

项目	Ⅰ类	Ⅱ类	Ⅲ类
质量损失/%，<	5	8	12
碎石压碎指标/%，<	10	20	30
卵石压碎指标/%，<	12	16	16

6. 碱活性

骨料中若含有活性氧化硅或活性碳酸盐，在一定条件下会与水泥的碱发生碱—骨料反应(碱—硅酸反应或碱—碳酸反应)(alkali-aggregate reaction，AAR)，生成凝胶，吸水产生膨胀，导致混凝土开裂。若骨料中含有活性二氧化硅，采用化学法和砂浆棒法进行检验；若含有活性碳酸盐骨料，采用岩石柱法进行检验。

5.2.4 拌和与养护用水

饮用水、地下水、地表水、海水及经过处理达到要求的工业废水均可以用作混凝土拌和用水。混凝土拌和及养护用水的质量要求具体有：不得影响混凝土的和易性及凝结，不得有损于混凝土强度发展，不得降低混凝土的耐久性，不得加快钢筋腐蚀及导致预应力钢筋脆断，不得污染混凝土表面。各物质含量限量值应符合表5-12的要求。

表5-12 水中物质含量限量值(JGJ 63-2006)

项目	预应力混凝土	钢筋混凝土	素混凝土
pH	≥5	≥4.5	≥4.5
不溶物/(mg/L)	≤2 000	≤2 000	≤5 000
可溶物/(mg/L)	≤2 000	≤5 000	≤10 000
氯化物(以 Cl^- 计)/(mg/L)	≤500	≤1 000	≤3 500
硫酸盐(以 SO_4^{2-} 计)/(mg/L)	≤600	≤2 000	≤2 700
碱含量/(mg/L)	≤1 500	≤1 500	≤1 500

注：使用钢丝或经热处理钢筋的预应力混凝土氯化物含量不得超过350 mg/L；对于使用年限为100年的结构混凝土，氯化物含量不得超过500 mg/L。

当对水质有怀疑时，应将该水与蒸馏水或饮用水进行水泥凝结时间、砂浆或混凝土强度对比试验。测得的初凝时间差及终凝时间差均不得大于30 min，其初凝和终凝时间还应符合《硅酸盐水泥、普通硅酸盐水泥》国家标准的规定。用该水制成的砂浆或混凝土28 d抗压强度应不低于蒸馏水或饮用水制成的砂浆或混凝土抗压强度的90%。另外，海水中含有硫酸盐、镁盐和氯化物，对水泥石有侵蚀作用，也会造成钢筋锈蚀，因此不得用于拌制钢筋混凝土和预应力混凝土。

5.2.5　混凝土外加剂

混凝土外加剂(concrete admixture)是在拌制混凝土过程中掺入用以改善混凝土性能的物质,掺量不大于水泥质量的5%(特殊情况除外)。它赋予新拌混凝土和硬化混凝土以优良的性能,如提高抗冻性,调节凝结时间和硬化时间,改善工作性,提高强度等,是生产各种高性能混凝土和特种混凝土必不可少的第五种组成材料。

1. 外加剂的分类

根据《混凝土外加剂的分类、命名与定义》(GB 8075-87)的规定,混凝土外加剂按其主要功能分为四类:

(1)改善混凝土拌和物流变性能的外加剂,包括各种减水剂、引气剂和泵送剂等;

(2)调节混凝土凝结时间、硬化性能的外加剂,包括缓凝剂、早强剂和速凝剂等;

(3)改善混凝土耐久性的外加剂,包括引气剂、防水剂和阻锈剂等;

(4)改善混凝土其他性能的外加剂,包括膨胀剂、防冻剂、着色剂、防水剂等。

2. 常用的混凝土外加剂

(1)减水剂(water-reducing admixture)

减水剂是一种在混凝土拌和料坍落度相同条件下能减少拌和水量的外加剂。

①减水剂的分类

减水剂按其减水的程度分为普通减水剂和高效减水剂。减水率(water reducing rate)为5%～10%的减水剂为普通减水剂,减水率大于12%(JT/T 523-2004、DL/T 5100-1999等规定大于15%)的减水剂为高效减水剂(superplasticizer)。减水剂按其主要化学成分分为木质素系、多环芳香族磺酸盐系、水溶性树脂磺酸盐系、糖钙以及腐殖酸盐等。

A. 普通减水剂

普通减水剂是一种在混凝土拌和料坍落度相同的条件下能减少拌和用水量的外加剂。普通减水剂分为早强型、标准型、缓凝型。在不复合其他外加剂时,减水剂本身有一定的缓凝作用。

a. 木质素磺酸盐系减水剂。木质素磺酸盐系减水剂根据所带阳离子的不同,分为木质素磺酸钙(木钙,掺量一般为0.2%～0.3%)、木质素磺酸钠(木钠)、木质素磺酸镁(木镁)。木钙是由亚硫酸法生产纸浆的废液,用石灰中和后浓缩的溶液经干燥所得产品,是以苯丙基为主体结构的复杂高分子,相对分子质量2 000～100 000。木钠是由碱法造纸的废液经浓缩、加硫,将其中的碱木素磺化后,用苛性钠和石灰中和,将滤去沉淀的溶液干燥所得的干粉。

木质素磺酸盐系减水剂的减水效果和对混凝土性能的影响与很多因素有关:含固量、固体中木质素磺酸盐含量、相对分子质量、阳离子种类、木浆的树种、含糖量等。低相对分子质量的木钙引气量较大,高相对分子质量的木钙缓凝作用强。木质素磺酸钠的减水作用比木质素磺酸钙明显。

b. 腐殖酸盐减水剂。腐殖酸盐减水剂又称胡敏酸钠,原料是泥煤和褐煤。该类减水剂有较大的引气性,性能逊于木质素磺酸盐类减水剂。其掺量一般为0.2%～0.35%,减水率为6%～8%。

一般正常型和早强型减水剂除含减水组分外还加入一定量的促凝剂或早强剂，以抵消减水组分的缓凝作用。国外掺入的促凝或早强剂组分一般为氯化钙、甲酸钙、三乙醇胺等，其典型配方为氯化钙或甲酸钙0.3%加三乙醇胺0.01%（占水泥用量的百分数），我国一般是加入Na_2SO_4。

B. 高效减水剂

在混凝土坍落度基本相同的条件下，能大幅度减少拌和用水量的外加剂称为高效减水剂。高效减水剂是在20世纪60年代初开发出来的，由于其性能较普通减水剂有明显的提高，因而又称高效塑化剂或超塑化剂。

高效减水剂的掺量比普通减水剂大得多，大致为普通减水剂的3倍以上。理论上，如果把普通减水剂的掺量提高到高效减水剂同样的水平，减水率也能达到10%～15%，但普通减水剂都有缓凝作用，木钙还能引入大量的气泡，因此限制了普通减水剂的掺量，除非采取特殊措施，如木钙的脱糖和消泡。高效减水剂没有明显的缓凝和引气作用。

a. 多环芳香族磺酸盐系减水剂。这类减水剂通常是由工业萘或煤焦油的萘、蒽、甲基萘等馏分，经磺化、水解、缩合、中和、过滤、干燥而制成的。由于其主要成分为萘同系物的磺酸盐与甲醛的缩合物，故又称萘系减水剂。多环芳香族磺酸盐系减水剂的适宜掺量为水泥质量的0.5%～1.0%，减水率为10%～25%，混凝土的强度提高20%以上，混凝土的其他力学性能及抗渗性、耐久性等均得到改善，对钢筋的锈蚀作用较小。

b. 水溶性树脂系减水剂。水溶性树脂系减水剂是以一些水溶性树脂为主要原料的减水剂，如三氯氰胺树脂、古玛隆树脂等。此类减水剂的掺量为水泥质量的0.5%～2.0%，其减水率为15%～30%，混凝土的强度提高20%～30%，混凝土的其他力学性能和抗渗性、抗冻性也得到提高，对混凝土的蒸养适应性也优于其他外加剂。

②减水剂的作用机理

不掺减水剂的新拌混凝土之所以相比之下流动性不好，这主要是因为水泥—水体系中界面能高，不稳定，水泥颗粒通过絮凝来降低界面能，达到体系稳定，把许多水包裹在絮凝结构中，不能发挥作用。减水剂是一种表面活性剂(surface-active agent)。表面活性剂分子由亲水基团和憎水基团两个部分组成，可以降低表面能。当水泥浆体中加入减水剂后，减水剂分子中的憎水基团定向吸附于水泥质点表面，亲水基团指向水溶液，在水泥颗粒表面形成单分子或多分子吸附膜，起到如下的作用：

A. 降低了水泥—水的界面能，因而降低了水泥颗粒的黏结能力，使之易于分散；

B. 使水泥颗粒表面带上相同的电荷，表现出斥力，将水泥加水后形成的絮凝结构打开，并释放出被絮凝结构包裹的水；

C. 减水剂的亲水基团吸附大量的极性水分子，增加了水泥颗粒表面溶剂化水膜的厚度，润滑作用增强，使水泥颗粒间易于滑动；

D. 表面活性剂降低了水的表面张力和水与水泥间的界面张力，水泥颗粒更易于润湿。

上述综合作用起到了在不增加用水量的情况下，增强混凝土拌和物流动性的作用，或在不影响混凝土拌和物流动性的情况下，起到减少用水量的作用。如图5-3所示。

③减水剂的主要经济技术效果

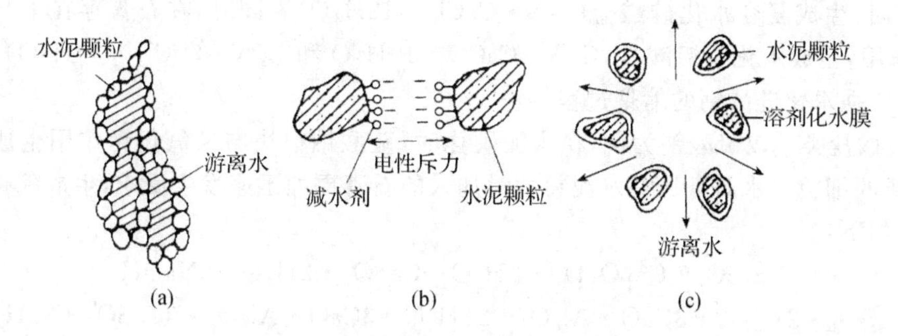

图 5-3　减水剂的作用机理

根据不同使用条件，混凝土中掺入减水剂后，可获得以下效果：

A. 在不减少单位用水量的情况下，改善新拌混凝土的和易性，提高流动性，如坍落度可增加 50～150 mm；

B. 在保持一定和易性的同时，减少用水量 8%～30%，提高混凝土的强度 10%～40%；

C. 在保持一定强度的情况下，减少单位水泥用量 8%～30%，节约水泥 10%～20%；

D. 减少混凝土拌和物的分层、离析和泌水；

E. 减缓水泥水化放热速度，减小混凝土的温升；

F. 改善混凝土的耐久性；

G. 可配制特殊混凝土或高强混凝土。

(2)早强剂(hardening accelerating admixture)

能促进凝结，加速混凝土早期强度并对后期强度无明显影响的外加剂，称为早强剂。早强剂的种类主要有无机物类(氯盐类、硫酸盐类、碳酸盐类等)、有机物类(有机胺类、羧酸盐类等)、矿物类(明矾石、氟铝酸钙、无水硫铝酸钙等)。

①常用早强剂

A. 氯盐类早强剂。主要有氯化钙、氯化钠、氯化钾、氯化铵、氯化铁、氯化铝等，其中氯化钙早强效果好而成本低，应用最广。氯盐类早强剂均有良好的早强作用，能加速水泥混凝土的凝结和硬化。氯化钙的用量为水泥用量的 1%～2%时，能使水泥的初凝和终凝时间缩短，1 d 的强度可提高 70%～140%，3 d 的强度可提高 40%～70%，24 h 的水化热增加 30%，混凝土的其他性能如泌水性、抗渗性等均提高。

《混凝土外加剂应用技术规范》(GB 50119-2003)及《混凝土结构工程施工质量验收规范》(GB 50204-2002)规定，在钢筋混凝土中，氯化钙掺量不超过 1%；在无筋混凝土中，掺量不超过 3%。

B. 硫酸盐类早强剂。主要有硫酸钠、硫代硫酸钠、硫酸钙、硫酸铝、硫酸铝钾等。其中硫酸钠应用较多。一般掺量为水泥质量的 0.5%～2.0%，硫酸钠对矿渣水泥混凝土的早强效果优于普通水泥混凝土。

C. 其他早强剂。甲酸钙已被公认为较好的 $CaCl_2$ 替代物，但由于其价格较高，其用量还很少。

②早强剂的作用机理

A. 氯盐类。氯化钙对水泥混凝土的作用机理有两种论点：其一是氯化钙对水泥水化起催化作用，促使氢氧化钙浓度降低，因而加速 C_3S 的水化；其二是氯化钙的 Ca^{2+} 吸附在水化硅酸钙表面，生成复合水化硅酸盐（$C_3S \cdot CaCl_2 \cdot 12H_2O$）。同时，在石膏存在下与水泥石中 C_3A 作用，生成水化氯铝酸盐（$C_3A \cdot CaCl_2 \cdot 10H_2O$ 和 $C_3A \cdot CaCl_2 \cdot 30H_2O$）。此外，氯化钙还增强水化硅酸钙的缩聚过程。

B. 硫酸盐类。以硫酸钠为例，在水泥硬化时，硫酸钠很快与氢氧化钙作用生成石膏和碱，新生成的细粒二水石膏比在水泥粉磨时加入的石膏更加迅速发生反应，生成硫铝酸钙晶体。反应如下：

$$Na_2SO_4 + Ca(OH)_2 + 2H_2O \rightarrow CaSO_4 \cdot 2H_2O + 2NaOH$$

$$3(CaSO_4 \cdot 2H_2O) + 3CaO \cdot Al_2O_3 + 25H_2O \rightarrow 3CaO \cdot Al_2O_3 \cdot 3CaSO_4 \cdot 31H_2O$$

同时上述反应的发生也能加快 C_3S 的水化。

(3)缓凝剂(set retarding admixture)

缓凝剂是一种能延缓水泥水化反应，从而延长混凝土的凝结时间，使新拌混凝土较长时间保持塑性，方便浇筑，提高施工效率，同时对混凝土后期各项性能不会造成不良影响的外加剂。缓凝剂按其缓凝时间可分为普通缓凝剂和超缓凝剂，按化学成分可分为无机缓凝剂和有机缓凝剂。无机缓凝剂包括磷酸盐、锌盐、硫酸铁、硫酸铜、氟硅酸盐等，有机缓凝剂包括羟基羧酸及其盐、多元醇及其衍生物、糖类等。

①常用的缓凝剂

A. 无机缓凝剂

a. 磷酸盐、偏磷酸盐类缓凝剂是近年来研究较多的无机缓凝剂。三聚磷酸钠为白色粒状粉末，无毒，不燃，易溶于水，一般掺量为水泥质量的0.1%～0.3%，能使混凝土的凝结时间延长50%～100%。磷酸钠为无色透明或白色结晶体，水溶液呈碱性，一般掺量为水泥质量的0.1%～1.0%，能使混凝土的凝结时间延长50%～100%。

b. 硼砂为白色粉末状结晶物质，吸湿性强，易溶于水和甘油，其水溶液呈弱碱性，常用掺量为水泥质量的0.1%～0.2%。

c. 氟硅酸钠为白色物质，有腐蚀性，常用掺量为水泥质量的0.1%～0.2%。

d. 其他无机缓凝剂如氯化锌、碳酸锌以及锌、铁、铜、镉的硫酸盐也具有一定的缓凝作用，但是由于其缓凝作用不稳定，故不常使用。

B. 有机缓凝剂

a. 羟基羧酸、氨基羧酸及其盐。这一类缓凝剂的分子结构含有羟基（—OH）、羧基（—COOH）或氨基（$—NH_2$），常见的有柠檬酸、酒石酸、葡萄糖酸、水杨酸等及其盐。此类缓凝剂的缓凝效果较强，通常可将凝结时间延长1倍，掺量一般在0.05%～0.2%之间。

b. 多元醇及其衍生物。多元醇及其衍生物的缓凝作用较稳定，特别是在使用温度变化时仍有较好的稳定性。此类缓凝剂的掺量一般为水泥质量的0.05%～0.2%。

c. 糖类。葡萄糖、蔗糖及其衍生物和糖蜜及其改性物，由于原料广泛，价格低廉，同时具有一定的缓凝功能，因此使用也较广泛，其掺量一般为水泥质量的0.1%～0.3%。

②缓凝剂的作用机理

一般来讲，多数有机缓凝剂有表面活性，它们在固—液界面上产生吸附，改变固体粒子的表面性质，或是通过其分子中亲水基团吸附大量的水分子形成较厚的水膜层，使晶体间的相互接触受到屏蔽，改变了结构形成过程，或通过其分子中的某些官能团与游离的 Ca^{2+} 生成难溶性的钙盐吸附于矿物颗粒表面，从而抑制水泥的水化过程，起到缓凝效果。大多数无机缓凝剂与水泥水化产物生成复盐，沉淀于水泥矿物颗粒表面，抑制水泥的水化。缓凝剂的机理较复杂，通常是以上多种缓凝机理综合作用的结果。

缓凝剂的掺量一般很小，使用时应严格控制，过量掺入会使混凝土强度下降。

缓凝剂可用于商品混凝土、泵送混凝土、夏季高温施工混凝土、大体积混凝土，不宜用于气温低于5 ℃施工的混凝土、有早强要求的混凝土、蒸养混凝土。缓凝剂一般具有减水的作用。

(4)速凝剂(flash setting admixture)

速凝剂是能使混凝土迅速硬化的外加剂。速凝剂的主要种类有无机盐类和有机盐类。我国常用的速凝剂是无机盐类，其适宜掺量为水泥质量的2.5%～4.0%。

①常用速凝剂

A. 铝氧熟料加碳酸盐系速凝剂。其主要速凝成分是铝氧熟料、碳酸钠及生石灰，这种速凝剂含碱量较高，混凝土的后期强度降低较大，但加入无水石膏可以在一定程度上降低碱度并提高后期强度。

B. 铝酸盐系。它的主要成分是铝矾土、芒硝($Na_2SO_4 \cdot 10H_2O$)，此类产品碱量低，且由于加入了氧化锌而提高了混凝土的后期强度，但却延缓了早期强度的发展。

C. 水玻璃系。以水玻璃为主要成分，这种速凝剂凝结、硬化很快，早期强度高，抗渗性好，而且可在低温下施工。缺点是收缩较大。这类产品用量低于前两类，由于其抗渗性能好，常用于止水堵漏。

②速凝剂的作用机理

A. 铝氧熟料加碳酸盐型速凝剂作用机理如下：

$$Na_2CO_3 + CaSO_4 = CaCO_3 \downarrow + Na_2SO_4$$

$$NaAlO_2 + 2H_2O = Al(OH)_3 + NaOH$$

$$2NaAlO_2 + 3Ca(OH)_2 + 3CaSO_4 + 30H_2O = 3CaO \cdot Al_2O_3 \cdot 3CaSO_4 \cdot 32H_2O + 2NaOH$$

碳酸钠与水泥浆中石膏反应，生成不溶的$CaCO_3$沉淀，从而破坏了石膏的缓凝作用。铝酸钠在有$Ca(OH)_2$存在的条件下与石膏反应生成水化硫铝酸钙和氢氧化钠，由于石膏消耗而使水泥中的C_3A成分迅速分解进入水化反应，C_3A的水化又迅速生成钙矾石而加速了凝结硬化。另外，大量生成$NaOH$、$Al(OH)_3$、Na_2SO_4，这些都具有促凝、早强作用。

B. 硫铝酸盐型速凝剂作用机理为：$Al_2(SO_4)_3$和石膏的迅速溶解使水化初期溶液中硫酸根离子浓度骤增，它与溶液中的Al_2O_3、$Ca(OH)_2$发生反应，迅速生成微细针柱状钙矾石和中间产物次生石膏，这些新晶体的增长和发展在水泥颗粒之间交叉生成网络状结构而呈现速凝。

C. 水玻璃型速凝剂作用机理为：水泥中的C_3S、C_2S等矿物在水化过程中生成$Ca(OH)_2$，而水玻璃溶液能与$Ca(OH)_2$发生强烈反应，生成硅酸钙和二氧化硅胶体。其反应如下：

$$Na_2O \cdot nSiO_2 + Ca(OH)_2 = (n-1)SiO_2 + CaSiO_3 + 2NaOH$$

反应中生成大量$NaOH$，将进一步促进水泥熟料矿物水化，从而使水泥迅速凝结硬化。

掺有速凝剂的混凝土早期强度明显提高，但后期强度均有所降低。速凝剂广泛应用于喷射混凝土、灌浆止水混凝土及抢修补强混凝土工程中，在矿山井巷、隧道涵洞、地下工程等用量很大。

(5)膨胀剂(expanding admixture)

膨胀剂是能使混凝土产生一定体积膨胀的外加剂。按化学成分可分为硫铝酸盐系膨胀剂、石灰系膨胀剂、铁粉系膨胀剂、复合型膨胀剂。其掺量(内掺,等量取代水泥)为10%~14%(低掺量的高效膨胀剂掺量为8%~10%)。

①常用膨胀剂

A. 硫铝酸盐系膨胀剂。此类膨胀剂包括硫铝酸钙膨胀剂(代号CSA)、U型膨胀剂(代号UEA)、铝酸钙膨胀剂(代号AEA)、复合型膨胀剂(代号CEA)、明矾石膨胀剂(代号EA-L)。其膨胀源为钙矾石。

B. 石灰系膨胀剂。此类膨胀剂是指与水泥、水拌和后经水化反应生成氢氧化钙的混凝土膨胀剂,其膨胀源为氢氧化钙。该膨胀剂比CSA膨胀剂的膨胀速率快,且原料丰富,成本低廉,膨胀稳定早,耐热性和对钢筋保护作用好。

C. 铁粉系膨胀剂。此类膨胀剂是利用机械加工产生的废料——铁屑作为主要原料,外加某些氧化剂、氯盐和减水剂混合制成的。其膨胀源为$Fe(OH)_2$。

D. 复合型膨胀剂。复合型膨胀剂是指膨胀剂与其他外加剂复合,除具有膨胀性能外还兼有其他性能的复合外加剂。

②膨胀剂的作用机理

上述各种膨胀剂的成分不同,其膨胀机理也各不相同。硫铝酸盐系膨胀剂加入水泥混凝土后,自身组成中的无水硫铝酸钙或参与水泥矿物的水化,或与水泥水化产物反应,形成高硫型硫铝酸钙(钙矾石),钙矾石相的生成使固相体积增加,而引起表观体积的膨胀。石灰系膨胀剂的膨胀作用主要由氧化钙晶体水化生成氢氧化钙晶体,体积增加所致。铁粉系膨胀剂则是由于铁粉中的金属铁与氧化剂发生氧化作用,形成氧化铁,并在水泥水化的碱性环境中生成胶状的氢氧化铁而产生膨胀效应。

掺硫铝酸钙膨胀剂的膨胀混凝土不能用于长期处于环境温度为80 ℃以上的工程中。掺硫铝酸钙类或石灰类膨胀剂的混凝土不宜使用氯盐类外加剂。掺铁屑膨胀剂的填充用膨胀砂浆不能用于有杂散电流的工程和与铝镁材料接触的部位。

(6)引气剂(air entraining admixture)

在混凝土搅拌过程中引入大量均匀分布、稳定而封闭的微小气泡,起到改善混凝土和易性,提高混凝土抗冻性和耐久性的外加剂,称为引气剂。引气剂按化学成分可分为松香类引气剂、合成阴离子表面活性类引气剂、木质素磺酸盐类引气剂、石油磺酸盐类引气剂、蛋白质盐类引气剂、脂肪酸和树脂及其盐类引气剂、合成非离子表面活性引气剂。它们属于憎水性表面活性剂。

①常用引气剂

我国应用较多的引气剂有松香类引气剂、木质素磺酸盐类引气剂等。松香类引气剂包括松香热聚物、松香酸钠及松香皂等。松香热聚物是将松香与苯酚、硫酸按一定比例投入反应釜,在一定温度和合适条件下反应生成的,其适宜掺量为水泥质量的0.005%~0.02%,掺加后混凝土含气量为3%~5%,减水率约为8%。松香加入煮沸的氢氧化钠溶液中经搅拌溶解,然后再在膏状松香酸钠中加入水,即可配成松香酸钠溶液引气剂。松香皂是由松香、无水碳酸钠和水三种物质按一定比例熬制而成的,掺量约为水泥质量的0.02%。

②引气剂的作用机理

引气剂属于表面活性剂，其界面活性作用基本上与减水剂相似，区别在于减水剂的界面活性作用主要在液—固界面上，而引气剂的界面活性主要发生在气—液界面上。

③引气剂对混凝土质量的影响

A. 混凝土中掺入引气剂可改善混凝土拌和物的和易性，可以显著降低混凝土黏性，使可塑性增强，减少单位用水量。通常每提高含气量 1%，能减少单位用水量 3%。

B. 减少骨料离析和泌水量，提高抗渗性。

C. 提高抗腐蚀性和耐久性。

D. 含气量每提高 1%，抗压强度下降 3%～5%，抗折强度下降 2%～3%。

E. 引入空气会使干缩增大，但若同时减少用水量，对干缩的影响不会太大。

F. 使混凝土对钢筋的黏结强度有所降低，一般含气量为 4%时，对垂直方向的钢筋黏结强度降低 10%～15%，对水平方向的钢筋黏结强度稍有下降。

(7)防水剂(water repellent admixture)

防水剂是一种能降低砂浆、混凝土在静水压力下透水性的外加剂。防水剂按化学成分可分为无机质防水剂(氯化钙、水玻璃系、氯化铁、锆化合物、硅质粉末系等)、有机质防水剂(反应型高分子物质、憎水性的表面活性剂、天然或合成的聚合物乳液以及水溶性树脂等)。

①无机质防水剂

A. 氯化钙。它可以促进水泥水化反应，获得早期的防水效果，但后期抗渗性会降低。另外，氯化钙对钢筋有锈蚀作用，可以与阻锈剂复合使用，但不适用于海洋混凝土。

B. 水玻璃系。硅酸钠与水泥水化反应生成的 $Ca(OH)_2$ 反应，生成不溶性硅酸钙，可以提高水泥石的密实性，但效果不太明显。

C. 氯化铁。氯化铁防水剂的掺量为 3%，在混凝土中与 $Ca(OH)_2$ 反应生成氢氧化铁凝胶，使混凝土具有较高的密实性和抗渗性，抗渗压力可达 2.5～4.6 MPa，适用于水下、深层防水工程或修补堵漏工程。

D. 氯化铝。它与水泥水化生成的 $Ca(OH)_2$ 作用，生成活性很高的氢氧化铝，然后进一步反应生成水化氯铝酸盐，使凝胶体数量增加，同时水化氯铝酸盐有一定的膨胀性，因此提高了水泥石的密实性和抗渗性。三氯化铝还具有很强的促凝作用，因此用它配制的水泥浆主要用于防水堵漏。

E. 锆化合物。锆的化合性很强，不以金属离子状态存在，能与电负性强的元素化合，因此锆容易与胺和乙二醇等物质化合。利用这种性质可用于纤维类的防水剂，作为混凝土防水剂也有市售品。锆与水泥中的钙结合生成不溶性物，具有憎水效果。

无机质防水剂都是通过水泥凝结硬化过程中与水发生化学反应，生成物填充在混凝土与砂浆的空隙中，提高混凝土的密实性，从而起到防水抗渗作用的。

②有机质防水剂

此类防水剂分为憎水性表面活性剂和天然或合成聚合物乳液水溶性树脂。

A. 憎水性表面活性剂。如金属皂类防水剂、环烷酸皂防水剂、有机硅憎水剂。这类防水剂在建筑防水中占重要地位，可以直接掺入混凝土和砂浆作防水剂，也可喷涂在表面作隔潮剂。

B. 天然或合成聚合物乳液水溶性树脂。包括聚合物乳液、橡胶乳液、热固性树脂乳液、乳化沥青等。

3. 外加剂与水泥的适应性问题及改善措施

外加剂除了自身的良好性能外，在使用过程中还存在一个普遍且非常重要的问题，就是外加剂与水泥的适应性问题。外加剂与水泥的适应性不好，不但会降低外加剂的有效作用，增加外加剂的掺量从而增加混凝土成本，而且还可能使混凝土无法施工或引发工程事故。外加剂在检验时，标准规定试验应使用 GB 8076-1997 标准规定的“基准水泥”，其组成和细度有严格的规定，而在实际工程使用中，由于选用水泥的组成与基准水泥不相同，外加剂在实际工程中的作用效果可能与使用基准水泥的检验结果有差异。

外加剂与水泥的适应性可描述为：按照《混凝土外加剂应用技术规范》，将经检验符合有关标准要求的某种外加剂掺入按规定可以使用该外加剂且符合有关标准的水泥中，外加剂在所配制的混凝土中若能产生应有的作用效果，则称该外加剂与该水泥相适应；若外加剂作用效果明显低于使用基准水泥的检验结果，或者掺入水泥中出现异常现象，则称外加剂与该水泥适应性不良或不适应。通常的外加剂与水泥的适应性问题指的是减水剂与水泥的适应性。对于使用复合外加剂和矿物掺和料的混凝土或砂浆，除了外加剂与水泥存在着适应性问题以外，还存在着外加剂与矿物掺和料以及复合外加剂中各组分之间的适应性问题。

一般来说，影响外加剂与水泥适应性问题的因素包括三个方面：(1)水泥方面，如水泥的矿物组成、含碱量、混合材料种类、细度等；(2)化学外加剂方面，如减水剂分子结构、极性基团种类、非极性基团种类、平均相对分子质量及相对分子质量分布、聚合度、杂质含量等；(3)环境条件方面，如温度、距离等。

长期以来，混凝土工作者在提高减水剂与水泥的适应性，从而控制混凝土坍落度损失方面进行了大量持久的研究工作，提出了各种改善外加剂与水泥适应性，控制混凝土坍落度损失的方法。如：(1)新型高性能减水剂的开发应用；(2)外加剂的复合使用；(3)减水剂的掺入方法(先掺法、同掺法、后掺法)；(4)适当“增硫法”；(5)适当调整混凝土配合比方法。

总之，混凝土中应用外加剂时，需满足《混凝土外加剂应用技术规范》(GB 50119-2003)的规定。

5.2.6　混凝土矿物掺和料

矿物掺和料是指在混凝土拌和物中，为了节约水泥，改善混凝土性能而加入的具有一定细度的天然或人造的矿物粉体材料，也称为矿物外加剂，是混凝土的第六基本组成材料。常用的矿物掺和料有粉煤灰、硅灰、粒化高炉矿渣粉、沸石粉、燃烧煤矸石等。矿物掺和料的比表面积应大于 350 m^2/kg。比表面积一般大于 500 m^2/kg 的称为超细矿物掺和料。

1. 掺和料在混凝土中的作用

(1)改善新拌混凝土的和易性。提高混凝土流动性后，很容易使混凝土产生离析和泌水，掺入矿物细掺料后，混凝土具有很好的黏聚性。像粉煤灰等需水量小的掺和料还可以降低混凝土的水胶比，提高混凝土的耐久性。

(2)增大混凝土的后期强度。矿物细掺料中含有活性的 SiO_2 和 Al_2O_3，与水泥中的石膏及水泥水化生成的 $Ca(OH)_2$ 反应，生成 CSH 和 CAH、水化硫铝酸钙，提高了混凝土的后期强度。但是值得提出的是，除硅灰外的矿物细掺料，混凝土的早期强度随掺量的增加而降低。

(3)降低混凝土温升。水泥水化产生热量，而混凝土又是热的不良导体，在大体积混凝土施工中，混凝土内部温度可达到50～70 ℃，比外部温度高，产生温度应力，混凝土内部体积膨胀，而外部混凝土随着气温降低而收缩。内部膨胀和外部收缩使得混凝土中产生很大的拉应力，导致混凝土产生裂缝。掺和料的加入，减少了水泥的用量，就进一步降低了水泥的水化热，降低混凝土温升。

(4)提高混凝土的耐久性。混凝土的耐久性与水泥水化产生的$Ca(OH)_2$密切相关，矿物细掺料和$Ca(OH)_2$发生化学反应，降低了混凝土中的$Ca(OH)_2$含量；同时减少混凝土中大的毛细孔，优化混凝土孔结构，降低混凝土气孔孔径，使混凝土结构更加致密，提高了混凝土的抗冻性、抗渗性、抗硫酸盐侵蚀等耐久性能。

(5)抑制碱—骨料反应。实验证明，矿物掺和料掺量较大时，可以有效地抑制碱—骨料反应。内掺30%的低钙粉煤灰能有效地抑制碱硅反应的有害膨胀，利用矿渣抑制碱—骨料反应，其掺量不宜超过40%。

(6)不同矿物细掺料复合使用的"超叠效应"。不同矿物细掺料在混凝土中的作用有各自的特点。例如矿渣火山灰活性较高，有利于提高混凝土强度，但自干燥收缩大；掺优质粉煤灰的混凝土需水量小，且自干燥收缩和干燥收缩都很小，在低水胶比下可以保证较好的抗碳化性能。硅灰可以提高混凝土的早期和后期强度，但自干燥收缩大，且不利于降低混凝土温升。因此，复掺时，可充分发挥它们的各自优点，取长补短。例如可复掺粉煤灰和硅灰，用硅灰提高混凝土的早期强度，用优质粉煤灰降低混凝土需水量和自干燥收缩。

(7)掺和料可以代替部分水泥，成本低廉，经济效益显著。

2. 常用的矿物掺和料

(1)粉煤灰(fly ash)

粉煤灰又称飞灰，是由燃烧煤粉的锅炉烟气中收集到的细粉末，其颗粒多呈球形，表面光滑，大部分由直径以μm计的实心和(或)中空玻璃微珠以及少量的莫来石、石英等结晶物质组成。

①粉煤灰质量要求和等级

根据国家标准《用于水泥和混凝土中的粉煤灰》(GB/T 1596-2005)的规定，粉煤灰分三个等级，其质量指标见表5-13。

表5-13　粉煤灰等级与质量指标(GB/T 1596-2005)

序号	指标	级别		
		Ⅰ	Ⅱ	Ⅲ
1	细度(45μm方孔筛筛余)/%，不大于	12	25	45
2	需水量比/%，不大于	95	105	115
3	烧失量/%，不大于	5	8	15
4	含水量/%，不大于	1	1	不规定
5	三氧化硫/%，不大于	3	3	3

注：表中需水量比是指掺30%粉煤灰的硅酸盐水泥与不掺粉煤灰的硅酸盐水泥，达到相同流动度(125～135 mm)时所用的水量之比。

粉煤灰有高钙粉煤灰和低钙粉煤灰之分，由褐煤燃烧形成的粉煤灰，其氧化钙含量较高

(一般大于10%),呈褐黄色,称为高钙粉煤灰,它具有一定的水硬性;由烟煤和无烟煤燃烧形成的粉煤灰,其氧化钙含量很低(一般小于10%),呈灰色或深灰色,称为低钙粉煤灰,一般具有火山灰活性。低钙粉煤灰来源比较广泛,是当前国内外用量最大、使用范围最广的混凝土掺和料;但是高钙粉煤灰中游离氧化钙含量较高,可能造成混凝土开裂,使用受到限制。

②粉煤灰掺和料在工程中的应用

国家标准《粉煤灰混凝土应用技术规范》(GBJ 146-1990)规定,粉煤灰用于混凝土工程,可根据等级,按下列规定应用:

A. Ⅰ级粉煤灰适用于钢筋混凝土和跨度小于6 m的预应力钢筋混凝土;

B. Ⅱ级粉煤灰适用于钢筋混凝土和无筋混凝土;

C. Ⅲ级粉煤灰主要用于无筋混凝土。对强度等级要求等于或大于C30的无筋粉煤灰混凝土,宜采用Ⅰ、Ⅱ级粉煤灰。

③用于预应力钢筋混凝土、钢筋混凝土及强度等级要求等于或大于C30的无筋混凝土的粉煤灰等级,如经试验论证,可采用比上述规定低一级的粉煤灰。

粉煤灰加入混凝土的方法有等量取代法、超量取代法和外加法。

A. 等量取代法是指以等质量粉煤灰取代混凝土中的水泥。可节约水泥并减少混凝土发热量,改善混凝土和易性,提高混凝土抗渗性,用于较高强度混凝土和大体积混凝土。

B. 超量取代法是指掺入的粉煤灰量超过取代的水泥量,超出的粉煤灰取代同体积的砂,其超量系数按规定选用,见表5-14。目的是保持混凝土28 d强度及和易性不变。

表5-14　粉煤灰的超量系数(GBJ 146-1990)

粉煤灰等级	超量系数
Ⅰ	1.1~1.4
Ⅱ	1.3~1.7
Ⅲ	1.5~2.0

C. 外加法是指在保持混凝土中水泥用量不变的情况下,外掺一定数量的粉煤灰。其目的只是为了改善混凝土拌和物的和易性。

④粉煤灰在混凝土中的作用

A. 活性行为和胶凝作用。粉煤灰的活性来源于它所含的玻璃体,它与水泥水化生成的$Ca(OH)_2$发生二次水化反应,生成CSH和CAH、水化硫铝酸钙,强化了混凝土界面过渡区,同时提高混凝土的后期强度。

B. 填充行为和致密作用。粉煤灰是高温煅烧的产物,其颗粒本身很小,且强度很高。粉煤灰颗粒分布于水泥浆体中水泥颗粒之间时,提高混凝土胶凝体系的密实性。

C. 需水行为和减水作用。粉煤灰的颗粒大多是球形的玻璃珠,优质粉煤灰由于其"滚珠轴承"的作用,可以改善混凝土拌和物的和易性,减少混凝土单位体积用水量,硬化后水泥浆体干缩小,提高混凝土的抗裂性。

D. 降低混凝土早期温升,抑制开裂。大掺量粉煤灰混凝土特别适合大体积混凝土。

E. 二次水化和较低的水泥熟料量使最终混凝土中的$Ca(OH)_2$大为减少,可以有效提高混凝土抵抗化学侵蚀的能力。

F. 当掺加量足够大时,可以明显抑制混凝土碱—骨料反应的发生。

G. 降低氯离子渗透能力，提高混凝土的护筋性。

以上作用在水胶比低于 0.42 时较突出。

(2)硅灰(silica fume,SF)

硅灰又称硅粉或硅烟灰，是从生产硅铁合金或硅钢等所排放烟气中收集到的颗粒极细的烟尘，色呈浅灰到深灰。硅灰的颗粒是微细的玻璃球体，部分粒子凝聚成片或球状的粒子。其平均粒径为 0.1～0.2 μm，是水泥颗粒粒径的 1/100～1/50，比表面积高达 2.0×10^4～2.5×10^4 m^2/kg。其主要成分是 SiO_2(占 90%以上)，它的活性要比水泥高 1～3 倍。以 10%硅灰等量取代水泥，混凝土强度可提高 25%以上。由于硅灰具有高比表面积，因而其需水量很大，将其作为混凝土掺和料，必须配以减水剂方可保证混凝土的和易性。硅粉混凝土的特点是特别早强和耐磨，很容易获得早强，而且耐磨性优良。硅粉使用时掺量较少，一般为胶凝材料总重的 5%～10%，且不高于 15%，使用时必须同时掺加减少剂，通常也可与其他矿物掺和料复合使用。在我国，因其产量低，目前价格很高，出于价格考虑，一般混凝土强度低于 80 MPa 时，都不考虑掺加硅粉。掺用硅灰和高效减水剂可配制 100 MPa 的高强混凝土。

(3)磨细粒化高炉矿渣粉(ground granulated blast-furnace slag powder)

粒化高炉矿渣粉是指将粒化高炉矿渣经干燥、磨细达到相当细度且符合相应活性指数的粉状材料，细度大于 350 m^2/kg，一般为 400～600 m^2/kg，其掺量为 10%～70%。其活性比粉煤灰高，根据《用于水泥与混凝土中的粒化高炉矿渣粉》(GB/T 18046-2000)规定，矿渣粉技术要求要符合表 5-15 的规定。

表 5-15　矿渣粉技术要求(GB/T 18046-2000)

项目		级别		
		S105	S95	S75
密度/(g/cm^3)			≥2.8	
表面积/(m^2/kg)			≥350	
活性指数/%	7 d	≥95	≥75	≥55
	28 d	≥105	≥95	≥75
流动度比/%		≥85	≥90	≥95
含水量/%			≤1.0	
三氧化硫含量/%			≤40	
氯离子含量/%			≤0.02	
烧失量/%			≤3.0	

粒化高炉矿渣粉在水淬时形成的大量玻璃体具有微弱的自身水硬性。用于高性能混凝土的矿渣粉磨至比表面积超过 400 m^2/kg，可以较充分地发挥其活性，减少泌水性。研究表明，矿渣磨得越细，其活性越高，掺入混凝土中后，早期产生的水化热越多，越不利于控制混凝土的温升，而且成本较高；当矿渣的比表面积超过 400 m^2/kg 后，用于很低水胶比的混凝土中时，混凝土早期的自收缩随掺量的增加而增大；矿渣粉磨得越细，掺量越大，则低水胶比的高性能混凝土拌和物越黏稠。因此，磨细矿渣的比表面积不宜过小。用于大体积混凝土时，矿渣的比表面积不宜超过 420 m^2/kg；超过 420 m^2/kg 的，宜用于

水胶比不很低的非大体积混凝土，而且矿渣颗粒多为棱形，会使混凝土拌和物的需水量随掺入矿渣微粉细度的提高而增加，同时生产成本也大幅度提高，综合经济技术效果并不好。

磨细矿渣粉和粉煤灰复合掺入时，矿渣粉弥补了粉煤灰的先天“缺钙”的不足，而粉煤灰又可以起到辅助减水作用，同时自干燥收缩和干燥收缩都很小，上述问题可以得到缓解，而且复掺可以改善颗粒级配和混凝土的孔结构及孔级配，进一步提高混凝土的耐久性，是未来商品混凝土发展的趋势。

(4)磨细沸石粉(ground pumice powder)

沸石粉是天然的沸石岩磨细而成的，具有很大的内表面积。沸石岩是经天然煅烧后的火山灰质铝硅酸盐矿物，含有一定量活性的 SiO_2 和 Al_2O_3，能与水泥水化析出的氢氧化钙作用，生成 CSH 和 CAH。其掺量为 10%～20%。

(5)超细微粒矿物质掺和料(superfine particle mineral admixture)

超细微粒矿物质掺和料又称超细粉掺和料，其比表面积一般应大于 500 m^2/kg。将活性混合材料制成超细粉，超细化便具有新的特性和功能：表面能高，微观填充作用和化学活性增高。超细粉掺入混凝土中对混凝土有明显的流化和增强效应，并使结构致密化。采用超细粉的品种、细度与掺量的不同，其效果也不同。一般有以下几方面的效果：

①改善混凝土的流变性。当掺入超细矿渣粉后，可填充于水泥颗粒的间隙和絮凝结构中，占据了充分空间，原来絮凝结构中的水分被释放出来，使流动性增大。如果掺入超细沸石粉，除了有上述填充稀化效果外，由于其本身的多孔性，且开放型，能吸入一部分的水，吸水性能带来的稠化作用占主要优势，会使流动性减小。无论何种超细粉均有表面能高的特点，自身或对水泥颗粒会产生吸附现象，在一定程度上形成凝聚结构，会使超细粉的填充稀化效应减小。但如将玻璃体的超细粉与高效减水剂共同掺用，这时超细粉可迅速吸附高效减水剂分子，从而降低其本身的表面能，不会对水泥颗粒产生吸附，从而起分散作用，这样超细粉的微观填充稀化效应也得以正常发挥，混凝土的流动性显著增大。采用超细粉可配制大流动性且不离析的混凝土，如泵送混凝土等。

②提高混凝土的强度。超细化一方面明显增加了混合掺量的化学反应活性，另一方面由于微观填充作用产生的减少增密效应，对混凝土起到显著增强效果，后者正是超细粉与一般混合材料的不同之处。采用超细粉可配制高强与超强混凝土。

③显著改善混凝土的耐久性。超细粉能显著改善硬化混凝土的微结构，使 $Ca(OH)_2$ 显著减小，CSH 增多，结构变得致密，从而显著提高混凝土的抗渗、抗冻等耐久性能，而且还能抑制碱—骨料反应。

利用超细粉作混凝土掺和料是当今混凝土技术发展的趋势之一。

5.3 新拌混凝土性能

混凝土在未凝结硬化之前，称为混凝土拌和物。它必须具有良好的和易性，便于施工，以保证能获得均匀密实的浇筑质量，同时应认识到仅保证混凝土的正确浇筑还不够，混凝土浇筑后凝结前 6～10 h 内，以及硬化最初几天里的特性与处理对其长期强度有显著影响，对保证建筑物能安全地承受设计荷载，并应具有必要的耐久性具有重要影响。

5.3.1　和易性的概念

和易性(又称工作性，workability of fresh concrete)是混凝土在凝结硬化前必须具备的性能，是指混凝土拌和物易于施工操作(拌和、运输、浇灌、捣实)并获得质量均匀、成型密实的混凝土性能。和易性是一项综合的技术性质，包括流动性、黏聚性和保水性等三个方面的含义。

1. 流动性(mobility)。是指混凝土拌和物在本身自重或施工机械振捣的作用下，克服内部阻力和与模板、钢筋之间的阻力，产生流动，并均匀密实地填满模板的能力。

2. 黏聚性(viscidity)。是指混凝土拌和物具有一定的黏聚力，在施工、运输及浇筑过程中，不至于出现分层离析，使混凝土保持整体均匀性的能力。如黏聚性差，则施工中易发生分层(即混凝土拌和物各组分出现层状分离现象)、离析(即混凝土拌和物内某些组分分离、析出现象)等情况，致使混凝土硬化产生“蜂窝”、“麻面”等缺陷，影响混凝土的强度和耐久性。

3. 保水性(water retentivity)。是指混凝土拌和物具有一定的保水能力，在施工中不致产生严重的泌水现象。水分泌出会形成连通孔隙，影响混凝土的密实性；泌出的水还会聚集在混凝土的表面，引起表面疏松；泌出的水聚集在骨料或钢筋的下表面会形成孔隙，从而降低了骨料或钢筋与水泥石的黏结力，影响混凝土的质量。

混凝土拌和物的流动性、黏聚性和保水性三者之间既互相联系，又互相矛盾。如黏聚性好则保水性一般也较好，但流动性可能较差；当增大流动性时，黏聚性和保水性往往变差。因此，拌和物的和易性是三个方面性能在一定工程条件下的统一，直接影响混凝土施工的难易程度，同时对硬化后混凝土的强度、耐久性、外观完好性及内部结构都具有重要影响，是混凝土的重要性能之一。

5.3.2　和易性测定方法及评定

到目前为止，混凝土拌和物的和易性还没有一个综合的定量指标来衡量。通常采用坍落度或维勃稠度来定量地测量流动性，黏聚性和保水性主要通过目测观察来判定。

1. 坍落度测定(slump test)

目前世界各国普遍采用的是坍落度方法，它适用于测定最大骨料粒径不大于 40 mm，坍落度不小于 10 mm 的混凝土拌和物的流动性。测定的具体方法为：将标准圆锥坍落度筒(无底)放在水平、不吸水的刚性底板上并固定，混凝土拌和物按规定方法装入其中，装满刮平后，垂直向上将筒提起，移到一旁，筒内拌和物失去水平方向约束后，由于自重将会产生坍落现象，然后量出向下坍落的尺寸(mm)，就叫作坍落度，作为流动性指标，如图 5-4 所示。坍落度越大表示混凝土拌和物的流动性越大。

根据坍落度的不同，可将混凝土拌和物分为 4 级，如表 5-16 所示。坍落度试验只适用于粗骨料的最大粒径不大于 40 mm，坍落度不小于 10 mm 的混凝土拌和物。

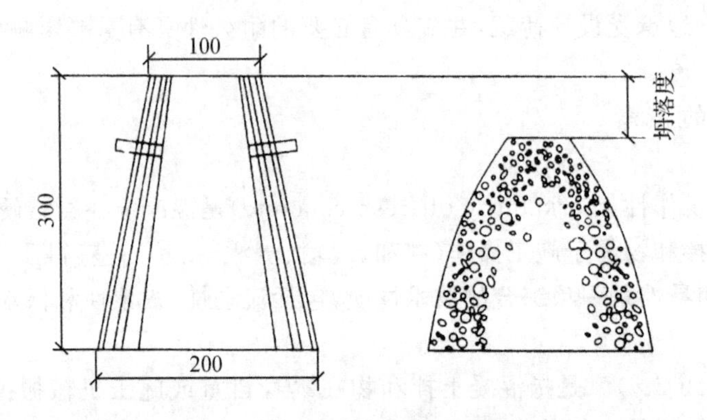

图 5-4　混凝土拌和物坍落度的测定

表 5-16　混凝土按坍落度的分级

级别	名称	坍落度/mm	级别	名称	坍落度/mm
T1	干硬性混凝土	＜10	T3	流动性混凝土	100～150
T2	塑性混凝土	10～90	T4	大流动性混凝土	≥160

2. 维勃稠度测定(vebe consistence test)

坍落度值小于 10 mm 的混凝土叫作干硬性混凝土,通常采用维勃稠度仪测定其稠度(维勃稠度)。测定的具体方法为:在筒内按坍落度试验方法装料,提起坍落度筒,在拌和物试体顶面放一透明盘,启动振动台,测量从开始振动至混凝土拌和物与压板全面接触时的时间,即为维勃稠度值(单位:s)。

根据维勃稠度的不同,混凝土拌和物也分为 4 级,如表 5-17 所示。

表 5-17　混凝土按维勃稠度的分级

级别	名称	维勃稠度/s	级别	名称	维勃稠度/s
V0	超干硬性混凝土	≥31	V2	干硬性混凝土	20～11
V1	特干硬性混凝土	30～21	V3	半干硬性混凝土	10～5

该方法适用于骨料最大粒径不超过 40 mm,维勃稠度在 5～30 s 之间的混凝土拌和物的稠度测定。

5.3.3　坍落度的选择

混凝土拌和物坍落度指标的选择,应根据结构条件及施工条件来确定,如考虑结构尺寸大小、钢筋的疏密、运输方法及捣实工具等因素,参见表 5-18。一般在便于施工操作和振捣密实的条件下,应尽可能采用较小的坍落度,以节约水泥并获得质量较高的混凝土。

表 5-18　混凝土浇筑时的坍落度

项目	结构种类	坍落度/cm
1	基础和地面等的垫层、无配筋的厚大结构(挡土墙、基础或厚大的块体等)或配筋稀疏的结构	1～3
2	板、梁和大型及中型截面的柱子等	3～5
3	配筋密列的结构(薄壁、斗仓、筒仓、细柱等)	5～7
4	配筋特密的结构	7～9

注:1. 本表系采用机械振捣的坍落度,采用人工捣实可适当增大;
2. 需要配制大坍落度混凝土时应掺用外加剂。

5.3.4　影响和易性的主要因素

1. 水泥浆的数量

水泥浆是由水泥和水拌和而成的浆体,具有流动性和可塑性,它是水泥混凝土拌和物和易性的主要影响因素。混凝土拌和物中,除必须有足够的水泥浆填充骨料空隙外,还需要有一定数量的水泥浆包裹在骨料的表面,形成润滑层,以减小骨料颗粒间的摩擦力,使混凝土具有一定的流动性。在水灰比不变的条件下,增加混凝土单位体积中的水泥浆量,则骨料用量相对减少,增大了骨料之间的润滑作用,从而使混凝土拌和物的流动性有所提高。

实际上,水泥浆的数量对混凝土拌和物的影响,可以用单位用水量来反映,当水灰比变化在一定范围(W/C 在 0.40～0.80)内且其他体积不变时,在单位用水量与水泥混凝土拌和物的流动性之间可以建立直接的数量关系。也就是在一定条件下,要使混凝土拌和物获得一定的坍落度,所需要的单位用水量基本上是一个定值,参考表 5-19、表 5-20。

表 5-19　干硬性混凝土的用水量　单位:kg/m^3

拌和物稠度		卵石最大粒径/mm			碎石最大粒径/mm		
项目	指标	10	20	40	16	20	40
维勃稠度/s	16～20	175	160	145	180	170	155
	11～15	180	165	150	185	175	160
	5～10	185	170	155	190	180	165

表 5-20　塑性混凝土的用水量　单位:kg/m^3

拌和物稠度		卵石最大粒径/mm				碎石最大粒径/mm			
项目	指标	10	20	31.5	40	16	20	31.5	40
坍落度/mm	10～30	190	170	160	150	200	185	175	165
	35～50	200	180	170	160	210	195	185	175
	55～70	210	190	180	172	220	205	195	185
	75～90	215	195	185	175	230	215	205	195

注:本表用水量是采用中砂时的平均值。采用细砂时,每立方米混凝土用水量可增加 5～10 kg;采用粗砂时,则可减少 5～10 kg。

水泥浆数量不宜过多或过少，水泥浆过多会产生流浆及泌水现象；水泥浆过少，则会产生崩塌现象，使黏聚性变差。

2. 水泥浆的稠度

水泥浆的稀稠主要取决于水灰比的大小，水灰比较小时，水泥浆较稠，混凝土拌和物的流动性也较小，当水灰比小到某一极限值以下，会造成混凝土无法施工。反之，水灰比过大，水泥浆变稀，产生严重的离析和泌水现象。因此水灰比不宜过大也不宜过小，一般应根据混凝土的强度与耐久性要求合理选用。但是在常用水灰比范围(0.40～0.75)内，水灰比的变化对混凝土拌和物流动性的影响不显著。

3. 砂率

砂率是指混凝土拌和物砂用量与砂石总量比值的百分率。在混凝土拌和物中，是砂子填充石子(粗骨料)的空隙，而水泥浆则填充砂子的空隙，同时有一定富余量去包裹骨料的表面，润滑骨料，使拌和物具有流动性和易密实的性能。但砂率过大，细骨料含量相对增多，骨料的总表面积明显增大，包裹砂子颗粒表面的水泥浆层显得不足，砂粒之间的内摩阻力增大，成为降低混凝土拌和物流动性的主要矛盾，这时，随着砂率的增大，流动性将降低。所以，在用水量及水泥用量一定的条件下，存在着一个合理砂率值，使混凝土拌和物获得最大的流动性，且保持黏聚性及保水性良好，如图 5-5 所示。

在保持流动性一定的条件下，砂率还影响混凝土中水泥的用量，如图 5-6 所示。当砂率过小时，必须增大水泥用量，以保证有足够的砂浆量来包裹和润滑粗骨料；当砂率过大时，也要加大水泥用量，以保证有足够的水泥浆包裹和润滑细骨料。在合理砂率时，水泥用量最少。

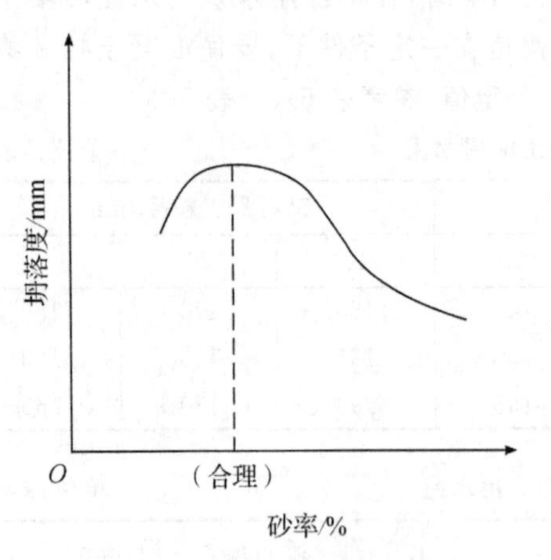

图 5-5 含砂率与坍落度的关系
(水与水泥用量一定)

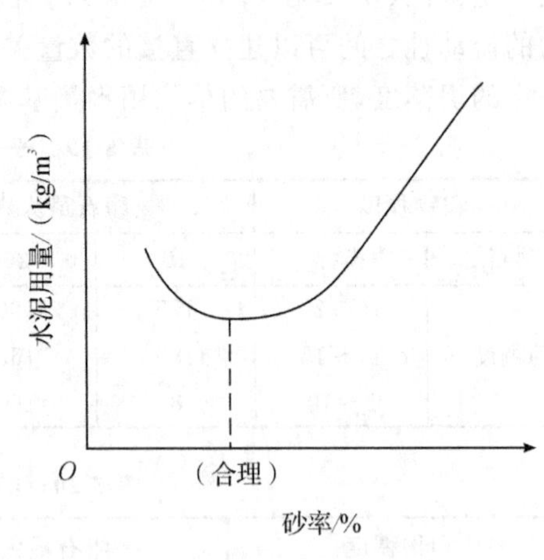

图 5-6 含砂率与水泥用量的关系
(达到相同坍落度)

合理砂率一般是通过试验确定的，也可以根据以砂填充石子空隙，并稍有富余，以拨开石子的原则来确定。根据此原则可列出砂率计算公式如下：

$$\beta_s=\beta\frac{m_{so}}{m_{so}+m_{go}}=\beta\frac{\rho'_{so}V'_{so}}{\rho'_{so}V'_{so}+\rho'_{go}V'_{go}}=\beta\frac{\rho'_{so}V'_{go}P'}{\rho'_{so}V'_{go}P'+\rho'_{go}V'_{go}}=\beta\frac{\rho'_{so}P'}{\rho'_{so}P'+\rho'_{go}}$$

式中，β_s—砂率，%；

m_{so}，m_{go}—每立方米混凝土中砂及石子用量，kg；

V'_{so}，V'_{go}—每立方米混凝土中砂及石子的松散体积，其中 $V'_{so}=V'_{go}P'$，m^3；

ρ'_{so}，ρ'_{go}—砂和石子的堆积密度，kg/m^3；

P'—石子空隙率，%；

β—砂浆剩余系数(一般取 1.1～1.4)。

另外，合理砂率在不具备试验条件又无使用经验时，可参照 JGJ 55-2000 提供的混凝土砂率选用，见表 5-21。

表 5-21　混凝土的砂率　　单位：%

水灰比(W/C)	卵石最大粒径/mm			碎石最大粒径/mm		
	10	20	40	10	20	40
0.40	26～32	25～31	24～30	30～35	29～34	27～32
0.50	30～35	29～34	28～33	33～38	32～37	30～35
0.60	33～38	32～37	31～36	36～41	35～40	33～38
0.70	36～41	35～40	34～39	39～44	38～43	36～41

注：1. 本表数值是中砂的选用砂率，对细砂或粗砂，可相应地减小或增大砂率；
2. 只用一个单粒级粗骨料配制混凝土时，砂率应适当增大；
3. 对薄构件，砂率取偏大值。

4. 水泥品种与外加剂

与普通硅酸盐水泥相比，采用矿渣水泥、火山灰水泥的混凝土拌和物流动性较小。但是矿渣水泥的保水性差，尤其气温低时泌水量较大。

在拌制混凝土拌和物时加入适量外加剂，如减水剂、引气剂等，使混凝土在较低水灰比、较小用水量的条件下仍能获得很高的流动性。

5. 骨料物理性质

碎石比河卵石粗糙，棱角多，内摩擦阻力大，因而在水泥浆量和水灰比相同的条件下，流动性与压实性要差一些。石子最大粒径较大时，需要包裹的水泥浆少，流动性要好一些，但稳定性较差，即容易离析。细砂的表面积大，拌制同样流动性的混凝土拌和物需要较多水泥浆或砂浆。所以，应采用最大粒径稍小、棱角少、片针状颗粒少、级配好的粗骨料。细度模数偏大的中粗砂，砂率也稍高；水泥浆体量较多的拌和物，其和易性的综合指标较好。这也是现代混凝土技术改变了以往尽量增大粗骨料最大粒径，减小砂率，配制高强混凝土拌和物的原因。

6. 时间和温度

搅拌后的混凝土拌和物，随着时间的延长而逐渐变得干稠，坍落度降低，流动性下降，这种现象称为坍落度损失，从而使和易性变差。其原因是一部分水已与水泥硬化，一部分被水泥骨料吸收，一部分水蒸发，以及混凝土凝聚结构的逐渐形成，致使混凝土拌和物的流动性变差。

混凝土拌和物的和易性也受温度的影响，因为环境温度升高，水分蒸发及水化反应加快，会使流动性降低。因此，施工中为保证一定的和易性，必须注意环境温度的变化，采取相应的措施。

5.3.5 和易性的调整与改善

针对如上影响混凝土和易性的因素，在实际施工中，可以采取如下措施来改善混凝土的和易性。

(1)当混凝土拌和物流动性小于设计要求时，为了保证混凝土的强度和耐久性，不能单独加水，必须保持水灰比不变，增加水泥浆用量。

(2)当混凝土拌和物流动性大于设计要求时，可在保持砂率不变的前提下，增加砂石用量。实际上是减少水泥浆数量，选择合理的浆骨比。

(3)改善骨料级配，既可增加混凝土拌和物流动性，也能改善拌和物黏聚性和保水性。

(4)掺加化学外加剂与活性矿物掺和料，改善、调整拌和物的工作性，以满足施工要求。

(5)尽可能选用最优砂率，当黏聚性不足时可适当增大砂率。

5.3.6 新拌混凝土的凝结时间

凝结是混凝土拌和物固化的开始，水泥的水化反应是混凝土产生凝结的主要原因，但混凝土的凝结时间与配制混凝土所用水泥的凝结时间不一致，因为水泥浆体的凝结和硬化过程受到水化产物在空间填充程度的影响。因此，水灰比的大小会明显影响混凝土凝结时间，水灰比越大，凝结时间越长。一般配制混凝土所用的水灰比与测定水泥凝结时间规定的水灰比是不同的，所以这两者的凝结时间是不同的。而且混凝土的凝结时间还会受到其他各种因素的影响，如环境温度的变化、混凝土中掺入的外加剂等，将会明显影响混凝土的凝结时间。

混凝土拌和物的凝结时间通常是用贯入阻力法进行测定的，所使用的仪器为贯入阻力仪。先用 5 mm 筛孔的筛从拌和物中筛取砂浆，按一定方法装入规定的容器中，然后每隔一定时间测定砂浆贯入到一定深度时的贯入阻力，绘制贯入阻力与时间的关系曲线，以贯入阻力 3.5 MPa 及 28.0 MPa 画两条平行于时间坐标的直线，直线与曲线交点的时间即分别为混凝土的初凝和终凝时间。这是从实用角度人为确定用该初凝时间表示施工时间的极限，终凝时间表示混凝土力学强度开始发展。通常情况下混凝土的凝结时间为 6～10 h，但水泥组成、环境温度、外加剂等都会对混凝土凝结时间产生影响。当混凝土拌和物在 10 ℃下养护时，其初凝和终凝时间要比 23 ℃时分别延缓 4 h 和 7 h。

5.4 混凝土的力学性能

5.4.1 混凝土的受压破坏机理

硬化后的混凝土在未受外力作用之前，由于水泥水化造成的物理收缩和化学收缩引起砂浆体积的变化，或者因泌水在骨料下部形成水囊，而导致骨料界面可能出现界面裂缝，在施加外力时，微裂缝处出现应力集中，随着外力的增大，裂缝就会延伸和扩展，最后导致混凝土破坏。混凝土的受压破坏实际上是裂缝的失稳扩展到贯通的过程。混凝土裂缝的扩展可分为如图 5-7 所示的四个阶段，每个阶段的裂缝状态示意图如图 5-8 所示。

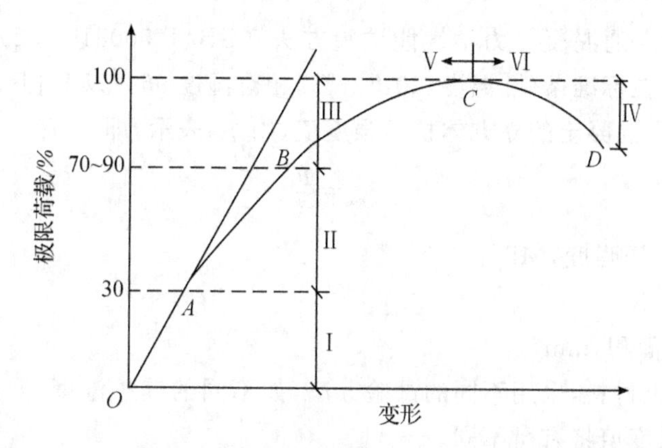

Ⅰ—界面裂缝无明显变化；Ⅱ—界面裂缝增长；Ⅲ—出现砂浆裂缝和连续裂缝；
Ⅳ—连续裂缝迅速发展；Ⅴ—裂缝缓慢发展；Ⅵ—裂缝迅速增长

图 5-7　混凝土受压变形曲线

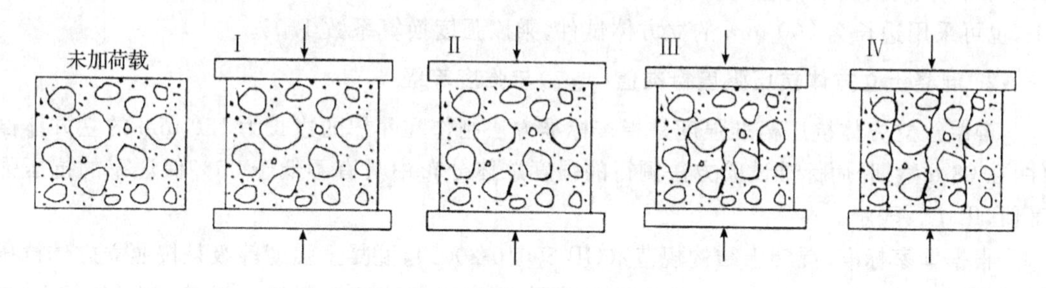

图 5-8　不同受力阶段裂缝示意图

当荷载到达“比例极限”(约为极限荷载的 30%)以前，界面裂缝无明显变化(图 5-7 第Ⅰ阶段，图 5-8Ⅰ)。此时，荷载与变形接近直线关系(图 5-7 曲线的 *OA* 段)；荷载超过“比例极限”以后，界面裂缝的数量、长度、宽度都不断扩大，界面借摩擦阻力继续承担荷载，但尚无明显的砂浆裂缝(图 5-8Ⅱ)。此时，变形增大的速度超过荷载的增大速度，荷载与变形之间不再接近直线关系(图 5-7 曲线的 *AB* 段)。荷载超过“临界荷载”(为极限荷载的 70%～90%)以后，在界面裂缝继续发展的同时，开始出现砂浆裂缝，并将临近的界面裂缝连接起来成为连续裂缝(图 5-8Ⅲ)。此时，变形增大的速度进一步加快，荷载—变形曲线明显地弯向变形轴方向(图 5-7 曲线的 *BC* 段)。超过极限荷载后，连续裂缝急速地扩展(图 5-8Ⅳ)。此时，混凝土的承载力下降，荷载减小而变形迅速增大，以致完全破坏，荷载—变形曲线逐渐下降，最后结束(图 5-7 曲线的 *CD* 段)。因此，混凝土的受力破坏过程实际上是混凝土裂缝的发生和发展过程，也是混凝土内部结构由连续到不连续的演变过程。

5.4.2　混凝土的强度

混凝土的强度包括抗压、抗拉、抗折、抗剪及握裹钢筋强度等，其中抗压强度最大，是工程上混凝土的主要承受压力。而且混凝土的抗压强度与其他强度间有一定的相关性，可以根据抗压强度的大小来估计其他强度值，因此混凝土的抗压强度是最重要的一项性能指标。

1. 混凝土的立方体抗压强度(cubic compressive strength of concrete，f_{cu})

根据国家标准《普通混凝土力学性能试验方法》(GB/T 50081-2002)制作边长 150 mm 的立方体标准试件，在标准条件[温度(20±2)℃，相对湿度 95%以上]下，养护 28 d 龄期，测得的抗压强度值作为混凝土的立方体抗压强度值，用 f_{cu} 表示，即

$$f_{cu}=\frac{F}{A}$$

式中，f_{cu}—立方体抗压强度，MPa；

F—破坏荷载，N；

A—试件承压面积，mm^2。

对于同一混凝土材料，采用不同的试验方法，如不同的养护温度、湿度，以及不同形状、尺寸的试件等，其强度值将有所不同。

测定混凝土抗压强度时，也可以采用非标准试件，然后将测定结果乘以换算系数，换算成相当于标准试件的强度值。对于骨料最大粒径为 31.5 mm 的混凝土也可采用边长为 100 mm 的立方体试件，但应乘以强度换算系数 0.95；对于骨料最大粒径为 63 mm 的混凝土，也可采用边长为 200 mm 的立方体试件，乘以强度换算系数 1.05。

2. 混凝土立方体抗压强度标准值($f_{cu,k}$)与强度等级

混凝土立方体抗压标准强度是指按标准方法制作和养护的边长为 150 mm 的立方体试件，在 28 d 龄期，用标准试验方法测得的强度总体分布中具有不低于 95%保证率的抗压强度值，用 $f_{cu,k}$ 表示。

根据国家标准《混凝土结构规范》(GB 50010-2002)，混凝土强度等级是按照立方体抗压标准强度来划分的。混凝土强度等级用符号 C 与立方体抗压强度标准值(以 MPa 计)表示，普通混凝土划分为 C15、C20、C25、C30、C35、C40、C45、C50、C55、C60、C65、C70、C75 和 C80 等十四个等级。混凝土的强度等级是混凝土结构设计、施工质量控制和工程验收的重要依据。

不同工程或用于不同部位的混凝土，其强度等级要求也不相同，一般是：

(1)钢筋混凝土结构的混凝土强度等级不应低于 C15；当采用 HRB335 级钢筋时，混凝土强度等级不应低于 C20；当采用 HRB400 和 RRB400 级钢筋以及用于承受重复荷载的构件时，混凝土强度等级不应低于 C20。

(2)预应力混凝土结构的混凝土强度等级不应低于 C30；当采用钢绞线、钢丝、热处理钢筋作预应力钢筋时，混凝土强度等级不应低于 C40。

3. 混凝土轴心抗压强度(axial compressive strength，f_{cp})

混凝土的立方体抗压强度只是评定强度等级的一个标志，不能直接用来作为结构设计的依据。为了符合工程实际，在结构设计中混凝土受压构件的计算采用混凝土轴心抗压强度。

国家标准《普通混凝土力学性能试验方法》(GB/T 50081-2002)规定，采用 150 mm×150 mm×300 mm 的标准棱柱体试件进行抗压强度试验，也可以采用非标准尺寸的棱柱体

试件。当混凝土强度等级<C60时，用非标准试件测得的强度值均应乘以尺寸换算系数：对200 mm×200 mm×400 mm的试件，为1.05；对100 mm×100 mm×300 mm的试件，为0.95。当混凝土强度等级>C60时宜采用标准试件；使用非标准试件时，尺寸换算系数应由试验确定。通过多组棱柱体和立方体试件的强度试验表明，在立方体抗压强度为10～55 MPa的范围内，轴心抗压强度(f_{cp})和立方体抗压强度(f_{cu})之比为0.70～0.80。

4. 轴心抗拉强度(axial tensile strength，f_{ts})

混凝土是种脆性材料，在受拉时产生很小的变形就会开裂，它在断裂前没有残余变形。

混凝土的抗拉强度只有抗压强度的1/20～1/10，而且随着混凝土强度等级的提高，比值降低。

混凝土的抗拉强度对于抗开裂性有重要意义。在结构设计中抗拉强度是确定混凝土抗裂能力的重要指标，有时也用它来间接衡量混凝土与钢筋的黏结强度等。

国家标准《普通混凝土力学性能试验方法》(GB 50081-2002)规定，混凝土的抗拉强度采用立方体劈裂抗拉试验来测定。它采用标准试件边长为150 mm的立方体，按规定的劈裂抗拉装置检测劈拉强度。其计算公式为：

$$f_{ts}=\frac{2F}{\pi A}=0.637\frac{F}{A}$$

式中，f_{ts}—劈裂抗拉强度，MPa；

F—破坏荷载，N；

A—试件劈裂面面积，mm^2。

各强度等级的混凝土轴心抗压强度标准值f_{ck}、轴心抗拉强度标准值f_{tk}必须按表5-22采用。

表5-22　混凝土强度标准值

强度/MPa	混凝土强度等级													
	C15	C20	C25	C30	C35	C40	C45	C50	C55	C60	C65	C70	C75	C80
f_{ck}	10.0	13.4	16.7	20.1	23.4	26.8	29.6	32.4	35.5	38.5	41.5	44.5	47.4	50.2
f_{tk}	1.27	1.54	1.78	2.01	2.20	2.39	2.51	2.64	2.74	2.85	2.93	2.99	3.05	3.11

还需注意的是，相同强度等级的混凝土轴心抗压强度设计值f_c、轴心抗拉强度设计值f_t低于混凝土轴心抗压强度标准值f_{ck}、轴心抗拉强度标准值f_{tk}。

5. 混凝土抗折强度(bending strength of concrete，f_{cf})

实际工程中常会出现混凝土的断裂破坏现象，如水泥混凝土路面和桥面主要破坏形态就是断裂。因此，在进行路面结构设计以及混凝土配合比设计时，以抗折强度作为主要强度指标。根据《公路水泥混凝土路面设计规范》(JTJ 012-94)的规定，不同交通量分级的水泥混凝土计算抗折强度见表5-23。道路水泥混凝土抗折强度与抗压强度的关系见表5-24。

表5-23　路面水泥混凝土计算抗折强度

交通量分级	特重	重	中等	轻
混凝土计算抗折强度/MPa	5.0	5.0	4.5	4.0

表 5-24　道路水泥混凝土抗折强度与抗压强度的关系

抗折强度 f_{cf}/MPa	4.0	4.5	5.0	5.5
抗压强度 f_{cu}/MPa	25.0	30.0	35.0	40.0

混凝土抗折强度试验采用边长为 150 mm×150 mm×600 mm(或 550 mm)的棱柱体试件作为标准试件,边长为 100 mm×100 mm×400 mm 的棱柱体试件是非标准试件。按三分点加荷方式加载测得其抗折强度,计算公式为:

$$f_{cf}=\frac{FL}{bh^2}$$

式中,f_{cf}—混凝土抗折强度,MPa;

F—破坏荷载,N;

L—支座间跨度,mm;

h—试件截面高度,mm;

b—试件截面宽度,mm。

当试件为 100 mm×100 mm×400 mm 的非标准试件时,应乘以尺寸换算系数 0.85。当混凝土强度等级≥C60 时,宜采用标准试件。

6. 影响混凝土强度的因素

在荷载作用下,混凝土破坏形式通常有三种:最常见的是骨料与水泥石的界面破坏,其次是水泥石本身的破坏,第三种是骨料的破坏。在水泥混凝土中卡料破坏的可能性较小,因为骨料的强度通常大于水泥石的强度及其与骨料表面的黏结强度。水泥石的强度及其与骨料的黏结强度与水泥的强度等级、水灰比及骨料的杂质有很大关系。另外,混凝土强度还受施工质量、养护条件及龄期的影响。

(1)原材料的影响

①水泥强度

水泥是混凝土中的活性组分,其强度大小直接影响混凝土强度。在水灰比不变的前提下,水泥强度越高,硬化后的水泥石强度和胶结能力越强,混凝土的强度也就越高。实验证明,混凝土的强度与水泥强度成正比关系。

②骨料的种类、质量和数量

水泥石与骨料的黏结力除了受水泥石强度的影响外,还与粗骨料表面特征有关。碎石表面粗糙,黏结力比较大,卵石表面光滑,黏结力比较小。因而在水泥强度等级和水灰比相同的条件下,碎石混凝土的强度往往高于卵石混凝土。

当粗骨料级配良好,用量及砂率适当,能组成密集的骨架使水泥数量相对减少,骨料的骨架作用充分,也会使混凝土的强度有所提高。

③水灰比

当采用同一品种、同一强度等级的水泥时,混凝土的强度取决于水灰比(混凝土的用水量与水泥质量之比)。水泥石的强度来源于水泥的水化反应,按照理论计算,水泥水化所需的结合水一般只占水泥质量的23%左右,即水灰比为 0.23;但为了使混凝土获得一定的流动性,以满足施工的要求,以及在施工过程中水分蒸发等因素,常常需要较多的水,这样在混凝土硬化后将有部分多余的水分残留在混凝土中形成水泡或在蒸发后或泌水过程中形成毛细管通道及在大颗粒骨料下部形成水隙，大大减少了混凝土抵抗荷载的有效截面，受力时，在气泡周围产生应力集中，降低水泥石与骨料的黏结强度。但是如果水灰比过小，混凝土拌和物流动性很小，很难保证浇灌、振实的质量，混凝土中将出现较多的蜂窝和孔洞，强度也将下降，如图 5-9 所示。

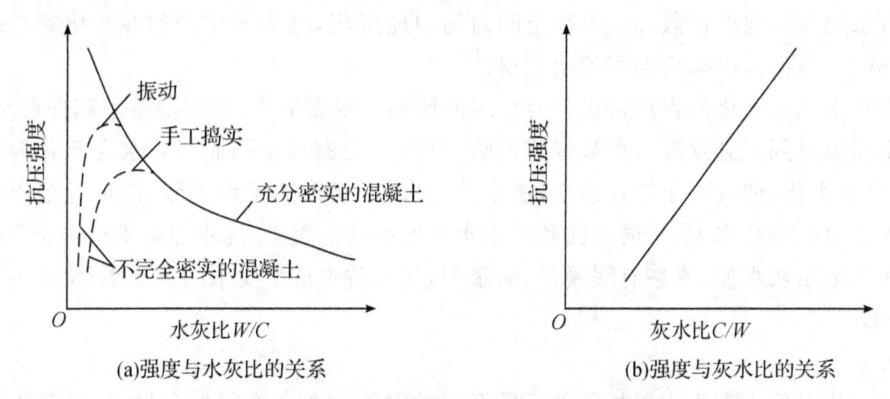

图 5-9　混凝土强度与水灰比及灰水比的关系

大量实验证明，混凝土的强度随着水灰比的增加而降低，呈曲线关系，而混凝土强度和灰水比则呈直线关系。根据工程经验建立起来的常用混凝土强度公式，即鲍罗米公式为：

$$\frac{W}{C}=\frac{\alpha_a f_{ce}}{f_{cu,o}+\alpha_a\alpha_b f_{ce}}$$

$$f_{ce}=\gamma_c f_{ce,g}$$

式中，$f_{cu,o}$—混凝土 28 d 抗压强度，MPa；

f_{ce}—水泥的 28 d 实际强度测定值，MPa；

C—每立方米混凝土中水泥用量，kg；

W—每立方米混凝土中用水量，kg；

α_a，α_b—回归系数[与骨料品种、水泥品种有关，《普通混凝土配合比设计规程》(JGJ55-2000)提供的数据如下：采用碎石，$\alpha_a=0.46$，$\alpha_b=0.07$；采用卵石，$\alpha_a=0.48$，$\alpha_b=0.33$]；

$f_{ce,g}$—水泥强度等级值，MPa；

γ_c—水泥强度等级富余系数(可按实际统计资料确定)。

上面的经验公式一般只适用于塑性混凝土和低流动性混凝土，对干硬性混凝土则不适用。利用混凝土强度经验公式，可进行下面两个方面的估算：

A. 根据所用水泥强度和水灰比来估算所配制混凝土的强度；

B. 根据水泥强度和要求的混凝土强度等级来计算应采用的水灰比。

④外加剂和掺和料

混凝土中加入外加剂可按要求改变混凝土的强度及强度发展规律，如掺入减水剂可减少拌和用水量，提高混凝土的强度；如掺入早强剂可提高混凝土早期强度，但对后期强度发展无明显影响。超细的掺和料可配制高性能、超高强度的混凝土。

(2)生产工艺因素

生产工艺因素包括混凝土生产过程中涉及的养护条件、养护时间、施工等因素。

①养护条件——养护温度和湿度的影响

养护温度和湿度是决定水泥水化速率的重要条件。混凝土养护温度越高，水泥的水化速率越快，达到相同龄期时混凝土的强度越高，但是，初期温度过高将导致混凝土的早期强度发展较快，会引起水泥凝胶体结构发育不良，水泥凝胶分布不均匀，对混凝土的后期强度发展不利，有可能降低混凝土的后期强度。较高温度下水化的水泥凝胶更为多孔，水化产物来不及自水泥颗粒向外扩散和在间隙空间内均匀地沉积，结果水化产物在水化颗粒临近位置堆积，分布不均匀，影响后期强度的发展。

湿度对水泥的水化能否正常进行有显著的影响。湿度适当，水泥能够顺利进行水化，混凝土强度能够得到充分发展。如果湿度不够，混凝土会失水干燥而影响水泥水化的顺利进行，甚至停止水化，使混凝土结构疏松，渗水性增大，或者形成干缩裂缝，降低混凝土的强度和耐久性。对硅酸盐水泥、普通水泥和矿渣水泥配制的混凝土，浇水养护不得少于7 d；对粉煤灰水泥和火山灰水泥，或掺有缓凝剂、膨胀剂，或有防水抗渗要求的混凝土，浇水养护不得少于14 d。

②龄期

龄期是指混凝土在正常养护条件下所经历的时间。在正常养护条件下，混凝土的强度随龄期的增长而增加。发展趋势可以用下式的对数关系来描述：

$$\frac{f_n}{f_{28}}=\frac{\lg n}{\lg 28}$$

式中，f_n—n d龄期混凝土的抗压强度，MPa；

F_{28}—28 d龄期混凝土的抗压强度，MPa；

n—养护龄期($n \geqslant 3$)，d。

随龄期的延长，强度呈对数曲线趋势增长，开始增长速度快，以后逐渐减慢，28 d以后强度基本趋于稳定。虽然28 d以后的后期强度增长很少，但只要温度、湿度条件合适，混凝土的强度仍有所增长。

③施工条件——搅拌和振捣

在施工过程中，必须将混凝土拌和物搅拌均匀，浇筑后必须捣固密实，才能使混凝土有达到预期强度的可能。改进施工工艺可提高混凝土强度，如采用分次投料搅拌工艺，采用高速搅拌工艺，采用高频或多频振捣器，采用二次振捣工艺等都会有效地提高混凝土强度。

(3)试验因素

在进行混凝土强度试验时，试件尺寸、形状、表面状态、含水率以及试验时加荷速度等试验因素都会影响混凝土强度试验的测试结果。

①试件形状尺寸

混凝土试件在压力机上受压时，在沿加荷方向发生纵向变形的同时，也按泊松比效应横向膨胀。而钢制压板的横向膨胀起着约束作用，这种作用称为“环箍效应”(hoop effect)。

“环箍效应”对混凝土强度有提高作用，离压板越远，“环箍效应”越小，在距离试件受压面约0.866a(a为试件边长)范围外，这种效应消失，这种破坏后的试件上下部分各呈一完整的棱锥体。

在进行强度试验时，试件尺寸越大，测得强度值越小。这包括两方面的原因：一是“环箍效应”；二是由于大试件内存在的孔隙、裂缝和局部较差等缺陷的几率大，从而降低了材料的强度。

②表面状态

当混凝土受压面非常光滑时，由于压板与试件表面的摩擦力减小，使“环箍效应”减小，试件将出现垂直裂纹而破坏，测得的混凝土强度值较低。

③含水程度

混凝土试件含水率越高，其强度越低。

④加荷速度

在进行混凝土抗压试验时，加荷速度过快，材料裂纹扩展的速度慢于荷载增加速度，故测得的强度值偏高。在进行混凝土立方体抗压强度试验时，应按规定的加荷速度进行。

7. 提高混凝土强度的措施

(1)采用高强度等级水泥。

(2)降低水灰比。

(3)采用有害杂质少、级配良好、颗粒适当的骨料和合理的砂率。

(4)进行湿热处理(蒸汽养护或蒸压养护)。

(5)采用机械搅拌、振捣混凝土。

(6)掺用混凝土外加剂、掺和料。

5.5　混凝土的变形性能

水泥混凝土在凝结硬化过程中以及硬化后，受到外力及环境因素的作用，会发生相应整体的或局部的体积变化，产生变形。实际使用中的混凝土结构一般会受到基础、钢筋或相邻部件的牵制而处于不同程度的约束，即使单一的混凝土试块没有受到外部的约束，其内部各组成之间也还是互相制约的。混凝土的体积变化则会由于约束作用在混凝土内部产生拉应力，当此拉应力超过混凝土的抗拉强度时，就会引起混凝土开裂，产生裂缝。裂缝不仅影响混凝土承受设计荷载的能力，而且还会严重损害混凝土的外观和耐久性。

5.5.1　化学收缩

由于水泥水化产物的总体积小于水化前反应物的总体积而产生的混凝土收缩称为化学收缩(chemical shrinkage)。化学收缩是不可恢复的，其收缩量随混凝土龄期的延长而增加，大致与时间的对数成正比。一般在混凝土成型后 40 d 内收缩量增加较快，以后逐渐趋向稳定。收缩值为$(4 \sim 100) \times 10^{-6}$ mm/mm 时，可使混凝土内部产生细微裂缝。这些细微裂缝可能会影响混凝土的承载性能和耐久性能。

5.5.2　温度变形

混凝土与其他材料一样，也会随着温度的变化产生热胀冷缩的变形。混凝土的温度线膨胀系数为$(1 \sim 1.5) \times 10^{-5}$ mm/(mm·℃)，即温度每升降 1 ℃，每米胀缩 0.01～0.015 mm。

混凝土温度变形，除受降温或升温影响外，还受混凝土内部与外部的温差影响。在混凝土硬化初期，水泥水化放出较多的热量，混凝土又是热的不良导体，散热较慢，因此在大体积混凝土内部的温度比外部高，有时可达 50～70 ℃。这将使内部混凝土的体积产生较大的膨胀，而外部混凝土却随气温降低而收缩。内部膨胀和外部收缩互相制约，在外层混凝土中将产生很大拉应力，严重时使混凝土产生裂缝。

为防止温度变形带来的危害，一般纵长的钢筋混凝土结构物，应采取每隔一段长度设置伸缩缝以及在结构物中设置温度钢筋等措施。而对于大体积混凝土工程，必须尽量减少混凝土发热量。目前常用的方法如下：

1. 最大限度地减少用水量和水泥用量。
2. 采用低热水泥。
3. 选用热膨胀系数低的骨料，减小热变形。
4. 预冷原材料，在混凝土中埋冷却水管，表面绝热，减小内外温差。
5. 对混凝土合理分缝、分块，减轻约束等。

5.5.3 干湿变形

混凝土在干燥过程中，气孔水和毛细孔水蒸发。气孔水的蒸发并不引起混凝土的收缩。毛细孔水的蒸发，使毛细孔中形成负压，随着空气湿度的降低，负压逐渐增大，产生收缩力，导致混凝土收缩。同时，水泥凝胶体颗粒的吸附水也发生部分蒸发，由于分子引力的作用，粒子间距离变小，使凝胶体产生紧缩。混凝土这种体积收缩，在重新吸水后大部分可以恢复，但仍有残余变形不能完全恢复。通常，残余收缩为收缩量的 30%～60%。当混凝土在水中硬化时，体积不变，甚至轻微膨胀。这是由于胶凝体中胶体粒子间的距离增大所致。

混凝土的湿胀变形量很小，一般无损坏作用。但干缩变形对混凝土危害较大，在一般条件下，混凝土的极限收缩值达$(50\sim90)\times10^{-5}$mm/mm，会使混凝土表面出现拉应力而导致开裂，严重影响混凝土耐久性。工程设计中混凝土的线收缩取$(15\sim20)\times10^{-5}$mm/mm。干缩主要是水泥石产生的，故降低水泥用量、减小水灰比是减小干缩的关键。

5.5.4 在荷载作用下的变形

1. 在短期荷载作用下的变形

(1)混凝土的弹塑性变形

混凝土内部结构中含有砂石骨料、水泥石、游离水分和气泡，说明混凝土本身的不均质性。它是一种弹塑性体。受力时，混凝土既产生可以恢复的弹性变形，又会产生不可恢复的塑性变形，其应力与应变关系不是直线而是曲线，如图 5-10 所示。

在静力试验的加荷过程中，若加荷至应力为 σ、应变为 ε 的 A 点，然后将荷载逐渐卸去，则卸载时的应力—应变曲线如 AC 所示。卸载后能恢复的应变是由混凝土的弹性作用引起的，称为弹性应变 $\varepsilon_{弹}$；剩余不能恢复的应变，则是由于混凝土的塑性性质引起的，称为塑性应变 $\varepsilon_{塑}$。

在工程应用中，采用反复加荷、卸荷的方法使塑性变形减小，从而测得弹性变形。在重复荷载作用下的应力—应变曲线形式因作用力的大小而不同。当应力小于(0.3～0.5)f_{cp}时，每次卸载都残留一部分塑性变形$\varepsilon_{塑}$，但随着重复次数的增加，$\varepsilon_{塑}$的增量逐渐减小，最后曲线稳定于$A'C'$线，它与初始切线大致平行，如图 5-11 所示。若所加应力σ为(0.5～0.7)f_{cp}，随着重复次数的增加，塑性应变逐渐增加，导致混凝土疲劳破坏。

(2)混凝土的变形模量

在应力—应变曲线上任一点的应力σ与应变ε的比值，叫作混凝土在该应力下的变形模量。它反映混凝土所受应力与所产生应变之间的关系。在计算钢筋混凝土变形、裂缝开展及大体积混凝土的温度应力时，均需要知道此时混凝土的变形模量。在混凝土结构或钢筋混凝土结构设计中，常采用一种按标准方法测得的静力受压弹性模量E_c。

在静力受压弹性模量试验中，使混凝土的应力在 $0.4f_{cp}$水平下经过多次反复加荷和卸荷，最后所得应力—应变曲线与初始切线大致平行，这样测出的变形模量称为弹性模量E_c，故E_c在数值上与 $\tan\alpha$ 相近，如图 5-11 所示。

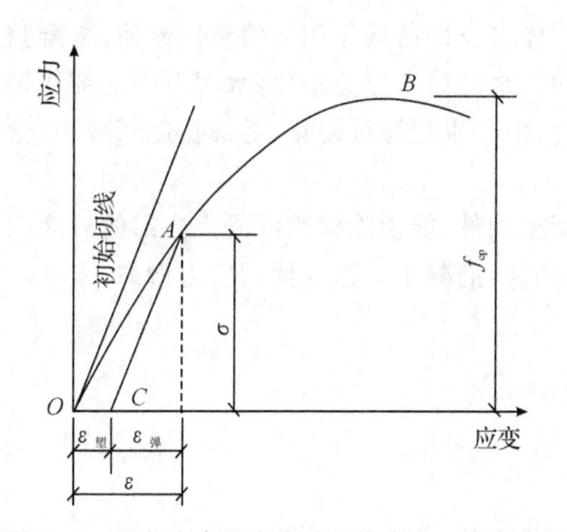

图 5-10　混凝土在压力作用下的应力—应变曲线

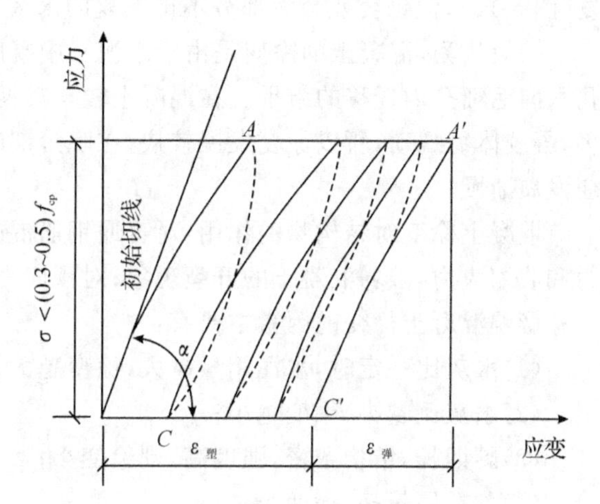

图 5-11　低应力重复荷载的应力—应变曲线

混凝土弹性模量受其组成相及孔隙率影响，并与混凝土的强度有一定的相关性。混凝土的强度越高，弹性模量也越高，当混凝土的强度等级由 C15 增加到 C60 时，其弹性模量大致由 2.20×10^4 MPa 增到 3.60×10^4 MPa。

混凝土的弹性模量随其骨料与水泥石的弹性模量而异。由于水泥石的弹性模量一般低于骨料的弹性模量，所以混凝土的弹性模量一般略低于其骨料的弹性模量。在材料质量不变的条件下，混凝土的骨料含量较多，水灰比较小，养护较好及龄期较长时，混凝土的弹性模量较大。蒸汽养护的弹性模量比标准养护的低。

2. 在长期荷载作用下的变形——徐变

混凝土在恒定荷载的长期作用下，沿着作用力方向的变形随时间的增加而产生的变形称为徐变。徐变一般要延续 2～3 年才逐渐趋于稳定。这种在长期荷载作用下产生的变形，称为徐变(图 5-12)。

当混凝土受荷载作用后，即时产生瞬时变形，瞬时变形以弹性变形为主。随着荷载持续时间的增长，徐变逐渐增长，且在荷载作用初期增长较快，以后逐渐减慢并稳定，一般可达(3～15)$\times10^{-4}$mm/mm，即 0.3～1.5 mm/m，为瞬时变形的 2～4 倍。混凝土在变形稳定后，

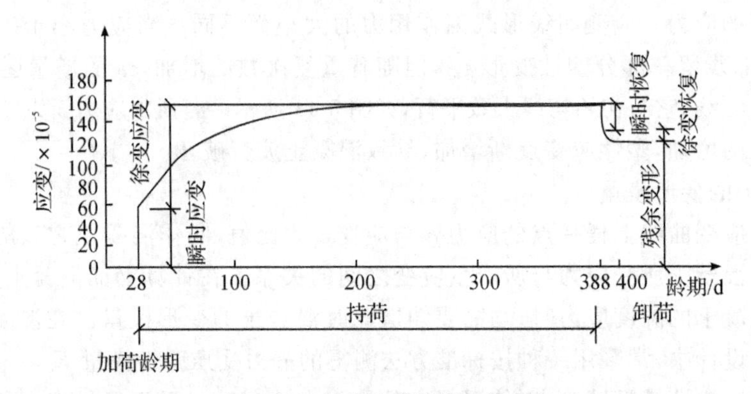

图 5-12 混凝土的徐变与恢复

如卸去荷载,则部分变形可以产生瞬时恢复,部分变形在一段时间内逐渐恢复,称为徐变恢复(图 5-12),但仍会残余大部分不可恢复的永久变形,称为残余变形。

一般认为,混凝土的徐变是由于水泥石中凝胶体在长期荷载作用下的黏性流动,是凝胶孔水向毛细孔内迁移的结果。在混凝土较早龄期时,水泥尚未充分水化,水泥石中毛细孔较多,凝胶体易蠕动,所以徐变发展较快;在晚龄期时,由于水泥继续硬化,毛细孔逐渐减小,徐变发展渐慢。

混凝土徐变对结构物的作用:对普通钢筋混凝土构件,能消除钢筋混凝土内部的温度应力和收缩应力,减弱混凝土的开裂现象;对预应力构件,混凝土的徐变使预应力增加。

影响混凝土徐变的因素主要有:

(1)水灰比一定时,水泥用量越大,徐变越大;

(2)水灰比越小,徐变越小;

(3)龄期长,结构致密,强度高,则徐变小;

(4)骨料用量多,徐变小;

(5)应力水平越高,徐变越大。

5.6 混凝土耐久性能

混凝土的耐久性(durability of concrete)是指混凝土在使用条件下抵抗周围环境中各种因素长期作用而不被破坏的能力。根据混凝土所处的环境条件的不同,混凝土的耐久性应考虑的因素也不同。如承受压力水作用的混凝土,需要具有一定抗渗能力;遭受环境水侵蚀作用的混凝土,需要具有与之相适应的抗侵蚀性能等。

混凝土的耐久性是一个综合性概念,它主要包括抗渗性、抗冻性、抗侵蚀性、抗碳化性、抗碱—骨料反应以及混凝土中的钢筋锈蚀等性能。这些性能决定着混凝土经久耐用的程度。

5.6.1　混凝土的抗渗性

1. 抗渗性的定义

混凝土材料抵抗压力水(或油)渗透的能力称为抗渗性(anti-permeability),它是决定混凝土耐久性最基本的因素。在钢筋锈蚀、冻融循环、硫酸盐侵蚀和碱—骨料反应这些导致混凝土品质劣化的原因中,水能够渗透到混凝土内部是破坏的前提。也就是说,水或者直接导致膨胀和开裂,或者作为侵蚀性介质扩散进入混凝土内部。可见,渗透性对于混凝土耐久性的重要意义。

2. 抗渗性的衡量

混凝土的抗渗性用抗渗等级表示,共有 P_4、P_6、P_8、P_{10}、P_{12} 五个等级。混凝土的抗渗试验采用185 mm×175 mm×150 mm的圆台形试件,每组6个试件。按照标准试验方法成型并养护至28～60 d进行抗渗性试验。试验时将圆台形试件周围密封并装入模具,从圆台试件底部施加水压力,初始压力为0.1 MPa,每隔8 h增加0.1 MPa,用6个试件中有4个试件未出现渗水时的最大水压力表示。《普通混凝土配合比设计规程》(JGJ 55-2000)中规定,具有抗渗要求的混凝土,试验要求的抗渗水压值应比设计值高0.2 MPa,试验结果应符合下式要求:

$$P_t = \frac{P}{10} + 0.2$$

式中,P_t—6个试件中4个未出现渗水的最大水压值,MPa;

P—设计要求的抗渗等级值。

3. 影响抗渗性的因素

混凝土的抗渗性主要与其密实度及内部孔隙的大小和构造有关。混凝土内部的互相连通的毛细管道,以及由于混凝土施工成型时振捣不实产生的蜂窝、孔洞,都会造成混凝土渗水。

(1)水灰比。混凝土水灰比大小对其抗渗性能起决定性作用。水灰比越大,其抗渗性越差。成型密实的混凝土,水泥石本身的抗渗性对混凝土的抗渗性影响很大。

(2)骨料的最大粒径。在水灰比相同时,混凝土的最大粒径越大,其抗渗性越差。这是由于骨料和水泥浆的界面处易产生裂纹,较大骨料下方易形成空穴。

(3)养护方法。蒸汽养护的混凝土抗渗性较潮湿养护的混凝土差。在干燥条件下,混凝土早期失水过多,容易形成收缩裂隙,因而降低混凝土的抗渗性。

(4)水泥品种。水泥的品种、性质也影响混凝土的抗渗性能。

(5)外加剂。在混凝土中掺入某些外加剂,如减水剂等,可减小水灰比,改善混凝土的和易性,因而可改善混凝土的密实度,即提高了混凝土的抗渗性能。

(6)掺和料。在混凝土中加入掺和料,如掺入优质粉煤灰,可提高混凝土的密实度、细化孔隙,改善孔结构和骨料与水泥石界面的过渡区结构,提高混凝土的抗渗性。

(7)龄期。混凝土龄期越长,其抗渗性越好。因为随着水泥水化的进行,混凝土的密实度逐渐提高。

5.6.2 混凝土的抗冻性

1. 抗冻性定义与冻融破坏机理

混凝土的抗冻性是指混凝土在水饱和状态下经受多次冻融循环作用，能保持强度和外观完整性的能力。在寒冷地区，特别是接触水又受冻的环境下的混凝土，要求具有较高的抗冻性能。

混凝土的密实度、孔隙构造和数量，以及孔隙的充水程度是决定抗冻性的重要因素。密实的混凝土和具有封闭孔隙的混凝土抗冻性较高。影响混凝土抗渗性的因素对混凝土的抗冻性也有类似的影响，最有效的方法是掺入引气剂、减水剂和防冻剂。

2. 抗冻性的表征

混凝土抗冻性用抗冻等级表示。抗冻试验有两种方法，即慢冻法和快冻法。

(1)慢冻法

采用立方体试块，以龄期 28 d 的试件在吸水饱和后承受反复冻融循环作用(冻 4 h，融化)，以抗压强度下降不超过 25%，质量损失不超过 5%时所承受的最大冻融循环次数表示，如 D50、D100。

(2)快冻法

采用 100 mm×100 mm×400 mm 的棱柱体试件，以龄期 28 d 后进行试验，试件饱和吸水后承受反复冻融循环，一个循环在 2～4 h 内完成，以相对动弹性模量值不小于 60%，而且质量损失率不超过 5%时所承受的最大循环次数表示，如 F50、F100、F150 等。

根据快速冻融最大次数，按以下公式可以求出混凝土的抗冻耐久性系数：

$$K_n = P_n \times \frac{N}{300}$$

式中，K_n—混凝土耐久性系数；

N—满足快冻法控制指标要求的最大冻融循环次数，次；

P_n—经 n 次冻融循环后试件的相对动弹性模量，%。

3. 提高混凝土抗冻性的措施

(1)降低混凝土水胶比，降低孔隙率；

(2)掺加引气剂，保持含气量在 4%～5%；

(3)提高混凝土强度，在相同含气量的情况下，混凝土强度越高，抗冻性越好。

5.6.3 混凝土的碳化与钢筋锈蚀

1. 混凝土碳化的定义

混凝土的碳化(carbonation of concrete)是指空气中的二氧化碳与水泥石中的水化产物在有水的条件下发生化学反应，生成碳酸钙和水的过程。碳化过程是二氧化碳由表及里向混凝土内部逐渐扩散的过程。未经碳化的混凝土 pH=12～13，碳化后 pH=8.5～10，接近中性。混凝土碳化程度常用碳化深度表示。

2. 混凝土保护钢筋不生锈的原因

混凝土保护钢筋不生锈是因为混凝土孔隙中的水溶液通常含有较大量的 Na^{+}、K^{+}、OH^{-} 及少量 Ca^{2+} 等离子，为保持离子电中性，OH^{-} 浓度较高，即 pH 较大。在这样的强碱环境中，钢筋表面生成一层厚 200～600 nm 的致密钝化膜，使钢材难以进行电化学反应，即电化学腐蚀难以进行。一旦这层钝化膜遭到破坏，钢筋的周围又有一定的水分和氧时，混凝土中的钢筋就会腐蚀。

3. 混凝土碳化的影响

(1)使混凝土的碱度降低，减弱了对钢筋的保护作用；

(2)引起混凝土显著收缩，使混凝土表面产生拉应力，导致混凝土的表面产生微细裂纹，从而使混凝土的抗拉和抗折强度下降；

(3)水泥石中的水化产物分解。

上述三方面是不利的影响。当然也有有利的方面——碳化可使混凝土的抗压强度提高，这是因为碳化反应生成的水分有利于水泥的水化作用，而且反应生成的碳酸钙减少了水泥石内部的孔隙。但总体上弊大于利。

4. 影响碳化的因素

(1)外部环境

①二氧化碳的浓度。二氧化碳浓度的升高将加速碳化的进行。近年来，工业排放二氧化碳量持续上升，城市建筑混凝土碳化速度在加快。

②环境湿度。水分是碳化反应进行的必需条件。相对湿度在 50%～75%时，碳化速度最快。

(2)混凝土内部因素

①水泥品种与掺和料用量。在混凝土中随着胶凝材料体系中硅酸盐水泥熟料成分减少，掺和料用量的增加，碳化加快。

②混凝土的密实度。随着水胶比降低，孔隙率减少，二氧化碳气体和水不易扩散到混凝土内部，碳化速度减慢。

5. 钢筋锈蚀及对混凝土的影响

当钢筋表层保护膜破坏时，在氧、水分存在的条件下，钢筋表面发生电化学腐蚀，在阳极铁离子发生化学反应生成氧化亚铁、氢氧化铁等腐蚀物。钢筋锈蚀后，有效直径减小，直接危及到混凝土结构的安全性；同时，钢筋锈蚀后，锈蚀生成物的体积膨胀，致使混凝土保护层顺筋开裂，混凝土自身免疫性大幅度降低，品质迅速劣化。

6. 氯离子对钢筋锈蚀的影响

氯离子是一种极强的钢筋腐蚀因子，扩散能力很强，混凝土中含有 0.6～1.2 kg/m^3 氯离子时足以破坏钢筋钝化膜，腐蚀钢筋。北方某大学教学用大楼，因施工时使用了氯盐作防冻剂，10 年后，底层、柱子因钢筋锈蚀出现大面积开裂而无法正常使用。

5.6.4　混凝土的抗侵蚀性

当混凝土所处使用环境中有侵蚀性介质时，混凝土很可能遭受侵蚀，通常有软水侵蚀、硫酸盐侵蚀、镁盐侵蚀、碳酸侵蚀、一般酸侵蚀与强碱腐蚀等，其机理在水泥章节中已述。随着混凝土在海洋、盐渍、高寒等环境中的大量使用，对混凝土的抗侵蚀性(anti-corrosion)提出了更严格的要求。

混凝土的抗侵蚀性受胶凝材料的组成、混凝土的密实度、孔隙特征与强度等因素影响。

5.6.5 碱—骨料反应

1. 碱—骨料反应(alkali-aggregate reaction)的定义

混凝土中的碱性氧化物(Na_2O、K_2O)与骨料中的活性 SiO_2、活性碳酸盐发生化学反应生成碱—硅酸盐凝胶或碱—碳酸盐凝胶，沉积在骨料与水泥胶体的界面上，吸水后体积膨胀3倍以上导致混凝土开裂破坏。这种碱性氧化物和活性氧化硅之间的化学作用通常称为碱—骨料反应。

普遍认为发生碱—骨料反应必须同时具备下列三个必要条件：一是碱含量；二是骨料中存在活性氧化硅；三是环境潮湿，水分渗入混凝土。

2. 碱—骨料破坏的特征

(1)开裂破坏一般发生在混凝土浇筑后两三年或者更长时间；

(2)常呈现顺筋开裂和网状龟裂；

(3)裂缝边缘出现凹凸不平现象；

(4)越潮湿的部位反应越强烈，膨胀和开裂破坏越明显；

(5)常有透明、淡黄色、褐色凝胶从裂缝处析出。

3. 预防或抑制混凝土碱—骨料反应的措施

(1)避免使用碱活性骨料；

(2)使用含碱量小于6%的水泥，以降低混凝土中总的碱含量，一般≤3.5 kg/m^3；

(3)掺用矿物细粉掺和料，如粉煤灰、磨细矿渣，但至少要替代25%以上的水泥；

(4)使混凝土密实，防止水分进入混凝土内部。

5.6.6 提高耐久性的措施

混凝土遭受各种侵蚀作用时的破坏虽各不相同，但提高混凝土的耐久性措施又有很多共同之处，即选择适当的原料，提高混凝土的密实度，改善混凝土内部的孔结构。一般提高混凝土耐久性的具体措施有：

(1)合理选择水泥品种，使其与工程环境相适应，见表4-26；

(2)采用较小水灰比和保证水泥用量，见表5-25；

(3)选择质量良好、级配合理的骨料和合理砂率；

(4)掺用适量的引气剂或减水剂；

(5)加强混凝土质量的生产控制。

表 5-25　混凝土的最大水灰比和最小水泥用量

<table>
<tr><th colspan="2" rowspan="2">环境条件</th><th rowspan="2">结构物类别</th><th colspan="3">最大水灰比</th><th colspan="3">最小水泥用量/kg</th></tr>
<tr><th>素混凝土</th><th>钢筋混凝土</th><th>预应力混凝土</th><th>素混凝土</th><th>钢筋混凝土</th><th>预应力混凝土</th></tr>
<tr><td colspan="2">干燥环境</td><td>·正常的居住或办公用房屋内部件</td><td>不作规定</td><td>0.65</td><td>0.6</td><td>200</td><td>260</td><td>300</td></tr>
<tr><td rowspan="2">潮湿环境</td><td>无冻害</td><td>·高湿度的室内部件
·室外部件
·在非侵蚀性土和水中的部件</td><td>0.70</td><td>0.60</td><td>0.60</td><td>225</td><td>280</td><td>300</td></tr>
<tr><td>有冻害</td><td>·经受冻害的室外部件
·在非侵蚀性土和水中且经常受冻害的部件
·高湿度且经常受冻害的室内部件</td><td>0.55</td><td>0.55</td><td>0.55</td><td>250</td><td>280</td><td>300</td></tr>
<tr><td colspan="2">有冻害和除冰剂的潮湿环境</td><td>·经常受冻害和除冰剂作用的室内和室外部件</td><td>0.50</td><td>0.50</td><td>0.50</td><td>300</td><td>300</td><td>300</td></tr>
</table>

注:1. 当用活性掺和料取代部分水泥时,表中的最大水灰比及最小水泥用量即为替代前的水灰比和水泥用量。2. 配制 C15 级及其以下等级的混凝土,可不受本表限制。

5.7　混凝土的质量控制与强度评定

为了保证生产的混凝土按规定的保证率满足设计要求,应加强混凝土的质量控制。混凝土的质量控制有初步控制、生产控制和合格控制。

初步控制:混凝土生产前对人员配备、设备调试、组成材料的检验及混凝土配合比的确定与调整。

生产控制:包括控制计量、搅拌、运输、浇筑、振捣和养护等内容。

合格控制:主要有批量划分、确定批量取样数、确定检测方法和验收界限等内容。

混凝土的质量是由其性能检验结果来评定的。在施工中,虽然力求做到既要保证混凝土所要求的性能,又要保证其质量的稳定性。但实践中,由于原材料、施工条件及试验条件等许多复杂因素的影响,必然造成混凝土质量的波动。由于混凝土的质量波动将直接反映到其最终的强度上,而混凝土的抗压强度与其他性能有较好的相关性,因此,在混凝土生产质量管理中,常以混凝土的抗压强度作为评定和控制其质量的主要指标。

5.7.1　混凝土强度的质量控制

1. 混凝土强度的波动规律

对某种混凝土经随机取样测定其强度,其数据经过整理绘成强度概率分布曲线,一般均接近正态分布曲线(图 5-13)。曲线高峰为混凝土平均强度的概率。以平均强度为对称轴,左右两边曲线是对称的。概率分布曲线窄而高，说明强度测定值比较集中，波动较小，混凝土的均匀性好，施工水平较高。如果曲线宽而矮，则说明强度值离散程度大，混凝土的均匀性差，施工水平较低。在数理统计方法中，常用强度平均值、标准差、变异系数和强度保证率等统计参数来评定混凝土质量。

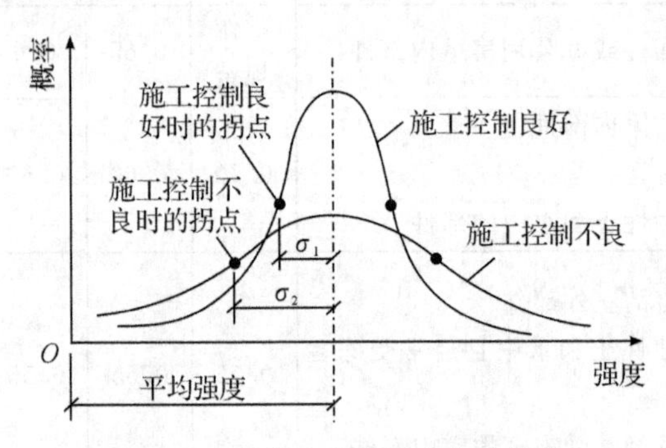

图 5-13　混凝土强度概率分布曲线

(1)强度平均值$\overline{f_{cu}}$

$$\overline{f_{cu}}=\frac{1}{n}\sum_{i=1}^{n}f_{cu,i}$$

式中，n—试件组数；

$f_{cu,i}$—第 i 组抗压强度，MPa。

强度平均值仅代表混凝土强度总体的平均水平，但并不反映混凝土强度的波动情况。

(2)标准差 σ

$$\sigma=\sqrt{\frac{\sum_{i=1}^{n}f_{cu,i}^{2}-n\overline{f}_{cu,i}^{2}}{n-1}}$$

标准差又称均方差，表明分布曲线的拐点距强度平均值的距离。σ 越大，说明其强度离散程度越大，混凝土质量也越不稳定。

(3)变异系数 C_V

变异系数又称离散系数，是混凝土质量均匀性的指标。$C_V=\frac{\sigma}{\overline{f_{cu}}}$，$\sigma$ 越小，说明混凝土质量越稳定，混凝土生产的质量水平越高。

2. 混凝土强度保证率

在混凝土强度质量控制中，除了必须考虑所生产混凝土强度质量的稳定性之外，还必须考虑符合设计要求的强度等级的合格率。它是指在混凝土总体中，不小于设计要求的强度等级标准值($f_{cu,k}$)的概率 P(%)。

随机变量 $t=\frac{\overline{f_{cu}}-f_{cu,k}}{\sigma}$，将强度概率分布曲线转换为标准正态分布曲线，如图 5-14 所示，曲线下的总面积为概率的总和，等于 100%，阴影部分即混凝土的强度保证率。所以，强度保证率计算方法如下：

先计算概率度 t，即

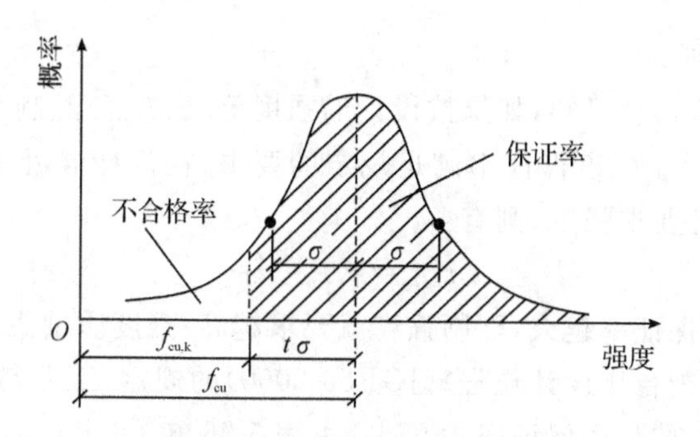

图 5-14　强度标准正态分布曲线

$$t=\frac{\overline{f_{cu}}-f_{cu,k}}{\sigma}=\frac{\overline{f_{cu}}-f_{cu,k}}{C_V\,\overline{f_{cu}}}$$

由概率度 t，再根据标准正态分布曲线方程 $P(t)=\int_t^{+\infty}\Phi(t)\mathrm{d}t=\frac{1}{\sqrt{2\pi}}\int_t^{+\infty}\mathrm{e}^{-\frac{t^2}{2}}\mathrm{d}t$，可求得概率度 t 与强度保证率 P(%)的关系，如表 5-26 所示。

表 5-26　不同 t 值的保证率 P

t	0.00	−0.50	−0.84	−1.00	−1.20	−1.28	−1.40	−1.60
P/%	50.0	69.2	80.0	84.1	88.5	90.0	91.9	94.5
t	−1.645	−1.70	−1.81	−1.88	−2.00	−2.05	−2.33	−3.00
P/%	95.0	95.5	96.5	970	97.7	99.0	99.4	99.87

工程中 P(%)值可根据统计周期内混凝土试件强度不低于要求等级标准值的组数 N_0 与试件总数 $N(N\geqslant25)$之比求得，即：

$$P=\frac{N_0}{N}\times100\%$$

我国在《混凝土强度检验评定标准》中规定，根据统计周期内混凝土强度标准差 σ 值和保证率 P(%)，可将混凝土生产单位的生产管理水平划分为优良、一般及差三个等级，见表 5-27 所示。

表 5-27　混凝土生产管理水平

评定指标及生产单位 \ 生产管理水平及混凝土强度等级		优良		一般		差	
		<C20	≥C20	<C20	≥C20	<C20	≥C20
混凝土强度标准差 σ/MPa	商品混凝土厂和预制混凝土构件厂	≤3.0	≤3.5	≤4.0	≤5.0	>5.0	>5.0
	集中搅拌混凝土的施工现场	≤3.5	≤4.0	≤4.5	≤5.5	>4.5	>5.5
强度等于和高于要求强度等级的百分率 P/%	商品混凝土厂和预制混凝土构件厂及集中搅拌混凝土的施工现场	≥95		>85		≤85	

3. 混凝土配制强度

根据混凝土保证率概念可知，如果按设计的强度等级($f_{cu,k}$)配制混凝土，则其强度保证率只有 50%。为使混凝土强度保证率满足规定的要求，在设计混凝土配合比时，必须使配制强度高于混凝土设计要求强度，则有：

$$f_{cu,o}=f_{cu,k}-t\sigma$$

可见，设计要求的保证率越大，配制强度就要求越高；强度质量稳定性差，配制强度应越大。根据《普通混凝土配合比设计规程》(JGJ 55-2000)的规定，工业与民用建筑及一般构筑物所采用的普通混凝土的强度保证率为 95%，由表 5-26 知 $t=-1.645$，即得：

$$f_{cu,o}=f_{cu,k}+1.645\sigma$$

式中，$f_{cu,o}$—混凝土配制强度，MPa；

$f_{cu,k}$—混凝土立方体抗压强度标准值，MPa；

σ—混凝土强度标准差，MPa。

5.7.2 混凝土强度的评定

1. 统计方法评定

混凝土强度进行分批检验评定。一个验收批的混凝土应由强度等级相同、龄期相同以及生产工艺条件和配合比基本相同的混凝土组成。

当混凝土的生产条件在较长时间内能保持一致，且同一品种混凝土的强度变异性能保持稳定时，即标准差已知时，应由连续的三组试件组成一个验收批。其强度应同时满足下列要求：

$$\overline{f_{cu}}\geqslant f_{cu,k}+0.7\sigma_0$$

$$f_{cu,min}\geqslant f_{cu,k}-0.7\sigma_0$$

式中，$\overline{f_{cu}}$—统一验收批混凝土立方体抗压强度的平均值，MPa；

$f_{cu,k}$—混凝土立方体抗压强度标准值，MPa；

$f_{cu,min}$—统一验收批混凝土立方体抗压强度的最小值，MPa；

σ_0—验收批混凝土立方体抗压强度的标准差，MPa。

当混凝土强度等级不高于 C20 时，其强度的最小值还应满足下式要求：

$$f_{cu,min}\geqslant 0.85f_{cu,k}$$

当混凝土强度等级高于 C20 时，其强度的最小值还应满足下式要求：

$$f_{cu,min}\geqslant 0.90f_{cu,k}$$

验收批混凝土立方体抗压强度的标准差 σ_0 应根据前一个检验期(不超过 3 个月)内同一品种混凝土试件的强度数据，按下式计算：

$$\sigma_0=\frac{0.59}{m}\sum_{i=1}^{m}\Delta f_{cu,i}$$

式中，$\Delta f_{cu,i}$—第 i 批试件立方体抗压强度最大值与最小值之差，MPa；

m—用以确定验收批混凝土立方体强度标准差的数据总组数($m\geqslant 15$)。

注：上述检验期不应超过 2 个月，且该期间内强度数据的总批数不得少于 15。

当混凝土的生产条件在较长时间内不能保持一致且混凝土强度变异不能保持稳定时，或在前一个检验期内的同一品种混凝土没有足够的数据用以确定验收批混凝土立方体抗压强度的标准差时，应由不少于 10 组的试件组成一个验收批，其强度应同时满足下列公式的要求：

$$\overline{f_{cu}}-\lambda_1 S_{f_{cu}} \geqslant 0.9 f_{cu,k}$$

$$f_{cu,min} \geqslant \lambda_2 f_{cu,k}$$

式中，$S_{f_{cu}}$—同一批验收混凝土立方体抗压强度的标准差(当 $S_{f_{cu}}$ 的计算值小于 $0.06f_{cu,k}$，取 $S_{f_{cu}}=0.06f_{cu,k}$)，MPa；

λ_1,λ_2—合格判定系数(按表 5-28 取用)。

表 5-28　混凝土强度的合格判定系数

试件组数	10～14	15～24	≥25
λ_1	1.70	1.65	1.60
λ_2	0.90	0.85	0.85

混凝土立方体抗压强度的标准差 $S_{f_{cu}}$ 可按下列公式计算：

$$S_{f_{cu}}=\sqrt{\frac{\sum_{i=1}^{n} f_{cu,i}^2-n\overline{f}_{cu}^2}{n-1}}$$

式中，$f_{cu,i}$—第 i 组混凝土试件的立方体抗压强度值，MPa；

n—验收批混凝土试件组数。

2. 非统计方法评定

以上为按统计方法评定混凝土强度。若按非统计法评定混凝土强度时，其强度应同时满足下列要求：

$$\overline{f_{cu}} \geqslant 1.15 f_{cu,k}$$

$$f_{cu,min} \geqslant 0.95 f_{cu,k}$$

若按上述方法检验，发现不满足合格条件时，则该批混凝土强度判为不合格。对不合格批混凝土制成的结构或构件应进行鉴定，不合格的结构或构件必须及时处理。

当对混凝土试件强度的代表性有怀疑时，可采用从结构或构件中钻取试样的方法或采用非破损检验方法，按有关标准的规定对结构或构件中混凝土的强度进行推定。

5.8　水泥混凝土配合比设计

混凝土配合比设计(mix design of concrete)就是根据工程要求、结构形式和施工条件来确定各组成材料数量之间的比例关系。一个完整的混凝土配合比设计应包括初步配合比计算、试配、调整与确定等步骤。

5.8.1　混凝土配合比设计的基本要求

土木工程中所使用的混凝土须满足以下五项基本要求：

1. 满足与使用环境相适应的耐久性要求；
2. 满足设计的强度要求；
3. 满足施工规定所需的和易性要求；
4. 满足业主或施工单位渴望的经济性要求；
5. 满足可持续发展所必需的生态性要求。

5.8.2 混凝土配合比设计的三个参数

1. 混凝土配合比表示方法

常用的表示方法有两种：

一种是以 1 m^3 混凝土中各项材料的质量表示，如某配合比：水泥 300 kg，水 180 kg，砂 630 kg，石子 1 380 kg，该混凝土 1 m^3 总质量为 2 490 kg；另一种是以各项材料相互间的质量比来表示（以水泥质量为 1），将上例换算成质量比为：水泥∶砂∶石＝1∶2.10∶4.60，水灰比＝0.60。

进行混凝土配合比设计计算时，其计算公式和有关参数均以干燥状态骨料为基准。干燥状态骨料是指含水率小于 0.5％的细骨料或含水率小于 0.2％的粗骨料，如需以饱和面干骨料为基准进行计算时，则应作相应的修改。

2. 主要参数

混凝土配合比设计，实质上就是确定水泥、水、砂和石子这四种组成材料用量之间的三个比例关系：

(1)水与水泥之间的比例关系，常用水灰比表示；

(2)砂与石子之间的比例关系，常用砂率表示；

(3)水泥浆与骨料之间的比例关系，常用单位用水量（1 m^3 混凝土的用水量）来表示。

水灰比、砂率、单位用水量是混凝土配合比的三个重要参数，因为这三个参数与混凝土的各项性能之间有着密切的关系，在配合比设计中正确地确定这三个参数，就能使混凝土满足上述设计要求。

5.8.3 混凝土配合比设计步骤

混凝土配合比设计步骤包括配合比计算、试配和调整、施工配合比的确定等。

1. 初步混凝土配合比计算

混凝土初步配合比应按下列步骤进行计算：(1)计算配制强度 $f_{cu,o}$，并求出相应的水灰比；(2)选取每立方米混凝土的用水量，并计算出每立方米混凝土的水泥用量；(3)选取砂率，计算粗骨料和细骨料的用量，并提出供试配用的初步配合比。

①计算配制强度

根据行业标准《混凝土配合比设计规程》(JGJ 55-2000)规定，试配强度按下式计算：

$$f_{cu,o} \geq f_{cu,k} + 1.645\sigma$$

式中，$f_{cu,o}$—混凝土配制强度，MPa；

$f_{cu,k}$—混凝土立方体抗压强度标准值，MPa；

σ—混凝土强度标准差，MPa。

注意，当现场条件与试验室条件有显著差异时，或者配制 C30 级及以上强度等级的混凝土，采用非统计方法评定时，应提高混凝土的配制强度。

混凝土强度标准差 σ 应根据同类混凝土统计资料计算确定，其计算公式如下：

$$\sigma=\sqrt{\frac{\sum_{i=1}^{n} f_{cu,i}^{2}-n\overline{f}_{cu}^{2}}{n-1}}$$

式中，$f_{cu,i}$—统计周期内同一品种混凝土第 i 组试件的强度值，MPa；

$\overline{f_{cu}}$—统计周期内同一品种混凝土 n 组试件的强度平均值，MPa；

n—统计周期内同一品种混凝土试件的总组数。

计算混凝土强度标准差 σ 时，强度试件组数不应少于 25 组。当混凝土强度等级为 C20、C25 级，强度标准差计算值小于 2.5 MPa 时，计算配制强度用的标准差应取不小于 2.5 MPa；当混凝土强度等级等于或大于 C30 级，强度标准差小于 3.0 MPa，计算配制强度用的标准差应取不小于 3.0 MPa。

当无统计资料计算混凝土强度标准差时，其值应按现行国家标准《混凝土结构工程施工及验收规范》(GB 50204-2002)取用（表 5-29）。

表 5-29　混凝土强度标准差 σ 值

混凝土强度等级	低于 C20	C20～C35	高于 C35
σ/MPa	4.0	5.0	6.0

②计算水灰比（W/C）

混凝土强度等级小于 C60 时，混凝土水灰比应按下式计算：

$$\frac{W}{C}=\frac{\alpha_a f_{ce}}{f_{cu,o}+\alpha_a\alpha_b f_{ce}}$$

式中，α_a、α_b—回归系数；

f_{ce}—水泥 28 d 抗压强度实测值，MPa。

在确定 f_{ce} 值时，f_{ce} 值可由 3 d 强度或快测强度推定 28 d 强度关系式得出。当无水泥 28 d 抗压强度实测值时，其值可按下式确定：

$$f_{ce}=\gamma_c f_{ce,g}$$

式中，γ_c—水泥强度等级值的富余系数（可按实际统计资料确定）；

$f_{ce,g}$—水泥强度等级值，MPa。

回归系数 α_a 和 α_b 应根据工程所使用的水泥、骨料通过试验由建立的水灰比与混凝土强度关系确定，当不具备上述试验统计资料时，其回归系数可由表 5-30 确定。

表 5-30　回归系数 α_a 和 α_b 选用表

系数	碎石	卵石
α_a	0.46	0.48
α_b	0.07	0.33

为保证混凝土的耐久性，需要控制水灰比及水泥用量，水灰比不得大于表 5-25 所规定的最大水灰比。如果计算所得的水灰比大于规定的最大水灰比时，应取规定的最大水灰比。

③确定 1 m^3混凝土用水量(m_{wo})

A. 干硬性和塑性混凝土单位用水量的确定

水灰比在 0.40～0.80 范围内时，根据粗骨料的品种、粒径及施工要求的混凝土拌和物稠度，单位用水量可按表 5-19、表 5-20 选取。

水灰比小于 0.40 的混凝土以及采用特殊成型工艺的混凝土用水量通过试验确定。

B. 流动性和大流动性混凝土的用水量宜按下列步骤计算：

a. 以表 5-20 中坍落度 90 mm 的用水量为基础，按坍落度每增大 20 mm 用水量增加 5 kg，计算出未掺外加剂时的混凝土用水量。

b. 掺外加剂时的混凝土用水量可按下式计算：

$$m_{wa}=m_{wo}(1-\beta)$$

式中，m_{wa}—掺外加剂混凝土每立方米混凝土的用水量，kg；

m_{wo}—未掺外加剂混凝土每立方米混凝土的用水量，kg；

β—外加剂的减水率，%。

c. 外加剂的减水率应经试验确定。

另外，单位用水量也可以按下式计算：

$$m_{wo}=\frac{10}{3}(T+K)$$

式中，m_{wo}—每立方米混凝土用水量，kg；

T—混凝土拌和物的坍落度，cm；

K—系数(取决于粗骨料种类与最大粒径，可参考表 5-31 取用)。

表 5-31　混凝土用水量计算公式中的 K 值

系数	碎石				卵石			
	最大粒径/mm							
	10	20	40	80	10	20	40	80
K	57.5	53.0	48.5	44.0	54.5	50.0	45.5	41.0

④计算 1 m^3混凝土水泥用量(m_{co})

根据已选定的混凝土单位用水量 m_{wo}和水灰比(W/C)可求出水泥用量

$$m_{co}=\frac{m_{wo}}{W/C}$$

为保证混凝土的耐久性，由上式计算得出的水泥用量还要满足表 5-25 中规定的最小水泥用量的要求。如算得的水泥用量少于规定的最小水泥用量，则应取规定的最小水泥用量值。

⑤选取砂率 S_p

合理的砂率值主要根据混凝土拌和物的坍落度、黏聚性及保水性等特征来确定。一般应通过试验来确定合理的砂率。当无历史资料可参考时，可通过计算或按下列规定来确定混凝土砂率。

A. 坍落度小于10 mm的混凝土，其砂率可经试验确定。对于混凝土用量大的工程也应经试验确定；

B. 坍落度为10～60 mm的混凝土，其砂率应以试验确定，也可以根据粗骨料品种、粒径及水灰比按表5-21选取；

C. 坍落度大于60 mm的混凝土砂率，可经试验确定，也可在表5-21的基础上，按坍落度每增大20 mm，砂率增大1%的幅度予以调整。

⑥计算粗骨料和细骨料用量（m_{go}、m_{so}）

粗、细骨料的用量可用质量法和体积法求得。

A. 当采用质量法时，应按下列公式计算：

$$m_{co}+m_{go}+m_{so}+m_{wo}=m_{cp}$$

$$\beta_s=\frac{m_{so}}{m_{so}+m_{go}}\times 100\%$$

式中，m_{co}—每立方米混凝土的水泥用量，kg；

m_{go}—每立方米混凝土的粗骨料用量，kg；

m_{so}—每立方米混凝土的细骨料用量，kg；

m_{wo}—每立方米混凝土的用水量，kg；

m_{cp}—每立方米混凝土拌和物的假定质量（其值可取2 350～2 450 kg），kg；

β_s—砂率，%。

B. 当采用体积法时，应按下列公式计算：

$$\frac{m_{co}}{\rho_c}+\frac{m_{go}}{\rho_g'}+\frac{m_{so}}{\rho_s'}+\frac{m_{wo}}{\rho_w}+0.01\alpha=1$$

$$\beta_s=\frac{m_{so}}{m_{so}+m_{go}}\times 100\%$$

式中，ρ_c—水泥密度（可取2 900～3 100 kg/m^3），kg/m^3；

ρ'_g—粗骨料的表观密度，kg/m^3；

ρ'_s—细骨料的表观密度，kg/m^3；

ρ_w—水的密度（可取1 000 kg/m^3），kg/m^3；

α—混凝土的含气量百分数（在不使用引气型外加剂时，α可取1）。

粗骨料和细骨料的表观密度ρ'_g与ρ'_s应按现行行业标准《普通混凝土用碎石或卵石质量标准及检验方法》(JGJ 53-2010)和《普通混凝土用砂质量及检验方法》(JGJ 52-2010)规定的方法测定。

2. 配合比的试配、调整与确定

(1)配合比的试配

以上求出的各材料用量，是借助于一些经验公式和数据计算出来的，或是利用经验资料查得的，因而不一定符合实际情况，必须通过试拌调整，直到混凝土拌和物的和易性符合要求为止，然后提出供检验混凝土强度用的基准配合比。以下介绍和易性调整方法。

按初步配合比称取材料进行试拌。混凝土拌和物搅拌均匀后应测定坍落度，并检查其黏聚性和保水性能的好坏。如坍落度不满足要求或黏聚性不好时，则应在保持水灰比不变的条件下，相应调整用水量或砂率。当坍落度低于设计要求时，可保持水灰比不变，增加适量水泥浆。如坍落度太大，可以保持砂率不变的条件下增加骨料。如出现含砂不足，黏聚性和保水性不良时，可适当增大砂率；反之，应减小砂率。每次调整后再试拌，直到符合为止。当试拌调整工作完成后，应测出混凝土拌和物的表观密度($\rho_{c,t}$)。

经过和易性调整试验得出的混凝土基准配合比，其水灰比值不一定选用恰当，因此其强度不一定符合要求，所以应检验混凝土的强度。一般采用三个不同的配合比，其中一个为基准配合比，另外两个配合比的水灰比值应比基准配合比分别增加及减少 0.05，其用水量应该与基准配合比相同，砂率值可分别增加或减少 1%。每种配合比制作一组(3 个)试块，标准养护 28 d 试压(在制作混凝土强度试块时，尚需检验混凝土拌和物的和易性及测定表观密度，并以此结果代表这一配合比混凝土拌和物的性能)。

注：在有条件的单位可同时制作一组或几组试块，供快速检验或较早龄期时试压，以便提前定出混凝土配合比供施工使用，但以后仍要以标准养护 28 d 的检验结果为准，调整配合比。

(2)配合比的调整、确定

由试验得出的各水灰比值时的混凝土强度，用作图法或计算求出与 $f_{cu,o}$ 相对应的水灰比值，并按下列原则确定每立方米混凝土的材料用量：

①用水量(m_w)。取基准配合比中的用水量值，并根据制作强度试块时测得的坍落度(或维勃稠度)值，适当加以调整。

②水泥用量(m_c)。取用水量乘以经试验定出的，为达到 $f_{cu,o}$ 所必需的水灰比值。

③粗、细骨料用量(m_g 及 m_s)。取基准配合比中的粗、细骨料用量，并按定出的水灰比值进行调整后确定。

(3)混凝土表观密度的校正

配合比经试配、调整确定后，还需要根据实测的混凝土表观密度 $\rho_{c,t}$ 做必要的校正，其步骤如下：

①计算出混凝土的计算表观密度值($\rho_{c,c}$)：

$$\rho_{c,c}=m_c+m_g+m_s+m_w$$

②将混凝土的实测表观密度值($\rho_{c,t}$)除以 $\rho_{c,c}$ 得出校正系数 δ，即

$$\delta=\frac{\rho_{c,t}}{\rho_{c,c}}$$

③当 $\rho_{c,t}$ 与 $\rho_{c,c}$ 之差的绝对值不超过 $\rho_{c,c}$ 的 2%时，由以上定出的配合比即为确定的设计配合比；若二者之差超过 2%时，则要将已定出的混凝土配合比中每项材料用量均乘以校正系数 δ，即为最终定出的设计配合比。

另外，通常简易的做法是通过试压，选出既满足混凝土强度要求，水泥用量又较少的配合比为所需的配合比，再做混凝土表观密度的校正。

若对混凝土还有其他的技术性能要求，如抗渗等级不低于 P6 级、抗冻等级不低于 D50 级等要求，混凝土的配合比设计应按《普通混凝土配合比设计规程》(JGJ 55-2000)的有关规定进行。

3. 施工配合比

设计配合比，是以干燥材料为基准的，而工地存放的砂、石材料都含有一定的水分。所以现场材料的实际称量应按工地砂、石的含水情况进行修正，修正后的配合比叫作施工配合

比。工地存放的砂、石的含水情况常有变化,应按变化情况随时进行修正。

现假定工地测出的砂的含水率为 $a\%$,石子的含水率为 $b\%$,则将上述设计配合比换算为施工配合比,其材料的称量应为:

$$m_c' = m_c\,(\text{kg})$$
$$m_s' = m_s(1+a\%)\,(\text{kg})$$
$$m_g' = m_g(1+b\%)\,(\text{kg})$$
$$m_w' = m_w - m_s \times a\% - m_g \times b\%\,(\text{kg})$$

5.8.4 普通混凝土配合比设计实例

某教学楼现浇钢筋混凝土"T"形梁,混凝土柱截面最小尺寸为100 mm,钢筋间距最小尺寸为40 mm。该柱在露天受雨雪影响。混凝土设计等级为C25。采用32.5级普通硅酸盐水泥,实测强度为37.0 MPa,密度为3.15 g/cm³;砂子为中砂,含水率为3%,表观密度为2.60 g/cm³,堆积密度为1 500 kg/m³;石子为碎石,含水率为1%,表观密度为2.65 g/cm³,堆积密度为1 550 kg/m³。要求混凝土坍落度为35~50 mm,施工采用机械搅拌,机械振捣,施工单位无混凝土强度标准差的历史统计资料。试设计混凝土配合比。

解:

1. 初步配合比的确定($f_{cu,o}$)

(1)配制强度的确定

$$f_{cu,o} \geqslant f_{cu,k} + 1.645\sigma$$

由于施工单位没有 σ 的统计资料,查表5-29可得,$\sigma=5.0$ MPa,同时 $f_{cu,k}=25$ MPa,代入上式,得

$$f_{cu,o} \geqslant 25 + 1.645 \times 5.0 = 33.23\,(\text{MPa})$$

(2)确定水灰比(W/C)

由于混凝土强度低于C60,因此

$$\frac{W}{C} = \frac{\alpha_b f_{ce}}{f_{cu,o} + \alpha_a \alpha_b f_{ce}}$$

采用碎石,$\alpha_a=0.46$,$\alpha_b=0.07$。

实测 $f_{ce}=37.0$ MPa,代入上式,得

$$\frac{W}{C} = \frac{\alpha_b f_{ce}}{f_{cu,o} + \alpha_a \alpha_b f_{ce}} = \frac{0.46 \times 37}{33.23 + 0.46 \times 0.07 \times 37.0} = 0.49$$

根据表5-25,取 $W/C=0.49$ 时,能满足混凝土耐久性要求。

(3)确定单位用水量(m_{wo})

确定粗骨料最大粒径:根据《混凝土结构工程施工质量验收规范》(GB 50204-2010),粗骨料最大粒径不超过结构截面最小尺寸的1/4,并不得大于钢筋最小净距的3/4,即

$$D_{max} \leqslant \frac{1}{4} \times 100 = 25\,(\text{mm}) > 20\text{ mm}$$

同时

$$D_{max} \leqslant \frac{3}{4} \times 40 = 30\,(\text{mm}) > 20\text{ mm}$$

因此,粗骨料最大粒径按公称粒径应选用 $D_{max}=20$ mm,即采用 5~20 mm 的碎石骨料。

查表 5-20,选用单位用水量 195 kg/m³。

(4)计算水泥用量

$$m_{co}=\frac{m_{wo}}{\frac{W}{C}}=\frac{195}{0.49}=398(\text{kg})$$

对照表 5-25,本工程要求最小水泥用量为 260 kg/m³,故选水泥用量为 398 kg/m³。

(5)确定砂率

查表 5-21,砂率范围为 32%~37%

$$P'=\left(1-\frac{1\ 550}{2\ 650}\right)\times 100\%=0.42$$

采用砂率公式计算得

$$\beta_s=\beta\frac{\rho'_{so}P'}{\rho'_{so}P'+\rho'_{go}}=1.2\times\frac{1.50\times 0.42}{1.5\times 0.42+1.55}=0.34$$

根据查表或计算取 $\beta_s=34\%$。

(6)计算砂石用量(采用体积法)

$$\frac{m_{co}}{\rho_c}+\frac{m_{go}}{\rho_g}+\frac{m_{so}}{\rho_s}+\frac{m_{wo}}{\rho_w}+0.01\alpha=\frac{398}{3\ 150}+\frac{m_{go}}{2\ 650}+\frac{m_{so}}{2\ 600}+\frac{195}{1\ 000}+0.01\times 1=1$$

$$\beta_s=\frac{m_{so}}{m_{so}+m_{go}}\times 100\%=0.34$$

解方程组得:

$$m_s=599\ \text{kg/m}^3,m_g=1\ 163\ \text{kg/m}^3$$

经初步计算,每立方米混凝土材料用量为:水泥 398 kg,水 195 kg,砂 599 kg,碎石 1 163 kg。

2. 配合比的试配、调整和确定

(1)和易性的调整。按初步配合比,称取 15 L 混凝土的材料用量。

水泥:$m_c=398\times 0.015=5.79$ kg;砂:$m_s=599\times 0.015=8.99$ kg;

碎石:$m_g=116\times 0.015=17.45$ kg;水:$m_w=195\times 0.015=2.93$ kg

按规定方法拌和,测得坍落度为 60 mm,不满足规定坍落度 35~50 mm,因此增加砂和石子各 5%,则砂用量为 9.44 kg,石子为 18.32 kg,经拌和测得坍落度为 50 mm,混凝土黏聚性、保水性均良好。经调整后的各项材料用量:水泥 5.79 kg,水 2.93 kg,砂 9.44 kg,碎石 18.32 kg,材料总质量为 36.48 kg,符合设计要求。测得混凝土拌和物表观密度为 2 405 kg/m³。

和易性合格后,确定基准配合比:

水泥:

$$m'_c=\frac{m_c}{m_c+m_s+m_g+m_w},\rho_{c,t}=\frac{5.79}{5.79+9.44+18.32+2.93}\times 2\ 405=382(\text{kg})$$

砂:

$$m'_s=\frac{m_s}{m_c+m_s+m_g+m_w},\rho_{c,t}=\frac{9.44}{5.79+9.44+18.32+2.93}\times 2\ 405=622(\text{kg})$$

碎石:

$$m_g' = \frac{m_g}{m_c + m_s + m_g + m_w}, \rho_{c,t} = \frac{18.32}{5.79 + 9.44 + 18.32 + 2.93} \times 2\ 405 = 1\ 208(\text{kg})$$

水：

$$m_w' = \frac{m_w}{m_c + m_s + m_g + m_w}, \rho_{c,t} = \frac{2.93}{5.79 + 9.44 + 18.32 + 2.93} \times 2\ 405 = 193(\text{kg})$$

(2)强度校核。采用水灰比为 0.44、0.49 和 0.54 三个不同的配合比，配制三组混凝土试件，并检验和易性(因 $W/C=0.49$ 的基准配合比已检验，可不再检验)，测混凝土拌和物表观密度，分别制作混凝土试块，标养 28 d，然后测强度，其结果如表 5-32 所示。

表 5-32　混凝土 28 d 强度值

水灰比	材料用量/(kg/m³)				坍落度/mm	表观密度/(kg/m³)	强度/MPa
	水泥	砂	石	水			
0.46	420	622	1 208	193	45	2 415	34.6
0.51	382	622	1 208	193	50	2 405	31.9
0.56	345	622	1 208	193	55	2 400	29.6

由表 5-32 的三组数据，绘制 f_{cu}-$\frac{C}{W}$关系曲线，可找出与配制强度 33.23 MPa 相对应的灰水比为 2.06(水灰比为 0.49)。

符合强度要求的配合比为：

水泥：$m_c=2.06\times193=398$ kg；砂：$m_s=622$ kg；碎石：$m_g=1\ 208$ kg；水：$m_w=193$ kg。

(3)表观密度的校正

$$\delta = \frac{2\ 405}{398+622+1\ 208+193} = 0.993$$

$$m_c = 398 \times 0.993 = 395(\text{kg})$$

$$m_s = 622 \times 0.993 = 618(\text{kg})$$

$$m_g = 1\ 208 \times 0.993 = 1\ 200(\text{kg})$$

$$m_w = 193 \times 0.993 = 192(\text{kg})$$

即确定的混凝土设计配合(留整数)为：水泥 395 kg，砂 618 kg，碎石 1 200 kg，水 192 kg。

3. 确定施工配合比

由于施工现场砂和碎石的含水率分别为 3%和 1%，则该混凝土的施工配合比为：

水泥：

$$m_c = 395\ \text{kg}$$

砂：

$$m_s = 622 \times (1+3\%) = 641\ \text{kg}$$

碎石：

$$m_g = 1\ 200 \times (1+1\%) = 1\ 212\ \text{kg}$$

水：

$$m_w = 192 - 622 \times 3\% - 1\ 200 \times 1\% = 161\ \text{kg}$$

5.9　路面水泥混凝土

路面水泥混凝土是指满足混凝土路面摊铺工作性(和易性)、弯拉强度、耐久性与经济性要求的水泥混凝土。

5.9.1　路面混凝土的组成材料

1. 水泥

水泥是路面混凝土中的最重要胶凝材料，其质量直接影响混凝土路面的弯拉强度、抗冲击性能、抗振动性能、疲劳循环周次、体积稳定性和耐久性等关键路用品质。特重、重交通等级的水泥混凝土路面应优先采用旋窑道路硅酸盐水泥，可使用旋窑硅酸盐水泥或普通水泥；中、轻交通量的路面可采用矿渣水泥；低温施工或有尽快开放交通要求的路段可采用R型水泥；一般情况宜采用普通型水泥。各交通等级路面混凝土用水泥除了应满足水泥的化学成分、物理性质等性能的规定外，《公路水泥混凝土路面施工技术规范》(JTG F30-2003)对其的强度要求见表5-33。

表5-33　各交通等级路面水泥各龄期的强度要求

交通等级	特重		重		中、轻	
龄期/d	3	28	3	28	3	28
抗压强度/MPa,≥	25.5	52.5	22.0	52.5	16.0	42.5
抗折强度/MPa,≥	4.5	7.5	4.0	7.0	3.5	6.5

2. 粉煤灰

混凝土路面在掺用粉煤灰时，所选用的粉煤灰应为符合表5-34规定的静电收尘Ⅰ、Ⅱ级干排或磨细粉煤灰。贫混凝土、碾压混凝土基层或复合式路面下面层应掺用符合表5-34规定的Ⅲ级或Ⅲ级以上粉煤灰。即使粉煤灰等级符合要求，水泥路面和基层均不得使用已结块的粉煤灰。

表5-34　粉煤灰分级和质量指标

粉煤灰等级	细度(45 μm气流筛,筛余量)/%	烧失量/%	需水量比/%	含水量/%	Cl^-/%	SO_3/%	混合砂浆活性指标	
							7 d	28 d
Ⅰ	≤12	≤5	≤95	≤1.0	<0.02	≤3	≥75	≥85(75)
Ⅱ	≤20	≤8	≤105	≤1.0	<0.02	≤3	≥70	≥80(62)
Ⅲ	≤45	≤15	≤115	≤1.5	—	≤3	—	—

注：①45 μm气流筛的筛余量换算为80 μm水泥筛的筛余量换算系数为2.4。

②混合砂浆的活性指数为掺粉煤灰的砂浆与水泥砂浆的抗压强度比的百分数，适用于所配制混凝土强度等级≥C40的混凝土。当配制的混凝土强度等级<C40时，混合砂浆的活性指数要求满足28 d括号中的数值。

3. 粗骨料

粗骨料应符合相关质量标准。高速公路、一级公路、二级公路及有抗(盐)冻要求的三、四级公路混凝土路面使用的粗骨料级别应不低于Ⅱ级,无抗(盐)冻要求的三、四级公路混凝土路面、碾压混凝土及贫混凝土基层可使用Ⅲ级粗骨料。有抗(盐)冻要求时,Ⅰ级粗骨料吸水率不应大于1.0%,Ⅱ级粗骨料吸水率不应大于2.0%。

4. 细骨料

细骨料应符合相关质量标准。高速公路、一级公路、二级公路及有抗(盐)冻要求的三、四级公路混凝土路面使用的砂级别应不低于Ⅱ级,无抗(盐)冻要求的三、四级公路混凝土路面、碾压混凝土及贫混凝土基层可使用Ⅲ级砂。特重、重交通等级混凝土路面宜使用河砂,砂的硅质含量不应低于25%。

5. 水

饮用水可以直接作为混凝土搅拌和养护用水,水中不能含有油污、泥及其他有害杂质。对水质有疑问时,根据《混凝土用水标准》(JGJ 63-2006),按表5-35检验各项指标,合格者方可使用。

5-35　路面混凝土用水的质量要求

项目	预应力混凝土路面	钢筋混凝土路面	素混凝土路面
pH值,>	4.5	4.5	4.5
不溶物含量/(mg/L),<	2 000	2 000	5 000
可溶物含量/(mg/L),<	2 000	5 000	10 000
氯离子含量/(mg/L),<	500	1 000	3 500
硫酸根含量(按SO_4^{2-}计)/(mg/L),<	600	2 000	2 700
碱含量/(mg/L),<	1 500	1 500	1 500

注:①碱含量以当量Na_2O计时,当量$Na_2O\% = Na_2O\% + 0.658\ K_2O\%$,使用非碱活性骨料可不用检验。

②不得含有油污和特殊气味。

6. 外加剂

通常掺入的外加剂有减水剂、引气剂、缓凝剂、抗冻剂等,应根据设计要求和现场具备的材料品质及施工条件选用适当的外加剂品种和掺量。在路面混凝土中所使用的高效减水剂,其减水率应达到15%,引气减水剂的减水率应达到12%。

5.9.2　路面水泥混凝土的技术性质

路面混凝土既要受到车辆荷载的反复作用,又要受到大自然气候的直接影响,因而需要具备优良的技术性质。

1. 抗弯拉强度

各种交通等级的混凝土抗弯拉强度必须符合表 5-36 的规定。条件许可时尽量采用较高的设计强度,特别是特重交通等级的道路。

表 5-36　路面水泥混凝土抗弯拉强度标准值

交通等级	特重	重	中等	轻
混凝土设计抗弯拉强度/MPa	5.0	5.0	4.5	4.0

注:在特重交通等级的特殊路段,通过论证,可以使用设计抗弯拉强度为 5.5 MPa 的混凝土。

2. 工作性(和易性)

混凝土拌和物在施工拌和、运输浇筑、捣实和抹平等过程中不分层、不离析、不泌水,能均匀密实填充在结构物模板内,符合施工要求。通常滑模摊铺的路面混凝土的坍落度、振动黏度系数应满足表 5-37 的规定。

表 5-37　混凝土路面滑模最佳工作性、允许范围及最大单位用水量

骨料品种		卵石混凝土	碎石混凝土
坍落度/mm	设前角的滑模摊铺机	20～40	25～50
	不设前角的滑模摊铺机	10～40	10～30
	允许波动范围	5～55	10～65
振动黏度系数/$(N \cdot s/m^2)$		200～500	100～600
最大单位用水量/(kg/m^3)		155	160

轨道摊铺机、三辊轴机组、小型机具摊铺的路面混凝土的坍落度和最大单位用水量要求见表 5-38。

表 5-38　不同路面施工方式混凝土坍落度及最大单位用水量

摊铺方式	轨道摊铺机摊铺		三辊轴机组摊铺		小型机具摊铺	
出机坍落度/mm	40～60		30～50		10～40	
摊铺坍落度/mm	20～40		10～30		0～20	
最大单位用水量/(kg/m^3)	碎石	卵石	碎石	卵石	碎石	卵石
	150～160	148～158	148～158	143～153	145～155	140～150

注:①表中最大单位用水量系采用中砂、粗细骨料为风干状态的取值,采用细砂时,应使用减水率较大的(高效)减水剂。

②使用碎卵石时,最大单位用水量可取碎石与卵石的中值。

③单位用水量不仅应满足设计的水灰比要求,而且与骨料的吸水率大小有关。

3. 耐久性

路面混凝土在使用过程中,不可避免地受到干湿、冷热、水流冲刷、行车磨耗和冲击、腐蚀等作用,要求混凝土路面必须具有良好的耐久性。在混凝土配合比设计时,采用最大水灰(胶)比和最小水泥用量来满足路面耐久性要求,具体见表 5-39。

表 5-39　混凝土满足耐久性要求的最大水灰(胶)比和最小水泥用量

公路技术等级		高速公路、一级公路	二级公路	三、四级公路
最大水灰(胶)比		0.44	0.46	0.48
抗冰冻要求最大水灰(胶)比		0.42	0.44	0.46
抗盐冻要求最大水灰(胶)比		0.40	0.42	0.44
最小单位水泥用量/(kg/m^3)	42.5 级	300	300	290
	32.5 级	310	310	305
抗冰(盐)冻要求时最小单位水泥用量/(kg/m^3)	42.5 级	320	320	315
	32.5 级	330	330	325
掺粉煤灰时最小单位水泥用量/(kg/m^3)	42.5 级	260	260	255
	32.5 级	280	270	265
抗冰(盐)冻，掺粉煤灰时最小单位水泥用量(42.5 级水泥)/(kg/m^3)		280	270	265

注:①掺粉煤灰，并有抗冰(盐)冻要求，不能使用 32.5 级水泥。

②水灰(胶)比计算以砂石料的自然风干状态计(砂含水量≤1.0%；石子含水量≤0.5%)。

③处在除冰盐、海风、酸雨或硫酸盐等腐蚀的环境中，或在大纵坡等加减速车道上的混凝土，最大水灰(胶)比可比表中数值降低 0.01～0.02。

同时，严寒地区的路面混凝土抗冻标号不宜小于 D250，寒冷地区不宜小于 D200。

5.9.3　路面水泥混凝土配合比设计(以弯拉强度为指标设计)强度 f_c

路面普通混凝土的配制弯拉强度 f_c 按下式计算：

$$f_c = \frac{f_{cm}}{1-1.04C_V} + ts$$

式中，f_{cm}—混凝土的设计弯拉强度标准值，MPa；

s—混凝土弯拉强度试验样本的标准差；

t—保证率系数(按样本数 n 和判别概率 p 参照表 5-40 确定)；

C_V—混凝土弯拉强度变异系数(应按照统计数据在表 5-41 的规定范围中取值)。

当无统计数据时，应按照设计取值；如果施工配制弯拉强度超出设计给定的弯拉强度变异系数上限，则必须改变施工机械装备，提高施工控制水平。

表 5-40　保证率系数 t

公路等级	判别概率 p	样本数 n				
		3	6	9	15	20
高速公路	0.05	1.36	0.79	0.61	0.45	0.39
一级公路	0.10	0.95	0.59	0.46	0.35	0.30
二级公路	0.15	0.72	0.46	0.37	0.28	0.24
三级和四级公路	0.20	0.56	0.37	0.29	0.22	0.19

表 5-41　各级公路混凝土路面弯拉强度变异系数

公路技术等级	高速公路	一级公路		二级公路	三、四级公路	
变异水平等级	低	低	中	中	中	高
变异系数允许范围	0.05～0.10	0.15～0.10	0.10～0.15	0.10～0.15	0.10～0.15	0.15～0.20

1. 水灰比 W/C 的计算、校核及确定

(1)按照混凝土弯拉强度计算水灰比

碎石混凝土：

$$\frac{W}{C}=\frac{1.5684}{f_c+1.0097-0.3595f_s}$$

卵石混凝土：

$$\frac{W}{C}=\frac{1.2618}{f_c+1.5492-0.4709f_s}$$

式中，f_c—混凝土配制弯拉强度，MPa；

f_s—水泥 28 d 实测抗折强度，MPa。

(2)水胶比 $W/(C+F)$ 的计算

水胶比中的“水胶”指水泥与粉煤灰质量之和，如果将粉煤灰作为掺和料时，应计入取代水泥的那一部分粉煤灰用量 F，代替砂的超量部分不计入，水灰比用水胶比 $W/(C+F)$ 代替。

(3)耐久性校核确定水灰(胶)比

根据路面混凝土的使用环境、道路等级查表 5-39，求得满足耐久性要求的最大水灰比(或水胶比)。在满足弯拉强度和耐久性要求的水灰比(或水胶比)中取小值作为路面混凝土的设计水灰比(或水胶比)。

2. 选取砂率 β_s

根据砂的细度模数和粗骨料品质，按表 5-42 选择砂率。

表 5-42　路面混凝土砂率 β_s

砂细度模数		2.2～2.5	2.5～2.8	2.8～3.1	3.1～3.4	3.4～3.7
砂率 β_s/%	碎石混凝土	30～34	32～36	34～38	36～40	38～42
	卵石混凝土	28～32	30～34	32～36	34～38	36～40

注：碎卵石可在碎石和卵石混凝土之间内插取值。

3. 计算单位用水量 m_{wo}

(1)不掺外加剂和掺和料

碎石混凝土：

$$m_{wo}=104.97+0.309S_l+11.27\frac{C}{W}+0.61\beta_s$$

卵石混凝土：

$$m_{wo}=86.89+0.370S_l+11.24\frac{C}{W}+1.00\beta_s$$

式中，S_l—坍落度，mm；

β_s—砂率，%；

C/W—灰水比。

（2）掺外加剂

$$m_{w.ad}=m_{wo}(1-\beta_{ad})$$

式中，$m_{w.ad}$—掺外加剂混凝土的单位用水量，kg/m^3；

m_{wo}—未掺外加剂混凝土的单位用水量，kg/m^3；

β_{ad}—外加剂减水率的实测值（以小数计）。

单位用水量取计算值与表 5-37 规定值两者中的小值。如果实际用水量在仅掺引气剂时的混凝土拌和物不能满足坍落度要求时，应掺用引气复合（高效）减水剂。对于三、四级公路也可采用真空脱水工艺。

4. 计算单位水泥用量 m_{co}

单位水泥用量 m_{co} 按下式计算，再根据道路等级和环境条件，查表 5-39 得到满足耐久性要求的最小水泥用量，取两者中的最大值。

$$m_{co}=m_{wo}\times\frac{C}{W}$$

式中，m_{wo}—混凝土的单位用水量，kg/m^3；

C/W—混凝土的灰水比。

5. 计算单位粉煤灰用量

路面混凝土中掺用粉煤灰时，其配合比应按照超量取代法计算。代替水泥的粉煤灰掺量：Ⅰ型硅酸盐水泥≤30%，Ⅱ硅酸盐水泥≤25%，道路水泥≤20%，普通水泥≤15%，矿渣水泥不能掺粉煤灰。粉煤灰的超量部分应代替砂，并折减用砂量。

6. 计算砂石材料用量 m_{so} 和 m_{go}

一般道路混凝土中的砂石用量计算跟普通混凝土砂石用量计算相同，用质量法或者体积法。

混凝土的初步配合比确定后，应对结果进行试配、检验、调整，最后确定。有关方法与本章普通混凝土配合比设计方法相同，此处不再赘述。

5.9.4　水泥混凝土配合比设计示例（以弯拉强度为设计指标的设计方法）

1. 原始资料

（1）某高速公路路面工程用水泥混凝土（无抗冰冻性要求），要求混凝土设计弯拉强度 $f_{cm}=5.0$ MPa，施工单位水泥混凝土弯拉强度样本标准差 $s=0.4$ MPa（样本 $n=9$）。混凝土由机械搅拌并振捣，采用滑模摊铺机摊铺，施工要求坍落度 30～50 mm。

（2）组成材料：硅酸盐水泥 P·Ⅱ型 52.5 级；水泥 28 d 实测的抗折强度 $f_s=8.2$ MPa，水泥密度 $\rho_c=3100\ kg/m^3$；中砂，表观密度 $\rho_s=2630\ kg/m^3$，细度模数＝2.6；碎石的粒径范围为 5～40 mm，表观密度 $\rho_g=2700\ kg/m^3$，振实密度 $\rho_{gh}=1701\ kg/m^3$；水为饮用水，符合混凝土拌和用水要求。

2. 设计步骤

(1)确定初步配合比

①计算配制弯拉强度 f_c

查表 5-40 得，当高速公路路面混凝土样本数为 9 时，保证率系数 $t=0.61$。

由表 5-41 知，高速公路路面混凝土变异水平等级为“低”，混凝土弯拉强度变异系数 C_V 取中值 0.075。

根据下式计算：

$$f_c=\frac{f_{cm}}{1-1.04C_V}+ts=\frac{5.0}{1-1.04\times0.075}+0.61\times0.4=5.67\ \text{MPa}$$

②确定水灰比(W/C)

因为水泥的实测抗折强度 $f_s=8.2$ MPa，粗骨料为碎石，代入下式计算得：

$$\frac{W}{C}=\frac{1.5684}{f_c+1.0097-0.3595f_s}=\frac{1.5684}{5.67+1.0097-0.3595\times8.2}=0.42$$

耐久性校核：查表 5-39，高速公路路面，无抗冰冻害要求，最大的水灰比是 0.44，故按照强度计算公式得到的水灰比符合要求，取水灰比 $W/C=0.42$。

③确定砂率 β_s

根据组成材料资料砂的细度模数，粗骨料是碎石，查表 5-42，取砂率 $\beta_s=34\%$。

④计算单位用水量 m_{wo}

因坍落度要求 30～50 mm，取中间值 40 mm，粗骨料为碎石，代入下式计算得：

$$\begin{aligned}m_{wo}&=104.97+0.309S+11.27\frac{C}{W}+0.61\beta_s\\&=104.97+0.309\times40+11.27\times\frac{1}{0.42}+0.61\times0.34=143(\text{kg/m}^3)\end{aligned}$$

根据施工方法查表格 5-37，得最大单位用水量为 160 kg/m³，所以本设计取单位用水量为 143 kg/m³。

⑤计算单位水泥用量 m_{co}

由下式计算单位水泥用量：

$$m_{co}=m_{wo}\times\frac{C}{W}=143\times\frac{1}{0.42}=340(\text{kg/m}^3)$$

查表 5-39 知，满足耐久性要求的最小水泥用量是 300 kg/m³，计算值符合要求，故取单位水泥用量为 340 kg/m³。

⑥计算粗、细骨料用量 m_{go} 和 m_{so}

将上述得到的计算结果代入下式计算：

$$\begin{cases}\dfrac{m_{co}}{\rho_c}+\dfrac{m_{wo}}{\rho_w}+\dfrac{m_{so}}{\rho_s}+\dfrac{m_{go}}{\rho_g}+0.01\alpha=1\\[2ex]\dfrac{m_{so}}{m_{so}+m_{go}}\times100=\beta_s\end{cases}\Rightarrow\begin{cases}\dfrac{m_{so}}{2630}+\dfrac{m_{go}}{2700}=1-\dfrac{340}{3100}-\dfrac{143}{1000}-0.01\times1\\[2ex]\dfrac{m_{so}}{m_{so}+m_{go}}\times100=34\end{cases}$$

解得：砂用量 $m_{so}=671$ kg/m³，碎石用量 $m_{go}=1302$ kg/m³。

验算：碎石的体积填充率$=\dfrac{m_{go}}{\rho_{gh}}\times100\%=\dfrac{1302}{1701}\times100\%=74.2\%$，符合要求。

故该混凝土路面的初步配合比是：$m_{co}:m_{wo}:m_{so}:m_{go}=340:143:671:1\ 302$。

路面混凝土的基准配合比、设计配合比与施工配合比的设计内容与普通混凝土相同，故此处不再赘述。

5.10 泵送混凝土

5.10.1 泵送混凝土定义及特点

1. 定义

将搅拌好的混凝土，其坍落度不低于 100 mm，采用混凝土输送泵沿管道输送和浇筑，称为泵送混凝土(pumping concrete)。由于施工工艺上的要求，所采用的施工设备和混凝土配合比都与普通施工方法不同。

2. 特点

采用混凝土泵输送混凝土拌和物，可一次连续完成垂直和水平输送，而且可以进行浇筑，因而生产率高，节约劳动力，特别适用于工地狭窄和有障碍的施工现场，以及大体积混凝土结构物和高层建筑。

5.10.2 泵送混凝土的可泵性

1. 可泵性

泵送混凝土是拌和料在压力下沿管道内进行垂直和水平的输送，它的输送条件与传统的输送有很大的不同。因此，对拌和料性能的要求与传统的要求相比，既有相同点也有不同的特点。按传统方法设计的有良好工作性(流动性和黏聚性)的新拌混凝土，在泵送时不一定有良好的可泵性，有时会发生泵压陡升和阻泵现象。阻泵和堵泵会造成施工困难。这就要求混凝土学者对新拌混凝土的可泵性作出较科学又较实用的阐述，如什么叫可泵性、如何评价可泵性、泵送拌和料应具有什么样的性能、如何设计等，并找出影响可泵性的主要因素和提高可泵性的材料设计措施，从而提高配制泵送混凝土的技术水平。在泵送过程中，拌和料与管壁产生摩擦，在拌和料经过管道弯头处遇到阻力，拌和料必须克服摩擦阻力和弯头阻力方能顺利地流动。因此，简而言之，可泵性实则就是拌和料在泵压下，在管道中移动摩擦阻力和弯头阻力之和的倒数。阻力越小，则可泵性越好。

2. 评价方法

基于目前的研究水平，新拌混凝土的可泵性可用坍落度和压力泌水值双指标来评价。压力泌水值是在一定的压力下，一定量的拌和料在一定的时间内泌出水的总量，以总泌水量(M_l)或单位混凝土泌水量(kg/m^3)表示。压力泌水值太大，泌水较多，阻力大，泵压不稳定，可能堵泵；但是如果压力泌水值太小，拌和物黏稠，结构黏度过大，阻力大，也不易泵送。因此，压力泌水值有一个合适的范围。实际施工现场测试表明，对于高层建筑坍落度大于 160

mm 的拌和料,压力泌水值为 70～110 mL(40～70 kg/m³ 混凝土)较合适。对于坍落度为 100～160 mm 的拌和料,合适的泌水量范围相应还小一些。

5.10.3　坍落度损失

混凝土拌和料从加水搅拌到浇灌要经历一段时间,在这段时间内拌和料逐渐变稠,流动性(坍落度)逐渐降低,这就是所谓"坍落度损失"。如果这段时间过长,环境气温又过高,坍落度损失可能很大,则将会给泵送、振捣等施工过程带来很大困难,或者造成振捣不密实,甚至出现蜂窝状缺陷。坍落度损失的原因是:(1)水分蒸发;(2)水泥在形成混凝土的最早期开始水化,特别是 C_3A 水化形成水化硫铝酸钙需要消耗一部分水;(3)新形成的少量水化生成物表面吸附一些水。这几个原因都使混凝土中游离水逐渐减少,致使混凝土流动性降低。

在正常情况下,加水搅拌开始后最初 0.5 h 内水化物很少,坍落度降低也只有 2～3 cm,随后坍落度以一定速率降低。如果从搅拌到浇筑或泵送时间间隔不长,环境气温不高(低于 30 ℃),坍落度的正常损失问题还不大,只需略提高预拌混凝土的初始坍落度以补偿运输过程中的坍落度损失。如果从搅拌到浇筑的时间间隔过长,气温又过高,或者出现混凝土早期不正常的稠化凝结,则必须采取措施解决坍落度损失过快的问题。

当坍落度损失成为施工中的问题时,可采取下列措施减缓坍落度损失:

1. 在炎热季节采取措施降低骨料温度和拌和水温;在干燥条件下,采取措施防止水分过快蒸发。

2. 在混凝土设计时,考虑掺加粉煤灰等矿物掺和料。

3. 在采用高效减水剂的同时,掺加缓凝剂或引气剂或两者都掺。两者都有延缓坍落度损失的作用,缓凝剂作用比引气剂更显著。

5.10.4　泵送混凝土对原材料的要求

泵送混凝土对材料的要求较严格,对混凝土配合比要求较高,要求施工组织严密,以保证连续进行输送,避免较长时间的间歇而造成堵塞。泵送混凝土除了根据工程设计所需的强度外,还需要根据泵送工艺所需的流动性、不离析、少泌水的要求配制可泵的混凝土混合料。其可泵性取决于混凝土拌和物的和易性。在实际应用中,混凝土的和易性通常根据混凝土的坍落度来判断。许多国家都对泵送混凝土的坍落度做了规定,一般认为 8～20 cm 较合适,具体的坍落度值要根据泵送距离和气温对混凝土的影响而定。

1. 水泥

(1)最小水泥用量

在泵送混凝土中,水泥砂浆起到润滑输送管道和传递压力的作用。用量过少,混凝土和易性差,泵送压力大,容易产生堵塞;用量过多,水泥水化热高,大体积混凝土由于温度应力作用容易产生温度裂缝,而且混凝土拌和物的黏性增加,会增大泵送阻力,也不利于混凝土结构物的耐久性。

为保证混凝土的可泵性,有一最少水泥用量的限制。国外对此一般规定为 250～300

kg/m^3，我国《钢筋混凝土工程施工及验收规范》规定泵送混凝土的最少水泥用量为 300 kg/m^3。实际工程中，许多泵送混凝土中水泥用量远低于此值，且耐久性良好。但是最佳水泥用量应根据混凝土的设计强度等级、泵压、输送距离等通过试配、调整确定。

(2)水泥品种

《普通混凝土配合比设计规程》(JGJ 55-2000)规定，泵送混凝土要求混凝土具有一定的保水性，不同的水泥品种对混凝土的保水性有影响。一般情况下，矿渣硅酸盐水泥由于保水性差，泌水大，不宜配制泵送混凝土，但其可以通过降低坍落度，适当提高砂率，以及掺加优质粉煤灰等措施而被使用。普通硅酸盐水泥和硅酸盐水泥通常优先被选用配制泵送混凝土，但其水化热大，不宜用于大体积混凝土工程。可以通过加入缓凝型引气剂和矿物细掺料来减少水泥用量，进一步降低水泥水化热而用于大体积混凝土工程。

2. 骨料

骨料的形状、种类、粒径和级配对泵送混凝土的性能有较大的影响。

(1)粗骨料

①最大粒径。由于三个石子在同一断面处相遇最容易引起管道阻塞，故碎石的最大粒径与输送管内径之比宜小于或等于 1∶3，卵石则宜小于 1∶2.5。

②颗粒级配。对于泵送混凝土，其对颗粒级配尤其是粗骨料的颗粒级配要求较高，以满足混凝土和易性的要求。

(2)细骨料

实践证明，在骨料级配中，细度模数为 2.3～3.2，粒径在 0.30 mm 以下的细骨料所占比例非常重要，其比例不应小于 15%，最好能达到 20%，这对改善混凝土的泵送性非常重要。

3. 矿物细掺料——粉煤灰

在混凝土中掺加粉煤灰是提高可泵性的一个重要措施，因为粉煤灰的多孔表面可吸附较多的水，因此，可减少混凝土的压力泌水。高质量的Ⅰ级粉煤灰的加入会显著降低混凝土拌和料的屈服剪切应力，从而提高混凝土的流动性，改善混凝土的可泵性，提高施工速度；但是低质量粉煤灰对流动性和黏聚性都不利，在泵送混凝土中掺加的粉煤灰必须满足Ⅱ级以上的质量标准。此外，加入粉煤灰，还有一定的缓凝作用，降低混凝土的水化热，提高混凝土的抗裂性，有利于大体积混凝土的施工。

5.10.5　泵送混凝土配合比设计基本原则

除按水泥混凝土配合比设计的计算与试配规定外，还应符合以下规定：

(1)混凝土的可泵性，10 s 时的相对压力泌水率不宜超过 40%。

(2)泵送混凝土的水灰比宜为 0.4～0.6。

(3)泵送混凝土的砂率宜为 35%～45%。

(4)泵送混凝土的最小水泥用量宜为 300 kg/m^3。

(5)泵送混凝土应掺加泵送剂或减水剂，掺引气型外加剂时，混凝土含气量不宜超过 4%。

(6)泵送混凝土应根据所用材料的质量、泵的种类、输送管的直径、输送距离、气候条件、浇筑部位及浇筑方法等具体条件进行试配，试配时要求的坍落度值应按下列公式计算：

$$T_t = T_p + \Delta T$$

式中，T_t—试配时要求的坍落度值；

T_p—入泵时要求的坍落度值，可按表 5-43 选用。

表 5-43　不同泵送高度入泵时坍落度选用值

泵送高度/m	<30	30～60	60～100	>100
坍落度/mm	100～140	140～160	160～180	180～200

5.11　高性能混凝土简述

5.11.1　引言

1. 初期的观点

高性能混凝土(high performance concrete)必须是高强度，或者说高强混凝土属于高性能混凝土范畴。高性能混凝土必须是流动性好、可泵性好的混凝土，以保证施工的密实性。高性能混凝土一般要控制坍落度损失，以保证施工要求的工作度。耐久性是高性能混凝土的重要指标，但混凝土达到高强后，自然会有高的耐久性。

2. 国外的观点

(1)美、加学派认为，高性能混凝土不仅要求高强度，还应具有高耐久性，如高体积稳定性(高弹性模量、低干缩率、低徐变和低的温度应变)、高抗渗性和高和易性。

(2)日本学者认为，高性能混凝土应具有高和易性、低温升、低干缩率、高抗渗性和足够的强度，属于水胶比很低的混凝土家族。

(3)第一届国际高性能混凝土研讨会将其定义为：靠传统的组分和普通的拌和、浇筑、养护方法不可能制备出的具有所要求性质和均匀性的混凝土。

3. 国内学术观点

吴中伟、廉慧珍教授在 1999 年 9 月出版的《高性能混凝土》中提出，高性能混凝土是一种新型高技术混凝土，是在大幅度提高水泥混凝土性能的基础上采用现代混凝土技术制作的混凝土。它以耐久性作为设计的主要指标。针对不同用途要求，高性能混凝土对下列性能重点地予以保证：耐久性、和易性、适用性、强度、体积稳定性、经济性。为此，高性能混凝土在配置上的特点是低水胶比，选用优质原材料，必须掺加足够数量的矿物细粉和高效减水剂。高性能混凝土不一定是高强混凝土。

5.11.2　高性能混凝土的组成和结构

1. 水泥混凝土的组成和结构

(1)硬化水泥浆体的微结构

充分水化的水泥浆体组成是:CSH 凝胶约占 70%,$Ca(OH)_2$约占 20%,钙矾石和单硫型水化硫铝酸钙等约占 7%,未水化熟料的残留物和其他杂质约占 3%。此外,还有大量的凝胶孔及毛细孔。

(2)混凝土中的界面

①界面过渡层的特点

A. W/C 高;

B. 孔隙率大;

C. 硅酸钙水化物的钙硅比大;

D. $Ca(OH)_2$和钙矾石结晶颗粒多;

E. $Ca(OH)_2$取向生长。

②影响界面过渡层厚度和性质的因素

A. 骨料的性质。骨料表面积增大,过渡层厚度变小,粗糙的表面可以降低 $Ca(OH)_2$取向的程度。

B. 胶凝材料[活性细掺料减少 $Ca(OH)_2$的含量和取向生长]。

C. 混凝土水灰比。

D. 混凝土制作工艺。如用部分水泥以低水灰比(0.15～0.20)的净浆和石子进行第一次搅拌,然后再加入砂子,用其余的水泥和正常的水灰比进行第二次搅拌,这样,第一次搅拌在石子表面形成水灰比很低的水泥浆薄层,$Ca(OH)_2$在界面处含量低,取向程度低。

E. 其他。如各种外加剂。

③中心质假说

A. 把不同尺寸的分散相称为中心质,把连续相称为介质。例如,钢筋、骨料、纤维等称为大中心质,水化产物称为介质,少量空气和水称为负中心质。

B. 各级中心质和介质之间存在过渡层,中心质以外所存在的组成、结构和性能的变异范围都属于过渡层。

C. 各级中心质和介质都存在相互影响的效应,称为“中心质效应”。例如,混凝土中的骨料就是大中心质,它对周围介质所产生的吸附、化合、机械咬合、粘接、稠化、强化、晶核作用、晶体取向、晶体连生等一切物理、化学效应均称为“大中心质效应”,效应所能达到的范围称为“效应圈”,过渡层是效应圈的一部分。

D. 有利的大中心质效应不仅可改善过渡层的大小和结构,而且效应圈中的大介质具有大中心质的某些性质,增加有利的效应,减少不利的效应,对改善混凝土的宏观行为能起到重要的作用。

2. 高性能混凝土的组成和结构

(1)高性能混凝土的水泥石微结构

按照中心质假说，属于次中心质的未水化水泥颗粒（H 粒子）、属于次介质的水泥凝胶（L 粒子）和属于负中心质的毛细孔组成水泥石。从强度的角度看，孔隙率一定时，H/L 值越大，水泥石强度越高，但有个最佳值，超过后随其提高而下降。在一定范围内，H/L 最佳值随孔隙率下降而提高。也就是说，在次中心质的尺度上，一定量的孔隙率需要一定量的次中心质以形成足够的效应圈，起到效应叠加的作用，改善次介质。在水灰比很低的高性能混凝土中，水泥石的孔隙率很低，在一定的 H/L 值下，强度随孔隙率的减少而提高。因此，尽管水泥的水化程度很低，水泥石中保留了很大的 H/L 值，但与很低的孔隙率和良好的孔结构相配合，可得到高强度。

（2）高性能混凝土的界面结构和性能

高性能混凝土的界面特点主要也是由低水灰比和掺入外加剂与矿物细粉带来的。由于低水灰比提高了水泥石强度和弹性模量，使水泥石和骨料弹性模量的差距变小，因而使界面处水膜层厚度减少，晶体生长的自由空间减少。掺入的活性矿物细粉与 $Ca(OH)_2$ 反应后，会增加 CSH 和 AFt，减少 $Ca(OH)_2$ 含量，并且干扰水化物的结晶，因此水化物结晶颗粒尺寸变小，富集程度和取向程度下降，硬化后的界面孔隙率也下降。

（3）高性能混凝土结构的模型

①孔隙率很低，而且基本上不存在大于 100 nm 的大孔；

②水化物中 $Ca(OH)_2$ 减少，CSH 和 AFt 增多；

③未水化颗粒多，未水化颗粒和矿物细粉等各级中心质增多（H/L 增大），各中心质间的距离缩短，有利的中心质效应增多，中心质网络骨架得到强化；

④界面过渡层厚度小，并且孔隙率低，$Ca(OH)_2$ 数量减少，取向程度下降，水化物结晶颗粒尺寸减小，更接近于水泥石本体水化物的分布，因而得到加强。

5.11.3 高性能混凝土的原材料

1. 水泥

高性能混凝土所用的水泥最好是强度高且同时具有良好的流变性能，并与所用的混凝土外加剂相容性好的水泥。但在我国目前技术水平下，为避免水泥水化热大、需水量大、与外加剂相容性差、不易保存等问题，建议使用强度等级为 52.5 的普通硅酸盐水泥或中热硅酸盐水泥。

2. 矿物细掺料

矿物细掺料在高性能混凝土中的作用：

（1）改善新拌混凝土的和易性和抹面质量；

（2）降低混凝土的温升；

（3）调整实际构件中混凝土强度的发展；

（4）增进混凝土的后期强度；

（5）提高抗化学侵蚀的能力，提高混凝土耐久性；

（6）不同品质矿物细掺料复合使用的“超叠效应”。

另外，在高性能混凝土中加入膨胀剂可在约束条件下产生一定的自应力，以补偿水泥的干缩和由于低水胶比造成的“自生收缩”，并在限制条件下增加强度。但必须控制好剂量和拌和两个环节，否则将适得其反。

3. 外加剂

外加剂主要有高效减水剂、引气剂、缓凝剂。

4. 骨料

(1)粗骨料。强度高，清洁，颗粒尽量接近等径状，针片状颗粒尽量少，不含碱活性组分，最好不用卵石。

(2)细骨料。高性能混凝土宜用粗中砂，最好的砂要求600 μm筛的累计筛余大于70%，300 μm筛的累计筛余大于85%～95%，而150 μm筛的累计筛余大于98%。

5.11.4　实例

日本明石海峡大桥水下浇筑混凝土的配合比特点是使用多组分胶凝材料、多组分外加剂，坍落度为250 mm，并长期保持低水灰比、低水泥用量。W/C为0.33，砂率为45%，水142 kg，水泥172 kg，矿渣172 kg，粉煤灰86 kg，海砂501 kg，破碎砂270 kg，碎石965 kg，外加剂为高效减水剂、引气剂、塑化剂。其中石子的最大粒径为20 mm，破碎砂细度模数为3.06，28 d强度为51.9 MPa。

5.12　建筑砂浆

砂浆是由胶凝材料、细骨料、水，有时也加入适量掺和料和外加剂混合，在工程中起黏结、铺垫、传递应力作用的土木工程材料，又称为无骨料的混凝土。砂浆在土木结构工程中不直接承受荷载，而是传递荷载。它可以将块状、粒状的材料砌筑黏结为整体，修建各种建筑物，如桥涵、堤坝和房屋的墙体等；或者薄层涂抹在表面上，在装饰工程中，梁、柱、地面、墙面等在进行表面装饰之前要用砂浆找平抹面，来满足功能的需要，并保护结构的内部。在采用各种石材、面砖等贴面时，一般也用砂浆作黏结和镶缝。

砂浆按所用的胶凝材料可分为水泥砂浆、水泥混合砂浆、石灰砂浆、石膏砂浆和聚合物砂浆等。

砂浆按用途分为砌筑砂浆、抹面砂浆和特种砂浆。

5.12.1　*砌筑砂浆*

能够将砖、石块、砌块黏结成砌体的砂浆称为砌筑砂浆(masonry mortar)。其在土木工程中用量很大，起黏结、垫层及传递应力的作用。

1. 砌筑砂浆的材料组成

(1)胶凝材料

砂浆中使用的胶凝材料有各种水泥、石灰、石膏和有机胶凝材料等，常用的是水泥和石灰。

①水泥。砂浆可采用普通硅酸盐水泥、矿渣硅酸盐水泥、复合硅酸盐水泥、火山灰质硅酸盐水泥等常用品种的水泥或砌筑水泥。水泥的强度等级一般选择等级较低的强度等级为32.5的水泥，但对于高强砂浆也可以选择强度等级为42.5的水泥。水泥的品种应根据砂浆的使用环境和用途选择。在配制某些专门用途的砂浆时，还可以采用某些专用水泥和特种水泥，如用于装饰砂浆的白水泥，用于粘贴砂浆的粘贴水泥等。

②石灰。为节约水泥，改善砂浆的和易性，砂浆中常掺入石灰膏配制成混合砂浆，当对砂浆的要求不高时，有时也单独用石灰配制成石灰砂浆。砂浆中使用的石灰应符合技术要求。为保证砂浆的质量，应将石灰预先消化，并经"陈伏"，消除过火石灰的膨胀破坏作用后在砂浆中使用。在满足工程要求的前提下，也可以使用工业废料，如电石灰膏等。

(2)细骨料

细骨料在砂浆中起骨架和填充作用，对砂浆的流动性、黏聚性和强度等技术性能影响较大。性能良好的细骨料可以提高砂浆的工作性和强度，尤其对砂浆的收缩开裂有较好的抑制作用。

砂浆中使用的细骨料原则上应采用符合混凝土用砂技术要求的优质河砂。由于砂浆层一般较薄，因此，对砂子的最大粒径有所限制。用于砌筑毛石砌体的砂浆，砂子的最大粒径应小于砂浆层厚度的1/5～1/4；用于砖砌体的砂浆，砂子的最大粒径应不大于2.5 mm；用于光滑的抹面及勾缝的砂浆，应采用细砂，且最大粒径应小于1.2 mm。用于装饰的砂浆，还可采用彩砂、石渣等。砂子中的含泥量对砂浆的和易性、强度、变形性和耐久性均有影响。由于砂子中含有少量泥，可改善砂浆的黏聚性和保水性，故砂浆用砂的含泥量可比混凝土略高。对强度等级为M2.5以上的砌筑砂浆，含泥量应小于5%；对强度等级为M2.5的砂浆，含泥量应小于10%。

砂浆用砂还可根据原材料情况，采用人工砂、山砂、特细砂等，但应根据经验并经试验后，确定其技术要求，在保温砂浆、吸声砂浆和装饰砂浆中，还采用轻砂(如膨胀珍珠岩)、白色或彩色砂等。

(3)掺和料和外加剂

在砂浆中，掺和料是为改善砂浆和易性而加入的无机材料，如石灰膏、粉煤灰、沸石粉等，砂浆中使用的粉煤灰和沸石粉应符合国家现行标准《粉煤灰在混凝土和砂浆中应用技术规程》(JGJ 28-1986)和《天然沸石粉在混凝土与砂浆中应用技术规程》(JGJ/T 112-1997)的要求。为改善砂浆的和易性及其他性能，还可以在砂浆中掺入外加剂，如增塑剂、早强剂、防水剂等。砂浆中掺用外加剂时，不但要考虑外加剂对砂浆本身性能的影响，还要根据砂浆的用途，考虑外加剂对砂浆的使用功能有哪些影响，并通过试验确定外加剂的品种和掺量。为了提高砂浆的和易性，改善硬化后砂浆的性质，节约水泥，可在水泥砂浆或混合砂浆中掺入外加剂，最常用的是微沫剂，它是一种松香热聚物，掺量一般为水泥质量的0.005%～0.010%，以通过试验的调配掺量为准。

(4)拌和水

砂浆拌和用水的技术要求与混凝土拌和用水相同，应采用洁净，无油污和硫酸盐等杂质的可饮用水，为节约用水，经化验分析或试拌验证合格的工业废水也可以用于拌制砂浆。

2. 砌筑砂浆的技术性质

砌筑砂浆的技术性质，主要包括新拌砂浆的和易性，硬化后砂浆的强度和黏结强度，以及抗冻性、收缩值等指标。

(1)新拌砂浆的和易性

和易性是指新拌制的砂浆拌和物的工作性,砂浆在硬化前应具有良好的和易性,即砂浆在搅拌、运输、摊铺时易于流动并不易失水的性质。和易性包括流动性和保水性两个方面。

①流动性(mobility)。砂浆的流动性是指砂浆在重力或外力的作用下流动的性能。砂浆的流动性用"稠度"来表示。砂浆稠度的大小用沉入度表示,沉入度是指标准试锥在砂浆内自由沉入10 s时沉入的深度,单位用mm表示。沉入量大的砂浆流动性好。

砂浆稠度的选择:沉入量的大小与砌体基材、施工气候有关。可根据施工经验来拌制,并应符合《砖石工程施工及验收规范》(GB 50203-1998)的规定,如表5-44所示。

表5-44　砌筑砂浆沉入量的选择

砌体种类	砂浆稠度/mm
轻骨料混凝土小型空心砌块	60～90
烧结多孔砖、空心砖	50～70
烧结普通砖平拱式过梁	
空斗墙、筒拱	
普通混凝土小型空心砌块	
加气混凝土砌块	
石砌体	30～50

②保水性(water retentivity)。保水性是指新拌砂浆保持内部水分不流出的能力。它反映了砂浆中各组分材料不易分离的性质。保水性好的砂浆在运输、存放和施工过程中,水分不易从砂浆中离析,砂浆能保持一定的稠度,使砂浆在施工中能均匀地摊铺在砌体中间,形成均匀密实的连接层。保水性不好的砂浆在砌筑时,水分容易被吸收,从而影响砂浆的正常硬化,最终降低砌体的质量。

影响砂浆保水性的主要因素有胶凝材料的种类及用量、掺和料的种类及用量、砂的质量及外加剂的品种和掺量等。

在拌制砂浆时,有时为了提高砂浆的流动性、保水性,常加入一定的掺和料(石灰膏、粉煤灰、石膏等)和外加剂。加入的外加剂不仅可以改善砂浆的流动性、保水性,而且有些外加剂能提高硬化后砂浆的黏结力和强度,改善砂浆的抗渗性和干缩等。

砂浆的保水性用分层度来表示,单位为mm。保水性好的砂浆分层度不应大于30 mm,否则,砂浆易产生离析、分层现象,不便于施工;但分层度过小,接近于零时,水泥浆量多,砂浆易产生干缩裂缝。因此,砂浆的分层度一般控制在10～30 mm。

(2)硬化后砂浆的强度及强度等级

砂浆抗压强度是以标准立方体试件(70.7 mm×70.7 mm×70.7 mm),一组6块,在标准养护条件下,测定其28 d的抗压强度值而定的。根据砂浆的平均抗压强度,将砂浆分为M20、M15、M10、M7.5、M5.0、M2.5、M1.0七个强度等级。

影响砂浆抗压强度的因素很多,很难用简单的公式表达砂浆的抗压强度与其组成材料之间的关系。因此,在实际工程中,对于具体的组成材料,大多根据经验和通过试配,经试验确定砂浆的配合比。

与混凝土相似，用于不吸水底面（如密实的石材）砂浆的抗压强度主要取决于水泥强度和水灰比。关系式如下：

$$f_{m,o}=A\times f_{ce}\times\left(\frac{C}{W}-B\right)$$

式中，$f_{m,o}$—砂浆 28 d 抗压强度，MPa；

f_{ce}—水泥 28 d 实测抗压强度，MPa；

A、B—与骨料种类有关的系数（可根据试验资料统计确定）；

C/W—灰水比。

用于吸水底面（如砖或其他多孔材料）的砂浆，即使用水量不同，但因底面吸水且砂浆具有一定的保水性，经底面吸水后，所保留在砂浆中的水分几乎是相同的，因此砂浆的抗压强度主要取决于水泥强度及水泥用量，而与砌筑前砂浆中的水灰比基本无关。其关系如下：

$$f_{m,o}=A\cdot f_{ce}\cdot\frac{Q_c}{1\,000}+B$$

式中，Q_c—水泥用量，kg。

砌筑砂浆的配合比可以根据上述两式并结合经验估算，并经试拌后检测各项性能后确定。

3. 砌筑砂浆的其他性能

(1)黏结力

砂浆的黏结力是影响砌体结构抗剪强度、抗震性、抗裂性等的重要因素。为了提高砌体的整体性，保证砌体的强度，要求砂浆要和基体材料有足够的黏结力。随着砂浆抗压强度的提高，砂浆与基层的黏结力提高。在充分润湿、干净、粗糙的基面，砂浆的黏结力较好。

(2)砂浆的变形性能

砂浆在硬化过程中、承受荷载或温度条件变化时均容易变形，变形过大会降低砌体的整体性，引起沉降和裂缝。在拌制砂浆时，如果砂过细、胶凝材料过多及用轻骨料拌制砂浆，会引起砂浆的较大收缩变形而开裂。有时，为了减少收缩，可以在砂浆中加入适量的膨胀剂。

(3)凝结时间

砂浆凝结时间以贯入阻力达到 0.5 MPa 为评定的依据。水泥砂浆不宜超过 8 h，水泥混合砂浆不宜超过 10 h，掺入外加剂应满足工程设计和施工的要求。

(4)砂浆的耐久性

砂浆应具有良好的耐久性，为此，砂浆应与基底材料有良好的黏结力、较小的收缩变形。受冻融影响的砌体结构对砂浆还有抗冻性的要求。对冻融循环次数有要求的砂浆，经冻融试验后，质量损失率不得大于 5%，抗压强度损失率不得大于 25%。

4. 砌筑砂浆的配合比设计

(1)设计原则

对于砌筑砂浆，一般根据结构的部位确定强度等级，查阅有关资料和表格选定配合比，如表 5-45 所示。

表 5-45　砌筑砂浆参考配合比(质量比)

砂浆强度等级	水泥砂浆(水泥：砂)	水泥混合砂浆	
		水泥：石灰膏：砂	水泥：粉煤灰：砂
M1.0	—	1：3.70：20.9	—
M2.5	—	1：2.10：13.19	—
M5.0	1：5	1：0.97：8.85	1：0.63：9.10
M7.5	1：4.4	1：0.63：7.30	1：0.45：7.25
M10	1：3.8	1：0.40：5.85	1：0.30：4.60

但有时在工程量较大时，为了保证质量和降低造价，应进行配合比设计，并经试验调整确定。

(2)配合比设计步骤

①砂浆配制强度的确定。砌筑砂浆应具有 95％的保证率，其配制强度按下式计算：

$$f_{m,o}=f_{m,k}-t\sigma_0=f_2+0.645\sigma_0$$

式中，$f_{m,o}$—砂浆的配制强度，MPa；

$f_{m,k}$—保证率为 95％时的砂浆设计强度标准值，MPa；

f_2—砂浆的抗压强度平均值(即砂浆设计强度等级，$f_2=f_{m,k}+\sigma_0$)，MPa；

t—概率度(当保证率为 95％时，$t=-0.645$)；

σ_0—砂浆现场强度标准差，MPa。

砂浆现场强度的标准差应通过有关资料统计得出，如无统计资料，可按表 5-46 取用。

表 5-46　不同施工水平的砂浆强度标准差(JGJ 98-2000)

施工水平	砂浆强度等级/MPa					
	M2.5	M5	M7.5	M10	M15	M20
优良	0.50	1.00	1.50	2.00	3.00	4.00
一般	0.62	1.25	1.88	2.50	3.75	5.00
较差	0.75	1.50	2.25	3.00	4.50	6.00

②计算水泥用量。砂浆中的水泥用量按下式计算确定：

$$Q_C=\frac{1\,000(f_{m,o}-B)}{A\times f_{ce}}$$

在无水泥的实测强度等级时，可按下式计算 f_{ce}：

$$f_{ce}=\gamma_c\cdot f_{ce,k}$$

式中，$f_{ce,k}$—水泥强度等级对应的强度值，MPa；

γ_c—水泥强度等级值的富裕系数(该值应按实际资料统计确定，无统计资料时，取 1.13～1.15)。

③掺和料的确定。为了保证砂浆有良好的和易性、黏结力和较小的变形，在配制砌筑砂浆时，一般要求水泥和掺和料总量为 300～400 kg，一般取 350 kg。水泥砂浆中水泥的最小用量不能低于 200 kg。

$$Q_D=Q_A-Q_C$$

式中，Q_D—每立方米砂浆的掺和料用量，kg；

Q_A—每立方米砂浆中水泥和掺和料总量，kg；

Q_C—每立方米水泥用量，kg。

但石灰膏的稠度不是 12 cm 时，其用量应乘以换算系数，换算系数见表 5-47。

表 5-47　石灰膏稠度的换算系数

石灰膏的稠度/cm	12	11	10	9	8
换算系数	1.00	0.99	0.97	0.95	0.93
石灰膏的稠度/cm	7	6	5	4	3
换算系数	0.92	0.90	0.88	0.86	0.85

④确定砂用量和水用量。砂浆中砂的用量取干燥状态下砂的堆积密度值（单位为 kg）。用水量根据砂浆稠度的要求，在 240～310 kg 范围内选用，如表 5-48 所示。

表 5-48　砂浆用水量选用表

砂浆类别	混合砂浆	水泥砂浆
用水量/kg	250～300	280～333

⑤当砂浆的初配确定以后，应进行砂浆的试配，试配时以满足和易性和强度要求为准，进行必要的调整，最后将所确定的各种材料用量换算成以水泥为 1 的质量比或体积比，即得到最后的配合比。

5. 砂浆配合比设计计算实例

某工程要求砖墙用砌筑砂浆使用水泥石灰混合砂浆。砂浆强度等级为 M7.5，稠度为 70～80 mm。原材料性能如下：水泥为 32.5 级普通硅酸盐水泥；砂子为中砂，干砂的堆积密度为 1 450 kg/m^3，砂的实际含水率为 3%；石灰膏稠度为 90 mm；施工水平一般。

(1)计算配制强度：

$$f_{m,o}=f_2+0.645\sigma_0=7.5+0.645\times1.88=8.7(\text{MPa})$$

(2)计算水泥用量：

$$Q_c=\frac{1\,000(f_{m,o}-B)}{\alpha f_{ce}}=\frac{1\,000\times(8.7+15.09)}{3.03\times32.5}=242(\text{kg})$$

(3)计算石灰膏用量：

$$Q_D=Q_A-Q_C=330-242=88(\text{kg})$$

石灰膏稠度 90 mm 换算成 120 mm，查表 5-47 得：

$$88\times0.95=84(\text{kg})$$

(4)根据砂的堆积密度和含水率，计算用砂量：

$$Q_s=1\,450\times(1+0.03)=1\,494(\text{kg})$$

砂浆试配时的配合比（质量比）为

水泥：石灰膏：砂＝242：84：1 494＝1：0.35：6.17

5.12.2　抹面砂浆

凡粉刷于土木工程的建筑物或构建表面的砂浆，统称为抹面砂浆。抹面砂浆有保护基层、增加美观的功能。抹面砂浆的强度要求不高，但要求保水性好，与基底的黏结力好，容易磨成均匀平整的薄层，长期使用不会开裂或脱落。

抹面砂浆按其功能不同可分为普通抹面砂浆、防水砂浆和装饰砂浆等。

1. 普通抹面砂浆

普通抹面砂浆用于室外、易撞击或潮湿的环境中，如外墙、水池、墙裙等，一般应采用水泥砂浆。普通抹面砂浆的功能是保护结构主体，提高耐久性，改善外观。常用抹面砂浆的配合比和应用范围可参考表 5-49。普通抹面砂浆的流动性和砂子的最大粒径可以参考表 5-50。

表 5-49　常用抹面砂浆的配合比和应用范围

材料	体积配合比	应用范围
石灰：砂	1：3	用于干燥环境中的砖石墙面打底或找平
石灰：黏土：砂	1：1：6	干燥环境墙面
石灰：石膏：砂	1：0.6：3	不潮湿的墙及天花板
石灰：石膏：砂	1：2：3	不潮湿的线脚及装饰
石灰：水泥：砂	1：0.5：4.5	勒角、女儿墙及较潮湿的部位
水泥：砂	1：2.5	用于潮湿的房间墙裙、地面基层
水泥：砂	1：1.5	地面、墙面、天棚
水泥：砂	1：1	混凝土地面压光
水泥：白石子	1：1.5	水磨石
石灰膏：麻刀	1：2.5	木板条顶棚底层
石灰膏：纸筋	1 m^3 灰膏掺 3.6 kg 纸筋	较高级的墙面及顶棚
石灰膏：麻刀	1：1.4(质量比)	木板条顶棚面层

表 5-50　抹面砂浆的流动性及砂子的最大粒径

抹面层	沉入度(人工抹面)/mm	砂的最大粒径/mm
底层	100～120	2.5
中层	70～90	2.5
面层	70～80	1.2

2. 防水砂浆

用作防水层的砂浆称为防水砂浆。砂浆防水层又称刚性防水层，适用于不受振动和具有一定刚度的混凝土和砖石砌体工程。

防水砂浆主要有普通水泥防水砂浆、掺加防水剂的防水砂浆、膨胀水泥和无收缩水泥防水砂浆三种。普通水泥防水砂浆是由水泥、细骨料、掺和料和水拌制成的砂浆。掺加防水剂的水泥砂浆是在普通水泥中掺入一定量的防水剂而制得的防水砂浆，是目前应用广泛的一种防水砂浆。常用的防水剂有硅酸钠类、金属皂类、氯化物金属盐及有机硅类等。膨胀水泥和无收缩水泥防水砂浆是采用膨胀水泥和无收缩水泥制作的砂浆，利用这两种水泥制作的砂浆有微膨胀或补偿收缩性能，从而提高砂浆的密实性和抗渗性。

防水砂浆的配合比一般采用水泥：砂＝1：(2.5～3)，水灰比 0.5～0.55。水泥应采用

42.5强度等级的普通硅酸盐水泥，砂子应采用级配良好的中砂。

防水砂浆对施工操作技术要求很高。制备防水砂浆应先将水泥和砂干拌均匀，再加入水和防水剂溶液搅拌均匀。粉刷前，先在润湿清洁的底面上抹一层低水灰比的纯水泥浆（有时也用聚合物水泥浆），然后抹一层防水砂浆。在初凝前，用木抹子压实一遍，第二、三、四层都以同样的方法进行操作，最后一层要压光。粉刷时，每层厚度约为5 mm，共粉刷4～5层，共20～30 mm厚。粉刷完后，必须加强养护。

3. 装饰砂浆

装饰砂浆是指粉刷在建筑物内外墙表面，能够美化装饰、改善功能、保护建筑物抹面的砂浆。装饰砂浆所采用的胶凝材料除普通水泥、矿渣水泥等外，还可以应用白水泥、彩色水泥，或在常用水泥中掺加耐碱矿物颜料，配制成彩色水泥砂浆。装饰砂浆采用的骨料除普通河砂外，还可以使用色彩鲜艳的花岗石、大理石等色石及细石渣，有时也采用玻璃或陶瓷碎粒。有时也可以加入少量云母碎片、玻璃碎料、长石、贝壳等使表面获得发光效果。掺颜料的砂浆在室外抹灰工程中使用，总会受到风吹、日晒、雨淋及大气中有害气体的腐蚀，因此，装饰砂浆中的颜料应采用耐碱和耐光晒的矿物颜料。

外墙面的装饰砂浆有如下工艺做法：

(1)拉毛。先用水泥砂浆做底层，再用水泥石灰砂浆做面层。在砂浆尚未凝结之前，用抹刀将表面拍拉成凹凸不平的形状。

(2)水刷石。用颗粒细小（约5 mm）的石渣拌成的砂浆做面层，在水泥终凝前，喷水冲刷表面，冲洗掉石渣表面的水泥浆，使石渣表面外露。水刷石用于建筑物的外墙面，具有一定的质感，且经久耐用，不需要维护。

(3)干黏石。在水泥砂浆面层的表面，黏结粒径5 mm以下的白色或彩色石渣、小石子、彩色玻璃、陶瓷碎粒等。要求石渣黏结均匀、牢固。干黏石的装饰效果与水刷石相近，且石子表面更洁净、艳丽；避免了喷水冲洗的湿作业，施工效率高，而且节约材料和水。干黏石在预制外墙板的生产中有较多的应用。

(4)斩假石。又称为剁假石、斧剁石。砂浆的配制与水刷石基本一致。砂浆抹面硬化后，用斧刃将表面剁毛并露出石渣。斩假石的装饰效果与粗面花岗石相似。

(5)假面砖。将硬化的普通砂浆表面用刀斧锤凿刻画出线条；或者，在初凝后的普通砂浆表面用木条、钢片压画出线条；也可用涂料画出线条，将墙面装饰成仿砖砌体、仿瓷砖贴面、仿石材贴面等艺术效果。

(6)水磨石。用普通水泥、白水泥、彩色水泥或普通水泥加耐碱颜料拌和各种色彩的大理石石渣做面层，硬化后用机械反复磨平抛光表面而成。水磨石多用于地面、水池等工程部位。可事先设计图案色彩，磨平抛光后更具艺术效果。水磨石还可以制成预制件或预制块，作楼梯踏步、窗台板、柱面、台面、踢脚板、地面板等构件。室内外的地面、墙面、台面、柱面等也可以用水磨石进行装饰。

装饰砂浆还可以采用喷涂、弹涂、辊压等工艺方法，做成丰富多彩、形式多样的装饰面层。装饰砂浆操作方便，施工效率高。与其他墙面、地面装饰相比，成本低，耐久性好。

5.12.3　特种砂浆

1. 绝热砂浆

绝热砂浆(又称保温砂浆)是采用水泥、石灰、石膏等胶凝材料与膨胀珍珠岩、膨胀蛭石、陶粒、陶砂或聚苯乙烯泡沫颗粒等轻质骨料,按一定比例配制的砂浆。绝热砂浆质轻,且具有良好的绝热保温性能。其导热系数为 0.07～0.10 W/(m·K),一般用于屋面隔热层、隔热墙壁、冷库以及工业窑炉、供热管道隔热层等处。如在绝热砂浆中掺入或在绝热砂浆表面喷涂憎水剂,则这种砂浆的保温隔热效果会更好。

常用的保温砂浆有水泥膨胀珍珠岩砂浆、水泥膨胀蛭石砂浆、水泥石灰膨胀蛭石砂浆等。水泥膨胀珍珠岩砂浆用强度等级 42.5 的普通水泥配制,其体积比为水泥∶膨胀珍珠岩砂=1∶(12～15),水灰比为 1.5～2.0,导热系数为 0.067～0.074 W/(m·K),可用于砖及混凝土内墙表面抹灰或喷涂。

2. 膨胀砂浆

在水泥砂浆中加入膨胀剂或使用膨胀水泥,可配制膨胀砂浆。膨胀砂浆具有一定的膨胀特性,可补偿水泥砂浆的收缩,防止干缩开裂。膨胀砂浆还可以在修补工程和装配式大板工程中应用,靠其膨胀作用而填充缝隙,以达到黏结密封的目的。

3. 耐酸砂浆

耐酸砂浆是用水玻璃和氟硅酸钠加入石英砂、花岗石砂、铸石,按适当的比例配制的砂浆。具有耐酸性,可用于耐酸地面和耐酸容器的内壁防护层。

4. 吸声砂浆

由轻质多孔骨料制成的隔热砂浆,具有吸声性能。另外,用水泥、石膏、砂、锯末等也可以配制成吸声砂浆。如果在吸声砂浆内掺入玻璃纤维、矿物棉等松软的材料,能获得更好的吸声效果。吸声砂浆常用于室内的墙面和顶棚的抹灰。

5. 防辐射砂浆

防辐射砂浆是在水泥砂浆中加入重晶石粉和重晶石砂配制成的具有防 X 射线和 γ 射线功能的砂浆。其配合比约为水泥∶重晶石粉∶重晶石砂=1∶0.25∶(4～5)。配制砂浆时加入硼砂、硼酸可制成具有防中子辐射能力的砂浆。此类砂浆用于射线防护工程。

6. 聚合物砂浆

聚合物砂浆是在水泥砂浆中加入有机聚合物乳液配制而成的砂浆,具有黏结力强、干缩率小、脆性低、耐腐蚀性好等特性,用于修补和防护工程。常用的聚合物乳液有氯丁胶乳液、丁苯橡胶乳液、丙烯酸树脂乳液等。

实训与创新

1. 运用你掌握的知识，根据学校的实验条件，通过当地的实训基地——检测中心，设计一项简便易行的试验来检验水泥混凝土的和易性、耐久性或其他性能。

2. 根据你掌握的知识，综合考虑骨料的级配、水泥剂量、外加剂及施工工艺，配合实训基地——生产商品混凝土生产厂家的技术人员，配制一种水泥混凝土，要求其抗压强度与水泥用量之比越大越好，并撰写一篇科技小论文。

复习思考题与习题

5.1　混凝土用砂为何要提出级配和细度要求？两种砂的细度模数相同，其级配是否相同？反之，如果级配相同，其细度模数是否相同？

5.2　简述减水剂的作用机理，并综述混凝土掺入减水剂可获得的技术经济效果。

5.3　引气剂掺入混凝土中对混凝土性能有何影响？引气剂的掺量是如何控制的？

5.4　粉煤灰用作混凝土掺和料时，对粉煤灰的质量有哪些要求？粉煤灰掺入混凝土中，对混凝土产生什么效应？

5.5　水泥混凝土的和易性包括哪些内容？怎样测定？

5.6　什么是混凝土的可泵性？可泵性用什么指标评定？

5.7　混凝土的耐久性通常包括哪些方面的性能？影响混凝土耐久性的关键因素是什么？怎样提高混凝土的耐久性？

5.8　为什么混凝土中的水泥用量不能过多？

5.9　在水泥浆用量一定的条件下，为什么砂率过小和过大都会使混合料的流动性变差？

5.10　某混凝土搅拌站原使用砂的细度模数为2.5，后改用细度模数为2.1的砂。改砂后原混凝土配比不变，但坍落度明显变小。请分析原因。

5.11　影响混凝土强度的主要因素有哪些？怎样影响？如何提高混凝土的强度？

5.12　为什么混凝土在潮湿条件下养护时收缩较小，干燥条件下养护时收缩较大，而在水中养护时却不收缩？

5.13　某工程设计要求混凝土强度等级为C25，工地一个月内按施工配合比施工，先后取样制备了30组试件（15 cm×15 cm×15 cm立方体），测出每组（三个试件）28 d抗压强度代表值，见下表：

试件组编号	1	2	3	4	5	6	7	8	9	10
28 d抗压强度/MPa	24.1	29.4	20.0	26.0	27.7	28.2	26.5	28.8	26.0	27.5
试件组编号	11	12	13	14	15	16	17	18	19	20
28 d抗压强度/MPa	25.0	25.2	29.5	28.5	26.5	26.5	29.5	24.0	26.7	27.7
试件组编号	21	22	23	24	25	26	27	28	29	30
28 d抗压强度/MPa	26.1	25.6	27.0	25.3	27.0	25.1	26.7	28.0	28.5	27.3

请计算该批混凝土强度的平均值、标准差、保证率，评定该工程的混凝土能否验收，并评

估生产质量水平。

5.14　某工程需要配制C20的混凝土，经计算，初步配合比为1∶2.6∶4.6∶0.6(m_{co}∶m_{so}∶m_{go}∶m_{wo})，其中水泥密度为3.10 g/cm^3，砂的表观密度为2.600 g/cm^3，碎石的表观密度为2.650 g/cm^3。

(1)求1 m^{3}混凝土中各材料的用量。

(2)按照上述配合比进行试配，水泥和水各加5%后，坍落度才符合要求，并测得拌和物的表观密度为2 390 kg/m^3，求满足坍落度要求的各种材料用量。

5.15　粗细两种砂的筛分结果如下表：

砂别	筛孔尺寸/mm						
	4.75	2.36	1.18	0.60	0.30	0.15	<0.15
	分计筛余/g						
细砂	0	25	25	75	120	245	10
粗砂	50	150	150	75	50	25	0

这两种砂可否单独用于配制混凝土，以什么比例混合才能使用？

5.16　影响砌筑砂浆强度的因素有哪些？

5.17　配制砂浆时，为什么除水泥外常常还要加入一定量的其他胶凝材料？

5.18　某工地夏秋季需要配制M5.0的水泥石灰混合砂浆。采用32.5级普通水泥，砂子为中砂，堆积密度为1 480 kg/m^3，施工水平为中等。试求砂浆的配合比。

第6章　钢　材

教学目的：钢材是现代建筑工程中重要的结构材料，通过本章的学习，重点掌握钢材的分类和主要性能，为钢结构和钢筋混凝土结构设计打下基础。尤其近年来，必须越来越关注钢材的防火问题。

教学要求：结合钢材的实际性能，了解钢材的化学成分对其性能的影响；结合工程的实际，重点掌握钢材的主要性能指标、分类及使用场合。

6.1　建筑工程用钢材的冶炼和分类

6.1.1　建筑工程用钢材

建筑工程中所使用的钢材主要包括钢结构中使用的各种型钢、钢板、钢管以及钢筋混凝土结构所用的各种钢筋和钢丝。

钢材是在严格的技术控制下生产的材料，其质量均匀，强度高，有一定的塑性和韧性，能承受冲击荷载和振动荷载；既可以冷、热加工，又能焊接或铆接，便于预制和装配。因此，在土木建筑工程中大量使用钢材作为结构材料。用型钢制作钢结构，具有质量轻、安全度高的特点，尤其适用于大跨度及多层结构。由于钢材是国民经济各部门用量很大的材料，所以建筑工程中应节约钢材。钢筋混凝土结构的自重虽然大，但能大量节省钢材，还克服了钢结构易于锈蚀的特点。今后，随着混凝土和钢材强度的提高，钢筋混凝土结构自重大的缺点将得以改善。所以，钢筋混凝土将是今后的主要结构材料，钢筋和钢丝也成为重要的建筑工程材料。

由于建筑钢材主要用作结构材料，钢材的性能往往对结构的安全起着决定性的作用，因此，我们应对各种钢材的性能有充分的了解，以便在结构设计和施工中合理地选用。

6.1.2　钢的冶炼和加工对钢材质量的影响

钢铁的主要化学成分是铁和碳（又称铁碳合金），此外还有少量的硅、锰、磷、硫、氧和氮等。含碳量大于2%的铁碳合金称为生铁或铸铁，含碳量小于2%的铁碳合金称为钢。生铁是把铁矿石中的氧化铁还原成铁而得到的。钢则是将熔融的铁水进行氧化，使碳的含量降低到预定的范围，磷、硫等杂质含量降低到允许的范围而得到的。

在钢的冶炼过程中，碳被氧化成一氧化碳气体而逸出；硅、锰等氧化成氧化硅和氧化锰随钢渣被排除；磷、硫则在石灰的作用下，进入矿渣中被排出。由于炼钢过程中必须供给足够的氧以保证碳、硅、锰的氧化以及其他杂质的去除，因此，钢液中尚有一定数量的氧化铁。为了消除氧化铁对钢质量的影响，常在精炼的最后阶段，向钢液中加入硅铁、锰铁等脱氧剂，以去除钢液中的氧，这种操作工艺称为“脱氧”。

6.1.3 钢的分类

1. 按化学成分分类

(1)碳素钢(carbon steel)

含碳量为0.02%～2.06%的铁碳合金称为碳素钢，也称碳钢。其主要成分是铁和碳，还有少量的硅、锰、磷、硫、氧、氮等。根据含碳量的不同，碳素钢又分为三种：

①低碳钢(low carbon steel)。含碳量小于0.25%。

②中碳钢(medium carbon steel)。含碳量为0.25%～0.6%。

③高碳钢(high carbon steel)。含碳量大于0.6%。

(2)合金钢(alloy steel)

合金钢是碳素钢中加入一定的合金元素的钢。钢中除含有铁、碳和少量不可避免的硅、锰、磷、硫外，还含有一定量(有意加入的)硅、锰、钛、矾、铬、镍、硼等中的一种或多种合金元素。其目的是改善钢的性能或使其获得某些特殊性能。合金钢按合金元素总含量分为三种：

①低合金钢(low alloy steel)。合金元素总含量小于5%。

②中合金钢(medium alloy steel)。合金元素总含量为5%～10%。

③高合金钢(high alloy steel)。合金元素总含量大于10%。

建筑上所用的钢材主要是碳素钢中的低碳钢和合金钢中的低合金钢。

2. 按冶炼方法分类

(1)氧气转炉钢

氧气转炉钢是向转炉中烧融的铁水中吹入氧气而制成的钢。向转炉中吹入氧气能有效地除去磷、硫等杂质，而且可避免由空气带入的杂质，故质量较好。目前，我国多采用此法生产碳素钢和合金钢。

(2)平炉钢

以固态或液态铁、铁矿石或废钢铁为原料，煤气或重油为燃料，在平炉中炼制的钢称为平炉钢。平炉钢的冶炼时间长，有足够的时间调整和控制其成分，杂质和气体的去除较彻底，因此钢的质量较好。但因其设备投资大，燃料热效率不高，冶炼时间又长，故其成本较高。

(3)电炉钢

电炉钢是利用电流效应产生的高温炼制的钢。这种方法热效率高，除杂质充分，适合冶炼优质钢和特种钢。

3. 按脱氧程度分类

(1)沸腾钢(boiling steel)

沸腾钢是脱氧不充分的钢。脱氧后钢液中还剩余一定数量的氧化铁，氧化铁和碳继续作用放出一氧化碳气体，因此钢液在钢锭模内呈沸腾状态，故称沸腾钢，其代号为“F”。这种钢的优点是钢锭无缩孔，轧成的钢材表面质量和加工性能好，成品率高，成本较低，缺点是化学成分不均匀，易偏析，钢的致密程度较差，故其抗蚀性、冲击韧性和可焊性较差，尤其在低温时冲击韧性降低更显著。

(2)镇静钢(sedative steel)

镇静钢是脱氧充分的钢。由于钢液中氧已经很少，当钢液浇铸后在锭模内呈静止状态，故称镇静钢，其代号为“Z”。其优点是化学成分均匀，机械性能稳定，焊接性能和塑性较好，抗蚀性也较强；缺点是钢锭中有缩孔，成材率低。它多用于承受冲击荷载及其他重要的结构上。

(3)半镇静钢(half sedative steel)

半镇静钢的脱氧程度和性能均介于沸腾钢和镇静钢之间，并兼有两者的优点，其代号为“b”。

建筑工程用钢材主要是经热轧(热变形压力加工)制成并按热轧状态供应的。热轧工艺可使钢坯中大部分气孔焊合，晶粒破碎细化，钢材的质量提高。轧制的压缩比和停轧温度对质量的提高有影响。厚度和直径较大的钢材，与用同样钢坯轧制的薄钢材比较，因其轧制次数较少，停轧温度较高，故其强度稍差。

上述冶炼、轧制加工对钢材质量的影响，必然要反映到钢材标准和有关规范中去。例如，由于热轧加工的影响，在普通碳素结构钢标准中对不同尺寸的钢材分别规定了不同的强度要求。

建筑工程用钢材的主要钢种是普通碳素钢和合金钢中的普通低合金钢。

6.2 建筑工程用钢材的主要技术性能

建筑工程用钢材的技术性能主要有力学性能和工艺性能。其中力学性能是钢材最重要的使用性能，包括强度、弹性、塑性和耐疲劳性能等，工艺性能表示钢材在各种加工过程中的行为，包括冷变形性能和可焊接性等。

6.2.1 力学性能

1. 抗拉性能

钢材有较高的抗拉性能(tensile property)，它是建筑工程用钢材的重要性能。由拉力试验测得的屈服点、抗拉强度和伸长率是钢材的重要技术指标。

建筑工程用钢材的抗拉性能可由低碳钢(也称软钢)受拉的应力—应变图(图 6-1)来说明。图 6-1 中 *OABCD* 曲线上的任一点都表示在一定荷载作用下，钢材的应力(σ)和应变(ε)的关系。由图 6-1 可知，低碳钢的受拉过程可明显地划分为四个阶段。

(1)弹性阶段。应力—应变曲线在 *OA* 段为一直线。在 *OA* 范围内应力和应变保持正比例关系，卸去外力，试件恢复原状，无残余变形，这一阶段称为弹性阶段。曲线上和 *A* 点对应的应力称为弹性极限,常用 σ_p 表示。弹性阶段所产生的变形称为弹性变形。在 OA 线上任一点的应力与应变的比值为一常数,称为弹性模量,用 E 表示,即 $E=\sigma/\varepsilon$。弹性模量说明产生单位应变时所需应力的大小,弹性模量反映钢材的刚度,是钢材计算结构受力变形的重要指标。工程中常用的 Q235 钢的弹性极限 σ_p 为 180～200 MPa,弹性模量 E 为 $(2.0\sim2.1)\times10^5$ MPa。

(2)屈服阶段。当应力超过 A 点以后,应力和应变失去线性关系,AB 是一条复杂的曲线,由图 6-1 可知,当应力达到 $B_上$ 点时,钢材暂时失去对外力的抵抗作用,在应力不增长(在不大的范围内波动)的情况下,应变迅速增加,钢材内部发生“屈服”现象,直到 B 点为止。曲线上的 $B_上$ 点称为屈服上限,$B_下$ 点称为屈服下限。由于 $B_下$ 比较稳定,且较易测定,故一般以 $B_下$ 点对应的应力作为屈服点(又称屈服极限),用 σ_s 表示。Q235 钢的 σ_s 为 210～240 MPa。

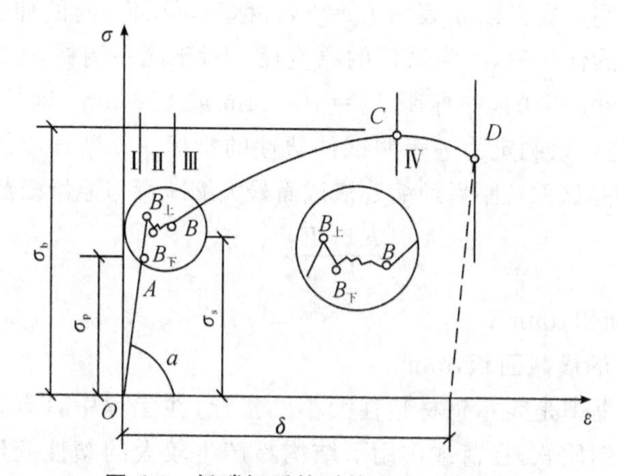

图 6-1 低碳钢受拉时的应力—应变图

屈服阶段表示钢材的性质由弹性转变为以塑性为主,这在实际应用上有重要意义。因为钢材受力达到屈服点以后,塑性变形即迅速增长,尽管钢材尚未破坏,但因变形过大已不能满足使用要求,所以 σ_s 是钢材在工作状态下允许达到的应力值,即应力不超过 σ_s,钢材不会发生较大的塑性变形,故结构设计中一般以 σ_s 作为强度取值的依据。

(3)强化阶段。应力超过 B 点后,由于钢材内部组织的变化,经过应力重分布以后,其抵抗塑性变形的能力又加强了,BC 曲线呈上升趋势,故称为强化阶段。对应于最高点 C 的应力称为抗拉强度(又称极限强度),用 σ_b 表示,它是钢材所承受的最大拉应力。Q235 钢的 σ_b 为 380～470 MPa。

抗拉强度在设计中虽然不像屈服点那样作为强度取值的依据,但屈服点与抗拉强度的比值(即屈强比 σ_s/σ_b)却能反映钢材的利用率和安全可靠程度。屈强比小,反映钢材在受力超过屈服点工作时的可靠程度大,因而结构的安全度高。但屈强比太小,则钢材可利用的应力值小,钢材利用率低,造成钢材浪费;反之,若屈强比过大,虽然提高了钢材的利用率,但其安全度却降低了。实际工程中选用钢材时,应在保证结构安全可靠的情况下,尽量选用大的屈强比,以提高钢材的利用率。一般情况下,合理的屈强比 σ_s/σ_b 为 0.60～0.75。Q235 钢的屈强比为 0.58～0.63,普通低合金钢的屈强比为 0.65～0.75,用于抗震结构的普通钢筋实测的屈强比应不低于 0.80。

(4)颈缩阶段。应力超过 C 点以后,钢材抵抗塑性变形的能力大大降低,塑性变形急剧增加,在薄弱处断面显著减小,出现"颈缩现象(necking phenomenon)"而断裂。

试件拉断后,将其拼合,测出标距内的长度 L_1,即可按下式计算其伸长率(specific elongation)δ_n:

$$\delta_n=\frac{L_1-L_0}{L_0}\times100\%$$

式中,L_0—试件原标距长度,mm;

L_1—试件拉断后标距间的长度,mm;

n—试件原标距长度与其直径之比。

应当指出,由于出现颈缩,塑性变形在试件标距内的分布是不均匀的,而且颈缩处的伸长较大。因而原标距与直径之比越大,则颈缩处伸长值在整个伸长值中的比重越小,结果计算出的伸长率则小一些。通常以 δ_5 表示 $L_0=5d_0$(称为短试件)时的伸长率,以 δ_{10} 表示 $L_0=10d_0$(称为长试件)时的伸长率,d_0 为试件的原直径。对于同一钢材,$\delta_5>\delta_{10}$。某些钢材的伸长率是采用定标距试件测定的,如标距 $L_0=100$ mm 或 200 mm,则伸长率用 δ_{100} 或 δ_{200} 表示。通过拉力试验,还可以测定另一表明试件塑性的指标——断面收缩率(shrinking rate of a cross-section,ψ)。它是试件拉断后颈缩处横截面最大缩减量与原始横截面积的百分比,即:

$$\psi=\frac{F_0-F}{F_0}\times100\%$$

式中,F_0—原始横截面积,mm^2;

F—断裂颈缩处的横截面积,mm^2。

伸长率和断面收缩率是表示钢材塑性大小的指标,在工程中具有重要意义。伸长率过大,断面收缩率过小,钢质软,在荷载作用下结构易产生较大的塑性变形,影响实际使用;伸长率过小,断面收缩率过大,钢质硬脆,当结构受到超载作用时,钢材易断裂。塑性良好(伸长率或断面收缩率在一定范围内)的钢材,即使在承受偶然超载时,钢材通过产生塑性变形而使其内部应力重新分布,从而克服了因应力集中而造成的危害。此外,对塑性良好的钢材,可以在常温下进行加工,从而得到不同形状的制品,并使其强度和塑性得到一定程度的改善。因此,在实际使用中,尤其受动荷载作用的结构,对钢材的塑性有较高的要求。

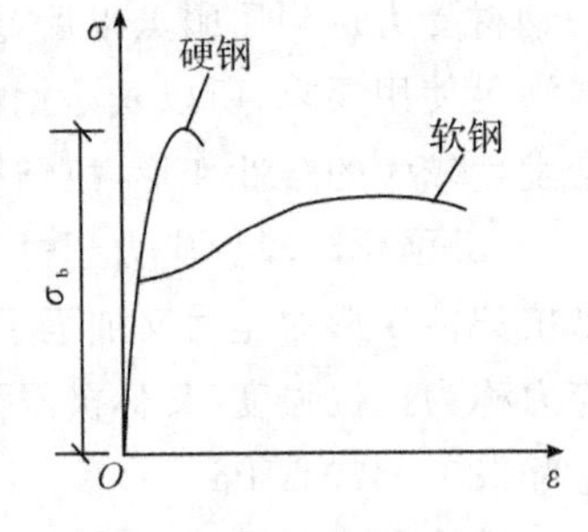

图 6-2　硬钢与软钢的应力—应变曲线比较

高碳钢(包括高强度钢筋和钢丝,也称硬钢)受拉时的应力—应变曲线与低碳钢的完全不同,见图 6-2。其特点是没有明显的屈服阶段,抗拉强度高,伸长率小,拉断时呈脆性破坏。这类钢因无明显的屈服阶段,故不能测定其屈服点。因此,规定残余应变为 0.2%时的应力作为屈服点,以 $\sigma_{0.2}$ 表示,称其为条件屈服点。

2. 冲击韧性

钢材在瞬间动载作用下,抵抗破坏的能力称为冲击韧性(impact toughness)。冲击韧性的大小是用带有 V 形刻槽的标准试件的弯曲冲击韧性试验确定的(图 6-3)。以摆锤打击试件时,于刻槽处试件被打断,试件单位截面积(cm^2)上所消耗的功,即为钢材的冲击韧性指标，以冲击功(也称冲击值)a_k 表示。a_k 值越大，表示冲断试件时消耗的功越多，钢材的冲击韧性越好。钢材的冲击韧性受其化学成分、组织状态、轧制与焊接质量、环境温度以及时间等因素的影响。

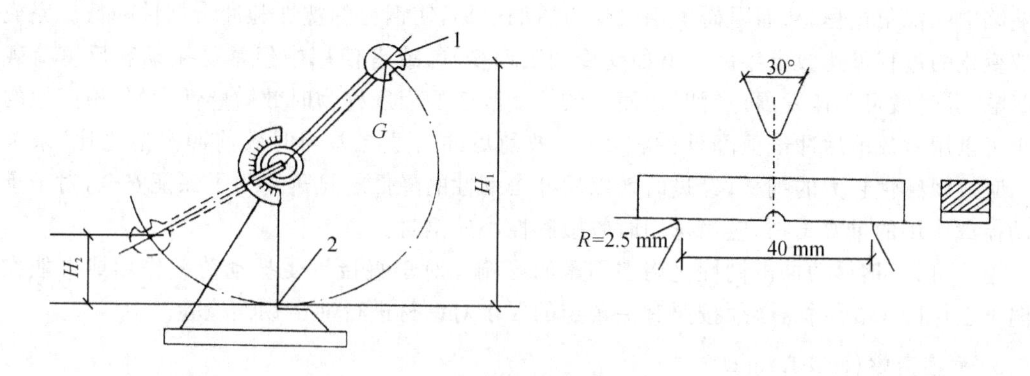

1—摆锤；2—试件

图 6-3　冲击韧性试验

(1)化学成分与组织状态对冲击韧性的影响

当钢中的硫、磷含量较高，且存在偏析及非金属夹杂物时，a_k 值下降。细晶结构的 a_k 值比粗晶结构的高。

(2)轧制与焊接质量对冲击韧性的影响

试验时沿轧制方向取样比沿垂直于轧制方向取样的 a_k 值高。焊接件中形成的热裂纹及晶体组织的不均匀分布，将使 a_k 值显著降低。

(3)环境温度对冲击韧性的影响

实验表明，钢材的冲击韧性受环境温度的影响很大。为了找出这种影响的变化规律，可在不同温度下测定其冲击值，将试验结果绘成曲线，如图 6-4 所示。由图 6-4 可见，冲击韧性随温度的下降而降低；温度较高时 a_k 值下降较少，破坏时呈韧性断裂；当温度降至某一温度范围时，a_k 值突然大幅度下降，钢材开始呈脆性断裂，这种性质称为钢材的冷脆性。发生冷脆性时的温度范围，称为脆性转变温度范围。脆性转变温度越低，表明钢材的冷脆性越小，其低温冲击性能越好。

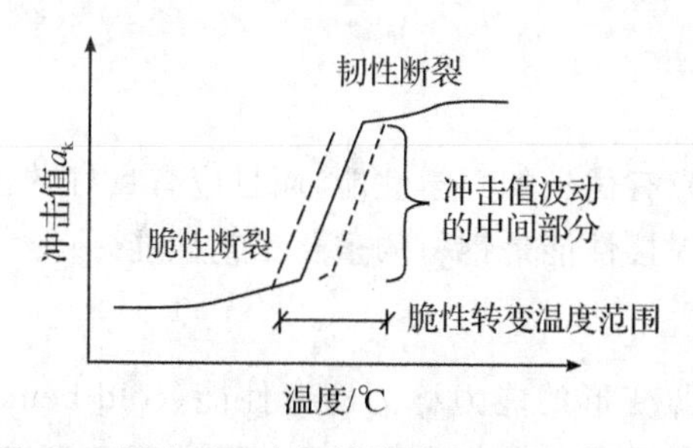

图 6-4　温度对冲击韧性的影响(在 20 ℃以下)

冷脆性是冬季一些钢结构发生事故的主要原因。因此，在负温下使用钢结构时，应评定钢材的冷脆性。由于脆性临界温度的测定较复杂，通常根据气温条件在 −20 ℃或 −40 ℃时测定 a_k 值，以此来推断其脆性临界温度范围。

(4)时间对冲击韧性的影响

随着时间的进展,钢材的强度提高,而塑性和冲击韧性降低的现象称为时效。钢中的氮原子和氧原子是产生时效的主要原因,它们及其化合物在温度变化或受机械作用时将加快向缺陷中的富集过程,从而阻碍了钢材受力后的变形,使钢材的塑性和冲击韧性降低。完成时效变化的过程可达数十年。钢材如受冷加工而变形,或者使用中经常受振动和反复荷载的影响,其时效可迅速发展。因时效而导致性能改变的程度称为时效敏感性,时效敏感性的大小可以用时效前后冲击值降低的程度(时效前后冲击值之差与时效前冲击值之比)来表示。时效敏感性越大的钢材,经过时效以后冲击韧性的降低越显著。为了保证安全,对于承受动荷载作用的重要结构,应当选用时效敏感性小的钢材。

由上可知,钢材的冲击韧性受诸多因素的影响。对于直接承受振动荷载作用或可能在负温下工作的重要结构,必须按照有关规定的要求对钢材进行冲击韧性检验。

3. 耐疲劳性(anti-fatigue)

受交变荷载反复作用时,钢材常常在远低于其屈服点应力作用下而突然破坏,这种破坏称疲劳破坏。试验证明,一般钢的疲劳破坏是由应力集中引起的:首先在应力集中的地方出现疲劳裂纹;然后在交变荷载的反复作用下,裂纹尖端产生应力集中而使裂纹逐渐扩大,直至突然发生瞬时疲劳断裂。疲劳破坏是在低应力状态下突然发生的,所以危害极大,往往造成灾难性的事故。

若发生破坏时的危险应力是在规定周期(交变荷载反复作用次数)内的最大应力,则称其为疲劳极限或疲劳强度。此时规定的周期 N 称为钢材的疲劳寿命。测定疲劳极限时,应根据结构的受力特点确定应力循环类型(拉—拉型、拉—压型等)、应力特征值 ρ(为最小和最大应力之比)和周期基数。例如,测定钢筋的疲劳极限时,常用改变大小的拉应力循环来确定 ρ 值,对非预应力筋,ρ 一般为 0.1～0.8,预应力筋则为 0.7～0.85;周期基数一般为 2×10^6 或 4×10^6 次以上,实际测量时常以 2×10^6 次应力循环为基准。钢材的疲劳极限不仅与其化学成分、组织结构有关,而且与其截面变化、表面质量以及内应力大小等可能造成应力集中的各种因素有关。所以,在设计承受反复荷载作用且必须进行疲劳验算的钢结构时,应当了解所用钢材的疲劳极限。

6.2.2 工艺性能

建筑工程用钢材不仅应有优良的力学性能,而且应有良好的工艺性能,以满足施工工艺的要求。其中冷弯性能和焊接性能是钢材的重要工艺性能。

1. 冷弯性能

钢材在常温下承受弯曲变形的能力称为冷弯性能(cold-bending property)。钢材冷弯性能指标用试件在常温下所承受的弯曲程度表示。弯曲程度可以通过试件被弯曲的角度和弯心直径对试件厚度(或直径)的比值来表示,见图 6-5。试验时,采用的弯曲角度越大,弯心直径对试件厚度的比值越小,表明冷弯性能越好。按规定的弯曲角度和弯心直径进行试验,试件的弯曲处不产生裂缝、起层或断裂,即为冷弯性能合格。

钢材的冷弯是通过试件受弯处的塑性变形实现的,如图 6-5 所示。它和伸长率一样,都反映钢材在静载下的塑性。但冷弯是钢材局部发生的不均匀变形下的塑性，而伸长率则反映钢材在均匀变形下的塑性，故冷弯试验是一种比较严格的检验，它比伸长率能更好地揭示钢材是否存在内部组织不均匀、内应力和夹杂物等缺陷。这些缺陷在拉伸试验中，常因塑性变形导致应力重分布而得不到反映。

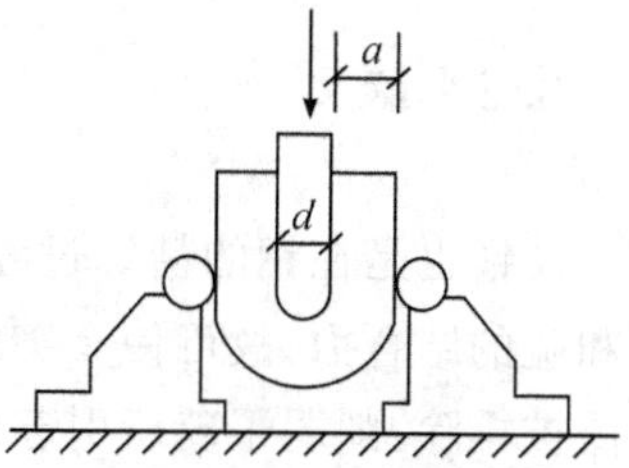

冷弯试验对焊接质量也是一种严格的检验，它能揭示焊件在受弯表面存在的未熔合、微裂纹和夹杂物等缺陷。

图 6-5 碳素钢冷弯试验

2. 焊接性能

在工业与民用建筑中，焊接连接是钢结构的主要连接方式；在钢筋混凝土工程中，焊接则广泛应用于钢筋接头、钢筋网、钢筋骨架和预埋件的焊接，以及装配式构件的安装；在建筑工程的钢结构中，焊接结构占90%以上。因此，要求钢材应有良好的可焊性。

钢材的焊接方法主要有两种：钢结构焊接用的电弧焊和钢筋连接用的接触对焊。焊接过程的特点是：在很短的时间内达到很高的温度；钢件熔化的体积小；由于钢件传热快，冷却的速度也快，所以存在剧烈的膨胀和收缩。因此，在焊件中常发生复杂的、不均匀的反应和变化，使焊件易产生变形、内应力组织的变化和局部硬脆倾向等缺陷。对可焊性良好的钢材，焊接后焊缝处的性质应尽可能与母材一致，这样才能获得焊接牢固可靠、硬脆倾向小的效果。

钢的可焊性能主要受其化学成分及含量的影响。当含碳量超过0.25%后，钢的可焊性变差。锰、硅、钒等对钢的可焊性能也都有影响。其他杂质含量增多，也会使可焊性降低。硫能使焊缝处产生热裂纹并硬脆，这种现象称为热脆性。

由于焊接件在使用过程中要求的主要力学性能是强度、塑性、韧性和耐疲劳性，因此，对性能影响最大的焊接缺陷是焊件中的裂纹、缺口及因硬化而引起的塑性和冲击韧性的降低。

采取焊前预热和焊后热处理的方法，可以使可焊性较差的钢材的焊接质量得以提高。此外，正确地选用焊接材料和焊接工艺，也是提高焊接质量的重要措施。

6.3 钢材的化学成分对钢材性能的影响

化学成分对钢材性能的影响主要是通过固溶于铁素体，或形成化合物及改变晶粒大小等来实现的。如合金元素中除锰之外，各合金元素均有细化晶粒的作用，特别是铌、钛、钒等。现对经冶炼后存在于钢中的各种化学元素对钢的性质产生不同的影响分述如下。

6.3.1 硅

硅是在钢的精炼过程中为了脱氧而有意加入的元素。由于硅与氧的结合力强，所以能夺取氧化铁中的氧形成二氧化硅进入钢渣中被排除，使钢的质量提高。当硅含量小于1%时，可提高钢的强度，但对塑性和韧性无明显影响，且可提高其抗腐蚀能力。硅是我国钢筋用钢的主加合金元素，其主要作用是改善机械性能。

6.3.2 锰

锰也是在钢的精炼过程中为了脱氧和去硫而加入的。锰对氧和硫的结合力大于铁对氧和硫的结合力,故可使有害的氧化铁和硫化铁的氧和硫分别形成氧化锰和硫化锰而进入钢渣被排除,削弱了硫所引起的热脆性,改善钢材的热加工性。同时,锰还能提高钢的强度和硬度,但含量较高时,将显著降低钢的焊接性能。因此,碳素钢的含锰量控制在0.9%以下。锰是我国低合金结构钢和钢筋用钢的主加合金元素,一般其含量控制为1%~2%。其主要作用是提高钢的强度。

6.3.3 钛

钛是强脱氧剂,且能使晶粒细化,故可以显著提高钢的强度,而塑性略有降低。同时,因晶粒细化,可改善钢的韧性,还能提高可焊性和抗大气腐蚀性。因此,钛是常用的合金元素。

6.3.4 钒

钒是弱脱氧剂,它加入钢中能削弱碳和氮的不利影响。钒能细化晶粒,提高强度和改善韧性,并能减少时效倾向,但钒将增大焊接时的硬脆倾向而使可焊性降低。

6.3.5 碳

碳是铁碳合金的主要元素之一,对钢的性能有重要影响,见图6-6。由图6-6可知,对于

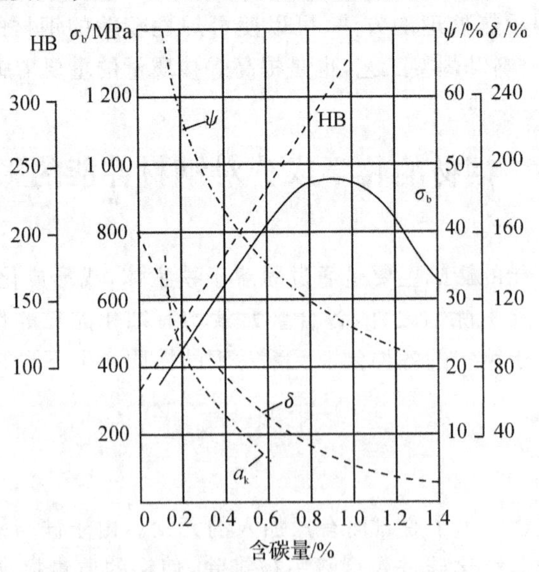

σ_b—抗拉强度;a_k—冲击韧性;HB—硬度;δ—伸长率;ψ—断面缩减率

图6-6 含碳量对钢的机械性能的影响

含碳量不大于0.8%的碳素钢，随着含碳量的增加，钢的抗拉强度和硬度提高，而塑性和冲击韧性则降低。钢的强度以含碳量0.8%左右为最高。但当含碳量大于1%时，强度开始下降，钢中含碳量的增加，焊接时焊缝附近的热影响区组织和性能变化大，容易出现局部硬脆倾向，而使钢的可焊性降低。当含碳量超过0.25%时，钢的可焊性将显著下降。含碳量增大，将增加钢的冷脆性和时效倾向，而且降低抵抗大气腐蚀的能力。

6.3.6 磷

磷是碳素钢的有害杂质，主要来源于炼钢用的原料。钢的含磷量提高时，钢的强度提高，塑性和韧性显著下降。温度越低，对塑性和韧性的影响越大。此外，磷在钢中的分布不均匀，偏析严重，使钢的冷脆性显著增大，焊接时容易产生冷裂纹，使钢的可焊性显著降低。因此，在碳素钢中对磷的含量有严格要求。

磷可以提高钢的耐磨性和耐蚀性，在普通低合金钢中，可配合其他元素加以利用。

6.3.7 硫

硫也是钢的有害杂质，来源于炼钢原料，以硫化铁夹杂物的形式存在于钢中，能降低钢的各种力学性能。由于硫化铁的熔点低，当钢在红热状态下进行热加工或焊接时，易使钢材内部产生裂纹，引起钢材断裂，这种现象称为热脆性。热脆性将大大降低钢的热加工性能与可焊性能。硫还能降低钢的冲击韧性、疲劳强度和抗腐蚀性。因此，碳素钢中对硫的含量有严格限制。

6.3.8 氮、氧、氢

这三种气体元素也是钢中的有害杂质，它们在固态钢中溶解度极小，偏析严重，使钢的塑性、韧性显著降低，甚至会造成微裂纹事故。钢的强度越高，其危害性越大，所以应严格限制氮、氧、氢的含量。

6.4 钢材的冷加工及热加工

6.4.1 冷加工强化

1. 冷加工强化的机理

将钢材在常温下进行冷拉、冷拔或冷轧，使之产生塑性变形，从而提高其机械强度，相应降低塑性和韧性的过程，称为冷加工强化或冷加工硬化处理。

冷加工强化(cold working strengthening)的机理是：钢材经冷加工变形后，钢材内部分晶粒沿某些滑移面产生滑移，晶格扭曲，晶粒的形状也相应改变，即受拉晶粒被拉长或受压晶粒被压扁，滑移面上的晶粒甚至破碎；当继续加大荷载或重新加载时，已经变形的晶粒对继续进行的滑移将产生巨大阻力，使已经滑移过的区域增加了对塑性变形的抗力，因而硬度与强度提高。原来已经滑移的晶粒也不再进行滑移，新的滑移将在其他区域内发生。换言之，要使钢材重新产生变形（即滑移）就必须增加外力，所以显示出屈服点的提高。钢的塑性、韧性则由于塑性变形后滑移减少而降低，脆性增大。由于塑性变形中产生内应力，故钢材的弹性模量降低。

2. 冷加工强化的方法

(1)冷拉

冷拉(cool tensile)是将钢筋拉至其 σ-ε 曲线的强化阶段内任一点 K 处，然后缓慢卸去荷载，则当再度加荷时，其屈服强度将有所提高，而其塑性变形能力将有所降低。冷拉一般可控制冷拉率。钢筋经冷拉后，一般屈服点可提高 20%～25%。

(2)冷拔

冷拔(cool drawing)是将光圆钢筋通过硬质合金拔丝模孔强行拉拔。冷拔作用比纯拉伸作用强烈，钢筋不仅受拉，而且同时受到挤压作用。经过一次或多次的冷拉后得到的冷拔低碳钢丝的屈服点可提高 40%～60%，但失去软钢的塑性和韧性，而具有硬钢的特点。

(3)冷轧

冷轧(cool rolling)是将圆钢在冷轧机上轧成断面形状截面的钢筋，可提高其强度及与混凝土的黏结力。钢筋在冷轧时，纵向与横向同时产生变形，因而能较好地保持其塑性和内部结构的均匀性。

建筑工程中大量采用冷加工强化，具有明显的经济效益。经过冷加工的钢材，可适当减小钢筋混凝土结构设计截面或减少混凝土中配筋数量，从而达到节约钢材的目的。钢筋冷拉还有利于简化施工工序。冷拉盘条钢筋可省去开盘和调直工序，冷拉直条钢筋则可将矫直、除锈等工序一并完成。但冷拔钢丝的屈强比较大，相应的安全储备较小。

6.4.2 时效处理

将经过冷拉的钢筋在常温下存放 15～20 d 或加热到 100～200 ℃保持 2～3 h，其屈服点将进一步提高，抗拉强度稍有增长，塑性和韧性继续降低，这个过程称为时效处理(aging treatment)。前者为自然时效(natural aging)，后者则为人工时效(manmade aging)。由于时效过程中内应力的消减，故其弹性模量可基本恢复。

冷拉及时效处理后钢筋性能的变化规律可由拉力试验的应力—应变图得到反映(图 6-7)。

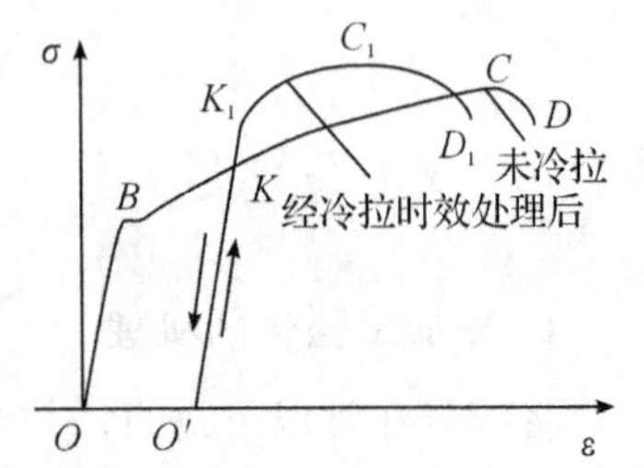

图 6-7 钢筋经冷拉时效处理后应力—应变的变化

图 6-7 中 $OBCD$ 为未经冷拉和时效处理试件的应力—应变曲线。若将试件拉伸至超过屈服点后的任意一点 K，然后卸载，由于试件已产生塑性变形，故卸载曲线就将沿着 KO'下降，KO'大致与 BO 平行。若卸载后立即再拉伸，则新的屈服点将高达 K 点。以后的应力—应变关系将与原曲线 KCD 相似。这表明钢筋经冷拉后，其屈服点将提高。若

在 K 点卸载后，不立即拉伸，而是对试件进行时效处理，然后再拉伸，则其屈服点将升高至 K_1 点。继续拉伸，曲线将沿 $K_1C_1D_1$ 发展。这说明钢筋经冷拉时效处理以后，屈服点和抗拉强度都得到提高，塑性和韧性则相应降低。

钢材产生时效的根本原因是由于其晶体组织中的碳原子、氮原子有向缺陷处移动、集中的倾向，甚至呈碳化物或氮化物微粒析出。钢材受冷加工变形以后或在使用中受到反复振动，则碳原子、氮原子的移动、集中会大大加快，这将使缺陷处碳原子、氮原子富集，阻碍晶粒发生滑移，增加对塑性变形的抗力，因而强度提高，塑性和韧性降低。

钢筋冷拉后，不仅可以提高屈服点和抗拉强度 20%～25%，而且还可以简化施工工艺。圆盘钢筋可使开盘、矫直、冷拉三道工序一次完成；直条钢筋则可使矫直、冷拉一次完成，并使钢筋锈皮自行脱落。

一般建筑工程中，应通过试验选择合理的冷拉应力和时效处理措施。强度较低的钢筋可采用自然时效，而强度较高的钢筋则应采用人工时效。

6.4.3 热处理

热处理(heat treatment)是将钢材按规定的温度，进行加热、保温和冷却处理，以改变其组织，得到所需要性能的一种工艺。热处理包括淬火、回火、退火和正火。

1. 淬火

淬火(quenching)是将钢材加热到显微组织转变温度(723 ℃)以上，保持一段时间，使钢材的显微组织发生转变，然后将钢材置于水或油中冷却。淬火可提高钢材的强度和硬度，但使塑性和韧性明显降低。

2. 回火

将比较硬脆、存在内应力的钢加热到基本组织改变温度以下(150～650 ℃)，保温后按一定制度冷却到适温的热处理方法称回火(tempering)。回火后的钢材，内应力消除，硬度降低，塑性和韧性得到改善。

3. 退火

将钢材加热到基本组织转变温度以下(低温退火)或以上(完全退火)，适当保温后缓慢冷却，以消除内应力，减少缺陷和晶格畸变，使钢材的塑性和韧性得到改善。

4. 正火

将钢材加热到基本组织转变温度以上，然后在空气中冷却使晶格细化。正火使钢材的强度提高，而塑性有所降低。

6.5 钢材的标准和选用

建筑工程用钢材主要分为钢结构用钢和钢筋混凝土结构用钢筋及钢丝两大类。

6.5.1 建筑工程常用钢种

我国建筑工程中常用钢种主要有碳素结构钢和合金钢两大类。其中合金钢中使用较多的是普通低合金结构钢。

1. 碳素结构钢

(1)牌号及其表示方法

根据国家标准《碳素结构钢》(GB/T 700-2006)的规定,钢的牌号由代表屈服点的字母、屈服点数值、质量等级符号、脱氧方法符号四个部分按顺序组成,其中,以"Q"代表屈服点,屈服点数值共分195 MPa、215 MPa、235 MPa和275 MPa四种;质量等级以硫、磷等杂质含量由多到少,分别用A、B、C、D表示;脱氧方法以F代表沸腾钢、Z和TZ分别表示镇静钢和特殊镇静钢,Z和TZ在钢的牌号中予以省略。例如,Q235-A·F表示屈服点为235 MPa的A级沸腾钢;Q215-B表示屈服点为215 MPa的B级镇静钢。

国家标准《碳素结构钢》(GB/T 700-2006)将碳素结构钢分为四个牌号,每个牌号又分为不同的质量等级。牌号数值越大,含碳量越高,其强度、硬度也越高,但塑性、韧性降低,冷弯性能逐渐变差。同一钢材的质量等级越高,钢材的质量越好。平炉钢和氧气转炉钢质量均较好。特殊镇静钢质量优于镇静钢,更优于沸腾钢。碳素结构钢的质量等级主要取决于钢材内硫、磷的含量,硫、磷的含量越低,钢的质量越好,其焊接性能和低温冲击性能都能得到提高。

(2)技术性能

碳素结构钢的技术要求有化学成分、力学性能、冶炼方法、交货状态及表面质量五方面。各牌号钢的化学成分、力学性质和工艺性质应分别符合表6-1、表6-2和表6-3的规定。

表6-1 碳素结构钢的化学成分

牌号	等级	厚度或直径/mm	脱氧方法	化学成分/%				
				C	Si	Mn	S	P
Q195	—	—	F、Z	0.12	0.30	0.50	0.040	0.035
Q215	A	—	F、Z	0.15	0.35	1.20	0.050	0.045
	B						0.045	
Q235	A	—	F、Z	0.22	0.35	1.40	0.050	0.045
	B			0.20			0.045	
	C		Z	0.17			0.040	0.040
	D		TZ				0.035	0.035
Q275	A	—	F、Z	0.24	0.35	1.50	0.050	0.045
	B	≤40	Z	0.21			0.045	0.045
		>40		0.22				
	C	—	Z	0.20			0.040	0.040
	D	—	TZ				0.035	0.035

表 6-2　碳素结构钢的力学性质

牌号	等级	拉伸试验													冲击试验（V 型缺口）	
		屈服点 σ_s/(N/mm²)，≥						抗拉强度 σ_b/(N/mm²)	伸长率 δ/%，≥					温度/℃	冲击吸收功（纵向）/J，≥
		钢材厚度（或直径）/mm							钢材厚度（或直径）/mm						
		≤16	16～40	40～60	60～100	100～150	150～200		≤40	40～60	60～100	100～150	150～200		
Q195	—	195	185	—	—	—	—	315～430	33	—	—	—	—	—	—
Q215	A	215	205	195	185	175	165	335～450	31	30	29	27	26	—	—
	B													+20	27
Q235	A	235	225	215	215	195	185	375～500	26	25	24	22	21	—	
	B													+20	27
	C													—	
	D													−20	
Q275	A	275	265	255	245	225	215	410～540	22	21	20	18	17	—	—
	B													+20	
	C													—	27
	D													−20	

表 6-3　碳素结构钢的工艺性质

牌号	试样方向	冷弯试验 180°，$B=2a$	
		钢材厚度（直径）/mm	
		≤60	60～100
		弯心直径 d	
Q195	纵	0	—
	横	0.5a	
Q215	纵	0.5a	1.5a
	横	a	2a
Q235	纵	a	2a
	横	1.5a	2.5a
Q275	纵	1.5a	2.5a
	横	2a	3a

2. 低合金高强度结构钢

低合金高强度结构钢是一种在碳素钢的基础上添加总量小于5%的一种或多种合金元素的钢材。所加的合金元素主要有锰、硅、钡、钛、铌、铬、镍及稀土元素等。

(1)牌号的表示方法

根据国家标准《低合金高强度结构钢》(GB/T 1591-2008)的规定,低合金高强度结构钢共有八个牌号:Q345、Q390、Q420、Q460、Q500、Q550、Q620和Q690。其牌号的表示方法由屈服点字母Q、屈服点数值、质量等级(分A、B、C、D、E五级)三个部分组成。

(2)标准与性能

低合金高强度结构钢的化学成分见表6-4。

表6-4 低合金高强度结构钢的化学成分(GB/T 1591-2008)

牌号	质量等级	元素化学成分(质量分数)/%														
		C	Si	Mn	P	S	Nb	V	Ti	Cr	Ni	Cu	N	Mo	B	Al
					不大于											不小于
Q345	A				0.035	0.035										—
	B	≤0.20			0.035	0.035										
	C		≤0.50	≤1.70	0.030	0.030	0.07	0.15	0.20	0.30	0.50	0.30	0.012	0.10	—	
	D	≤0.18			0.030	0.025										0.015
	E				0.025	0.020										
Q390	A				0.035	0.035										—
	B				0.035	0.035										
	C	≤0.20	≤0.50	≤1.70	0.030	0.030	0.07	0.20	0.20	0.30	0.50	0.30	0.015	0.10	—	
	D				0.030	0.025										0.015
	E				0.025	0.020										
Q420	A				0.035	0.035										—
	B				0.035	0.035										
	C	≤0.20	≤0.50	≤1.70	0.030	0.030	0.11	0.20	0.20	0.30	0.80	0.30	0.015	0.20	—	
	D				0.030	0.025										0.015
	E				0.025	0.020										
Q460	C				0.030	0.030										
	D	≤0.20	≤0.60	≤1.80	0.030	0.025	0.11	0.20	0.20	0.30	0.80	0.55	0.015	0.20	0.004	0.015
	E				0.025	0.020										
Q500	C				0.030	0.030										
	D	≤0.18	≤0.60	≤1.80	0.030	0.025	0.11	0.12	0.20	0.60	0.80	0.55	0.015	0.20	0.004	0.015
	E				0.025	0.020										

续表

<table>
<tr><th rowspan="3">牌号</th><th rowspan="3">质量等级</th><th colspan="15">元素化学成分(质量分数)/%</th></tr>
<tr><th rowspan="2">C</th><th rowspan="2">Si</th><th rowspan="2">Mn</th><th>P</th><th>S</th><th>Nb</th><th>V</th><th>Ti</th><th>Cr</th><th>Ni</th><th>Cu</th><th>N</th><th>Mo</th><th>B</th><th>Al</th></tr>
<tr><th colspan="11">不大于</th><th>不小于</th></tr>
<tr><td rowspan="3">Q550</td><td>C</td><td rowspan="3">≤0.18</td><td rowspan="3">≤0.60</td><td rowspan="3">≤2.00</td><td>0.030</td><td>0.030</td><td rowspan="3">0.11</td><td rowspan="3">0.12</td><td rowspan="3">0.20</td><td rowspan="3">0.80</td><td rowspan="3">0.80</td><td rowspan="3">0.80</td><td rowspan="3">0.015</td><td rowspan="3">0.30</td><td rowspan="3">0.004</td><td rowspan="3">0.015</td></tr>
<tr><td>D</td><td>0.030</td><td>0.025</td></tr>
<tr><td>E</td><td>0.025</td><td>0.020</td></tr>
<tr><td rowspan="3">Q620</td><td>C</td><td rowspan="3">≤0.18</td><td rowspan="3">≤0.60</td><td rowspan="3">≤2.00</td><td>0.030</td><td>0.030</td><td rowspan="3">0.11</td><td rowspan="3">0.12</td><td rowspan="3">0.20</td><td rowspan="3">1.00</td><td rowspan="3">0.80</td><td rowspan="3">0.80</td><td rowspan="3">0.015</td><td rowspan="3">0.30</td><td rowspan="3">0.004</td><td rowspan="3">0.015</td></tr>
<tr><td>D</td><td>0.030</td><td>0.025</td></tr>
<tr><td>E</td><td>0.025</td><td>0.020</td></tr>
<tr><td rowspan="3">Q690</td><td>C</td><td rowspan="3">≤0.18</td><td rowspan="3">≤0.60</td><td rowspan="3">≤2.00</td><td>0.030</td><td>0.030</td><td rowspan="3">0.11</td><td rowspan="3">0.12</td><td rowspan="3">0.20</td><td rowspan="3">1.00</td><td rowspan="3">0.80</td><td rowspan="3">0.80</td><td rowspan="3">0.015</td><td rowspan="3">0.30</td><td rowspan="3">0.004</td><td rowspan="3">0.015</td></tr>
<tr><td>D</td><td>0.030</td><td>0.025</td></tr>
<tr><td>E</td><td>0.025</td><td>0.020</td></tr>
</table>

低合金高强度钢的含碳量一般都较低,以便于钢材的加工和焊接要求。其强度的提高主要靠加入的合金元素结晶强化和固溶强化来达到。采用低合金高强度钢的主要目的是减轻结构质量,延长使用寿命。这类钢具有较高的屈服点和抗拉强度、良好的塑性和冲击韧性,具有耐锈蚀、耐低温性能,综合性能好。

低合金高强度结构钢的拉伸性能、夏比(V型)冲击试验的试验温度和冲击吸收能量分别见表6-5和表6-6。

表6-5 低合金高强度结构钢的拉伸性能(GB/T 1591-2008)

<table>
<tr><th rowspan="4">牌号</th><th rowspan="4">等级</th><th colspan="22">拉伸试验</th></tr>
<tr><th colspan="9">屈服点 σ_s/(N/mm²)</th><th colspan="7">抗拉强度 σ_b/(N/mm²)</th><th colspan="6">伸长率 δ/%</th></tr>
<tr><th colspan="9">公称厚度(或直径、边长)/mm</th><th colspan="7">公称厚度(或直径、边长)/mm</th><th colspan="6">公称厚度(或直径、边长)/mm</th></tr>
<tr><th>≤16</th><th>16~40</th><th>40~63</th><th>63~80</th><th>80~100</th><th>100~150</th><th>150~200</th><th>200~250</th><th>250~400</th><th>≤40</th><th>40~63</th><th>63~80</th><th>80~100</th><th>100~150</th><th>150~250</th><th>250~400</th><th>≤40</th><th>40~63</th><th>63~100</th><th>100~150</th><th>150~250</th><th>250~400</th></tr>
<tr><td rowspan="5">Q345</td><td>A</td><td rowspan="5">≥345</td><td rowspan="5">≥335</td><td rowspan="5">≥325</td><td rowspan="5">≥315</td><td rowspan="5">≥305</td><td rowspan="5">≥285</td><td rowspan="5">≥275</td><td rowspan="5">≥265</td><td rowspan="3">—</td><td rowspan="5">470~630</td><td rowspan="5">470~630</td><td rowspan="5">470~630</td><td rowspan="5">470~630</td><td rowspan="5">450~600</td><td rowspan="5">450~600</td><td rowspan="3">—</td><td rowspan="2">≥20</td><td rowspan="2">≥19</td><td rowspan="2">≥19</td><td rowspan="2">≥18</td><td rowspan="2">≥17</td><td rowspan="3">—</td></tr>
<tr><td>B</td></tr>
<tr><td>C</td><td rowspan="3">≥21</td><td rowspan="3">≥20</td><td rowspan="3">≥20</td><td rowspan="3">≥19</td><td rowspan="3">≥18</td></tr>
<tr><td>D</td><td rowspan="2">≥265</td><td rowspan="2">450~600</td><td rowspan="2">≥17</td></tr>
<tr><td>E</td></tr>
<tr><td rowspan="5">Q390</td><td>A</td><td rowspan="5">≥390</td><td rowspan="5">≥370</td><td rowspan="5">≥350</td><td rowspan="5">≥330</td><td rowspan="5">≥330</td><td rowspan="5">≥310</td><td rowspan="5">—</td><td rowspan="5">—</td><td rowspan="5">—</td><td rowspan="5">490~650</td><td rowspan="5">490~650</td><td rowspan="5">490~650</td><td rowspan="5">490~650</td><td rowspan="5">470~620</td><td rowspan="5">—</td><td rowspan="5">—</td><td rowspan="5">≥20</td><td rowspan="5">≥19</td><td rowspan="5">≥19</td><td rowspan="5">≥18</td><td rowspan="5">—</td><td rowspan="5">—</td></tr>
<tr><td>B</td></tr>
<tr><td>C</td></tr>
<tr><td>D</td></tr>
<tr><td>E</td></tr>
</table>

续表

牌号	等级	拉伸试验																					
		屈服点 σ_s/(N/mm²)									抗拉强度 σ_b/(N/mm²)							伸长率 δ/%					
		公称厚度(或直径、边长)/mm									公称厚度(或直径、边长)/mm							公称厚度(或直径、边长)/mm					
		≤16	16～40	40～63	63～80	80～100	100～150	150～200	200～250	250～400	≤40	40～63	63～80	80～100	100～150	150～250	250～400	≤40	40～63	63～100	100～150	150～250	250～400
Q420	A B C D E	≥420	≥400	≥380	≥360	≥360	≥340	—	—	—	520～680	520～680	520～680	520～680	500～650	—	—	≥19	≥18	≥18	≥18	—	—
Q460	C D E	≥460	≥440	≥420	≥400	≥400	≥380	—	—	—	550～720	550～720	550～720	550～720	530～700	—	—	≥17	≥16	≥16	≥16	—	—
Q500	C D E	≥500	≥480	≥470	≥450	≥440	—	—	—	—	610～770	600～760	590～750	540～730	—	—	—	≥17	≥17	≥17	—	—	—
Q550	C D E	≥550	≥530	≥520	≥500	≥490	—	—	—	—	670～830	620～810	600～790	590～780	—	—	—	≥18	≥16	≥16	—	—	—
Q620	C D E	≥620	≥600	≥590	≥570	—	—	—	—	—	710～880	690～880	670～860	—	—	—	—	≥15	≥15	≥15	—	—	—
Q690	C D E	≥690	≥670	≥660	≥640	—	—	—	—	—	770～940	750～920	730～900	—	—	—	—	≥14	≥14	≥14	—	—	—

表 6-6　夏比(V型)冲击试验的试验温度和冲击吸收能量(GB/T 1591-2008)

牌号	质量等级	试验温度/℃	冲击吸收能量(KV_2)/J		
			公称厚度(或直径、边长)/mm		
			12～150	150～250	250～400
Q345	B	20	≥34	≥27	—
	C	0			
	D	−20			27
	E	−40			
Q390	B	20	≥34	—	—
	C	0			
	D	−20			
	E	−40			

续表

牌号	质量等级	试验温度/℃	冲击吸收能量(KV_2)/J		
			公称厚度(或直径、边长)/mm		
			12～150	150～250	250～400
Q420	B	20	≥34	—	—
	C	0			
	D	−20			
	E	−40			
Q460	C	0	≥34	—	—
	D	−20		—	—
	E	−40		—	—
Q500、Q550、Q620、Q690	C	0	≥55	—	—
	D	−20	≥47	—	—
	E	−40	≥31	—	—

对于大跨度、大柱网结构,采用较高强度的低合金结构钢技术经济效果更显著。

Q235钢与Q345钢是建筑工程中两种常用的钢,而这两种钢在哪种情况下使用更合适呢?当结构截面需按强度控制,且在有条件的情况下,宜采用Q345钢。当跨度较大时,一般以变形控制,但是有重荷载时又有区别。Q345比Q235屈服强度提高45%左右,理论上用Q345可节约用钢量15%～25%。从技术角度看,凡是以强度控制的宜用Q345,以变形控制的宜用Q235。从经济角度看,两种钢价格差别很小,而Q345强度提高较多,Q345性价比较高,故多用Q345。

Q235钢与Q345钢在常温静载下的韧性差不多,在低温时,Q345钢材的韧性要好一些;在动载下,随着加载速度的增加,脆性都增加,但是Q345脆性增加得更快。所以,在温度比较低、承受动载时,适合用Q345钢材。从经济角度考虑,如果采用Q345比Q235用钢量降低10%以上,就采用Q345。

另外,两者采用的焊接材料是不同的,Q345宜用E50型,Q235宜用E43型。Q345焊接用E50型焊条,焊接条件要求高些,对施焊人员技术要求也高些,所以设计时不但要考虑强度和变形,还应考虑施焊条件,尽可能避免现场焊接Q345钢材。Q235与Q345焊接时,宜采用E43型焊条,即焊条宜与性能低的材料相匹配。

6.5.2 建筑工程常用钢材

建筑工程中常用的钢筋混凝土结构及预应力混凝土结构钢筋,根据生产工艺、性能和用途的不同,主要品种有热轧钢筋、冷拉热轧钢筋、冷轧带肋钢筋、热处理钢筋、冷拔低碳钢丝、预应力混凝土用钢丝及钢绞线等。钢结构构件一般直接选用型钢。

1. 钢筋与钢丝

直径为5 mm以上的称为钢筋,5 mm及其以下的称为钢丝。

(1)热轧钢筋

热轧钢筋是钢筋混凝土和预应力钢筋混凝土的主要组成材料之一,不仅要求有较高的强度,而且应有良好的塑性、韧性和可焊性能。热轧钢筋分为热轧光圆钢筋及热轧带肋钢筋。其中H、P、R、B分别为热轧(hot-rolled)、光圆(plain)、带肋(ribbed)、钢筋(bars)四个词的英文单词首字母。

①热轧光圆钢筋

热轧光圆钢筋是经热轧成型,横截面通常为圆形,表面光滑的成品钢筋。国家标准《钢筋混凝土用钢　第1部分:热轧光圆钢筋》(GB 1499.1-2008)将碳素结构钢分为两个牌号:HPB235和HPB300,其中H、P、B分别为热轧(hot-rolled)、光圆(plain)、钢筋(bars)三个词的英文单词首字母。其强度较低,但具有塑性,焊接性能好,伸长率高,便于弯折成型和进行各种冷加工,其技术要求包括牌号和化学成分、冶炼方法、力学性能和工艺性能、表面质量四个方面。其中,牌号和化学成分应符合表6-7的规定,力学性能和工艺性能应符合表6-8的规定。

表6-7　热轧光圆钢筋的化学成分(GB 1499.1-2008)

牌号	化学成分(质量分数)/%,不大于							
	C	Si	Mn	Cr	Ni	Cu	P	S
HPB235	0.22	0.30	0.65	0.30			0.045	0.050
HPB300	0.25	0.55	1.50					

表6-8　热轧光圆钢筋力学、工艺性能(GB 1499.1-2008)

表面形状	牌号	公称直径/mm	屈服点 σ_s/MPa	抗拉强度 σ_b/MPa	断后伸长率 δ/%	冷弯180° d—弯芯直径 a—钢筋公称直径
			≥			
光圆	HPB235	6～22(推荐钢筋公称直径为6、8、10、12、16、20)	235	370	25	$d=a$
	HPB300		300	420		

热轧光圆钢筋广泛用于普通钢筋混凝土构件中,作为中小型钢筋混凝土结构的主要受力钢筋和各种钢筋混凝土结构的箍筋等。

②热轧带肋钢筋

热轧带肋钢筋分为普通热轧带肋钢筋和细晶粒热轧带肋钢筋。普通热轧带肋钢筋的晶相组织主要是铁素体加珠光体,不得有影响使用性能的其他组织存在。

国家标准《钢筋混凝土用钢　第2部分:热轧带肋钢筋》(GB 1499.2-2007)将普通热轧带肋钢筋分为HRB335、HRB400和HRB500三个牌号,牌号由HRB和牌号的屈服点最小值构成。其中H、R、B分别为热轧(hot-rolled)、带肋(ribbed)、钢筋(bars)三个词的英文单词首字母。

细晶粒热轧带肋钢筋是在热轧过程中,通过控轧和控冷工艺形成的细晶粒钢筋,其晶相组织主要是铁素体加珠光体,不得有影响使用性能的其他组织存在,晶粒度不粗于9级。国家标准《钢筋混凝土用钢　第2部分:热轧带肋钢筋》(GB 1499.2-2007)将细晶粒热轧带肋钢筋分为HRBF335、HRBF400和HRBF500三个牌号,牌号由HRBF和牌号的屈服点最小值构成，牌号在热轧带肋钢筋的英文缩写后加“细”(fine)的英文单词首字母。

根据国家标准《钢筋混凝土用钢　第 2 部分：热轧带肋钢筋》(GB 1499.2-2007)的规定，热轧带肋钢筋的技术要求包括牌号和化学成分、交货形式、力学性能、工艺性能、疲劳性能、焊接性能、晶粒度及表面质量八个方面。其中，牌号和化学成分应符合表 6-9 的规定，力学性能应符合表 6-10 的规定。

表 6-9　热轧带肋钢筋的化学成分(GB 1499.2-2007)

牌号	化学成分(质量分数)/%，不大于					
	C	Si	Mn	P	S	Ceq
HRB335 HRBF335	0.25	0.80	1.60	0.045	0.045	0.52
HRB400 HRBF400						0.54
HRB500 HRBF500						0.55

注：碳当量(Ceq)按 Ceq(百分比)＝C＋Mn/6＋(Cr＋V＋Mo)/5＋(Cu＋Ni)/15 计算。

表 6-10　热轧带肋钢筋的力学性能(GB 1499.2-2007)

牌号	公称直径/mm	屈服点 σ_s/MPa	抗拉强度 σ_b/MPa	断后伸长率 δ/%
		≥		
HRB335 HRBF335	6～50(推荐钢筋公称直径为 6、8、10、12、16、20、25、32、40、50)	335	455	17
HRB400 HRBF400		400	540	16
HRB500 HRBF500		500	630	15

根据国家标准《钢筋混凝土用钢　第 2 部分：热轧带肋钢筋》(GB 1499.2-2007)的规定，热轧带肋钢筋的工艺性能要求按表 6-11 规定的弯芯直径弯曲 180°后，钢筋受弯曲部位表面不得产生裂纹。

表 6-11　热轧带肋钢筋的工艺性能(GB 1499.2-2007)

牌号	公称直径 d/mm	弯芯直径/mm
HRB335 HRBF335	6～25	$3d$
	28～40	$4d$
	40～50	$5d$
HRB400 HRBF400	6～25	$4d$
	28～40	$5d$
	40～50	$6d$
HRB500 HRBF500	6～25	$6d$
	28～40	$7d$
	40～50	$8d$

HRB335、HRB400、HRBF335 和 HRBF400 热轧带肋钢筋强度较高，塑性和焊接性能也较好，因表面带肋，加强了钢筋与混凝土之间的黏结力，广泛用于大、中型钢筋混凝土结构的主筋，经冷拉处理后也可作为预应力筋。HRB500 用中碳低合金镇静钢轧制而成，除硅、锰主要合金元素外，还加入钒或钛作为固溶弥散强化元素，使之在提高强度的同时保证塑性和韧性。主要用于建筑工程中的预应力钢筋。

(2)冷拉热轧钢筋

将热轧钢筋在常温下拉伸至超过屈服点小于抗拉强度的某一应力，然后卸荷，即成了冷拉钢筋。冷拉可使屈服点提高 17%～27%，材料变脆，屈服阶段缩短，伸长率降低，冷拉时效后强度略有提高。实际操作中可将冷拉、除锈、调直、切断合并为一道工序，这样简化了流程，提高了效率。冷拉既可以节约钢材，又可以制作预应力钢筋，是钢筋加工的常用方法之一。

(3)冷轧带肋钢筋

冷轧带肋钢筋采用热轧圆盘条经冷轧而成，表面带有沿长度方向均匀分布的三面或两面的月牙肋。根据国家标准《冷轧带肋钢筋》(GB 13788-2008)的规定，冷轧带肋钢筋的牌号是由 CRB 和钢筋抗拉强度最小值构成的，其中 C、R、B 分别为热轧(cold-rolled)、带肋(ribbed)、钢筋(bars)三个词的英文单词首字母。冷轧带肋钢筋分为 CRB550、CRB650、CRB800、CRB970 四个牌号，分别表示抗拉强度不小于 550 MPa、650 MPa、800 MPa、970 MPa 的钢筋。CRB550 钢筋的公称直径范围为 4～12 mm，其中 CRB650 及以上牌号的钢筋公称直径为 4 mm、5 mm、6 mm。冷轧带肋钢筋各等级的力学性能和工艺性能应符合表 6-12的规定。

表 6-12　冷轧带肋钢筋的性能(GB 13788-2008)

级别代号	规定非比例伸长应力 $\sigma_{0.2}$/MPa，不小于	抗拉强度 σ_b/MPa，不小于	伸长率/%，不小于		冷弯试验 180°	反复弯曲次数	应力松弛初始应力应相当于公称抗拉强度的 70%
			δ_{10}	δ_{100}			1 000 h 松弛率/%，不大于
CRB550	5 000	550	8.0	—	$D=3d$	—	—
CRB650	585	650	—	4.0	—	3	8
CRB800	720	800	—	4.0	—	3	8
CRB970	875	970	—	4.0	—	3	8

注：D—弯芯直径(mm)；d—钢筋公称直径(mm)。

冷轧带肋钢筋强度高，塑性、焊接性较好，握裹力强，广泛用于中、小预应力混凝土结构构件和普通钢筋混凝土结构构件中，也可以用冷轧带肋钢筋焊接成钢筋网使用于上述构件中。

(4)冷拔低碳钢丝

冷拔低碳钢丝是用 6.5～8 mm 的碳素结构钢 Q235 或 Q215 盘条，通过多次强力拔制而成的直径为 3 mm、4 mm、5 mm 的钢丝。其屈服强度可提高 40%～60%。但失去了低碳钢的性能，变得硬脆，属硬钢类钢丝。冷拔低碳钢丝按力学强度分为两级：甲级为预应力钢丝，乙级为非预应力钢丝。混凝土工厂自行冷拔时，应严格控制钢丝的质量，对其外观要求分批抽样，表面不准有锈蚀、油污、伤痕、皂渍、裂纹等，逐炉检查其力学、工艺性质并要符合表6-13的规定，凡伸长率不合格者，不准用于预应力混凝土构件中。

表6-13　冷拔低碳钢丝的力学性能(JC/T 540-2006)

级别	公称直径 d/mm	抗拉强度 σ_b/MPa	伸长率 δ_{100}/%	反复弯曲次数/(次/180°)
甲级	5.0	650	3.0	4
		600		
	4.0	700	2.5	
		650		
乙级	3.0、4.0、5.0、6.0	550	2.0	

注：甲级冷拔低碳钢丝作预应力筋时，如经机械调直，则抗拉强度标准值应降低50 MPa。

(5)热处理钢筋

预应力混凝土用热处理钢筋是用热轧中碳低合金钢钢筋经淬火、回火调质处理的钢筋。通常有直径为6 mm、8.2 mm、10 mm三种规格，抗拉强度 $\sigma_b \geqslant$ 1 500 MPa，屈服点 $\sigma_{0.2} \geqslant$ 1 350 MPa，伸长率 $\delta_{10} \geqslant 6\%$。为增加与混凝土的黏结力，钢筋表面常轧有通长的纵筋和均布的横肋。一般卷成直径为1.7～2.0 m的弹性盘条供应，开盘后可自行伸直。使用时应按所需长度切割，不能用电焊或氧气切割，也不能焊接，以免引起强度下降或脆断。热处理钢筋的设计强度取标准强度的0.8，先张法和后张法预应力的张拉控制应力分别为标准强度的0.7和0.65。

(6)预应力混凝土用钢丝及钢绞线

按照《预应力混凝土用钢丝》(GB/T 5223-2002)的规定，钢丝按加工状态分为冷拉钢丝(代号为WCD)和消除应力钢丝两种。消除应力钢丝按松弛性能又分为低松弛级钢丝(代号为WLR)和普通松弛级钢丝(代号为WNR)。若钢丝表面沿着长度方向上具有规则间隔的压痕即成刻痕钢丝。

根据《预应力混凝土用钢丝》(GB/T 5223-2002)的规定，冷拉钢丝、消除应力的光圆及螺旋肋钢丝、消除应力的刻痕钢丝的力学性能应分别符合表6-14、表6-15和表6-16的规定。

表6-14　冷拉钢丝的力学性能(GB/T 5223-2002)

公称直径 d/mm	抗拉强度 σ_b/MPa，不小于	规定非比例伸长应力 $\sigma_{P0.2}$/MPa，不小于	最大力下总伸长率(L_0=200 mm) δ_{gt}/%，不小于	弯曲次数/(次/180°)，不小于	弯曲半径 R/mm	断面收缩率 ψ/%，不小于	每210 mm扭矩的扭转次数 n，不小于	初始应力应相当于公称抗拉强度的70%时，1000 h后应力松弛率/%，不大于
3.00	1 470	1 100	1.5	4	7.5	—	—	8
4.00	1 570	1 180		4	10	35	8	
5.00	1 670	1 250		4	15		8	
	1 770	1 330						
6.00	1 470	1 100		5	15		7	
7.00	1 570	1 180		5	20	30	6	
8.00	1 670	1 250		5	20		5	
	1 770	1 330						

表 6-15　消除应力的光圆及螺旋肋钢丝的力学性能(GB/T 5223-2002)

公称直径 d/mm	抗拉强度 σ_b/MPa，不小于	规定非比例伸长应力 $\sigma_{P0.2}$/MPa，不小于		最大力下总伸长率（L_0=200 mm）δ_{gh}/%，不小于	弯曲次数/（次/180°），不小于	弯曲半径 R/mm	应力松弛性能		
							初始应力应相当于公称抗拉强度的百分数/%	1000 h后应力松弛率/%，不大于	
		WLR	WNR					WLR	WNR
							对所有规格		
4.00	1 470	1 290	1 250		3	10			
	1 570	1 380	1 330						
4.80	1 670	1 470	1 410		4	15			
5.00	1 770	1 560	1 500				60	1.0	4.5
	1 860	1 640	1 580						
6.00	1 470	1 290	1 250		4	15			
6.25	1 570	1 380	1 330	3.5	4	20	70	2.0	8
7.00	1 670	1 470	1 410		4	20			
	1 770	1 560	1 500						
8.00	1 470	1 290	1 250		4	20	80	4.5	12
9.00	1 570	1 380	1 330		4	25			
10.00	1 470	1 290	1 250		4	25			
12.00					4	30			

表 6-16　消除应力的刻痕钢丝的力学性能(GB/T 5223-2002)

公称直径 d/mm	抗拉强度 σ_b/MPa，不小于	规定非比例伸长应力 $\sigma_{P0.2}$/MPa，不小于		最大力下总伸长率（L_0=200 mm）δ_{gh}/%，不小于	弯曲次数/（次/180°），不小于	弯曲半径 R/mm	应力松弛性能		
							初始应力应相当于公称抗拉强度的百分数/%	1000 h后应力松弛率/%，不大于	
		WLR	WNR					WLR	WNR
							对所有规格		
≤5.0	1 470	1 290	1 250						
	1 570	1 380	1 330				60	1.0	4.5
	1 670	1 470	1 410			15			
	1 770	1 560	1 500						
	1 860	1 640	1 580	3.5	3		70	2.0	8
>5.0	1 470	1 290	1 250						
	1 570	1 380	1 330			20			
	1 670	1 470	1 410				80	4.5	12
	1 770	1 560	1 500						

预应力钢丝、刻痕钢丝均属于冷加工强化的钢材，没有明显的屈服点，但抗拉强度远远超过热轧钢筋和冷轧钢筋，并具有较好的柔韧性，应力松弛率低。预应力钢丝、刻痕钢丝适

用于大荷载、大跨度及曲线配筋的预应力混凝土。

2. 型钢

钢结构构件一般应直接选用各种型钢。型钢之间可直接连接或附加连接钢板进行连接。连接方式可为铆接、螺栓连接或焊接。钢结构所用钢主要是型钢和钢板。型钢有热轧(常用的有角钢、工字钢、槽钢、T形钢、H形钢、Z形钢等)及冷轧(常用的有角钢、槽钢及空心薄壁型等)两种,钢板也有热轧和冷轧两种。

6.6　钢材的腐蚀与防护

钢结构具有许多优点,但也存在隐患,主要有失稳、腐蚀和火灾三个方面。

钢结构的失稳分两类:整体失稳和局部失稳。整体失稳大多数是由局部失稳造成的,当受扭部位或受弯部位的长细比超过允许值时,会失去稳定。它受很多客观因素影响,如荷载变化、钢材的初始缺陷等。如1988年加拿大一停车场出现的屋盖结构塌落事故。

普通钢材的抗腐蚀性能较差,尤其是处于湿度较大、有腐蚀性介质的环境中,会较快地生锈腐蚀。钢结构的腐蚀问题正在给世界各国的国民经济带来巨大的损失。据一些工业发达国家统计,每年由于钢结构腐蚀而造成的经济损失约占国民经济生产总值的2%～4%。

钢材的许多性能随温度升降而变化。当温度达到430～540 ℃之间,钢材的屈服点、抗拉强度和弹性模量将急剧下降,失去承载能力。例如,“9·11”恐怖袭击中倒塌的纽约世贸大厦,在撞击事件发生后,大厦内部发生猛烈燃烧,高温使得金属结构发生变化,失去了支撑力,整座建筑物倒塌时是一层层往下坠,场面令人震惊。因此,钢结构的防火十分重要。

6.6.1　钢材的腐蚀

钢材的腐蚀是指钢的表面与周围介质发生化学作用或电化学作用而遭到的破坏。腐蚀不仅使其截面减少,降低承载力,而且由于局部腐蚀造成应力集中,易导致结构破坏。若受到冲击荷载或反复荷载的作用,将产生锈蚀疲劳,使疲劳强度大大降低,甚至出现脆性断裂。

1. 化学腐蚀

化学腐蚀是钢与干燥气体及非电解质液体发生反应而产生的腐蚀。这种腐蚀通常为氧化作用,使钢被氧化形成疏松的氧化物(如氧化铁等)。在干燥环境中腐蚀进行得很慢,但在温度高和湿度较大时腐蚀速度较快。

2. 电化学腐蚀

钢材与电解质溶液接触而产生电流,形成微电池从而引起腐蚀。钢材本身含有铁、碳等多种成分,由于它们的电极电位不同,形成许多微电池。当凝聚在钢材表面的水分中溶入CO_2、SO_2等气体后,就形成电解质溶液。铁比碳活泼,因而铁成为阳极,碳成为阴极,阴阳两极通过电解质溶液相连,使电子产生流动。在阳极,铁失去电子成为Fe^{2+}进入水膜;在阴极,溶于水的氧被还原为OH^-。同时,Fe^{2+}与OH^-结合成为$Fe(OH)_2$,并进一步被氧化成为疏松的红色铁锈$Fe(OH)_3$,使钢材受到腐蚀。电化学腐蚀是钢材在使用及存放过程中发生腐蚀的主要形式。

6.6.2　钢材的保护

1. 钢材的防腐

钢材的防腐主要通过以下措施来实施。

(1)涂敷保护层

涂刷防锈涂料(防锈漆),采用电镀或其他方式在钢材的表面镀锌、铬等,涂敷搪瓷或塑料层等。利用保护膜将钢材与周围介质隔离开,从而起到保护作用。

(2)设置阳极或阴极保护

对于不易涂敷保护层的钢结构,如地下管道、港口结构等,可采取阳极保护或阴极保护。阳极保护又称外加电流保护法,是在钢结构的附近埋设一些废钢铁,外加直流电源,将阴极接在被保护的钢结构上,阳极接在废钢上。通电后废钢铁成为阳极而被腐蚀,钢结构成为阴极而被保护。

阴极保护是在被保护的钢结构上连接一块比铁更为活泼的金属,如锌、镁,使锌、镁成为阳极而被腐蚀,钢结构成为阴极而被保护。

(3)掺入阻锈剂

在市政工程中大量应用的钢筋混凝土中的钢筋,由于水泥水化后产生大量的氢氧化钙,使混凝土的碱度较高(pH 一般在 12 以上)。处于这种强碱性环境的钢筋,其表面产生一层钝化膜,对钢筋具有保护作用,因而实际上是不生锈的。但随着碳化的进行,混凝土的 pH 降低或氯离子的侵蚀作用把钢筋表面的钝化膜破坏,此时与腐蚀介质接触时将会受到腐蚀。可通过提高密实度和掺入阻锈剂提高混凝土中钢筋的阻锈能力。常用的阻锈剂有亚硝酸盐、磷酸盐、铬盐、氧化锌、间苯二酚等。

2. 钢材的防火

钢结构与传统的混凝土结构相比较,具有自重轻、强度高、抗震性能好、施工快等优点,特别适合于大跨度空间结构、高耸构筑物,也符合环保与资源再利用的国策。钢是不燃性材料,但这并不表明钢材能够抵抗火灾。耐火试验与火灾案例表明:以失去支持能力为标准,无保护层时钢柱和钢屋架的耐火极限只有 0.25 h,而裸露钢梁的耐火极限为 0.15 h。温度在 200 ℃以内,可以认为钢材的性能基本不变;超过 300 ℃以后,弹性模量、屈服点和极限强度均开始显著下降,应变急剧增大;达到 600 ℃时已经失去承载能力。美国"9·11"事件后,钢结构的一大致命缺陷,即抗高温软化能力很差的问题引起人们的普遍关注。

钢结构防火保护的基本原理是采用绝热或吸热材料,阻隔火焰和热量,推迟钢结构的升温速率。防火方法以包覆法为主,即以防火涂料、不燃性板材或混凝土和砂浆将钢构件包裹起来。防止钢结构在火灾中迅速升温发生形变塌落,其措施是多种多样的,关键是要根据不同情况采取不同方法,如采用绝热、耐火材料阻隔火焰直接灼烧钢结构,降低热量传递的速度,推迟钢结构温升、强度变弱的时间等。以下几种是较为有效的钢结构防火保护措施。

(1)外包层

就是在钢结构外表添加外包层,可以现浇成型,也可以采用喷涂法。现浇成型的实体混凝土外包层通常用钢丝网或钢筋来加强，以限制收缩裂缝，并保证外壳的强度。喷涂法可以在施工现场对钢结构表面涂抹砂浆以形成保护层。砂浆可以是石灰水泥或石膏砂浆，也可以掺入珍珠岩或石棉。同时，外包层也可以用珍珠岩、石棉、石膏或石棉水泥、轻混凝土做成预制板，采用胶黏剂、钉子、螺栓固定在钢结构上。

(2)结构内充水

空心型钢结构内充水是抵御火灾最有效的防护措施。这种方法能使钢结构在火灾中保持较低的温度，水在钢结构内循环，吸收材料本身受热的热量。受热的水经冷却后可以进行再循环，或由管道引入凉水来取代受热的水。

(3)屏蔽

钢结构设置在耐火材料组成的墙体或顶棚内，或将构件包藏在两片墙之间的空隙里，只要增加少许耐火材料或不增加即能达到防火的目的。这是一种经济的防火方法。

(4)膨胀材料

采用钢结构防火涂料保护构件，这种方法具有防火隔热性能好、施工不受钢结构几何形体限制等优点，一般不需要添加辅助设施，且涂层质量轻，还有一定的美观装饰作用。发泡漆的耐火时间一般为0.5 h。

实训与创新

深入各实训基地——建筑施工现场，收集建筑工程中所采用的各种钢材，包括钢板、钢筋、型钢、钢丝、工具钢等，观察其表面和截面形状，调查并总结各种钢材的型号、使用场合和性能特点等。

复习思考题与习题

6.1 低碳钢的拉伸试验图划分为几个阶段？各阶段的应力—应变有何特点？指出弹性极限 σ_p、屈服点 σ_s 和抗拉强度 σ_b 在图中的位置。

6.2 何谓钢材的屈强比？其大小对使用性能有何影响？

6.3 钢的伸长率与试件标距长度有何关系？为什么？

6.4 钢的脱氧程度对钢的性能有何影响？

6.5 钢材的冷加工对钢的力学性能有何影响？从技术和经济两个方面说明低合金钢的优越性。

6.6 试述钢中含碳量对各项力学性能的影响。

6.7 对有抗震要求的框架，为什么不宜用强度等级较高的钢筋代替原设计中的钢筋？

6.8 建筑工程中主要使用哪些钢材？

6.9 钢材的牌号是如何确定的？

6.10 钢筋混凝土用的热轧钢筋分为几级？其性能如何？

6.11 钢筋的锈蚀是如何产生的？应如何防护钢筋锈蚀？

第7章 沥青胶结料

教学目的:沥青是种有机的胶凝材料,同时也是现代公路及城市主要的路面胶结材料和结构工程中常用的防水材料。重点掌握沥青的主要性能,认识沥青性能与实际应用的关系,为沥青混合料的学习打好基础。

教学要求:结合现代路面工程和屋面防水工程,重点掌握沥青的主要建筑性能以及实际应用,并了解沥青防水材料的基本性质及改性沥青的性能和品种等。

沥青是一种由许多高分子碳氢化合物及其非金属(氧、硫、氮等)衍生物所组成的,在常温下呈褐色或黑褐色固体、半固体及液体状态的复杂混合物。它能溶于二硫化碳等有机溶剂中。

沥青是一种憎水性的有机胶凝材料,与矿质混合料具有良好的黏结力;同时结构致密,几乎完全不溶于水和不吸水;而且还具有较好的抗腐蚀能力,能抵抗一般的酸性、碱性及盐类等具有腐蚀性的液体或气体的腐蚀。故沥青是建筑工程中不可缺少的材料之一,广泛用于房屋建筑、道路桥梁、水利工程以及其他防水防潮工程中。

7.1 沥青

沥青按产源不同分为地沥青(asphalt)与焦油沥青(tar)两大类。地沥青中有石油沥青与天然沥青;焦油沥青则有煤沥青、木沥青、页岩沥青及泥炭沥青等几种。建筑工程中主要使用石油沥青和煤沥青,以及以沥青为原料通过加入表面活性物质而得到的乳化沥青。

7.1.1 石油沥青

石油沥青(petroleum asphalt)是石油(原油)经蒸馏等工艺提炼出各种轻质油及润滑油以后得到的残留物,或者再经加工得到的残渣。当原油的品种不同、提炼加工的方式和程度不同时,可以得到组成、结构和性质不同的各种石油沥青产品。

1. 石油沥青的品种

石油沥青的分类方法尚不统一,各种分类方法都有各自的特点和实用价值。

(1)按原油加工后所得沥青中含蜡量分类

石油沥青按原油基层不同分为石蜡基的、沥青基的和中间基的三种。

①石蜡基沥青。它是由含大量烷属烃成分的石蜡基原油提炼制得的,其含蜡量一般均

大于 5%。由于其含蜡量较高，其黏性和温度稳定性将受到影响，故这种沥青的软化点高，针入度小，延度低，但抗老化性能较好。

②沥青基沥青(环烷基沥青)。它是由沥青基原油提炼制得的，其含蜡量一般少于 2%，含有较多的脂环烃，故其黏性高，延伸性好。

③中间基沥青(混合基沥青)。它是由含蜡量介于石蜡基和沥青基石油之间的原油提炼制得的，其含蜡量在 2%～5%之间。

(2)按加工方法分类

按加工方法不同，石油可炼制成如图 7-1 所示的不同种类的沥青。

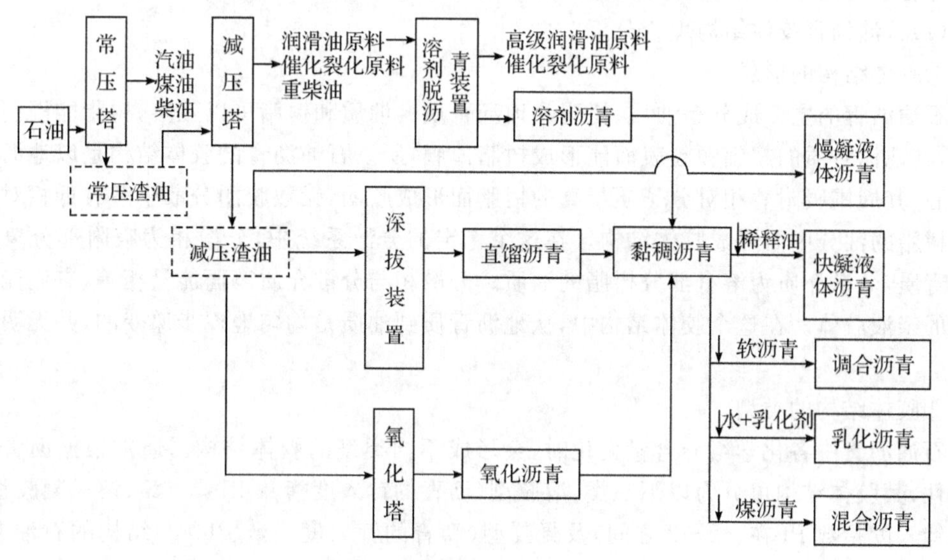

图 7-1　石油沥青生产工艺流程

原油经过常压蒸馏后得到常压渣油，再经减压蒸馏后，得到减压渣油。这些渣油属于低标号的慢凝液体沥青。

为提高沥青的稠度，以慢凝液体沥青为原料，可以采用不同的工艺方法得到黏稠沥青。渣油再经过减蒸工艺，进一步拔出各种重质油品，可得到不同稠度的直馏沥青；渣油经不同深度的氧化后，可以得到不同稠度的氧化沥青或半氧化沥青；渣油不同程度地脱出沥青油，可得到不同稠度的溶剂沥青。除轻度蒸馏和轻度氧化的沥青属于高标号慢凝沥青外，这些沥青都属于黏稠沥青。

有时为施工需要，希望在常温条件下具有较大的施工流动性，在施工完成后短时间内又能凝固而具有高的黏结性，为此在黏稠沥青中掺加煤油或汽油等挥发速度较快的溶剂，这种用快速挥发溶剂作稀释剂的沥青，称为中凝液体沥青或快凝液体沥青。为得到不同稠度的沥青，也可以采用硬的沥青与软的沥青以适当比例调配，称为调配沥青。按照比例不同，所得成品可以是黏稠沥青，也可以是慢凝液体沥青。

快凝液体沥青需要耗费高价的有机稀释剂，同时要求石料必须是干燥的。为节约溶剂和扩大使用范围，可将沥青分散于有乳化剂的水中而形成沥青乳液，这种乳液也称为乳化沥青。

为更好地发挥石油沥青和煤沥青的优点，选择适当比例的煤沥青与石油沥青混合而成一种稳定的胶体，这种胶体称为混合沥青。

2. 石油沥青的化学组成与结构

石油沥青是高分子碳氢化合物及其非金属衍生物的混合物。其主要化学成分是碳(80%～87%)和氢(10%～15%)，少量的氧、硫、氮(约为5%)及微量的铁、钙、铅、镍等金属元素。

由于沥青化学组成与结构的复杂性以及分析测试技术的限制，将沥青分离成纯化学单体较困难，而且化学元素含量的变化与沥青的技术性质间也没有较好的相关性，所以许多研究者都着眼于胶体理论、高分子理论和沥青组分理论的分析。

(1)石油沥青胶体结构理论分析

①胶体结构的形成

石油沥青的主要成分是油质、树脂和地沥青质。油质和树脂可以互溶，树脂能浸润地沥青质，在地沥青质的超细颗粒表面能形成树脂薄膜，所以石油沥青的胶体结构是以地沥青质为核心，其周围吸附着相对分子质量高的树脂而形成胶团，无数胶团分散于溶有低相对分子质量树脂的油分中而形成胶体结构。在这个稳定的分散系统中，分散相为吸附部分树脂的地沥青质，分散介质为溶有部分树脂的油质。分散相与分散介质表面能量相等，它们能形成稳定的亲液胶体。在这个胶体结构中，从地沥青质到油质是均匀地逐步递变的，并无明显界面。

②胶体结构的类型

石油沥青中各化学组分含量变化时，会形成不同类型的胶体结构。通常根据沥青的流变特性，其胶体结构可分为以下三类：溶胶型(沥青的针入度指数 PI<−2)、溶—凝胶型(沥青的针入度指数 PI 在−2～2之间)及凝胶型(沥青的针入度指数 PI>2)结构的石油沥青，如图7-2所示。

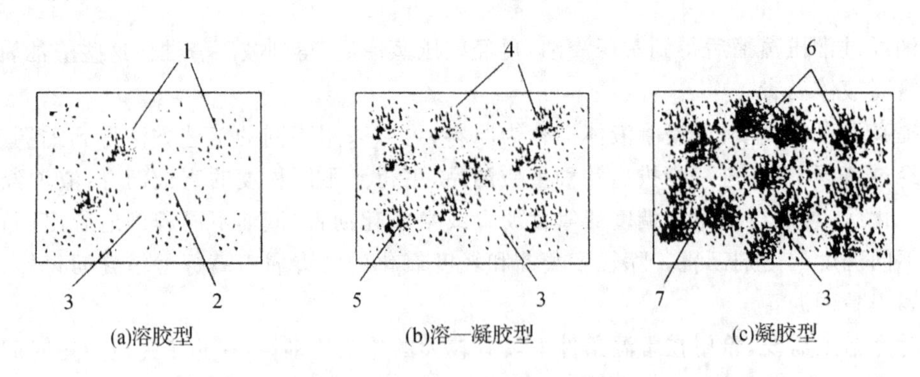

1—溶胶中的胶粒；2—质点颗粒；3—分散介质油质；4—吸附层；
5—地沥青质；6—凝胶颗粒；7—结合的分散介质油质

图7-2　石油沥青的胶体结构类型

A. 溶胶型(sol type)结构。当油质和低相对分子质量树脂足够多时，胶团外膜层较厚，胶团间没有吸引力或吸引力较小，胶团之间相对运动较自由，这种胶体结构的沥青称为溶胶型石油沥青。溶胶型石油沥青的特点是：流动性和塑性较好，开裂后自行愈合能力较强，但其温度稳定性较差。直馏沥青多属溶胶型结构。

B. 凝胶型(gel type)结构。当油质和低相对分子质量树脂较少时,胶团外膜层较薄,胶团间距离减小,相互吸引力增大,胶团间相互移动比较困难,具有明显的弹性效应,这种胶体结构的沥青称为凝胶型石油沥青。凝胶型石油沥青的特点是:弹性和黏性较高,温度稳定性好,但流动性和塑性较差,开裂后自行愈合能力较差。氧化沥青多属凝胶型结构。

C. 溶—凝胶型(sol-gel type)结构。当沥青各组分的比例适当,而胶团间又靠得较近时,相互间有一定的吸引力,在常温下受力较小时,呈现出一定的弹性效应;当变形增加到一定数值后,则变为有阻尼的黏性流动,形成一种介于溶胶型和凝胶型之间的结构,这种结构称为溶—凝胶型结构。具有这种结构的石油沥青的性质也介于溶胶型沥青和凝胶型沥青之间。它是道路建筑用沥青较理想的结构,大部分优质道路石油沥青均配制成溶—凝胶型结构。

(2)高分子溶液理论分析

随着对石油沥青研究的深入发展,有些学者已开始摒弃石油沥青胶体结构观点,而认为它是一种高分子溶液。在石油沥青高分子溶液里,分散相沥青质与分散介质软沥青质具有很强的亲和力,而且在每个沥青质分子的表面上紧紧地保持着一层软沥青质的溶剂分子,而形成高分子溶液。高分子溶液具有可逆性,即随沥青质与软沥青质相对含量的变化,高分子溶液可以是较浓的或是较稀的。较浓的高分子溶液,沥青质含量就多,相当于凝胶型石油沥青;较稀的高分子溶液,沥青质含量就少,软沥青质含量多,相当于溶胶型石油沥青;稠度介于两者之间的为溶—凝胶型。这是一个新的研究发展方向,目前这种理论应用于沥青老化和再生机理的研究,已取得一些初步的成果。

(3)沥青的组分理论分析

沥青的化学组分分析就是利用沥青在不同有机溶剂中的选择性溶解或在不同吸附剂上的选择性吸附,将沥青分离为几个化学性质比较接近,而又与其胶体结构性质、流变性质和技术性质有一定联系的化合物组。这些组就称为沥青的组分(也称组丛)。此法主要利用选择性溶解和选择性吸附的原理,所以又称“溶解—吸附”法。石油沥青主要组分如下:

①油分(oil)。它是沥青中最轻的组分。赋予沥青以流动性,油分含量的多少直接影响沥青的柔韧性、抗裂性和施工难度。油分在一定的条件下可以转变为树脂甚至沥青质。

②树脂(resin)。其相对分子质量比油分大。树脂有酸性和中性之分。酸性树脂的含量较少,为表面活性物质,对沥青与矿质材料的结合起表面亲和作用,可提高胶结力;中性树脂可使沥青具有一定的塑性、可流动性和黏结力,其含量越高,沥青的黏结力和延伸性越好。

③沥青质(asphaltene)。它是石油沥青中相对分子质量较大的固态组分,为高分子化合物。沥青质决定着沥青的黏结力、黏度、温度稳定性以及沥青的硬度和软化点等。其含量越高,沥青的黏度、黏结力、硬度和温度稳定性越高,但其塑性则越低。

④沥青碳和似碳物。它们是由于沥青受高温的影响脱氢而生成的,一般只在高温裂化或加热及深度氧化过程中产生。它们多为深黑色固态粉末状微粒,是石油沥青中相对分子质量最高的组分。沥青碳和似碳物在沥青中的含量不多,一般在2%~3%以下,它们能降低沥青的黏结力。

⑤蜡。蜡在常温下以白色结晶状态存在于沥青中。当温度达45 ℃左右时,它就会由固态转变为液态。石蜡含量增加时,沥青的胶体结构遭到破坏,从而降低沥青的延度和粘接

力，所以蜡是石油沥青的有害成分。国际上大多都规定沥青的含蜡量在2%～4%范围内。《公路沥青路面施工技术规范》(JTG F40-2004)规定，蒸馏法测得的含蜡量应不大于3%。

三组分分析法的石油沥青各组分含量及性状列于表7-1中。

表7-1　石油沥青三组分分析法各组分含量及性状

组分	颜色	体态	相对密度	相对分子质量	碳氢原子数比	在沥青中含量/%	特征性能	作用	转化方向
油分	淡黄色至红褐色	黏稠透明液体	1.0～1.1	200～700 平均500	0.5～0.7	45～60	几乎溶于所有溶剂，具有光学活性，在很多情况下发荧光	赋予沥青以流动性	↓
树脂	红褐色至黑褐	有黏性半固体	0.7～1.0	800～3 000 平均1000	0.7～0.8	15～30	对温度敏感，熔点低于100 ℃	赋予沥青以黏性和塑性	↓
沥青质	深褐色至黑色	固体脆性粉末状微粒	1.1～1.5	1 000～5 000	0.8～1.0	5～30	加热不熔化，分解为硬焦炭	增加沥青的黏性和热稳定性	↓
沥青炭	黑色	固体粉末	＞1.0	约10 000	1.0～1.3	2～3	外形似沥青，不溶于四氯化碳，仅溶于二硫化碳	降低沥青的黏性和塑性	↓
似炭物	黑色	固体粉末	＞1.0	—	约1.3		是沥青质的最终产物，不溶于任何溶剂	降低沥青的粘接力	—
蜡	白色(常温)	白色结晶(常温)	—	300～700	—	变化范围较大	能溶于多种溶剂中，对温度特别敏感	降低沥青的延度和粘接力	—

3. 石油沥青的技术性质

石油沥青作为胶凝材料常用于建筑防水和道路工程。沥青是憎水性材料，几乎完全不溶于水，所以具有良好的防水性。为了保证工程质量，正确选择材料和指导施工，必须了解和掌握沥青的各种技术性质。

(1)黏性(黏滞性)

沥青作为胶结材料必须具有一定的粘接力，以便把矿质材料和其他材料胶结为具有一定强度的整体。粘接力的大小与沥青的黏滞性密切有关。黏滞性是指在外力作用下，沥青粒子相互位移时抵抗变形的能力。沥青的黏滞性以绝对黏度表示，它是沥青性质的重要指标之一。

绝对黏度的测定方法比较复杂。工程上常用相对(条件)黏度代替绝对黏度。测定相对黏度时用针入度仪和标准黏度计。前者用来测定黏稠石油沥青的相对黏度，后者则用于测定液体(或较稀的)石油沥青的相对黏度。黏稠石油沥青的相对黏度用针入度表示。针入度是指在规定的温度(25 ℃)条件下，以规定质量(100 g)的标准针，经过规定时间(5 s)贯入试样的深度(以1/10 mm为1度)。针入度以$P_{T,m,t}$表示，其中P为针入度，T为试验温度，m为标准针的质量，t为贯入时间。现行国家标准《沥青针入度测定》(GB/T 4509-2010)规定，常用的试验条件为$P_{25\ ℃,100\ g,5\ s}$。它反映石油沥青抵抗剪切变形的能力。针入度值越小,沥青的黏滞度越大,抵抗变形的能力越强。

液体沥青的相对黏度可以用标准黏度计测定的标准黏度表示。标准黏度是在规定温度(20 ℃、25 ℃、30 ℃或60 ℃)、规定直径(3 mm、5 mm或10 mm)的孔口流出50 mm^3沥青所需的时间(s),常用符号$C_t{}^dT$表示,其中d为流孔直径,t为试样温度,T为流出50 mm^3沥青所需的时间(s)。各种石油沥青黏滞性的变化范围很大,主要受其组分和温度的影响。一般沥青质含量较高时,其黏滞性较大。在一定温度范围内,温度升高时,黏滞性降低;反之,则随之增大。

(2)延展性

沥青在外力作用下,产生变形而不破坏,除去外力后,仍能保持变形后的形状的性质,称为延展性。它是反映石油沥青受力时所能承受的塑性变形的能力。

石油沥青的延展性以延度(延伸度)表示。延度是在延度仪上测定的,即把沥青试样制成∞形标准试模(中间最小截面积为1 cm^2),在规定的温度(25 ℃)下,以规定速度(5 cm/min)拉伸试模,拉断时的长度(cm)即为延度。延度越大,说明沥青的延展性越好。

沥青的延展性与其组分有关。当树脂含量较多,且其他组分含量又适当时,延展性较好。此外,周围介质的温度和沥青膜层厚度对延展性也有影响。温度升高,则延展性增大;膜层越厚,则延展性越高;反之,膜层越薄,延伸性越差;当膜层薄至1 μm时,塑性近于消失,即接近于弹性。

延展性高是沥青的一种良好性能,反映了沥青开裂后的自行愈合能力。例如,履带车辆在通过沥青路面后,路面有变形发生但无局部破坏,而在通过水泥混凝土路面后,则可能发生局部脆性破坏。另外,沥青的延展性对冲击振动荷载也有一定的吸收能力,并能减少摩擦时的噪声,故沥青是一种优良的道路路面材料。此外,沥青基柔性防水材料的柔性在很大程度上来源于沥青的延展性。

(3)温度敏感性

温度敏感性是指石油沥青的黏滞性和塑性随温度升降而变化的性能。因沥青是一种高分子非晶态热塑性物质,故没有一定的熔点。当温度升高时,沥青由固态或半固态逐渐软化,使沥青分子之间发生相对滑动,此时沥青就像液体一样发生了黏性流动,称为黏流态。与此相反,当温度降低时又逐渐由黏流态凝固为固态(或称高弹态),甚至变硬变脆(像玻璃一样硬脆称作玻璃态)。在此过程中,反映了沥青随温度升降其黏滞性和塑性的变化。在相同的温度变化间隔里,各种沥青黏滞性及塑性变化幅度不相同,工程要求沥青随温度变化而产生的黏滞性及塑性变化幅度应较小,即温度敏感性较小。建筑工程宜选用温度敏感性较小的沥青。所以,温度敏感性是沥青性质的重要指标之一。

通常石油沥青中地沥青质含量较多,在一定程度上能够减小其温度敏感性。在工程使用时往往加入滑石粉、石灰石粉或其他矿物填料来减小其温度敏感性。沥青中含蜡量较多时,则会增大温度敏感性。多蜡沥青不能用于建筑工程就是因为该沥青温度敏感性大,当温度不太高(60 ℃左右)时就发生流淌,在温度较低时又易变硬开裂。

沥青软化点是反映沥青温度敏感性的重要指标。由于沥青材料从固态至液态有一定的变态间隔,故取液化点与固化点之间温度间隔的87.21%作为软化点。

沥青软化点测定方法很多,国内外一般采用环球法软化点仪测定。我国现行国家标准

《沥青软化点测定法(环球法)》(GB/T 4507-1999)和国家行业标准《公路工程沥青及沥青混合料试验规程》(JTJ 052-2000)规定,把沥青试样装入规定尺寸内径为19.8 mm的铜环内,试样上放置一标准钢球(直径9.5 mm,重3.5 g),浸入水或甘油中,以规定的升温速度(5 ℃/min)加热,使沥青软化下垂,当下垂到规定距离(25.4 mm)时的温度(℃)。软化点高,则沥青的温度敏感性低。

石油沥青的针入度、延度和软化点是评定黏稠石油沥青牌号的三大指标。

(4)大气稳定性

石油沥青是有机材料,在热、阳光、氧及潮湿等大气因素的长期综合作用下,其组分和性质将发生一系列变化,即油质和树脂减少,地沥青质逐渐增多。因此,沥青随时间的进展而流动性和塑性减小,硬脆性逐渐增大,直至脆裂,此过程称为沥青的"老化"。抵抗"老化"的性质,称为大气稳定性(耐久性)。

国家行业标准《公路工程沥青及沥青混合料试验规程》(JTJ 052-2000)中《沥青薄膜加热试验》(T 0609-1993)规定,石油沥青的大气稳定性常以加热后的蒸发损失和蒸发后针入度比来评定。其测定方法是:先测定沥青试样的质量及针入度,然后将试样置于烘箱中,在163 ℃下加热蒸发5 h,待冷却后再测定沥青试样的质量及针入度,后者与前者的比值分别称为蒸发损失百分数和蒸发后针入度比。蒸发损失百分数越小,蒸发后针入度比越大,表示沥青的大气稳定性越高,老化越慢,耐久性越好。

(5)溶解度

溶解度是石油沥青在溶剂(苯、三氯甲烷、四氯化碳等)中溶解的百分率,以确定石油沥青中有效物质的含量。某些不溶物质(沥青碳或似碳物等)将降低沥青的性能,应将其视为有害物质加以限制。

实际工作中除特殊情况外,一般不进行沥青的化学组分分析而测定其溶解度,借以确定沥青中对工程有利的有效成分的含量。石油沥青的溶解度一般均在98%以上。

(6)施工安全性——闪点与燃点

沥青在使用时均需要加热,在加热过程中,沥青中挥发出的油分蒸气与周围空气组成油气混合物,此混合气体在规定条件下与火焰接触,初次发生有蓝色闪光时的沥青温度即为闪点(又称闪火点)。若继续加热,油气混合物的浓度增大,与火焰接触能持续燃烧5 s以上时的沥青温度即为燃点(又称着火点)。通常燃点比闪点高约10 ℃。

闪点和燃点的高低,表明沥青引起火灾或爆炸的危险性的大小。因此,加热沥青时,其加热温度必须低于闪点,以免发生火灾。

4. 石油沥青的技术标准与选用

(1)石油沥青的技术标准

我国现行石油沥青标准,将黏稠石油沥青分为道路石油沥青(petroleum asphalts for road pavement)、建筑石油沥青(asphalt used in roofs)和普通石油沥青(common petroleum asphalts)三大类,在建筑工程中常用的主要是道路石油沥青和建筑石油沥青。道路石油沥青和建筑石油沥青依据针入度大小将其划分为若干牌号,每个牌号还应保证相应的延度和软化点,以及其他指标。现将其质量指标列于表7-2中。

表7-2 道路石油沥青和建筑石油沥青的技术标准

质量指标	道路石油沥青(SH 0522-2000)							建筑石油沥青(GB/T 494-1998)		
	A-200	A-180	A-140	A-100甲	A-100乙	A-60甲	A-60乙	40号	30号	10号
针入度(25 ℃,100 g)/(1/10 mm)	201～300	161～200	121～60	91～120	81～120	51～80	41～80	36～50	26～35	10～25
延度(25 ℃)/cm,≥	—	100	100	90	60	70	40	3.5	2.5	1.5
软化点(环球法)/℃	30～45	35～45	38～48	42～52	42～52	45～55	45～55	>60	>75	>95
溶解度(三氯乙烯,四氯化碳或苯)/%,≥	99	99	99	99	99	99	99	99.5	99.5	99.5
蒸发损失(160 ℃,5 h)/%,≤	1	1	1	1	1	1	1	1	1	1
蒸发后针入度比/%,≥	50	60	60	65	65	70	70	65	65	65
闪点(开口)/℃,≥	180	200	230	230	230	230	230	230	230	230

由表7-2可知,沥青的牌号越大,沥青的黏滞性越小(针入度越大),塑性越好(延度越大),温度稳定性越差(软化点越低),使用寿命越长。

(2)石油沥青的简易鉴别

石油沥青质量的外观简易鉴别方法和牌号的简易判断分别见表7-3和表7-4。

表7-3 石油沥青质量的外观简易鉴别方法

沥青形态	外观简易鉴别方法
固体	敲碎,检查新断口处,色黑而发亮的质量好,色暗淡的质量差
半固体	取少许,拉成细丝,越细长,质量越好
液体	黏性大,油光泽,没有沉淀和杂质的质量好,也可利用拉丝来判断

表7-4 石油沥青牌号的简易判断

牌号	简易鉴别方法
140～120	质软
60	用铁锤敲,不碎,只变形
30	用铁锤敲,变成较大的碎块
10	用铁锤敲,变成较小的碎块,表面呈黑色而有光泽

(3)石油沥青的选用

①道路石油沥青

按道路的交通量,道路石油沥青分为中、轻交通石油沥青和重交通石油沥青。按石油化工行业标准《道路石油沥青》(SH 0522-2000),中、轻交通道路石油沥青共有五个牌号,其中A-100和A-60又按延度的不同分为甲、乙两个副牌号,各牌号的技术指标要求见表7-2。而重交通道路石油沥青按国家标准《重交通道路石油沥青》(GB/T 15180-2000)分为 AH-50、AH-70、AH-90、AH-110 和 AH-130 五个牌号,各牌号的技术要求见表 7-5。

表 7-5　重交通量道路石油沥青的技术要求(GB/T 15180-2000)

质量指标		重交通量道路石油沥青				
		AH-130	AH-110	AH-90	AH-70	AH-50
针入度(25 ℃,100 g,5 s)/(1/10 mm)		121～140	101～120	80～100	60～80	40～60
延度(15 ℃,15 mm/min)/cm,≥		100	100	100	100	100
软化点(环球法)/℃		40～50	41～51	42～52	44～54	45～55
溶解度(三氯乙烯)/%,≥		99.0				
含蜡量(蒸馏法)/%,≤		3				
薄膜烘箱加热试验(160 ℃,5 h)	质量损失/%,≤	1.3	1.2	1.0	0.8	0.6
	针入度比/%,≥	45	48	50	55	58
	延度(25 ℃)/%,≥	75	75	75	50	40
	延度(15 ℃)/%,≥	实测记录				
闪点(开口)/℃,≥		230				

中、轻交通道路石油沥青主要用作一般道路路面、车间地面等工程。常配制沥青混凝土、沥青混合料和沥青砂浆使用。选用道路石油沥青时,要按照工程要求、施工方法以及气候条件等选用不同牌号的沥青。此外,还可用作密封材料、黏结剂和沥青涂料等。重交通道路石油沥青主要用于高速公路、一级公路路面、机场道面以及重要的城市道路路面等工程。

②建筑石油沥青

建筑石油沥青的特点是黏性较大(针入度较小),温度稳定性较好(软化点较高),但塑性较差(延度较小)。建筑石油沥青应符合 GB/T 494-1998 的要求,其技术指标见表 7-2。常用它来制作油纸、油毡、防水涂料及沥青胶等,并用于屋面及地下防水、沟槽防水、防蚀及管道防腐等工程。

值得注意的是,使用建筑石油沥青制成的沥青膜层较厚,黑色沥青表面又是好的吸热体,故在同一地区的沥青屋面(或其他工程表面)的表面温度比其他材料高。据测定,高温季节沥青层面的表面温度比当地最高气温高 25～30 ℃。为避免夏季屋面沥青流淌,一般屋面用沥青材料的软化点应比本地区屋面最高温度高 20 ℃以上。但软化点也不宜选得太高,以免冬季低温时变得硬脆,甚至开裂。

③普通石油沥青

普通石油沥青因含有较多的蜡(一般含量大于 15%,多者达 20%以上),故又称多蜡沥青。由于蜡的熔点较低(约为 32～55 ℃),所以多蜡沥青达到液态时的温度与其软化点相差无几。与软化点相同的建筑石油沥青相比,其黏滞性较低,塑性较差,故在建筑工程中不宜直接使用。

(4)沥青的掺配

一种牌号的石油沥青往往不能满足工程使用的要求,因此常需要将不同牌号的沥青加以掺配。为了保证掺配后的沥青胶实体结构和技术性质不发生大的波动，应选用化学性质和胶体结构相近的沥青进行掺配。试验证明，相同产源的沥青（指同属石油沥青或同属煤沥青）易于保证掺配后的沥青胶体结构的均匀性。

两种沥青的掺配比例可按下式估算：

$$Q_1=\frac{T_2-T}{T_2-T_1}\times 100\%$$

$$Q_2=100\%-Q_1$$

式中，Q_1—较软（牌号大）沥青用量，%；

Q_2—较硬（牌号小）沥青用量，%；

T—掺配沥青要求的软化点，℃；

T_1—较软沥青的软化点，℃；

T_2—较硬沥青的软化点，℃。

例如，某工地现有 10 号及 60 号两种石油沥青，而工程要求用软化点为 80 ℃的石油沥青，如何掺配才能满足工程需要？

由试验（或规范）测得，10 号及 60 号石油沥青的软化点分别为 95 ℃和 45 ℃，则估算的掺配用量为：

$$60\text{号石油沥青用量}=\frac{95-80}{95-45}\times 100\%=30\%$$

$$10\text{号石油沥青用量}=100\%-30\%=70\%$$

根据上式得到的掺配比例不一定满足工程要求，此时可用掺配比及其邻近±（5%～10%）的比例进行试配，混合熬制均匀，测定掺配后沥青的软化点，然后绘制掺配比—软化点曲线，即可从曲线上确定所要求的掺配比例。

同理也可用针入度指标按上述方法进行估算及试配。

不同产源的沥青（如石油沥青和煤沥青），由于其化学组成、胶体结构差别较大，其掺配问题比较复杂。大量的实验研究表明，在软煤沥青中掺入 20%以下的石油沥青，可提高煤沥青的大气稳定性和低温塑性；在石油沥青中掺入 25%以下的软煤沥青，可提高石油沥青与矿质材料的黏结力。这样掺配所得的沥青称为混合沥青。由于混合沥青的两种原料是难溶的，掺配不当会发生结构破坏和沉淀变质现象，因此，掺配时选用的材料、掺配比例均应通过试验确定。

7.1.2　煤沥青

1. 煤沥青的原料——煤焦油

煤沥青的原料是煤焦油，它是生产焦炭和煤气的副产物。将烟煤在隔绝空气的条件下加热干馏，干馏中的挥发物气化流出，冷却后仍为气体者即为煤气；冷凝下来的液体除去氨及苯后，即为煤焦油。

按照干馏温度的不同，煤焦油有高温煤焦油（700 ℃以上）和低温煤焦油（450～700 ℃）；按照工艺过程有焦炭焦油和煤气焦油。高温煤焦油含碳较多，密度较大，含有大量的芳香族碳氢化合物，技术性质较好；低温煤焦油则与之相反，技术性质较差。因此，多用高温煤焦油制作煤沥青和建筑防水材料。

2. 煤沥青的品种

将高温煤焦油进行再蒸馏，蒸去水分和全部轻油及部分中油、重油和蒽油、萘油后所得的残渣即为煤沥青(coal tar)。

煤沥青根据蒸馏程度不同分为低温煤沥青(软化点 30～75 ℃)、中温煤沥青(软化点 75～95 ℃)和高温煤沥青(软化点 95～120 ℃)三种。建筑和道路工程中使用的煤沥青多为黏稠或半固体的低温沥青。

3. 煤沥青的化学组分和结构

煤沥青也是一种复杂的高分子碳氢化合物及其非金属衍生物的混合物。其主要组分有以下几种：

(1)游离碳(又称自由碳)

游离碳是高分子有机化合物的固态碳质微粒，不溶于任何有机溶剂，加热不熔化，只在高温下才分解。游离碳能提高煤沥青的黏度和热稳定性，但随着游离碳的增多，沥青的低温脆性也随之增加，其作用相当于石油沥青中的沥青质。

(2)树脂

树脂属于环心含氧的环状碳氢化合物。树脂有固态树脂和可溶性树脂之分。

①固态树脂(也称硬树脂)。为固态晶体结构，仅溶于吡啶，类似石油沥青中的沥青质。它能增加煤沥青的黏滞度。

②可溶性树脂(又称软树脂)。为赤褐色黏塑状物质，溶于氯仿，类似石油沥青中的树脂。它能使煤沥青的塑性增大。

(3)油分

油分为液态，由未饱和的芳香族碳氢化合物组成，类似于石油沥青中的油质，能提高煤沥青的流动性。

此外，煤沥青油分中还含有萘油、蒽油和酚等。当萘油含量<15%时，可溶于油分中；当其含量超过 15%，且温度低于 10 ℃时，萘油呈固态晶体析出，影响煤沥青的低温变形能力。酚为苯环中含羟基的物质，呈酸性，有微毒，能溶于水，故煤沥青的防腐杀菌力强。酚易与碱起反应而生成易溶于水的酚盐，降低沥青产品的水稳定性，故其含量不宜太多。

和石油沥青一样，煤沥青也具有复杂的分散系胶体结构，其中自由碳和固态树脂为分散相，油分是分散介质。可溶性树脂溶解于油分中，被吸附于固态分散微粒表面给予分散系以稳定性。

4. 煤沥青技术性质的特点

煤沥青与石油沥青相比，由于产源、组分和结构的不同，所以煤沥青技术性质有如下特点：

(1)温度稳定性差。煤沥青是较粗的分散系(自由碳颗粒比沥青质粗)，且树脂的可溶性较高，受热时由固态或半固态转变为黏流态(或液态)的温度间隔较窄，故夏天易软化流淌而冬天易脆裂。

(2)塑性较差。煤沥青中含有较多的游离碳，故煤沥青的塑性较差，使用中易因变形而开裂。

(3)大气稳定性较差。煤沥青中含挥发性成分和化学稳定性差的成分(如未饱和的芳香烃化合物)较多,它们在热、阳光、氧气等因素的长期综合作用下,将发生聚合、氧化等反应,使煤沥青的组分发生变化,从而黏度增加,塑性降低,加速老化。

(4)与矿质材料的黏附性好。煤沥青中含有较多的酸、碱性物质,这些物质均属于表面活性物质,所以煤沥青的表面活性比石油沥青的高,故与酸、碱性石料的黏附性较好。

(5)防腐力较强。煤沥青中含有蒽、萘、酚等有毒成分,并有一定的臭味,故防腐能力较好,多用作木材的防腐处理。但蒽油的蒸气和微粒可引起各种器官的炎症,在阳光作用下危害更大,因此施工时应特别注意防护。

5. 石油沥青和煤沥青的比较和鉴别

煤沥青和石油沥青相比较,在技术性质、外观以及气味上存在着较大差异。主要差异见表7-6。

表7-6 石油沥青和煤沥青的主要差异

项目		石油沥青	煤沥青
技术性质	密度	近于1.0	1.25～1.28
	塑性	较好	低温脆性较大
	温度稳定性	较好	较差
	大气稳定性	较好	较差
	抗腐蚀性	差	强
	与矿料颗粒表面的黏附性能	一般	较好
外观及气味	气味	加热后有松香味	加热后有臭味
	烟色	接近白色	呈黄色
	溶解	能全部溶解于汽油或煤油,溶液呈黑褐色	不能全部溶解,且溶液呈黄绿色
	外观	呈黑褐色	呈灰黑色,剖面看似有一层灰
	毒性	无毒	有刺激性的毒性

7.2 沥青基及改性沥青基防水材料

沥青的用途很多,既可以配制成各种防水材料和制品,又可以制成沥青砂浆和混凝土用于道路和水利工程。其使用方法有热用(热施工)和冷用(冷施工)之分。热用是将沥青加热使之软化流动,并趁热使用。沥青热用时,加热温度不宜太高(一般不应超过其闪点),时间不宜太长,以防老化,还应与火源隔开以防着火;同时注意劳动保护,防止烫伤、中毒(尤其是煤沥青)等事故发生。冷用是将沥青加溶剂稀释或乳化,在常温下使用。后者使用方便,已得到广泛的应用。防水材料的组成与防水材料的性质、适用范围及使用寿命等有着直接的关系。为保证防水质量,国家标准《屋面工程技术规范》(GB 50345-2004)对不同建筑物的防水等级、所选用的防水材料等做出了规定，见表7-7。

表7-7 屋面防水等级与防水材料的选用(GB 50345-2004)

项目	Ⅰ	Ⅱ	Ⅲ	Ⅳ
建筑物类别	特别重要或对防水有特殊要求的建筑	重要的建筑和高层建筑	一般的建筑	非永久性的建筑
防水层耐用年限	25年	15年	10年	5年
防水层选用材料	宜选用合成高分子防水卷材、高聚物改性沥青防水卷材、金属板材、合成高分子防水涂料、细石防水混凝土等材料	宜选用合成高分子防水卷材、高聚物改性沥青防水卷材、金属板材、合成高分子防水涂料、高聚物改性沥青防水涂料、细石防水混凝土、平瓦、油毡瓦等材料	宜选用合成高分子防水卷材、高聚物改性沥青防水卷材、三毡四油沥青防水卷材、金属板材、合成高分子防水涂料、高聚物改性沥青防水涂料、细石防水混凝土、平瓦、油毡瓦等材料	可选用两油三油沥青防水卷材、高聚物改性沥青防水涂料等材料
设防要求	三道或三道以上防水设防	二道防水设防	一道防水设防	一道防水设防

注：1. 一道防水设防是指具有单独防水能力的一个防水层次。
2. 表中采用的沥青均为石油沥青，不包括煤沥青和煤焦油。
3. 石油沥青油毡和沥青复合胎柔性防水卷材系限制使用材料。

7.2.1 基层处理剂

1. 冷底子油

用汽油、煤油、柴油、工业苯等有机溶剂与沥青溶合制得的沥青溶液，在常温下用于防水工程的底部，故称冷底子油。它有良好的流动性，便于喷涂或涂刷。将其涂刷在混凝土、砂浆或木材等基底后，能很快渗透到基面内。待溶剂挥发后，便与基面牢固结合，并使基面具有憎水性，为粘贴其他防水材料创造了条件。

冷底子油常由30％～50％的10号或30号石油沥青和50％～70％的有机溶剂(多用汽油或轻柴油)配制而成。若耐热性要求不高，也可以用60号石油沥青配制。配好的冷底子油应放在密封的容器内置于阴凉处储存，以防溶剂挥发。喷涂冷底子油时，应使基面洁净干燥。

2. 乳化沥青

乳化沥青(emulsified pitch)是将沥青热融，经过机械的作用，使其以细小的微滴状态分散于含有乳化剂的水溶液之中，形成水包油状的沥青乳液。水和沥青是互不相溶的，但由于乳化剂吸附在沥青微滴上的定向排列作用，降低了水与沥青界面间的界面张力，使沥青微滴能均匀地分散在水中而不致沉析；同时，稳定剂的稳定作用，使沥青微滴能在水中形成均匀稳定的分散系。乳化沥青呈茶褐色，具有高流动度，可以冷态使用，在与基底材料和矿质材料结合时有良好的黏附性。

(1)乳化沥青的组成材料

乳化沥青主要由沥青、水、乳化剂、稳定剂等材料组成。

①沥青

沥青是乳化沥青的主要组成材料，占乳化沥青的 55%～70%。各种标号的沥青均可配制乳化沥青，稠度较小(针入度在 100～250 之间)的沥青更易乳化。

②水

水质对乳化沥青的性能也有影响：一方面水能润湿、溶解、黏附其他物质，并起缓和化学反应的作用；另一方面，水中含有各种矿物质及其他影响乳化沥青形成的物质。所以，水质应相当纯净，不含杂质。一般说来，水质硬度不宜太大，尤其阴离子乳化沥青对水质要求较严，每升水中氧化钙含量不得超过 80 mg。

③乳化剂

乳化剂是乳化沥青形成和保持稳定的关键组成，它能使互不相溶的两相物质(沥青和水)形成均匀稳定的分散体系，它的性能在很大程度上影响着乳化沥青的性能。

沥青乳化剂是一种表面活性剂，按其在水中能否解离而分为离子型乳化剂和非离子型乳化剂两大类。离子型乳化剂按其解离后亲水端生成离子所带电荷的不同，又分为阴离子型乳化剂、阳离子型乳化剂和两性离子型乳化剂三种。现将常用的沥青乳化剂列于表 7-8 中。

表 7-8　常用沥青乳化剂

乳化剂类型		乳化剂名称
按离子类型分类	阴离子乳化剂	羧酸盐类——肥皂等 磺酸盐类——洗衣粉等
	阳离子乳化剂	十八烷基三甲基氯化铵(代号 NOT 或 1831) 十六烷基三甲基溴化铵(代号 1631) 十八烷基二甲基羧乙基硝酸铵 烷基丙烯二胺(代号 ASF) 烷基酰基多胺(代号 JSA)
	两性离子乳化剂	氨基酸型两性乳化剂 甜菜碱型两性乳化剂
	非离子型乳化剂	聚氧乙烯醚型非离子型乳化剂
按分解破乳速度分类	快裂型	烷基二甲基羟乙基氯化铵(代号 1621)
	中裂型	牛脂烷基酰胺基多胺(代号 JSA-2)
	慢裂型	硬脂酸烷酰胺基多胺(代号 3SA-1) HY 型双胺类

④稳定剂

为使沥青乳液具有良好的储存稳定性，常常在乳化沥青生产时向水溶液中加入适量的稳定剂。常用的稳定剂有氯化钙、聚乙烯醇等。

(2)乳化沥青形成机理

乳化沥青是油—水分散体系。在这个体系中，水是分散介质，沥青是分散相，两者只有在表面较接近时才能形成稳定的结构。乳化沥青的结构是以沥青细微颗粒为固体核，乳化剂包覆沥青微粒表面形成吸附层(包覆膜)，此膜具有一定的电荷，沥青微粒表面的膜层较紧密，向外则逐渐转为普通的分散介质。吸附层之外是带有相反电荷的扩散离子层水膜。由上可知，乳化沥青能够形成和稳定存在的原因主要如下：

①乳化剂在沥青—水系统界面上的吸附作用，降低了两相物质间的界面张力，这种作用可以抵制沥青微粒的合并；

②沥青微粒表面均带有相同电荷，使微粒间相互排斥不靠拢，达到分散颗粒的目的；

③微粒外水膜的形成，可以机械地阻碍颗粒的聚集。

(3)乳化沥青的分解破乳

要使乳化沥青在路面中(或与其他材料接触时)发挥结合料的作用，就必须使沥青从水相中分离出来，产生分解与破乳。所谓分解破乳就是指沥青乳液的性质发生变化，沥青与乳液中的水相分离，使许多微小的沥青颗粒互相聚结，成为连续整体薄膜。这种分解破乳主要是乳液与其他材料接触后，由于离子电荷的吸附和水分的蒸发而产生的，其变化过程可从沥青乳液的颜色、黏结性及稠度等方面的变化进行观察和鉴别。乳液分解破乳的外观特征是其颜色由茶褐色变成黑色，此时乳液还含有水分，需待水分完全蒸发、分解破乳完成后，乳液中的沥青才能恢复到乳化前的性能。沥青乳液的分解破乳过程如图 7-3 所示。

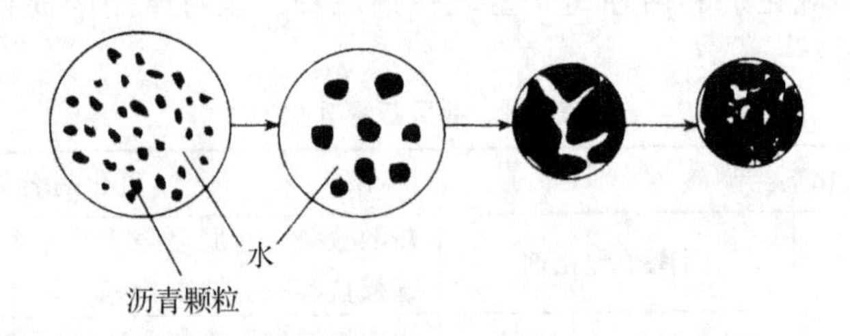

图 7-3　沥青乳液的分解破乳过程

沥青乳液分解破乳所需要的时间，即为沥青乳液的分解破乳速度。影响分解破乳速度的因素有以下几个：

①离子电荷的吸引作用

这种作用对阳离子乳化沥青尤为显著。目前我国筑路用石料多含碳酸盐或硅酸盐，在潮湿状态下它们一般带负电荷，所以阳离子沥青乳液很快与骨料表面相结合。此外，阳离子沥青乳化剂具有较高的振动性能，与固体表面有自然的吸引力，它可以穿过骨料表面的水膜与骨料表面紧密结合。电荷强度大能加速破乳，反之则延缓破乳速度。

②骨料的孔隙度、粗糙度与干湿度的影响

如果与乳液接触的骨料或其他材料为多孔质表面粗糙或疏松的材料，乳液中的水分将很快被材料所吸收，破坏了乳液的平衡，加快了破乳速度；反之，若材料表面致密光滑，吸水性很小，将延缓乳液的破乳速度。材料本身的干湿度也将影响破乳速度。干燥材料将加快破乳速度，湿润与饱和水材料将延缓破乳速度。

③施工时气候条件的影响

沥青乳液施工时的气温、湿度、风速等都将影响分解破乳速度。气温高、湿度小、风速大将加速破乳，否则将延缓破乳。

④机械冲击与压力作用的影响

施工中压路机和行车的振动冲击和碾压作用,也能加快乳液的破乳速度。

⑤骨料颗粒级配的影响

骨料颗粒越细,表面积越大,乳液越分散,其破乳速度越快,否则破乳速度将延缓。

⑥乳化剂种类与用量的影响

乳化剂本身有快、中、慢型之分,因此用其所制备的沥青乳液也相应地分为快、中、慢型三种。这些分类本身就意味着与材料接触时的分解破乳速度不同。同种乳化剂用量不同时,也影响破乳速度。乳化剂用量大将延缓破乳,用量小则加快破乳。

(4)乳化沥青的应用

自商品乳化沥青问世以来,已有几十年的历史。前期主要发展阴离子乳化沥青,其缺点是沥青与骨料间的黏附力低,若遇阴湿或低温季节,沥青分解破乳的时间将更长。此外,石蜡基与中间基原油的沥青量增多,阴离子乳化剂对这些沥青也难以进行乳化,故其发展受到限制。

近年来,阳离子乳化沥青发展较快。这种沥青乳液与骨料的黏附力强,即使在阴湿低温季节,其吸附作用仍然可以正常进行。因此,它既有阴离子乳化沥青的优点,又弥补了阴离子乳化沥青的缺点。于是,乳化沥青的发展又进入了一个新阶段。

乳化沥青可以作为防水材料喷涂或涂刷在表面上作为防潮或防水层,也可粘贴玻璃纤维毡片(或布)作为屋面防水层,还可以拌制冷用沥青砂浆和沥青混合料而用于道路工程或其他工程。

(5)乳化沥青的优缺点

①乳化沥青的优点

A. 节约能源。采用乳化沥青筑路时,只需要在沥青乳化时加热一次,且加热温度较低(一般为120～140 ℃)。若使用阳离子乳化沥青时,砂石料也不需要烘干和加热,甚至可以在湿润状态下使用,所以大大节约了能源。

B. 节省资源。乳化沥青有良好的黏附性,可以在骨料表面形成均匀的沥青膜,易于准确控制沥青用量,因而可以节约沥青。由于沥青也是一种能源,所以节省沥青既可以节省资源,又可以节省能源。

C. 提高工程质量。由于乳化沥青与骨料有良好的黏附性,而且沥青用量又少,施工中沥青的加热温度低,加热次数少,热老化损失小,因而增强了路面的稳定性、耐磨性与耐久性,提高了工程质量。

D. 延长施工时间。阴雨与低温季节,正是沥青路发生病害较多的季节。采用阳离子乳化沥青筑路或修补,几乎不受阴湿或低温季节的影响,发现病害及时修补,能及时改善路况,提高好路率和运输效率。一年中延长施工的时间,随各地气候条件而不同,平均在60 d左右。

E. 改善施工条件,减少环境污染。采用乳化沥青可以在常温下施工,现场不需要支锅熬油,施工人员不受烟熏火烤,减少了环境污染,改善了施工条件。

F. 提高工作效率。沥青乳液的黏度低,喷洒与拌和容易,操作简便,省力,安全,故可以提高工效30%,深受交通部门和施工人员的欢迎。

②乳化沥青的缺点

A. 储存期较短。乳化沥青由于稳定性较差，故其储存期较短，一般不宜超过0.5年，而且储存温度也不宜太低，一般保持在0 ℃以上。

B. 乳化沥青修筑道路的成型期较长，最初要控制车辆的行驶速度。

7.2.2 沥青胶

由沥青和适量粉状或纤维状矿质填充料均匀混合而成的胶黏剂称为沥青胶，俗称玛蹄脂。它有良好的黏结性、耐热性、柔韧性和大气稳定性，主要用于粘贴卷材、嵌缝、补漏、接头以及其他防水、防腐材料的底层等。

1. 组成材料

(1)沥青

沥青的种类应与被黏结的材料一致，其牌号大小由工程性质、使用部位及气候条件决定。采用的沥青软化点越高，夏季高温时越不易流淌；沥青的延度大，沥青胶的柔韧性就好。炎热地区的屋面工程，宜选用10号或30号石油沥青；用于地下防水和防潮处理时，一般选用软化点不低于50 ℃的沥青。

(2)矿质填充料

为了提高沥青的耐热性，改善低温脆性和节约沥青的用量，常向沥青中掺入粉状或纤维状填料，其用量一般为20%左右。用作填充料的矿粉颗粒越细，其表面积越大，改变沥青性能的作用越显著。一般粉料的细度控制在0.075 mm筛上的筛余量不大于15%。碱性矿粉与沥青的亲和性较大，黏结力较高，故一般防水、防潮用沥青胶宜选用石灰石粉、白云石粉、滑石粉等。

掺入石棉粉、木屑粉等纤维状填料时，能提高沥青胶的柔韧性和抗裂能力。

2. 技术性质

(1)黏结性

黏结性表征沥青胶黏结卷材(或其他材料)的能力。试验时将两张用2 mm厚的沥青胶粘贴在一起的油纸慢慢撕开，油纸和沥青胶脱离的面积应不大于粘贴面积的1/2。

(2)耐热性

耐热性表示沥青胶在一定温度下和一定时间内不软化流淌的性质，以耐热度表示。用2 mm厚的沥青胶黏合两张沥青油纸，在不低于表7-9要求的温度下，放在45°的坡板上恒温5 h，沥青胶不应流淌，油纸不应滑动。根据耐热度指标，石油沥青胶划分为六个标号。

表7-9 沥青胶耐热度和柔韧性指标

名称	石油沥青胶					
	S60	S65	S70	S75	S80	S85
耐热度(45°,5 h)/℃,≥	60	65	70	75	80	85
柔韧性[(18±2)℃,180°]圆棒直径/mm	10	15	15	20	25	30

(3)柔韧性

柔韧性表示沥青胶在一定温度下的抵抗变形断裂的性能。将涂在油纸上2 mm厚的沥青胶，在(18±2)℃时，围绕表7-9规定的圆棒在2 s内均衡地将沥青胶弯曲成半圆，检查弯曲拱面处沥青胶，若不裂则为合格。

3. 配合比

沥青胶中的沥青占70%～90%，矿粉占30%～10%。若沥青的黏性较低，矿粉用量可以适当提高，有时可达50%以上。矿粉越多，沥青胶的耐热性越高，黏结力也越大，但其柔韧性将降低，施工流动性也变差。

7.2.3 沥青嵌缝油膏

以石油沥青为基料，加入改性材料、稀释剂和填充料混合制成的冷用膏状材料称为沥青嵌缝材料，简称油膏。改性材料有废橡胶；稀释剂有松焦油、松节重油和机油；填充料有石棉绒和滑石粉等。

油膏主要用作屋面、墙面、沟和槽的防水嵌缝材料。

使用油膏嵌缝时，缝内应洁净干燥。施工时先涂刷冷底子油一道，待其干燥后即嵌填油膏，油膏表面可以加石油沥青、油毡、砂浆、塑料为覆盖层。

7.2.4 沥青及改性沥青防水卷材

沥青防水卷材是建筑工程中使用量较大的柔性防水材料。根据制造方法的不同，有浸渍卷材和辊压卷材之分。凡用厚纸和玻璃布、石棉布、棉麻织品等胎料浸渍石油沥青(或煤沥青)制成的卷状材料，称为浸渍卷材(有胎的)；将石棉粉、橡胶粉、石灰石粉等掺入沥青材料中，经混炼、压延制成的卷状材料称为辊压卷材(无胎的)。

1. 石油沥青防水卷材

(1)石油沥青纸胎油毡和油纸

用低软化点沥青浸渍原纸而成的制品叫油纸；用高软化点沥青涂敷油纸的两面，再撒一层滑石粉或云母片而成的制品叫油毡。按所用沥青品种不同分为石油沥青油纸、石油沥青油毡和煤沥青油毡三种，油纸和油毡的标号依纸胎(原纸)每平方米面积的质量(g)来划分。按《石油沥青纸胎油毡、油纸》(GB 326-1989)的规定，油毡分为200号、350号和500号三个标号；按物理性能分为合格品、一等品和优等品三个等级。《石油沥青纸胎油毡、油纸》(GB 326-1989)对油纸、油毡的尺寸、每卷质量、外观要求及抗拉强度、柔韧性、耐热性和不透水性等均有明确规定。

各种油纸多用作建筑防潮及包装，也可作多层防水层的下层。200号油毡适用于简易建筑防水、临时性建筑防水、建筑防潮及包装等；350号、500号油毡适用于多层防水层的各层或面层等。使用时应注意，石油沥青油毡(或油纸)必须用石油沥青胶粘贴，煤沥青油毡则需要用煤沥青胶粘贴。

油纸和油毡储运时应竖直堆放，堆高不宜超过两层，应避免日光直射或雨水浸湿。

(2)沥青玻璃布油毡

用石油沥青浸涂玻璃纤维织布的两面，并撒以粉状撒布材料制成的以一种无机纤维为基料的沥青防水卷材称沥青玻璃布油毡。其特点是抗拉强度高于500号纸胎油毡，柔韧性好，耐腐蚀性强，耐久性高于普通油毡一倍以上。主要用于地下防水层、防腐层、屋面防水层及金属管道（热管道除外）防腐保护层等。

2. 聚合物改性沥青防水卷材

聚合物改性沥青防水卷材是以合成高分子聚合物改性沥青为涂盖层，纤维织物或纤维毡为胎体，粉状、粒状、片状或薄膜材料为覆面材料制成的防水卷材。

(1)APP改性沥青油毡

APP改性沥青油毡是以无规聚丙烯(APP)改性石油沥青涂覆玻璃纤维无纺布，撒布滑石粉或用聚乙烯薄膜制得的防水卷材。与沥青油毡相比，其特点是：耐高温，低温柔韧性好，抗拉强度高，延伸率大，耐候性强，单层防水，施工方便，适用于各类屋面、地下防水、水池、水利工程使用，使用寿命在15年以上。

(2)SBS改性沥青柔性油毡

SBS改性沥青柔性油毡是以聚酯纤维无纺布为胎体，以SBS改性石油沥青浸渍涂盖层，以树脂薄膜为防黏隔离层或油毡表面带有砂粒的防水材料。

SBS改性沥青柔性油毡具有良好的弹性、耐疲劳、耐高温、耐低温等性能。它的价格低，施工方便，可以冷作粘贴，也可以热熔铺贴，具有较好的温度适应性和耐老化性能，是一种技术经济效果较好的中档防水材料，可用于屋面及地下室防水工程。

(3)铝箔塑胶油毡

铝箔塑胶油毡是以聚酯纤维无纺布为胎体，以高分子聚合物改性石油沥青浸渍涂盖层，以树脂薄膜为底面防黏隔离层，以银白色软质铝箔为表面反光保护层而加工制成的新型防水材料。

铝箔塑胶油毡对阳光的反射率高，具有一定的抗拉强度和延伸率，弹性好，低温柔性好，在$-20\sim80$ ℃温度范围内适应性较强，并且价格较低。

(4)沥青再生胶油毡

将废橡胶粉掺入石油沥青中，经过高温脱硫成为再生胶，再掺入填料经炼胶机混炼，然后经压延而成的防水卷材称为再生胶油毡。它是一种不用原纸作基层的无胎油毡。其特点是质地均匀，延伸大，低温柔性好，耐腐蚀性强，耐水性及耐热稳定性良好。主要用于屋面或地下作接缝或满堂铺设的防水层，尤其适用于水工、桥梁、地下建筑等基层沉降较大或沉降不均匀的建筑物变形缝处的防水。是一种中档新型防水材料，适用于工业与民用建筑工程的屋面防水。

3. 沥青基防水涂料

石油基防水涂料是以石油沥青或改性沥青经乳化或高温加热成黏稠状的液态材料，涂喷在建筑防水工程表面，使其表面与水隔绝，起到防水防潮的作用，是一种柔性的防水材料。防水涂料同样需要具有耐水性、耐候性、耐酸碱性、优良的延伸性能和施工可操作性。

沥青基防水涂料一般分为溶剂型涂料和水乳型涂料。溶剂型涂料由于含有甲苯等有机溶剂，易燃，有毒，而且价格较高，用量已越来越少。高聚物改性沥青防水涂料具有良好的防水抗渗能力，耐变形，有弹性，低温不开裂，高温不流淌，黏附力强，使用寿命长，已逐渐代替沥青基涂料。目前常用的改性沥青防水涂料有阳离子氯丁胶乳沥青、丁苯胶乳沥青、SBS 改性沥青、APP 改性沥青等。

阳离子氯丁胶乳沥青以阳离子氯丁胶乳和阳离子乳化沥青混合而成，是氯丁橡胶及沥青的微粒借助于阳离子表面活性剂的作用，稳定地分散在水中而形成的一种乳状液。它具有成膜快、强度高、耐候性好、难燃烧、不污染环境、冷施工性及抗裂性好的特点，是我国防水涂料中的主要品种。

丁苯胶乳沥青是以沥青为基料，以丁苯橡胶为改性材料，以膨润土为分散剂，经乳化而制成的一种防水涂料。其特点是涂膜具有橡胶状弹性和延伸性，易形成厚膜，可冷施工，不污染合金，价格低廉。

SBS 改性沥青可以直接热喷或与表面活性剂制成乳液。SBS 改性沥青防水材料具有良好的弹性、低温柔性和高温耐热性能，与防水基层间黏结良好，适用于复杂基层防水工程。

实训与创新

深入各实训基地，到建筑施工现场，收集建筑工程中所采用的各种防水材料的种类、技术要求以及检测方法和手段，从而能优化设计几项简单试验，直观地检验沥青的一些技术性能。

复习思考题与习题

7.1　石油沥青有哪些主要组分？各组分都有哪些特点？对沥青的性质有何影响？

7.2　石油沥青的胶体结构是如何形成的？有几种胶体结构类型？胶体结构与性质有何关系？

7.3　什么是石油沥青的黏滞性、塑性、温度敏感性和大气稳定性？如何改善沥青的稠度、变形、耐热等性质？

7.4　石油沥青的牌号是如何划分的？牌号大小与主要性质的关系如何？

7.5　建筑工程中选用石油沥青的原则是什么？屋面防水、地下防潮防水及道路路面多选用哪些牌号的沥青？

7.6　与石油沥青相比较，煤沥青在技术性质上有何特点？

7.7　某工程需要软化点不低于 75 ℃的石油沥青 30 t。施工现场存有 60 号和 10 号石油沥青，已测得其软化点分别为 48 ℃和 98 ℃，问这种牌号的沥青如何掺配才能满足工程要求？

7.8　何谓乳化沥青？它有哪些特点？

7.9　乳化沥青是如何形成的？乳化沥青的破乳是怎样发生和进行的？

7.10　沥青胶是如何配制的？它的标号是怎样划分的？它有何用途？

7.11　油毡和油纸的标号是如何确定的？各自的适用范围如何？

7.12　沥青玛蹄脂的标号是如何划分的？其性质及应用如何？掺入粉料及纤维材料的作用是什么？

第8章　沥青混合料

教学目的:沥青混合料是现代高速公路及城市道路的主要路面材料,学习时,主要应了解沥青混合料的技术性质及技术指标和沥青混合料的配合比设计方法等。

教学要求:掌握沥青混合料的主要技术性质及技术指标;重点掌握沥青混合料的设计要点,包括目标配合比设计、生产配合比设计及生产配合比的验证过程。

8.1　概述

由于沥青混合料路面平整性好,行车平稳舒适,噪音小,世界上许多国家在建设高速公路时都优先选择采用。半刚性基层具有强度高、稳定性好和刚度大等特点,被广泛用于修建高等级公路沥青路面的基层或底基层。

按照现代沥青路面的建筑工艺,用沥青作为胶结材料修建的道路路面,因配料和施工方法的不同而有多种类型。经常采用的有沥青表面处治和沥青贯入式路面,以及沥青碎石和沥青混凝土路面等。表面处治和贯入式只需要按《沥青路面施工与验收规范》(GB 50092-1996)选用材料在现场投料施工即可;沥青碎石和沥青混凝土则需要事先在试验室中进行配合比设计,确定出各项性能指标完全符合《沥青路面施工与验收规范》(GB 50092-1996)要求的配合比后,才能交付施工。本章主要介绍按级配原则设计的沥青混合料。

8.1.1　定义

沥青混合料是将粗骨料、细骨料和填料经人工合理选择级配组成的矿质混合料与沥青拌和而成的混合料的总称,包括沥青混凝土混合料和沥青碎石混合料。

1. 沥青混凝土混合料

沥青混凝土混合料是由适当比例的粗骨料、细骨料及填料与沥青在严格控制条件下拌和的沥青混合料,以 AC 表示,采用圆孔筛时用 LH 表示。其压实后的剩余空隙率小于10%。

2. 沥青碎石混合料

沥青碎石混合料是由适当比例的粗骨料、细骨料及少量填料(或不加填料)与沥青拌和而成的半开式沥青混合料,以 AM 表示,采用圆孔筛时用 LS 表示。其压实后的剩余空隙率大于10%。

8.1.2　沥青混合料的分类

目前国际上还没有对沥青混合料有统一的分类，只能参考沥青混合料近年来的发展，对其进行多种分类。

1. 按沥青混合料路面成型特性分类

根据沥青路面成型时的技术特性可将沥青混合料分为沥青表面处治、沥青贯入式碎石和热拌沥青混合料。表面处治和贯入式只需要按《沥青路面施工与验收规范》(GB 50092-1996)选用材料在现场投料施工即可。

(1)沥青表面处治是指沥青与细粒矿料按层铺法(分层洒布沥青和骨料，然后碾压成型)或拌和法(先由机械将沥青与骨料拌和，再摊铺碾压成型)铺筑成的厚度不超过 3 cm 的沥青路面。沥青表面处治的厚度一般为 1.5～3.0 cm，适用于三级、四级公路的面层和旧沥青面层上的罩面或表面功能恢复。

(2)沥青贯入式碎石是指在初步碾压的骨料层洒布沥青，再分层洒铺嵌挤料，并借行车压实而形成的路面。沥青贯入式碎石路面依靠颗粒间的锁结作用和沥青的粘接作用获得强度，是一种多空隙的结构。其厚度一般为 4～8 cm，主要适用于二级或二级以下的路面。

(3)热拌沥青混合料是指把一定级配的骨料烘干并加热到规定的温度，与加热到具有一定黏度的沥青按规定比例，在给定温度下拌和均匀而成的混合料。热拌沥青混合料适用于各等级路面，在道路和机场建筑中，热拌热铺的沥青混凝土应用最广。

2. 按结合料分类

(1)石油沥青混合料。以石油沥青为结合料的沥青混合料(包括黏稠石油沥青、乳化石油沥青及液体石油沥青)。

(2)煤沥青混合料。以煤沥青为结合料的沥青混合料。

3. 按沥青混合料施工温度分类

按沥青混合料拌制和摊铺温度分为热拌热铺沥青混合料、温拌温铺沥青混合料和冷拌冷铺沥青混合料。

(1)热拌热铺沥青混合料(hot-mix asphalt mixture，HMA)，简称热拌沥青混合料。采用针入度为 40～100 的黏稠沥青与矿料在热态拌和、热态铺筑(温度约 170 ℃)的混合料。作面层时，混合料的摊铺温度为 120～160 ℃，经压实冷却后，面层就基本形成。

(2)温拌温铺沥青混合料。以乳化沥青或稀释沥青(针入度为 130～200、200～300)或中凝液体沥青与矿料在摊铺温度为 60～100 ℃状态下拌制、铺筑的混合料。

(3)冷拌冷铺沥青混合料。用慢凝或中凝用途沥青或乳化沥青，在常温下拌和，摊铺温度与气温相同，但不低于 10 ℃。混合料摊铺前可储存 4～8 个月。面层形成很慢，可能要 30～90 d。

4. 按矿质骨料级配类型分类

(1)连续级配沥青混合料。沥青混合料中的矿料是按级配原则，从大到小各级粒径都有，按比例相互搭配组成的混合料，称为连续级配沥青混合料。

(2)间断级配沥青混合料。连续级配沥青混合料矿料中缺少一个或两个档次粒径的沥青混合料称为间断级配沥青混合料。

5. 按骨料公称最大粒径分类

按沥青混凝土混合料的骨料最大粒径可分为下列五类：

(1)特粗式沥青混合料。骨料最大粒径在 37.5 mm(圆孔筛 45 mm)以上的沥青混合料。

(2)粗粒式沥青混合料。骨料最大粒径等于或大于 26.5 mm 或 31.5 mm(圆孔筛 30～40 mm)的沥青混合料。

(3)中粒式沥青混合料。骨料最大粒径为 16 mm 或 19 mm(圆孔筛 20 mm 或 25 mm)的沥青混合料。

(4)细粒式沥青混合料。骨料最大粒径为 9.5 mm 或 13.2 mm(圆孔筛 10 mm 或 15 mm)的沥青混合料。

(5)砂粒式沥青混合料。骨料最大粒径等于或小于 4.75 mm(圆孔筛 5 mm)的沥青混合料,也称为沥青石屑或沥青砂。

热拌沥青混合料的种类见表 8-1。

表 8-1　热拌沥青混合料的种类

混合料的类型	密级配			开级配		半开级配	公称最大粒径/mm	最大粒径/mm
	连续级配		间断级配	间断级配				
	沥青混凝土	沥青稳定碎石	沥青玛蹄脂碎石	排水式沥青磨耗层	排水式沥青碎石基层	沥青温度碎石		
特粗式	—	ATB-40	—	—	ATPB-40	—	37.5	53.0
粗粒式	—	ATB-30	—	—	ATPB-30	—	31.5	37.5
	AC-25	ATB-25	—	—	ATPB-25	—	26.5	31.5
中粒式	AC-20	—	SMA-20	—	—	AM-20	19.0	26.5
	AC-16	—	SMA-16	OGFC-16	—	AM-16	16.0	19.0
砂粒式	AC-13	—	SMA-13	OGFC-13	—	AM-13	13.2	16.0
	AC-10	—	SMA-10	OGFC-10	—	AM-10	9.5	13.2
细粒式	AC-5	—	—	—	—	AM-5	4.75	9.5
设计空隙率/%	3～5	3～6	3～4	>18	>18	6～12	—	—

6. 按混合料密实度分类

(1)密级配沥青混凝土混合料。按密实级配原则设计的连续型密级配沥青混合料,粒径递减系数较小,剩余空隙率小于 10%的密实式沥青混凝土混合料(以 AC 表示)和密实式沥青稳定碎石混合料(以 ATB 表示)。密级配沥青混凝土混合料按其剩余空隙率又可分为Ⅰ型沥青混凝土混合料(剩余空隙率为 2%～6%)和Ⅱ型沥青混凝土混合料(剩余空隙率为 4%～10%)。

(2)开级配沥青混凝土混合料。按级配原则设计的连续型级配混合料,粒径递减系数较大，剩余空隙率大于18%。

(3)半开级配沥青混合料。将剩余空隙率介于密级配和开级配之间(即剩余空隙率为6%～12%)的混合料称为半开级配沥青混合料。

8.1.3　沥青混合料的优缺点

1. 沥青混合料的优点

用沥青混合料修筑的沥青类路面与其他类型的路面相比，具有以下优点：

(1)优良的力学性能。用沥青混合料修筑的沥青类路面，因矿料间有较强的粘接力，属于黏弹性材料，所以夏季高温时有一定的稳定性，冬季低温时有一定的柔韧性。用它修筑的路面平整无接缝，可以提高行车速度，做到客运快捷、舒适，货运损坏率低。

(2)良好的抗滑性。各类沥青路面平整而粗糙，具有一定的纹理，即使在潮湿状态下仍保持有较高的抗滑性，能保证高速行车的安全。

(3)噪声小。噪声对人体健康有一定的影响，是重要公害之一。沥青混合料路面具有柔韧性，能吸收部分车辆行驶时产生的噪声。

(4)施工方便，断交时间短。采用沥青混合料修筑路面时，操作方便，进度快，断交时间短，施工完成后数小时即可开放交通。若采用工厂集中拌和，机械化施工，则质量更好。

(5)提供良好的行车条件。沥青路面晴天无尘，雨天不泞；在夏季烈日照射下不反光耀眼，便于司机瞭望，为行车提供了良好条件。

(6)经济耐久。采用现代工艺配制的沥青混合料修筑的路面可以保证15～20年无大修，使用期可达20余年，而且比水泥混凝土路面的造价低。

(7)便于分期建设。沥青混合料路面可随着交通密度的增加分期改建，可在旧路面上加厚，以充分发挥原有路面的作用。

2. 沥青混合料的缺点

当然，事物都并非尽善尽美，沥青混合料也有缺点或不足，主要表现在以下方面：

(1)老化现象。沥青混合料中的结合料——沥青是一种有机物，在大气因素的影响下，其组分和结构会发生一系列变化，导致沥青的老化。沥青的老化使沥青混合料在低温时发脆，引起路面松散剥落，甚至破坏。

(2)感温性大。夏季高温时易软化，使路面产生车辙、纵向波浪、横向推移等现象；冬季低温时又易于变硬发脆，在车辆冲击和重复荷载作用下，易于发生裂缝而破坏。

优良的沥青混合料夏季高温时应有较好的稳定性，冬季低温时应有较好的抗裂性。然而两者又是互相矛盾和互相制约的，要兼顾两者，还需要做大量工作。

8.2　沥青混合料的组成材料

沥青混合料的性质与质量与其组成材料的性质和质量有密切关系。为保证沥青混合料具有良好的性质和质量，必须正确选择符合质量要求的组成材料。

8.2.1 沥青

沥青材料是沥青混合料中的结合料，其品种和标号的选择随交通性质、沥青混合料的类型、施工条件以及当地气候条件的不同而不同。通常气温较高、交通量大时，采用细粒式或微粒式混合料；当矿粉较粗时，宜选用稠度较高的沥青。寒冷地区应选用稠度较小、延度大的沥青。在其他条件相同时，稠度较高的沥青配制的沥青混合料具有较高的力学强度和稳定性。但稠度过高，混合料的低温变形能力较差，沥青路面容易产生裂缝。使用稠度较低的沥青配制的沥青混合料，虽然有较好的低温变形能力，但在夏季高温时往往因稳定性不足而导致路面产生推挤现象。因此，在选用沥青时要考虑以上两个因素的影响，参照表 8-2 选用。

表 8-2 不同气候分区沥青混合料用沥青选用参考表(GB 50092-1996)

气候分区	年度内最低月平均气温/℃	沥青种类	沥青标号	
			沥青碎石	沥青混凝土
寒冷地区	≤－10	石油沥青	AH-90，AH-110，AH-130，AH-100，AH-140	AH-90，AH-110，AH-130，AH-100，AH-140
		煤沥青	T-6，T-7	T-7，T-8
温和地区	－10～0	石油沥青	AH-90，AH-110，AH-100，AH-140	AH-70，AH-90，AH-60，AH-100
		煤沥青	T-7，T-8	T-7，T-8
较热地区	＞0	石油沥青	AH-50，AH-70，AH-90，AH-100，AH-60	AH-50，AH-70，AH-60，AH-100
		煤沥青	T-7，T-8	T-8，T-9

8.2.2 粗骨料

沥青混合料用的粗骨料可以采用碎石、破碎砾石、钢渣和矿渣等，但在高速公路和一级公路不得使用砾石和矿渣。

沥青混合料用粗骨料应该洁净，干燥，无风化，不含杂质。在力学性质方面，压碎值和洛杉矶磨耗率应符合相应道路等级的要求，如表 8-3 所示。

对于用抗滑表层沥青混合料用的粗骨料，应该选用坚硬、耐磨、韧性好的碎石或碎砾石，矿渣及软质骨料不得用于防滑表层。高速公路、一级公路、城市快速道路、主干路沥青路面表面层及各类道路抗滑层用的粗骨料应符合表 8-3 中磨光值、道路磨耗值和冲击值的要求。在坚硬石料来源缺乏的情况下，允许掺入一定比例普通骨料作为中等或小颗粒的粗骨料，但掺入比例不应超过粗骨料总质量的 40％。

表 8-3 沥青混合料用粗骨料技术要求(JTG 40-2004)

指标	高速公路、一级公路、城市快速路、主干路		其他公路与城市道路	指标	高速公路、一级公路、城市快速路、主干路		其他公路与城市道路
	表面层	其他层次			表面层	其他层次	
石料压碎值/%,≤	26	28	30	细长扁平颗粒含量/%,≤	12～18	15～20	20
洛杉矶磨耗损失/%,≤	28	30	35	泥土含量(<0.075 mm)/%,≤	1	1	1
表观密度/(kg/cm³),≥	2.60	2.50	2.45	软石含量/%,≤	3	5	5
吸水率/%,≤	2.0	3.0	3.0	石料磨光值(PSV),≥	42	42	—
对沥青的黏附性,≥	4级	4级	3级	道路磨耗值(AAV)/%,≤	—	14	—
坚固性/%,≤	12	12	—	冲击值(LAV)/%,≤	—	28	—

注:1. 坚固性试验根据需要进行。

2. 用于高速公路、一级公路、城市快速路、主干路时,多孔玄武岩的表观密度可放宽至2.45 g/cm³,吸水率可放宽至3%,但必须得到主管部门的批准。

3. 石料磨光值是为抗滑表层需要而试验的指标,道路磨耗损失及石料冲击值根据需要进行。

4. 钢渣浸水后的膨胀率应不大于2%。

破碎砾石的技术要求与碎石相同。但破碎砾石用于高速公路、一级公路、城市快速路、主干路沥青混合料时,5 mm以上的颗粒中有一个以上的破碎面的含量按质量计不得少于50%。

钢渣作为粗骨料时,仅限于一般道路,并应经过试验论证取得许可后使用。钢渣应有6个月以上的存放期,质量应符合表8-3的要求。

经检验属于酸性岩石的石料,如花岗石、石英岩等,用于高速公路、一级公路、城市快速路、主干路时,宜使用针入度较小的沥青,并采用下列抗剥离措施,使其对沥青的黏附性符合表8-3的要求。

(1)用干燥的生石灰或消石灰粉、水泥作为填料的一部分,用量宜为矿料总量的1%～2%。

(2)在沥青中掺加剥离剂。

(3)将粗骨料用石灰浆处理后使用。

粗骨料的粒径规格应按《道路用粗骨料规格》(GBJ 92-1993)或JTG 40-2004(表8-4)的规定选用。如粗骨料不符合表8-4的规格,但确认与其他材料配合后的级配符合各类沥青混合料矿料级配要求(表8-5)时,可以使用。

表 8-4 沥青面层的粗骨料规格(JTG 40-2004)

规格	公称粒径/mm	通过下列筛孔(方孔筛,mm)的质量百分率/%												
		106	75	63	53	37.5	31.5	26.5	19.0	13.2	9.5	4.75	2.36	0.6
S1	40～75	100	90～100	—	—	0～15	—	0～5						
S2	40～60		100	90～100	—	0～15	—	0～5						
S3	30～60		100	90～100	—	—	0～15	—	0～5					
S4	25～50			100	90～100	—	—	0～15	—	0～5				
S5	20～40				100	90～100	—	—	0～15	—	0～5			
S6	15～30					100	90～100	—	—	0～15	—	0～5		
S7	10～30					100	90～100	—	—	—	0～15	0～5		
S8	10～25						100	90～100	—	0～15	—	0～5		
S9	10～20							100	90～100	—	0～15	0～5		
S10	10～15								100	90～100	0～15	0～5		
S11	5～15								100	90～100	40～70	0～15	0～5	
S12	5～10									100	90～100	0～15	0～5	
S13	3～10									100	90～100	40～70	0～20	0～5
S14	3～15										100	90～100	0～15	0～3

表 8-5 沥青混合料用细骨料的质量要求(JTG F40-2004)

项目	高速、一级公路、城市快速路、主干路	其他等级公路与城市道路
坚固性(>0.3 mm 部分)/%,≥	12	—
含泥量(<0.075 mm 含量)/%,≤	3	5
砂当量/%,≥	60	50
亚甲蓝值/(g/kg),≤	25	—
棱角性(流动时间)/s,≥	30	—
表观密度/(kg/m^3),≥	2 500	2 450

8.2.3 细骨料

沥青混合料所需的细骨料可选用天然砂和轧制碎石时的石屑。砂质应坚硬,洁净,干燥,不含或少含杂质,无风化现象,其质量应符合表 8-5 的规定,并有适当级配。其级配的适用性,以及与粗骨料和矿粉所配制的矿质混合料以能符合表 8-6 的要求为准。当使用一种细

表 8-6　沥青混合料矿料级配及沥青用量范围

级配类型			通过下列筛孔(方孔筛,mm)的质量百分率/%															供参考的沥青用量/%
			53.0	37.5	31.5	26.5	19.0	16.0	13.2	9.5	4.75	2.36	1.18	0.6	0.3	0.15	0.075	
沥青混凝土	粗粒	AC-30 Ⅰ		100	90～100	79～92	66～82	59～77	52～72	43～63	32～52	25～42	18～32	13～25	8～18	5～13	3～7	4.0～6.0
		Ⅱ		100	90～100	65～85	52～70	45～65	38～58	30～50	18～38	12～28	8～20	4～14	3～11	2～7	1～5	3.0～5.0
		AC-25 Ⅰ			100	95～100	75～90	62～80	53～73	43～63	32～52	25～42	18～32	13～25	8～18	5～13	3～7	4.0～6.0
		Ⅱ			100	90～100	65～85	52～70	42～62	32～52	20～40	13～30	9～23	6～16	4～12	3～8	2～5	3.0～5.0
	中粒	AC-20 Ⅰ				100	95～100	75～90	62～80	52～72	38～58	28～46	20～34	15～27	10～20	6～14	4～8	4.0～6.0
		Ⅱ				100	90～100	65～85	52～70	40～60	26～45	16～33	11～25	7～18	4～13	3～9	2～5	3.5～5.5
		AC-16 Ⅰ					100	95～100	75～90	58～78	42～63	32～50	22～37	16～28	11～21	7～15	4～8	4.0～6.0
		Ⅱ					100	90～100	65～85	50～70	30～50	18～35	12～26	7～19	4～14	3～9	2～5	3.5～5.5
	细粒	AC-13 Ⅰ						100	95～100	70～88	48～68	36～53	24～41	18～30	12～22	8～16	4～8	4.5～6.5
		Ⅱ						100	90～100	60～80	34～52	22～38	14～28	8～20	5～14	3～10	2～6	4.0～6.0
		AC-10 Ⅰ							100	95～100	55～70	38～58	26～43	17～33	10～24	6～16	4～9	5.0～7.0
		Ⅱ							100	90～100	40～60	24～42	15～30	9～22	6～15	4～10	2～6	4.5～6.5
	砂粒	AC-5 Ⅰ								100	95～100	55～75	35～55	20～40	12～28	7～18	5～10	6.0～8.0
沥青碎石	特粗	AM-40	100	90～100	50～80	40～65	30～54	25～30	20～45	13～38	5～25	2～15	0～10	0～8	0～6	0～5	0～4	2.5～3.5
	粗粒	AM-30		100	90～100	50～80	38～65	32～57	25～50	17～42	8～30	2～20	0～15	0～10	0～8	0～5	0～4	3.0～4.0
		AM-25			100	90～100	50～80	43～73	38～65	25～55	10～32	2～20	0～14	0～10	0～8	0～6	0～5	3.0～4.5
	中粒	AM-20				100	90～100	60～85	50～75	40～65	15～40	5～22	2～16	1～12	0～10	0～8	0～5	3.0～4.5
		AM-16					100	90～100	60～85	45～68	18～42	6～25	3～18	1～14	1～10	0～8	0～5	3.0～4.5
	细粒	AM-13						100	90～100	50～80	20～45	8～28	4～20	2～16	0～10	0～8	0～6	3.0～4.5
		AM-10							100	85～100	35～65	10～35	5～22	2～16	0～12	0～9	0～6	3.0～4.5
抗滑表层		AK-13A						100	90～100	60～80	30～53	20～40	15～30	10～23	7～18	5～12	4～8	3.5～5.5
		AK-13B						100	85～100	50～70	18～40	10～30	8～22	5～7	3～12	3～9	2～6	3.5～5.5
		AK-16					100	90～100	60～82	45～70	25～45	15～35	10～25	8～18	6～13	4～10	3～7	3.5～5.5

骨料不能满足级配要求时，可用两种或两种以上的细骨料掺配使用。而且还要求细骨料必须应与沥青具有良好的粘接能力。

天然砂可采用河砂或海砂，通常宜采用粗、中砂，其规格应符合表 8-7 的规定。热拌密级配沥青混合料中天然砂的用量不宜超过骨料总含量的 20%，SMA 和 OGFC 混合料不宜使用天然砂。

表 8-7　沥青混合料用天然砂规格(JTG 40-2004)

筛孔尺寸/mm	通过各孔筛的质量百分率/%		
	粗砂	中砂	细砂
9.50	100	100	100
4.75	90～100	90～100	90～100
2.36	65～95	75～90	85～100
1.18	35～65	50～90	75～100
0.60	15～30	30～60	60～84
0.30	5～20	8～30	15～45
0.15	0～10	0～10	0～10
0.075	0～5	0～5	0～5

石屑是采石场破碎石料时通过 4.75 mm 或 2.36 mm 的筛下部分，其规格应符合表 8-8 的规定。采石场在生产石屑的过程中应具备抽吸设备，高速公路和一级公路的沥青混合料宜将 S14 与 S16 组合使用，S15 可在沥青稳定碎石基层或其他等级公路中使用。

表 8-8　沥青混合料用机制砂或石屑规格(JTG F40-2004)

规格	公称粒径/mm	水洗法通过各筛孔的质量百分率/%							
		9.50	4.75	2.36	1.18	0.60	0.30	0.15	0.075
S15	0～5	100	90～100	60～90	40～75	20～55	7～40	2～20	0～10
S16	0～3	—	100	80～100	50～80	25～60	8～45	0～25	0～15

8.2.4　填料

沥青混合料的填料宜采用石灰岩或岩浆岩中的强基性岩石(憎水性石料)经磨细得到的矿粉。原石料中泥土含量应小于 3%，并不得含有其他杂质。矿粉要求干燥、洁净，其质量应符合表 8-9 的技术要求，当采用水泥、石灰、粉煤灰作填料时，其用量不宜超过矿料总量的 2%。

表 8-9　沥青混合料用矿粉质量技术要求

指标	高速公路、一级公路、城市快速路、主干路	其他公路与城市道路
表观密度/(kg/cm³)，≥	2.50	2.45
含水量/%，≤	1	1

续表

指标	高速公路、一级公路、城市快速路、主干路	其他公路与城市道路
粒径范围/%，<0.6 mm	100	100
<0.15 mm	90～100	90～100
<0.075 mm	75～100	70～100
外观	无团粒结块	

粉煤灰作为填料使用时，烧失量应小于12%，塑性指数应小于4%，其余质量要求与矿粉相同。粉煤灰的用量不宜超过填料总量的50%，并应经试验确认与沥青有良好的黏附性。

拌和机采用干法除尘，石粉尘可作为矿粉的一部分回收使用，湿法除尘、石粉尘回收使用时应经干燥粉尘处理且不得含有杂质。回收粉尘的用量不得超过填料总量的50%，掺有粉尘石料的塑性指数不得大于4%，其余质量要求与矿粉相同。

8.3 沥青混合料的结构与强度理论

8.3.1 沥青混合料组成结构的现代理论

由沥青、粗细骨料和填料组成的沥青混合料是一种复合材料。由于各组成材料质量和数量的差异，所组成的沥青混合料可形成不同的结构，因而也表现出不同的物理力学性能。

通过对沥青混合料的结构和强度的深入研究，提出了各种不同的强度理论。目前比较好的有“表面理论”和“胶浆理论”。

1. 表面理论

沥青混合料是由粗、细骨料和填料组成的矿质混合料，经人工合理级配后形成密实的矿质骨架；热熔状态的沥青与矿料充分拌和的结果，在矿料表面形成均匀的包裹层，经压实固结后，将松散的矿质颗粒胶结成具有一定强度的整体，从而使沥青混合料获得强度和稳定性。

2. 胶浆理论

沥青混合料是一种多级空间网状结构的分散系统。一级为粗分散系，以粗骨料为分散相，分散在沥青砂浆介质中而形成；二级为细分散系，以细骨料为分散相，分散在沥青胶浆(矿粉+沥青)介质中而形成；三级为微分散系，以填料为分散相，分散在高稠度的沥青介质中而形成。三级分散系以沥青胶浆为主体，它的组成结构决定着沥青混合料的高温稳定性和低温变形能力。

两种理论的主要差别在于，“表面理论”强调矿质骨料的骨架作用，认为强度的关键首先是矿质骨料的强度与密实度；“胶浆理论”则重视沥青胶浆在混合料中的作用，突出沥青与填料之间的交互作用和关系。两种理论的侧重面不同，实际上矿料和胶浆在混合料中起着不同的作用而又互为补充。

8.3.2 沥青混合料的结构

沥青混合料因其各组成材料间的比例不同、矿料的级配类型不同，可以形成三种不同类型的结构，如图 8-1 所示。

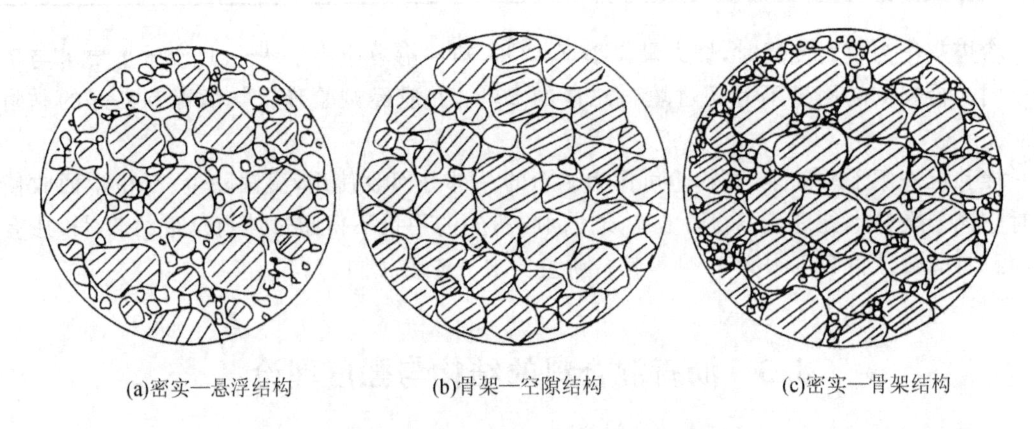

(a)密实—悬浮结构　　(b)骨架—空隙结构　　(c)密实—骨架结构

图 8-1　三种典型沥青混合料的结构组成

1. 密实—悬浮结构(dense-suspended structure)

当采用连续型密级配矿质混合料时，易形成此种结构。由于矿料颗粒由大到小连续存在，且各占一定比例，同一粒径的较大颗粒被次级较小颗粒拨开，犹如悬浮状态处于较小的颗粒中，这种结构通常按最佳级配原理设计，故密实度及强度较高。但因结构中粗颗粒含量较少，不能形成骨架，所以内摩阻力较小。混合料受沥青材料性质的影响较大，故稳定性较差。

2. 骨架—空隙结构(framework-interstice structure)

当采用连续型开级配矿质混合料时，粗骨料较多，彼此紧密接触，石料能充分形成骨架；但细骨料较少，不足以充分填充空隙，混合料的空隙率较大，因而成为一种骨架—空隙结构。在此结构中，粗骨料间的嵌挤力和内摩阻力起重要作用，混合料受沥青性质的影响较小，所以热稳定性较好。但沥青与矿料的粘接力小，故表现较低的黏聚力，耐久性差。

3. 密实—骨架结构(dense-framework structure)

当采用间断型密级配设计原则时，易于形成此种结构。此时粗骨料较多，可以形成骨架，同时又有一定数量的细骨料足以填满空隙，再加入适量沥青即可组成既密实又有较大黏聚力的整体结构。具有密实—骨架结构的沥青混合料综合了以上两种结构的优点：密实度最大，同时具有较高的强度，稳定性较好，是一种理想的结构类型。

8.3.3 沥青混合料的强度理论

沥青混合料强度的产生是矿质骨料的骨架作用、沥青的胶结作用以及填料的填充和胶结作用的结果。混合料在路面结构中的强度除与其组成材料和结构类型有关外，还随外部温度条件变化而变化。温度升高时,沥青混合料逐渐软化,高温时处于塑性状态,其抗剪强度将大大降低,且因塑性变形过剩而产生推挤现象;温度降低时,混合料逐渐变硬,低温时结构物接近板状,此时因抗拉强度不足或变形能力不好而产生裂缝。

现代强度理论认为,沥青混合料的组成结构属于分散体系,主要考虑混合料在高温时必须具有一定的抗剪强度和抵抗变形的能力,称它们为高温时的强度和稳定性。大量的实验研究指出,沥青混合料的抗剪强度(τ)主要取决于沥青与矿料间因物理化学交互作用而产生的黏聚力(c),以及矿料颗粒在沥青混合料中分散程度不同而产生的内摩阻角(Φ),即:

$$\tau = f(c\Phi)$$

其中,c,Φ 值可通过三轴试验直接获得,也可以通过无侧限抗压强度和劈裂抗拉强度加以换算。

8.3.4　影响沥青混合料强度的因素

影响沥青混合料抗剪强度(黏聚力和内摩阻角)的因素很多,主要有沥青本身的性质、矿料(主要是填料)的组成和性质、沥青与矿料间的交互作用以及沥青与填料的用量等,现分述如下:

1. 沥青黏度对沥青混合料抗剪强度的影响

沥青混合料作为一个具有多级空间网络结构的分散系,从最细一级网络结构来看,它是各种矿质骨料分散在沥青中的分散系,因此它的抗剪强度与分散相的浓度和分散介质的黏度有密切关系。在其他条件相同的情况下,沥青混合料的黏聚力随沥青黏度的提高而增大。因为沥青的黏度表示沥青内部胶团相互位移、分散介质(沥青也是一种胶体分散系统)抵抗剪切作用的能力。沥青的黏度提高,其抗剪能力增大。所以,沥青混合料受到剪切作用时,具有高黏度的沥青能使混合料的黏聚力增大,使其具有较高的抗剪强度。特别是沥青混合料受短暂的瞬时荷载作用时,黏聚力的作用更为显著。另有实验表明,沥青黏度提高时,混合料的内摩阻角也稍有增加。

2. 沥青用量对沥青混合料抗剪强度的影响

沥青用量少时,混合料中的沥青不足以形成结构沥青薄膜来粘接矿料颗粒。随着沥青用量的增加,结构沥青层逐渐形成。当沥青用量足以形成薄膜并充分粘接矿粉颗粒表面时,沥青胶浆将具有最佳黏聚力,此时沥青混合料的抗剪强度最高。当沥青用量继续增加时,将逐渐把矿料颗粒推开,在矿料颗粒间形成未与矿粉交互作用的"自由沥青",沥青胶浆的黏聚力将随着自由沥青的增加而降低。当沥青用量增加到某一用量后,沥青混合料的黏聚力将主要取决于自由沥青,因而其抗剪强度几乎不变。

沥青用量不仅影响沥青混合料的黏聚力,同时也影响其内摩阻力。随着沥青用量的增加,沥青不仅起粘接剂的作用,而且起润滑剂的作用,降低了粗骨料的相互密排作用,因而降低了沥青混合料的内摩阻力。沥青用量变化时,沥青混合料黏聚力和内摩阻角的变化如图 8-2 所示。

3. 沥青与矿料间的相互作用对混合料抗剪强度的影响

沥青与矿料拌和均匀后,它们之间不但有包裹和粘接作用,还有较复杂的物理化学变化

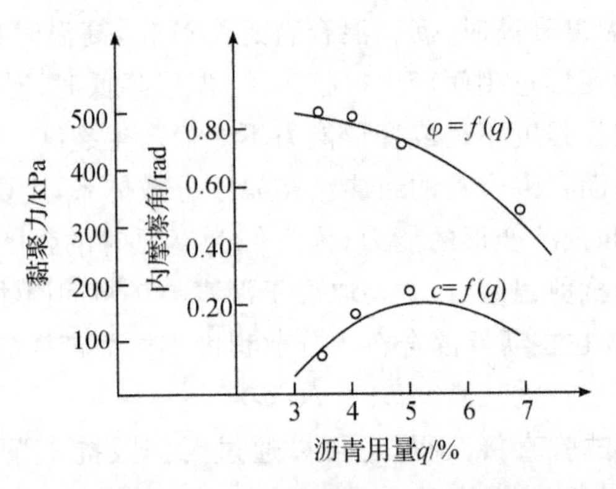

图 8-2　沥青用量对混合料黏聚力和内摩擦角的影响

过程。根据前苏联列宾捷尔的研究，沥青与矿料（主要是矿粉）相互作用后，沥青在矿料表面产生化学组分的重新排列，在矿料表面形成一层厚度为 δ_0 的扩散结构膜层（图 8-3）。此膜层以内的沥青称为结构沥青，此膜层厚度以外的沥青称为自由沥青。结构沥青与矿料之间发生相互作用，使沥青的性质有所改善。因此，当矿料颗粒处在结构沥青的联系中时，矿料和沥青间有较高的黏附性，沥青混合料将具有较高的黏聚力。自由沥青和矿料的距离较远，未能和矿料发生相互作用，沥青仍保持原有的性质，仅将分散的矿料粘接起来，不能提高混合料的黏聚力。

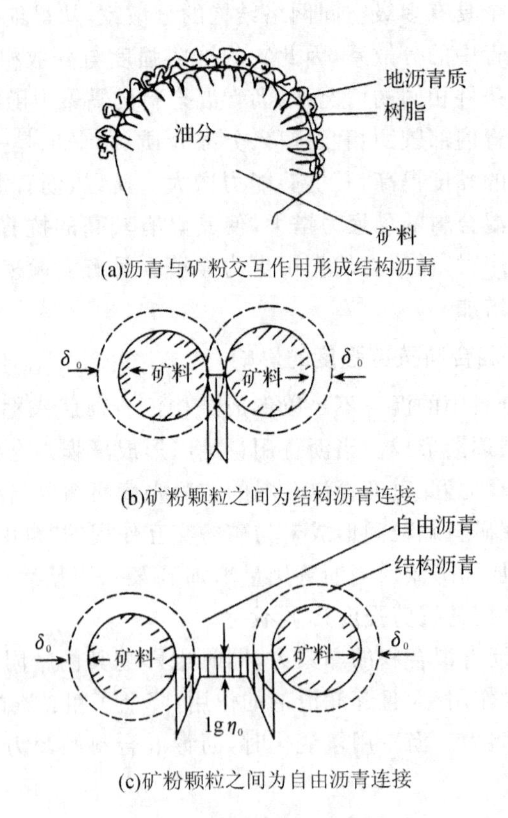

图 8-3　沥青与矿料的相互作用

用现代物理化学观点对沥青混合料进行深入研究后的结果认为，沥青与矿料间的相互作用过程是一种比较复杂和多样的吸附过程，主要有物理吸附、化学吸附和扩散吸附等。

(1)沥青与矿料的物理吸附

根据物理化学知识，一切固态物质的相界面都具有吸引周围介质的分子或离子到其表面上来的能力。固体与液体的相互作用主要是由分子间的引力作用而产生的，故称为物理吸附。在沥青混合料中所发生的吸附过程，就是当沥青与矿料之间仅有分子引力作用时，所形成的一种定向多层吸附过程。当矿料与沥青接触时如果仅产生物理吸附，则在水的作用下可以破坏沥青与矿料间的吸附粘接性，从而将沥青吸附层从矿料表面上排去。所以说物理吸附作用是一种可逆的作用。

(2)沥青与矿料的化学吸附

化学吸附是指沥青材料中的活性物质(如沥青酸)与矿料中的金属(钙、镁、铁等)离子发生化学反应，在矿料表面形成单分子的化学吸附层。此时沥青与矿料间的粘接力大大提高，沥青混合料将获得较高的黏聚力，而且这种吸附是不可逆的。也就是说，只有当矿料与沥青之间产生化学吸附时，混合料的水稳定性才能得到保证。

(3)沥青与矿料的选择性扩散吸附

所谓选择性扩散吸附，是指一相物质由于扩散作用沿着毛细管渗透到另一相物质内部的吸附。当矿料与沥青相互作用时，产生这种吸附的可能性及作用的大小取决于矿料的表面性质、孔隙状况以及沥青的组分和活性等。

当使用具有微孔表面的矿料(如石灰岩、泥炭岩、矿渣等)时，矿料对沥青的吸附将比较活跃。此时沥青中较高活性的沥青质首先吸附矿料表面，树脂次之，吸附作用可达到矿料表层的小孔中，油质则沿着毛细管渗透到矿料内部。结果矿料表面的沥青质相对增多，而树脂和油质则相对减少，从而使沥青的性质发生变化，稠度相对提高，粘接力增大，在一定程度上改善了沥青混合料的热稳定性和水稳定性。但沥青稠度的增加会促使混合料塑性的降低，这是值得注意的。

具有大孔结构的矿料(如砂岩、贝壳等)与沥青作用时，沥青的所有组分都将渗入矿料中，因此在使用时沥青的用量应稍有增加，此时沥青的性质没有改变。对结构致密的矿料(如方解石、石英岩等)，沥青仅能渗到缝隙和晶体的分裂面里，所以沥青的性质改变不大。

4. 矿料比表面积对沥青混合料抗剪强度的影响

由上述情况可知，结构沥青的形成是由于矿料与沥青交互作用引起沥青组分在矿料表面重分布的结果。所以，在沥青用量相同的条件下，矿料的表面积越大，则形成的沥青膜越薄，这样结构沥青在沥青中所占的比例就越大，因而沥青混合料的黏聚力就越高。

通常以骨料单位质量所具有表面积——比表面积来表示表面积的大小。例如，1 kg粗骨料的表面积为0.5～3.0 m^2，即它的比表面积为0.5～3.0 m^2/kg。填料的比表面积达300～2 000 m^2/kg。由此可见，矿料的比表面积主要取决于填料。在沥青混合料中，填料用量虽然只占7%左右，但其表面积却占矿料总表面积的80%以上。因此，填料的性质、细度和用量对沥青混合料的抗剪强度影响很大。为增加沥青与矿料的接触面积，沥青混合料配料时，需要加入适量的填料。提高矿粉的细度也能增大比表面积，所以对矿粉细度应有一定要求。希望小于0.075 mm粒径的含量不宜过少，而小于0.005 mm粒径的含量又不宜过多，否则将使混合料过于干涩或结成团块而影响施工。

5. 矿质骨料形状、粒度、表面性质以及级配等对混合料抗剪强度的影响

沥青混合料中矿质骨料的形状、粒度及表面粗糙度在一定程度上决定着混合料压实后颗粒间嵌挤的程度、相互位置特性和接触面积的大小。通常各方向尺寸相差不大，近似正立方体，表面粗糙和棱面显著的矿质骨料在碾压后能相互嵌挤连锁紧密而具有很大的内摩阻力。当其他条件相同时，用这种矿料配制的沥青混合料较比表面平滑的圆形颗粒具有较大的抗剪强度。

矿质骨料在沥青混合料中的分布情况与矿料的级配（连续级配与间断级配、密级配与开级配等）类型有密切关系，不同级配类型的矿料可使沥青混合料形成不同的组成结构，因而也表现出不同的抗剪强度和其他物理力学性能。

所以，矿料的形状、粒度、表面粗糙度以及级配类型等也是影响混合料抗剪强度的因素之一。

6. 环境温度和变形速度对抗剪强度的影响

沥青混合料是一种黏—弹性材料，其抗剪强度和稳定性与环境温度、剪变形速率有密切关系。在其他条件相同时，温度和剪变形速率对沥青混合料的内摩阻角影响较小，而对黏聚力的影响则较显著，如图 8-4 所示。

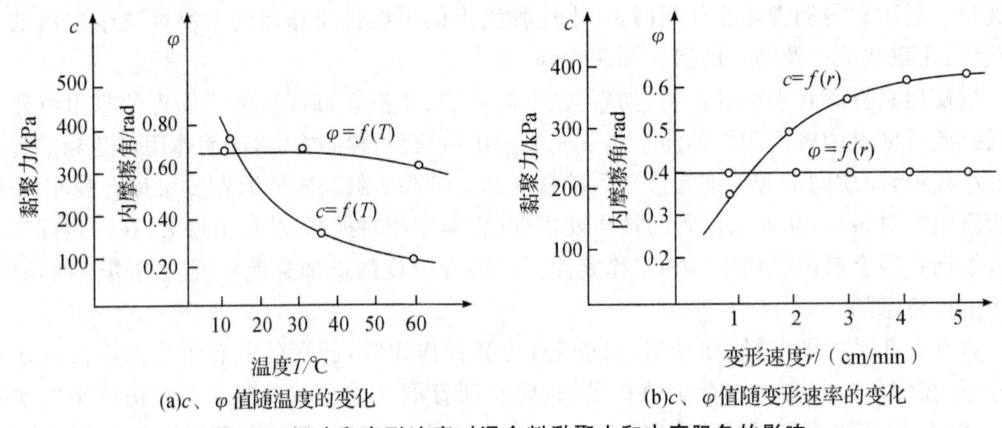

图 8-4　温度和变形速率对混合料黏聚力和内摩阻角的影响

综上所述，可以认为高强度的沥青混合料的基本条件是：密实的矿物骨架（这可以通过适当地选择级配和使矿物颗粒最大限度地相互接近来取得）；对所用的混合料、拌制和压实条件都适合的最佳沥青用量；能与沥青起化学吸附的活性矿料。

8.3.5　提高沥青混合料强度的措施

提高沥青混合料的强度包括两方面：一是提高矿质骨料之间的嵌挤力，二是提高沥青与矿料之间的黏聚力。

为了提高沥青混合料的嵌挤力和摩阻力，要选用表面粗糙、形状方正、有棱角的矿料，并适当增加颗粒的粗度。此外，合理地选择混合料的结构类型和组成设计，对提高沥青混合料的强度也具有重要的作用。当然，混合料的结构类型和组成设计还必须根据稳定性方面的要求，结合沥青材料的性质和当地自然条件加以权衡确定。

提高沥青混合料的黏聚力可以采取下列措施：改善矿料的级配组成，以提高其压实后的密实度；增加矿粉含量；采用稠度较高的沥青；改善沥青与矿料的物理、化学性质及相互作用的过程。

改善沥青与矿料的物理、化学性质及相互作用的过程可以通过以下三个途径实现：

(1)采用调整沥青的组分，往沥青中掺加表面活性物质和其他添加剂等方法；

(2)采用表面活性添加剂使矿料表面憎水的方法。

(3)对沥青和矿料的物理、化学性质同时作用的方法。

8.4　沥青混合料的技术性质和技术要求

沥青混合料作为一种高级路面材料应用已久，随着交通事业的发展，车辆的载重量越来越大，行车速度越来越快，因此对路面的质量要求也日益提高。沥青混合料必须具有一系列工程技术性质，才能满足上述要求。

8.4.1　沥青混合料的技术性质

1. 沥青混合料的高温稳定性

沥青混合料的高温稳定性是指混合料在高温情况下，承受外力不断作用，抵抗永久变形的能力。沥青混合料路面在长期的行车荷载作用下，会出现车辙现象。车辙致使路表过量的变形，影响了路面的平整度；轮迹处沥青层厚度减薄，削弱了面层及路面结构的整体强度，从而易诱发其他病害；雨天路表排水不畅，降低了路面的抗滑能力，甚至会由于车辙内积水而导致车辆漂滑，影响了高速行车的安全；车辆在超车或更换车道时方向失控，影响车辆操纵的稳定性。可见由于车辙的产生，严重影响了路面的使用寿命和服务安全。在经常加速或减速的路段还会出现推移变形。因此，要求沥青路面具有良好的高温稳定性。

我国在20世纪70年代就开始采用马歇尔法来评定沥青混合料的高温稳定性，用马歇尔法所测得的稳定度、流值以及马歇尔模数来反映沥青混合料的稳定性和水稳性情况。但随着近年来高等级公路的兴起，对路面稳定性提出了更高的要求，《公路沥青路面设计规范》(JTG D50-2006)规定："对于高速公路、一级公路的表面层和中间层的沥青混凝土作配合比设计时，应进行车辙试验，以检验沥青混凝土的高温稳定性。"车辙试验方法最初是英国道路研究所(TRRL)开发的，它是在试验温度60 ℃条件下，用车辙试验机的试验轮对沥青混合料试件进行往返碾压至1 h(轮压0.7 MPa的条件下)或最大变形达25 mm为止，测定其在变形稳定期每增加变形1 mm的碾压次数，即为动稳定度，对高速公路应不小于800次/mm，对一级公路应不少于600次/mm。

影响沥青混合料车辙深度的主要因素有沥青的用量、沥青的黏度、矿料的级配，及矿料的尺寸、形状等，见表8-10。过量沥青，不仅降低了沥青混合料的内摩阻力，而且在夏季容易产生泛油现象。因此，适当减少沥青的用量，可以使矿料颗粒更多地以结构沥青的形式相连接，增加混合料黏聚力和内摩阻力，提高沥青的黏度，增加沥青混合料抗剪变形的能力。由合理矿料级配组成的沥青混合料可以形成骨架—密实结构，这种混合料的黏聚力和内摩阻力都比较大。在矿料的选择上，应挑选粒径大、有棱角的矿料颗粒，以提高混合料的内摩阻角。另外，还可以加入一些外加剂，来改善沥青混合料的性能。所有这些措施都是为了提高沥青混合料的抗剪强度，减少塑性变形，从而增强沥青混合料的高温稳定性。

表 8-10　影响沥青混合料车辙深度的主要因素

<table>
<tr><td rowspan="15">影响车辙深度的主要因素</td><td rowspan="10">沥青混合料</td><td rowspan="4">内摩擦力</td><td>矿料的最大粒径，4.75 mm以上的碎石含量</td></tr>
<tr><td>碎石纹理深度（表面粗糙度）和颗粒形状</td></tr>
<tr><td>沥青用量</td></tr>
<tr><td>沥青混合料的级配和密实度</td></tr>
<tr><td rowspan="6">黏结力</td><td>沥青的黏度</td></tr>
<tr><td>沥青的感温性</td></tr>
<tr><td>沥青与矿料的黏结力</td></tr>
<tr><td>沥青矿粉化和矿粉的种类</td></tr>
<tr><td>沥青用量</td></tr>
<tr><td>混合料的级配和密实度</td></tr>
<tr><td rowspan="4">交通和气候条件</td><td></td><td>行车荷载（轴重、轮胎压力）</td></tr>
<tr><td></td><td>交通量和渠化程度</td></tr>
<tr><td colspan="2">荷载作用时间和水平力（交叉口）</td></tr>
<tr><td colspan="2">路面温度（气温、日照等）</td></tr>
<tr><td colspan="3">沥青层和结构类型（柔性路面和半刚性路面）</td></tr>
</table>

针对影响车辙的主要因素，可采取下列一些措施来减轻沥青路面的车辙：

(1)选用黏度高的沥青，因为同一针入度的沥青会有不同的黏度。

(2)选用针入度较小、软化点高和含蜡量低的沥青。

(3)用外掺剂改性沥青。常用合成橡胶、聚合物或树脂改性沥青，如SBS改性沥青的软化点可达60 ℃以上。

(4)确定沥青混合料的最佳用量时，采用略小于马歇尔试验最佳沥青用量的值。

(5)采用粒径较大或碎石含量多的矿料，并控制碎石中的扁平、针状颗粒的含量不超过规定范围。

(6)保持沥青混合料成型后具有足够的空隙率，一般认为沥青混合料的设计空隙率在3%～5%范围内是适宜的。

(7)采用较高的压实度。

2. 沥青混合料的低温抗裂性

沥青混合料不仅应具备高温稳定性，同时还要具有低温抗裂性。所谓沥青混合料低温抗裂性就是指沥青混合料在低温下抵抗断裂破坏的能力。

在冬季，随着温度的降低，沥青材料的劲度模量变得越来越大，材料变得越来越硬，并开始收缩。由于沥青路面在面层和基层之间存在着很好的约束，因而当温度大幅度降低时，沥青面层中会产生很大的收缩拉应力或者拉应变，一旦其超过材料的极限拉应力或极限拉应变,沥青面层就会开裂。另一种是温度疲劳裂缝。故要求沥青混合料具有低温抗裂性,以保证冬天路面低温时不产生裂缝。

对沥青混合料低温抗裂性要求,许多研究者曾提出过不同的指标,但为多数人所采纳的方法是测定混合料在低温时的纯拉劲度模量和温度收缩系数,用上述两参数作为沥青混合料在低温时的特征参数,用收缩应力与抗拉强度对比的方法来预估沥青混合料的断裂温度。

有的研究认为,沥青路面在低温时的裂缝与沥青混合料的抗疲劳性能有关。建议采用沥青混合料在一定变形条件下达到试件破坏时所需的荷载作用次数来表征沥青混合料的疲劳寿命。破坏时的作用次数称为柔度。研究认为,柔度与混合料纯拉试验时的延伸度有明显关系。

3. 沥青混合料的耐久性

沥青混合料在路面中长期受自然因素的作用,为保证路面具有较长的使用年限必须具备较好的耐久性。

影响沥青混合料耐久性的因素很多,诸如沥青的化学性质、矿料的矿物成分、混合料的组成结构(残留空隙率、沥青填隙率)等。

沥青的化学性质和矿料的矿物成分对耐久性的影响如前所述。就沥青混合料的组成结构而言,首先是沥青混合料的空隙率。空隙率的大小与矿质骨料的级配、沥青材料的用量以及压实程度等有关。从耐久性角度出发,希望沥青混合料空隙率尽量减少,以防止水的渗入和日光紫外线对沥青的老化作用等,但是一般沥青混合料中均应残留3%～6%的空隙率,以备夏季沥青材料膨胀之用。

沥青混合料空隙率与水稳定性有关。空隙率大,饱水后石料与沥青黏附力降低,易发生剥落,同时颗粒相互推移产生体积膨胀及出现力学强度显著降低等现象,引起路面早期破坏。

此外,沥青路面的使用寿命还与混合料中的沥青含量有很大的关系。当沥青用量比正常使用的用量减少时,则沥青膜变薄,混合料的延伸能力降低,脆性增加;同时沥青用量偏少,将使混合料的空隙率增大,沥青膜暴露较多,加速了老化作用。同时增加了渗水率,加强了水对沥青的剥落作用。有研究认为,沥青用量比最佳沥青用量少0.5%的混合料能使路面使用寿命减少一半以上。

我国现规范采用空隙率、饱和度(即沥青填隙率)和残留稳定度等指标来评价沥青混合料的耐久性。

4. 沥青混合料的表面抗滑性

随着现代高速公路的发展,对沥青混合料路面的抗滑性提出了更高的要求。沥青混合料路面的抗滑性与矿质骨料的微表面性质、混合料的级配组成以及沥青用量等因素有关。

为保证长期高速行车的安全,配料时要特别注意粗骨料的耐磨光性,应选择硬质有棱角的骨料。硬质骨料往往属于酸性骨料,与沥青的黏附性差,为此,在沥青混合料施工时,必须在采用当地产的软质骨料中掺加外运来的硬质骨料组成复合骨料或掺加抗剥离剂。我国对抗滑层骨料提出了磨光值、道路磨耗值和冲击值三项新指标。沥青用量对抗滑性的影响非常敏感,沥青用量超过最佳用量的0.5%即可使抗滑系数明显降低。含蜡量对沥青混合料抗滑性有明显的影响,国家标准《重交通道路石油沥青》(GB/T 15180-2000)提出,含蜡量应不大于3%，在沥青来源确有困难时对下层路面可放宽至4%～5%。提高沥青路面抗滑性能的主要措施有：

(1)提高沥青混合料的抗滑性能

混合料中矿质骨料的全部或一部分选用硬质粒料。若当地的天然石料达不到耐磨和抗滑要求时，可改用烧铝矾土、陶粒、矿渣等人造石料。矿料的级配组成宜采用开级配，并尽量选用对骨料裹覆力较大的沥青，同时适当减少沥青用量，使骨料露出路面表面。

(2)使用树脂系高分子材料对路面进行防滑处理

将粘接力强的人造树脂，如环氧树脂、聚氨基甲酸酯等，涂布在沥青路面上，然后铺撒硬质粒料，在树脂完全硬化之后，将未粘着的粒料扫掉，即可开放交通。这种方法成本较高。

5. 沥青路面的水稳定性

沥青路面的水损害与两个过程有关：首先水能浸入沥青中使沥青黏附力减小，从而导致混合料的强度和劲度减小；其次水能进入沥青薄膜和骨料之间，阻断沥青与骨料表面的相互粘接，由于骨料表面对水的吸附比对沥青强，从而使沥青与骨料表面的接触角减小，结果沥青从骨料表面剥落。

沥青混合料的水稳定性是通过马歇尔试验和抗冻劈裂试验来检验的，要求两项指标同时符合表8-11中的要求。

表8-11　沥青混合料水稳定性检验的技术要求

气候条件与技术指标		相应于下列气候分区的技术要求/%				试验方法
年降雨量/%		＞1 000	500～1 000	250～500	＜250	
气候分区		潮湿区	湿润区	半干区	干旱区	
浸水马歇尔试验残留稳定度/%，不小于						
普通沥青混合料		80		75		T0709
改性沥青混合料		85		80		
SMA混合料	普通沥青	75				
	改性沥青	80				
冻融劈裂试验的残留强度比/%，不小于						
普通沥青混合料		75		70		T0729
改性沥青混合料		80		75		
SMA混合料	普通沥青	75				
	改性沥青	80				

影响沥青路面水稳定性的主要因素包括以下四个方面：(1)沥青混合料的性质，包括沥青性质以及混合料类型；(2)施工期的气候条件；(3)施工后的环境条件；(4)路面排水。

提高沥青混合料抗水剥离的性能可以从防止水对沥青混合料的侵蚀及水侵入后减少沥青膜的剥离这两个途径来寻求对策。

6. 沥青混合料的施工和易性

要保证室内配料在现场施工条件下顺利实现，沥青混合料除了应具备前述的技术要求外，还应具备适宜的施工和易性。影响沥青混合料施工和易性的因素很多，诸如当地气温、施工条件及混合料性质等。

单纯就混合料材料性质而言，影响沥青混合料施工和易性的首要因素是混合料的级配情况，如粗细骨料的颗粒大小相距过大，缺乏中间尺寸，混合料容易分层层积（粗粒集中于表面，细粒集中于底部）；如细骨料太少，沥青层就不容易均匀地分布在粗颗粒表面；如细骨料过多，则使拌和困难。此外，当沥青用量过少或矿粉用量过多时，混合料容易疏松而不易压实；反之，如沥青用量过多或矿粉质量不好，则容易使混合料粘接成团块，不易摊铺。

生产上对沥青混合料的工艺性能大都凭目力鉴定。有的研究者曾以流变学理论为基础提出过一些沥青混合料施工和易性的测定方法，但此仍多为试验研究阶段，并未在生产上普遍采纳。

8.4.2　热拌沥青混合料的技术指标

1. 稳定度

马歇尔稳定度是评价沥青混合料稳定性的指标。其测定方法是：先将沥青混合料按一定的比例混合拌匀，采用人工或机械击实的方法制成圆柱形试件［直径（101.6±0.25）mm），高（63.5±1.3）mm］，再将试件置于（60±1）℃的恒温水槽中保温30～40 min（对黏稠石油沥青），然后把试件置于马歇尔试验仪上，以（50±5）mm/min的速度加荷至试验荷载达到最大值，此时的最大荷载即为稳定度（MS），以kN计。

2. 流值

流值是评价沥青混合料塑性变形能力的指标。在马歇尔稳定度试验时，当试件达到最大荷载时，其压缩变形值也就是此时流值表上的读数，即为流值（FL），以0.1 mm计。

3. 马歇尔模数

马歇尔模数是马歇尔稳定度试验中测得的稳定度与流值的比值。一般认为马歇尔模数与车辙深度有一定的相关性，马歇尔模数越大，车辙深度越小。但是对这一结论也有不同的看法。

4. 空隙率

空隙率是评价沥青混合料密实程度的指标。空隙率的大小直接影响沥青混合料的技术性质。空隙率大的沥青混合料，其抗滑性和高温稳定性都比较好，但其抗渗性和耐久性明显降低，而且对强度也有影响。因此，沥青混合料要有合理的空隙率。通常通过计算来求空隙率的大小，并且根据所设计路面的等级、层次不同，给予空隙率一定的范围要求。

5. 饱和度

压实沥青混合料中，沥青部分体积占矿料骨架以外的空隙部分体积的百分率称为饱和度，也称沥青填隙率。饱和度过小，沥青难以充分包覆矿料，影响沥青混合料的黏聚性，降低沥青混凝土的耐久性；饱和度过大，减少了沥青混凝土的空隙率，妨碍夏季沥青体积膨胀，引起路面泛油，抗滑性能明显变差，同时降低沥青混凝土的高温稳定性。因此，沥青混合料要有适当的饱和度。

6. 残留稳定度

沥青混合料的残留稳定度定义为浸水 48 h 的和按常规处理的两种沥青混合料试件的马歇尔稳定度的比值，即

$$MS_0=\frac{MS_1}{MS}\times 100\%$$

式中，MS_0—试件浸水 48 h 后的残留稳定度，%；

MS_1—试件浸水 48 h 后的稳定度，kN；

MS—常规处理后的稳定度，kN。

残留稳定度是评价沥青混合料耐水性的指标，它在很大程度上反映了混合料的耐久性。矿料与沥青的粘接力以及混合料的其他性质都对残留稳定度有一定影响。

我国的现行标准《沥青路面施工与验收规范》(GB 50092-1996)中对热拌沥青混合料马歇尔试验技术指标的要求如表 8-12 所示。该标准对不同等级的马歇尔试验指标(包括稳定度、流值、空隙率、沥青饱和度和残留稳定度等)提出不同要求，对不同组成结构的混合料按类别也分别提出不同的要求。

表 8-12　热拌沥青混合料马歇尔试验的技术标准(GB 50092-1996)

项目		沥青混合料类型	高速公路、一级公路、城市快速路、主干路	其他等级公路及城市道路	行人道路
击实次数/次		沥青混凝土	两面各 75	两面各 50	两面各 35
		沥青碎石、抗滑表层	>50	两面各 50	两面各 35
技术指标	1. 稳定度 MS/kN	Ⅰ型沥青混凝土	>8.0	>50	>3.0
		Ⅱ型沥青混凝土、抗滑表层	>5.0	>40	—
	2. 流值 FL/(0.1 mm)	Ⅰ型沥青混凝土	20～40	20～45	20～50
		Ⅱ型沥青混凝土、抗滑表层	20～40	20～45	—
	3. 空隙率 VV/%	Ⅰ型沥青混凝土	3～6	3～6	2～5
		Ⅱ型沥青混凝土	4～10	4～10	—
		Ⅲ型沥青混凝土、抗滑表层	>10	>10	—
	4. 沥青饱和度 VFA/%	Ⅰ型沥青混凝土	70～85	70～85	70～90
		Ⅱ型沥青混凝土、抗滑表层	60～75	60～75	—
	5. 残留稳定度 MS_0/%	Ⅰ型沥青混凝土	>75	>75	>75
		Ⅱ型沥青混凝土、抗滑表层	>70	>70	—

注：1. 粗粒式沥青混凝土的稳定度可降低 1～1.5 kN；

2. Ⅰ型细粒式及砂粒式混凝土的空隙率可放宽至 2%～6%；

3. 沥青混凝土混合料的矿料间隙率(VMA)宜符合表 8-13 的要求。

表 8-13　沥青混凝土混合料骨料最大粒径与矿料间隙率的关系

骨料最大粒径/mm	37.5	31.5	26.5	19.0	16.0	13.2	9.5	4.75
VMA/%，≥	12	12.5	13	14	14.5	15	16	18

8.5　沥青混合料的配合比设计

沥青混合料的配合比设计和其他工程材料的设计一样，主要的工作在于选择材料和配合材料。因此，沥青混合料配合比设计的目的在于确定一个良好的骨料级配和经济掺配比例以及最佳沥青用量，以保证路面工程竣工后沥青混合料具有《沥青路面施工与验收规范》(GB 50092-1996)所要求的技术性能。

路面中沥青混合料的质量与所用原材料质量、配合比例和施工质量关系密切。在原材料选定、施工条件一定的前提下，沥青混合料的技术性质在很大程度上取决于混合料的配合比例。如前所述，混合料组成材料的比例不同，可以形成不同的结构，而具有不同结构的沥青混合料则又表现出不同的技术性质。因此，正确设计沥青混合料的组成比例，是保证沥青混合料技术质量的重要环节。

沥青混合料配合比设计分三个阶段进行：目标配合比设计阶段、生产配合比设计阶段和生产配合比验证阶段。通过配合比设计决定沥青混合料的材料品种、矿料级配和沥青用量。

目标配合比设计包括两大部分：首先设计矿料的组成比例，即确定粗、细骨料及矿粉的用量比例；然后设计矿料与沥青的用量比例，即确定沥青最佳用量。

8.5.1　目标配合比设计阶段

1. 矿质混合料配合比设计方法

矿质混合料配合比设计方法很多，归纳起来主要有数解法和图解法两大类。

(1)数解法

数解法是指用数学方法求解矿质混合料组成的方法，常用的有“试算法”和“正规方程法”(也称“线性规划法”)。前者用于3～4种矿料的组成计算；后者可用于多种矿料的组成计算，所得的计算结果准确，但计算较繁杂。

试算法是数解法中较简单的方法，其基本原理是：设有几种矿质骨料，欲将其配制成符合一定级配要求的矿质混合料。在决定各组成材料在混合料中所占的比例时，先假定混合料中某种粒径的颗粒，是由某一种对这一粒径占优势的骨料所组成，其他各种骨料不含这种粒径。用这种方法根据各个主要粒径去试探各种骨料在混合料中的大致比例。如果比例不当，可加以调整，逐步渐近，最终可求得符合混合料级配要求的各种骨料的配合比例。现将其具体设计计算方法介绍如下：

现有A、B、C三种矿质骨料，欲配合成符合M级配的矿质混合料。

设X、Y、Z为A、B、C三种骨料在矿质混合料中的比例，则有

$$X+Y+Z=100\%$$

又设混合料M中某一级粒径要求的含量为$M_{(i)}$，A、B、C三种骨料在此粒径上的含量分别为$M_{A(i)}$、$M_{B(i)}$和$M_{C(i)}$，有：

$$M_{A(i)} \cdot X+M_{B(i)} \cdot Y+M_{C(i)} \cdot Z=M_{(i)}$$

①计算A料在矿质混合料中的用量。在计算A料在混合料中的用量时，根据基本原理

的假定，按 A 料中含量较多的某一粒径计算，而忽略其他骨料在此粒径的含量。

现按粒径尺寸为 i(mm)时进行计算，由基本原理可知，此时 $M_{B(i)}$ 和 $M_{C(i)}$ 均等于零，于是

$$M_{A(i)} \cdot X = M_{(i)}$$

所以

$$X = \frac{M_{(i)}}{M_{A(i)}}$$

②计算 C 料在矿质混合料中的用量。同理，计算 C 料在混合料中的用量时，按 C 料占优势的某一粒径计算，而忽略其他骨料在此粒径的含量。设按粒径尺寸 j(mm)计算，令 $M_{A(i)}$、$M_{B(i)}$ 均为零，则有：

$$M_{C(i)} \cdot Z = M_{(j)}$$

所以

$$Z = \frac{M_{(j)}}{M_{C(j)}}$$

③计算 B 料在矿质混合料中的用量。由于 X 和 Z 均已求出，则 Y 值也已确定：

$$Y = 100\% - (X + Z)$$

【例 8-1】 试计算某大桥桥面铺装用细粒式沥青混凝土的矿质混合料配合比。已知现有碎石、石屑和矿粉三种矿质材料，筛分结果按分计筛余列于表 8-14 中，并把细粒式混凝土 AC-13 的要求级配范围按通过量列于表 8-14 中。

表 8-14 原有骨料的分计筛余和混合料要求级配范围

筛孔尺寸 d_i/mm	碎石分计筛余 $M_{A(i)}$/%	石屑分计筛余 $M_{B(i)}$/%	矿粉分计筛余 $M_{C(i)}$/%	矿质混合料要求级配范围通过百分率 $p(n_1 \sim n_2)$
16.0	—	—	—	100
13.2	5.2	—	—	95～100
9.5	41.7	—	—	70～88
4.75	50.5	1.6	—	48～68
2.36	2.6	24.0	—	36～53
1.18	—	22.5	—	24～41
0.6	—	16.0	—	18～30
0.3	—	12.4	—	12～22
0.15	—	11.5	—	8～16
0.075	—	10.8	13.2	4～8

设计要求：按试算法确定碎石、石屑和矿粉在混合料中所占的比例，并校核矿质混合料计算结果，确定其是否符合级配范围。

解：矿质混合料中各种骨料用量配合组成可按下述步骤计算：

①计算各筛孔分计筛余。先将表 8-14 中矿质混合料的要求级配范围的通过百分率换算为累计筛余百分率，然后再计算为各筛号的分计筛余百分率。计算结果列于表 8-15 中。

②计算碎石在矿质混合料中的用量。由表 8-15 可知，碎石中占优势的粒径为 4.75 mm

的含量，故计算碎石的配合组成时，假设混合料中 4.75 mm 的粒径全部是由碎石组成的。$M_{B(4.75)}$ 和 $M_{C(4.75)}$ 均等于零。

由式

$$M_{A(i)} \cdot X = M_{(i)}$$

得：

$$M_{A(4.75)} \cdot X = M_{(4.75)}$$

$$X = \frac{M_{(4.75)}}{M_{A(4.75)}} \times 100\%$$

由表 8-15 知，$M_{(4.75)} = 21.0\%$，$M_{A(4.75)} = 50.5\%$，代入上式，得

$$X = \frac{21.0}{50.5} \times 100\% = 41.6\%$$

表 8-15　原有骨料的分计筛余和混合料通过量要求级配范围

筛孔尺寸 d_i/mm	碎石分计筛余 $M_{A(i)}$/%	石屑分计筛余 $M_{B(i)}$/%	矿粉分计筛余 $M_{C(i)}$/%	按累计筛余计级配范围 $A(n_1 \sim n_2)$/%	按累计筛余计级配范围中值 $A_{M(i)}$/%	按分计筛余计级配范围中值 $M(i)$/%
16.0	—	—	—	0	0	0
13.2	5.2	—	—	0～5	2.5	2.5
9.5	41.7	—	—	12～30	21.0	18.5
4.75	50.5	1.6	—	32～52	42.0	21.0
2.36	2.6	24.0	—	47～64	55.5	13.5
1.18	—	22.5	—	59～76	67.5	12.0
0.6	—	16.0	—	70～82	76.0	8.5
0.3	—	12.4	—	78～88	83.0	7.0
0.15	—	11.5	—	84～92	88.0	5.0
0.075	—	10.8	13.2	92～96	94.0	6.0
<0.075	—	1.2	86.8	—	100	6.0
合计	$\sum = 100$	$\sum = 100$	$\sum = 100$			$\sum = 100$

③计算矿粉在矿质混合料中的用量。同理，计算矿粉在混合料中的配合比时，按矿粉占优势的<0.075 mm 粒径计算，即假设 $M_{A(<0.075)}$ 和 $M_{B(<0.075)}$ 均为零，则得：

$$M_{C(<0.075)} \cdot Z = M_{(<0.075)}$$

$$Z = \frac{M_{(<0.075)}}{M_{C(<0.075)}} \times 100\%$$

由表 8-15 可知，$M_{(<0.075)} = 6.0\%$，$M_{C(<0.075)} = 86.8\%$，代入上式，得：

$$Z = \frac{6.0}{86.8} \times 100\% = 6.9\%$$

④计算石屑在混合料中的用量，即

$$Y = 100\% - (X + Z)$$

已求得 $X = 41.6\%$，$Z = 6.9\%$，故

$$Y = 100\% - (41.6\% + 6.9\%) = 51.5\%$$

⑤校核。根据以上计算得到矿质混合料的组成配合比为

碎石：$X=41.6\%$

石屑：$Y=51.5\%$

矿粉：$Z=6.9\%$

按表 8-16 进行计算并校核。按上列配合比校核结果，符合表 8-15 的级配范围。如不符合级配范围应调整配合比再进行试算调整，经过几次调整，逐步渐近，直到达到要求。如经计算还不能符合级配要求，应调整或增加骨料品种。

(2)图解法

用图解法来确定矿质混合料组成的方法很多，本节仅介绍常用的“修正平衡面积法”(以下简称图解法)。

计算步骤如下：

①绘制级配曲线坐标图。在设计说明书上按规定尺寸绘一方形图框，通常纵坐标为通过量，取 10 cm，横坐标为筛孔尺寸(或粒径)，取 15 cm。连接对角线 OO'(图 8-5)，作为要求级配曲线中值。纵坐标按算术标尺，标出通过量百分率(0%～100%)。根据要求级配中值(表 8-17)的各筛孔通过百分率标于纵坐标上，则纵坐标引水平线与对角线相交，再从交点作垂线与横坐标相交，其交点即为各相应筛孔尺寸的位置。

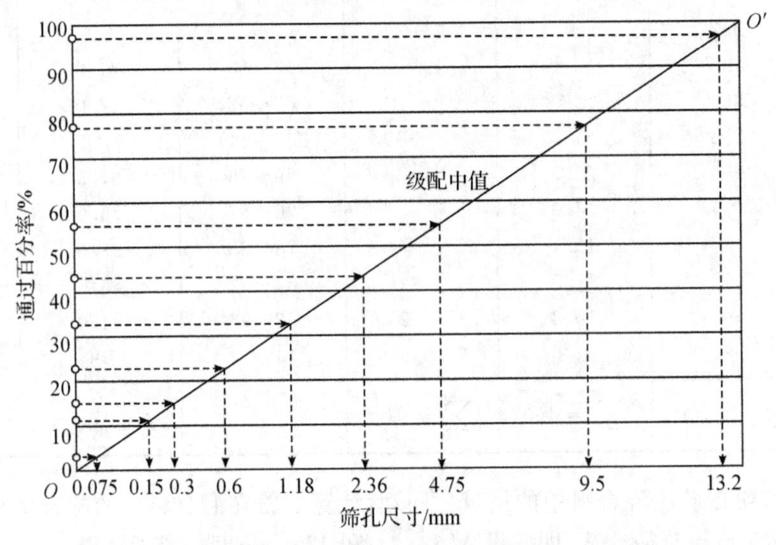

图 8-5　图解法用级配曲线坐标

表 8-17　细粒式沥青混合料用矿料级配范围

筛孔尺寸/mm	16.0	13.2	9.5	4.75	2.36	1.18	0.6	0.3	0.15	0.075
级配范围/%	100	95～100	70～88	48～68	36～53	24～41	18～30	12～22	8～16	4～8
级配中值/%	100	98	79	57	45	33	24	17	12	6

②确定各种骨料用量。将各种骨料的通过量绘于曲线坐标图上，见图 8-6，实际骨料的相邻级配曲线可能有下列三种情况，根据各骨料之间的关系，按下述方法即可确定各种骨料用量。

A. 两相邻曲线重叠(如骨料 A 级配曲线的下部与骨料 B 级配曲线上部搭接时)，在两

表 8-16 矿质混合料组成计算和校核表

筛孔尺寸 d_i/mm	粗骨料(碎石)			细骨料(石屑)			填料(矿粉)			矿质混合料			规范要求级配范围通过量 p ($n_1 \sim n_2$)
	原来级配分计筛余 $M_{A(i)}$/%	采用百分率 X/%	占混合料百分率 $M_{A(i)}$/%	原来级配分计筛余 $M_{B(i)}$/%	采用百分率 Y/%	占混合料百分率 $M_{B(i)}$/%	原来级配分计筛余 $M_{C(i)}$/%	采用百分率 Z/%	占混合料百分率 $M_{C(i)}$/%	分计筛余 $M(i)$/%	累计筛余 $A_{M(i)}$/%	通过百分率 $P_{M(i)}$/%	
(1)	(2)	(3)	(4)=(2)×(3)	(5)	(6)	(7)=(5)×(6)	(8)	(9)	(10)=(8)×(9)	(11)	(12)	(13)	(14)
16.8	—		—	—		—	—		—	—	—	100	100
3.2	5.2		2.2	—		—	—		—	2.2	2.2	97.8	95～100
9.5	41.7		17.4	—		—	—		—	17.4	19.6	80.4	70～88
4.75	50.5		21.0	1.6		0.8	—		—	21.8	41.4	58.6	48～68
2.30	2.6		1.0	24.0		12.4	—		—	13.4	54.0	46.0	36～53
1.18	—	41.6	—	22.5	51.5	11.6	—	6.9	—	11.6	66.4	33.6	24～41
0.6	—		—	16.0		8.2	—		—	8.2	74.6	25.4	18～30
0.3	—		—	12.4		6.4	—		—	6.4	81.0	19.0	12～22
0.15	—		—	11.5		5.9	—		—	5.9	86.9	13.1	8～16
0.075	—		—	10.8		5.6	13.2		0.9	6.5	93.4	6.6	4～8
<0.075	—		—	1.2		0.6	86.8		6.0	6.6	100	—	—
校核	$\sum = 100$		$\sum = 41.6$	$\sum = 100$		$\sum = 51.5$	$\sum = 100$		$\sum = 6.9$	$\sum = 100$			

级配曲线之间引一根垂直于横坐标的垂线 AA' 使($a=a'$)，与对角线 OO' 交于点 M，通过 M 作一水平线与右纵坐标交于 P 点。OP 长度即为骨料 A 的用量。

B. 两相邻级配曲线相接(如骨料 B 的级配曲线末端与骨料 C 的级配曲线首端正好在一垂直线上时)，将前一骨料曲线末端与后一骨料曲线首端作垂线相连，垂线 BB' 与对角线 OO' 相交于点 N，通过 N 作一水平线与右纵坐标交于 Q 点。PQ 长度即为骨料 B 的用量。

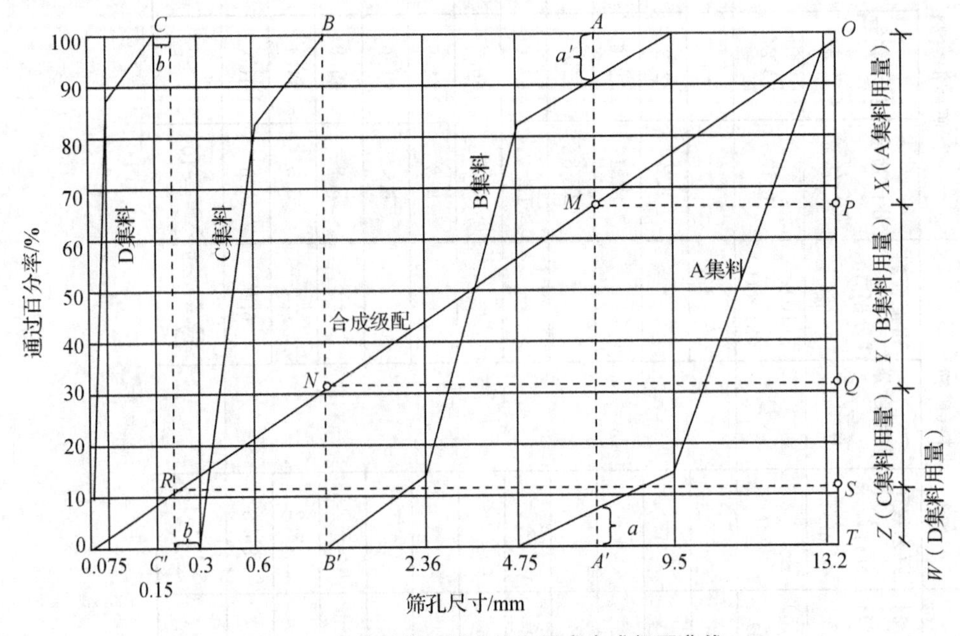

图 8-6　组成骨料级配曲线和要求合成级配曲线

C. 两相邻级配曲线相离(如骨料 C 的级配曲线末端与骨料 D 的级配曲线首端在水平方向彼此离开一段距离时)，作一垂直平分相离开距离(即 $b=b'$)的垂线 CC'，与对角线 OO' 相交于点 R，通过 R 作一水平线与纵坐标交于 S 点，QS 长度即为骨料 C 的用量。剩余 ST 即为骨料 D 的用量。

③校核。按图解所得的各种骨料用量，校核计算所得合成级配是否符合要求。如不符合要求(超出级配范围)，应调整各骨料的用量。

2. 确定沥青最佳用量

沥青混合料的最佳沥青用量(optimum asphalt content，OAC)可以通过马歇尔试验法确定。

(1)制备试件

①按确定的矿质混合料配合比，计算各种矿质材料的用量。

②按表 8-6 推荐的沥青用量范围及实践经验，估计适宜的沥青用量(即沥青混合料中沥青质量与沥青混合料总质量的比例)或油石比(即沥青混合料中沥青质量与矿料质量的比例)。

③以估计沥青用量为中值，按 0.5%间隔变化，取 5 个不同的沥青用量，用小型拌和机与矿料拌和，按表 8-12 规定的击实次数击实成型马歇尔试件。试件是直径 101.6 mm、高 63.5 mm 的圆柱体。

(2)测定物理力学指标

为确定沥青混合料的沥青最佳用量,需要测定沥青混合料的马歇尔稳定度、流值、密度、空隙率、沥青饱和度等物理力学指标。

(3)马歇尔试验结果分析

①绘制沥青用量与物理—力学指标关系图,见图 8-7。

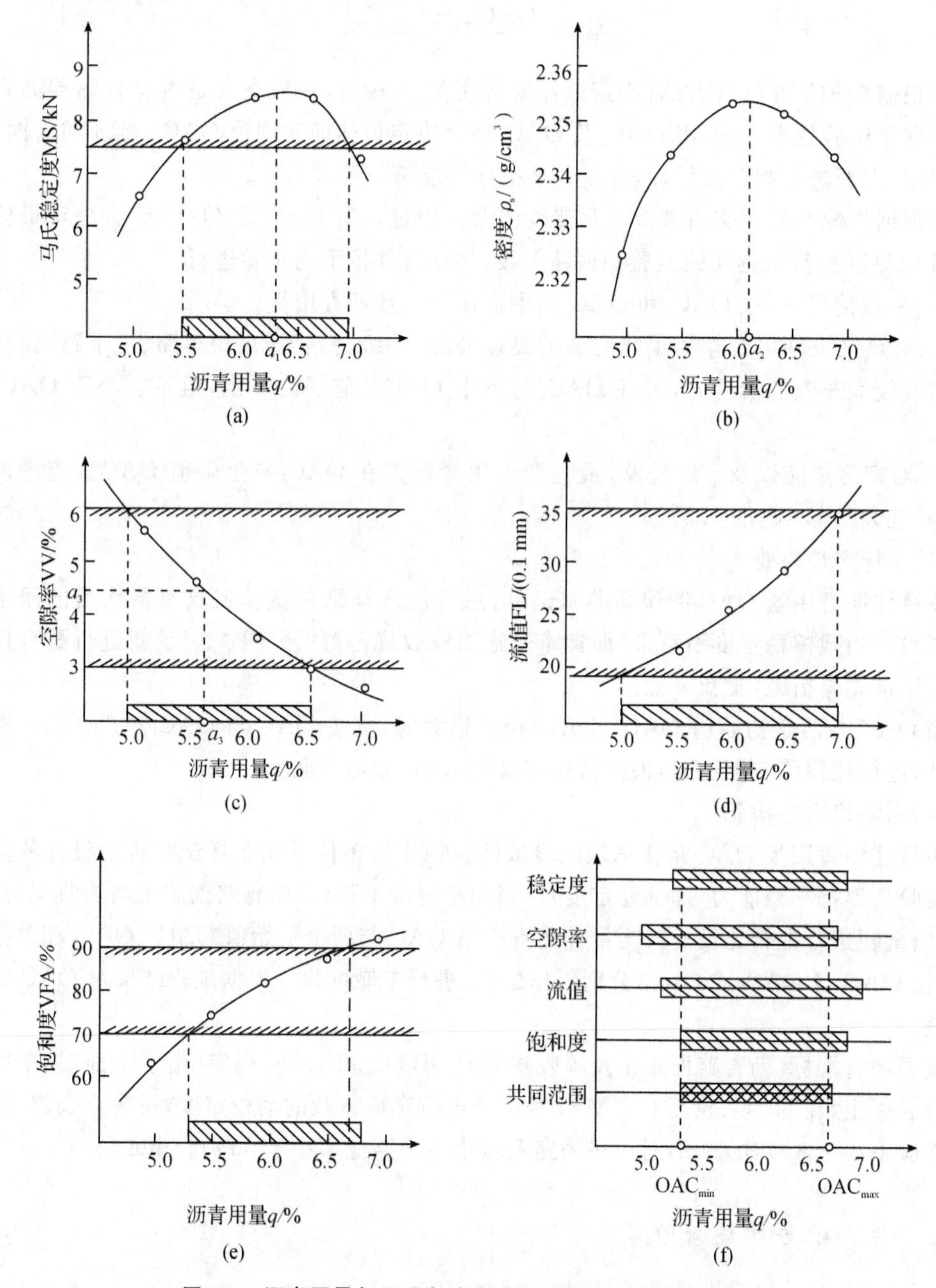

图 8-7　沥青用量与马歇尔稳定度试验物理—力学指标关系

②确定最佳沥青用量的初始值 1(OAC_1)。从图 8-7 中取相应于稳定度最大值的沥青用量 a_1、相应于密度最大值的沥青用量 a_2 及相应于规定空隙率范围的中值(或要求的目标

空隙率)的沥青用量 a_3，取三者的平均值作为最佳沥青用量的初始值 OAC_1，即

$$OAC_1=\frac{a_1+a_2+a_3}{3}$$

③确定最佳沥青用量的初始值 2(OAC_2)。按图 8-7 求出各项指标，均符合表 8-12 中沥青混合料技术标准的沥青用量范围 $OAC_{min}\sim OAC_{max}$，按下式求取中值 OAC_2：

$$OAC_2=\frac{OAC_{min}+OAC_{max}}{2}$$

④根据 OAC_1 和 OAC_2 综合确定最佳沥青用量(OAC)，并检查其是否符合热拌沥青混合料马歇尔试验技术标准，由 OAC_1 及 OAC_2 综合决定最佳沥青用量 OAC。当不符合时，应调整级配，重新进行配合比设计，直至各项指标均能符合要求为止。

⑤根据气候条件和交通量特性调整最佳沥青用量。由 OAC_1 及 OAC_2 综合决定最佳沥青用量 OAC 时，宜根据实践经验和道路等级、气候条件按下列步骤进行：

A. 一般情况下，取 OAC_1 和 OAC_2 的中值作为最佳沥青用量。

B. 对热区道路以及车辆渠化交通的高速公路、一级公路、城市快速路、主干路，预计有可能造成较大车辙的情况时，可在 OAC_2 与下限 OAC_{min} 范围内决定，但不宜小于 OAC_2 的 0.5%。

C. 对寒区道路以及一般道路，最佳沥青用量可以在 OAC_2 与上限值 OAC_{max} 范围内决定，但不宜大于 OAC_2 的 0.3%。

(4)水稳定性检验

按最佳沥青用量 OAC 制作马歇尔试件，进行浸水马歇尔试验或真空饱水后的浸水马歇尔试验。当残留稳定度不符合《沥青路面施工验收规范》的规定时，应重新进行配合比设计或采用抗剥离措施，重新试验。

当 OAC 与两个初始值 OAC_1、OAC_2 相差很大时，宜按 OAC 与 OAC_1 或 OAC_2 分别制作试件，进行残留稳定度试验，根据试验结果对 OAC 做适当调整。

(5)高温稳定性检验

按最佳沥青用量 OAC 制作车辙试验试件，在 60 ℃条件下用车辙试验机对设计的沥青用量检验高温抗车辙能力(即动稳定度)。当动稳定度不符合《沥青路面施工与验收规范》要求时，应重新进行配合比设计。当最佳沥青用量 OAC 与两个初始值 OAC_1、OAC_2 相差很大时，宜按 OAC 与 OAC_1 或 OAC_2 分别制作试件，进行车辙试验。根据试验结果对 OAC 做适当调整。

我国现行国标《沥青路面施工及验收规范》(GB 50092-1996)规定，用于上面层、中面层的沥青混凝土，在 60 ℃、轮压 0.7 MPa 条件下进行车辙试验的动稳定度，对高速公路、城市快速路应不小于 800 次/mm，对一级公路及城市主干路应不小于 600 次/mm。

8.5.2 生产配合比设计阶段

以上决定的矿料级配及最佳沥青用量为目标配合比设计阶段，对间歇式拌和机，必须从二次筛分后进入各热料仓的材料取样进行筛分，以确定各热料仓的材料比例，供拌和机控制室使用。同时，反复调整冷料仓进料比例以达到供料均衡，并取目标配合比设计的最佳沥青

用量及最佳沥青用量±0.3%的三个沥青用量进行马歇尔试验，确定生产配合比的最佳沥青用量。

实训与创新

沥青混合料组成设计是沥青混凝土路面施工的基础，结合沥青类型的确定，骨料最大粒径的选择，以及沥青拌和温度、拌和时间、拌和方式、测定技术等方面，全面了解沥青混合料的工程应用、存在问题及可能的优化方法。

复习思考题与习题

8.1　何谓沥青混合料？它是怎样分类的？沥青混合料路面具有哪些特点？

8.2　沥青混合料对其组成材料有哪些技术要求？

8.3　沥青混合料的强度是怎样形成的？影响沥青混合料强度的主要因素有哪些？

8.4　矿粉在沥青混合料中起什么作用？对矿粉性质有哪些要求？

8.5　沥青的性质和用量对沥青混合料的性质有何影响？为什么？

8.6　现行规范对沥青混合料的技术性质有哪些要求？

8.7　马歇尔试验要求测定哪些指标？这些指标表征沥青混合料的什么性质？

8.8　空隙率、饱和度、残留稳定度的含义是什么？它们都表征沥青混合料的哪些性质？

8.9　矿质混合料配合比设计常用哪些方法？数解法中的试算法的基本原理是什么？

8.10　了解并掌握修正平衡面积法(图解法)求解矿料组成配比的基本原理、作图方法和求解过程等。

8.11　怎样确定沥青混合料中的沥青最佳用量？

8.12　已知四种材料的筛分结果如下表所示：

材料	通过量/%								
	13.2	9.5	4.75	2.36	1.18	0.6	0.3	0.15	0.075
碎石	63	45	20	8	3	0			
石屑		100	80	62	30	20	5	0	
砂			100	92	70	50	28	12	6
矿粉								100	94
规范要求级配范围	75～95	62～86	46～64	35～55	26～40	16～30	10～22	7～15	2～8
规范要求级配中值	85	74	55	45	33	23	16	11	5

根据要求用图解法设计矿质混合料的配合比。

8.13　符号AC-16、AM-20、SMA-16、OGFC-16分别表示哪种类型的沥青混合料？

8.14　采用马歇尔法设计沥青混凝土配合比时，为什么由马歇尔试验确定后还要进行浸水稳定性试验和车辙试验？

第9章　合成高分子材料

教学目的:了解高分子化合物的基本知识,掌握合成高分子材料制品的特性。

教学要求:掌握合成高分子材料的性能特点及主要高分子材料的品种,建筑工程中合成高分子材料的主要制品及应用。了解高分子化合物的基本知识,建筑塑料、建筑涂料和建筑胶的组成与特性。

合成高分子材料是指以人工合成的高分子化合物为基体组分的材料,主要包括合成塑料、合成橡胶、合成纤维、涂料、黏合剂五大类,在建筑工程中所涉及的主要有塑料、橡胶、化学纤维、建筑胶和建筑涂料。由合成高分子材料直接加工或用合成高分子材料对传统材料进行改性所制得的建筑工程材料,习惯上称为化学建材。目前的化学建材生产规格全,品种多,质量好,在建筑工程中的应用日益广泛,在装饰、防水、胶黏、防腐等各个方面所起的作用极为显著。

9.1　高分子材料基本知识

通过低分子单体(如乙烯、氯乙烯、甲醛等)的聚合反应即可得到合成高分子化合物。从结构上看,合成高分子化合物是由许多结构相同的小单元(称为链节)重复连接而成的长链材料。例如,乙烯单体为 $CH_2{=}CH_2$,通过乙烯单体聚合而成的高分子化合物为聚乙烯 $\left[CH_2-CH_2\right]_n$,分子式中的 n 代表重复单元数,即链节数,又称聚合度。一种高分子材料是由许多结构和性质相类似而聚合度不完全相等的高分子化合物组成的混合物,即由大小不同的同系物组成,其相对分子质量只能用平均相对分子质量表示,分子量可达数十万乃至数百万。

9.1.1　高分子材料的分类

1. 按分子链的形状分类

根据分子链的形状不同,可将高分子材料分为线型、支链型和体型三种。

(1)线型高分子材料的主链原子排列成长链状,如聚乙烯、聚氯乙烯等。

(2)支链型高分子材料的主链也是长链状,但带有大量的支链,如ABS树脂、高抗冲的聚苯乙烯树脂等。

(3)体型高分子材料的长链被许多横跨链交联成网状,或者在单体聚合过程中由二维空间交联形成三维空间网络,分子彼此固定,如环氧、聚酯等树脂的最终产物。

2. 按受热时状态不同分类

按受热时状态不同,可分为热塑性树脂和热固性树脂两类。

(1)热塑性树脂在加热时呈现出可塑性,甚至熔化,冷却后又凝固硬化。这种变化是可逆的,可以重复多次。这类高分子材料分子间的作用力较弱,为线型或带支链的树脂。

(2)热固性树脂是一些支链型高分子材料,加热时转变成黏稠状态,发生化学变化,相邻的分子相互连接,转变成体型结构而逐渐固化,其相对分子质量也随之增大,最终成为不能熔化、不能溶解的物质。这种变化是不可逆的,大部分缩合树脂属于此类。

3. 按结晶性能分类

高分子材料按它们的结晶性能,分为晶态高分子材料和非晶态高分子材料。由于线型高分子难免存在弯曲,故高分子材料的结晶多为部分结晶。结晶所占的百分比称为结晶度。一般来说,结晶度越高,高分子材料的密度、弹性模量、强度、硬度、耐热性、折光系数等越大,而冲击韧性、黏附力、断裂伸长率、溶解度等越小。晶态高分子材料一般为不透明或半透明的,非晶态高分子材料则一般为透明的。

体型高分子材料只有非晶态一种。

4. 按高分子材料的变形与温度分类

非晶态高分子材料的变形与温度的关系如图 9-1 所示。非晶态线型高分子材料在低于某一温度时,由于所有的分子链和大分子链均不能自由转动而成为硬脆的玻璃体,即处于玻璃态,高分子材料转变为玻璃态的温度称为玻璃化温度 T_g。当温度超过玻璃化温度 T_g时,由于分子链可以发生运动(大分子链不运动),高分子材料发生大的变形,具有高弹性,即进入高弹态,此温度称为高分子材料的高弹态温度 T_R。当温度继续升高至某一数值时,分子链和大分子链均可发生运动,高分子材料产生塑性变形,即进入黏流态,将此温度称为高分子材料的黏流态温度 T_f。

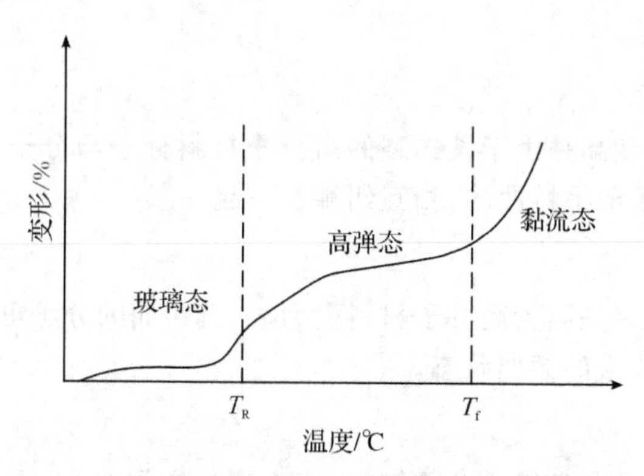

图 9-1　非晶态线型高分子材料的变形与温度的关系

热塑性树脂与热固性树脂在成型时均处于黏流态。

玻璃化温度 T_g低于室温的称为橡胶,高于室温的称为塑料。玻璃化温度是塑料的最高使用温度,却是橡胶的最低使用温度。

9.1.2 高分子材料的合成方法及命名

将单体经化学方法聚合成为高分子材料，常用的合成方法有加成聚合和缩合聚合两种。

1. 加成聚合

加成聚合又叫加聚反应，即许多相同或不相同的不饱和单体(具有双键或三键，通常为烯类或炔类单体)在加热或催化剂的作用下，不饱和键被打开，各单体分子相互连接起来成为高聚物。如聚氯乙烯、聚乙烯的制备。

加聚反应得到的高聚物一般为线型分子，其组成与单体的组成基本相同，反应过程中不产生副产物。

由加聚反应生成的树脂称为加聚树脂，其命名一般是在其原料名称前面冠以“聚”字，如聚乙烯、聚苯乙烯、聚氯乙烯等。

2. 缩合聚合

缩合聚合又叫缩聚反应，它是由一种或数种带有官能团，如—H、—OH、—Cl、$—NH_2$、—COOH等的单体在加热或催化剂的作用下，逐步相互结合而成为高聚物的反应。同时，单体中的官能团脱落并化合生成副产物(水、醇、氨等)。

缩聚反应生成物的组成与原始单体完全不同，得到的高聚物可以是线型的或体型的。

缩聚反应生成的树脂称为缩聚树脂。其命名一般是在原料名称后加上“树脂”两字，如酚醛树脂、环氧树脂、聚酯树脂等。

9.1.3 高分子材料的基本性质

1. 质轻

高分子材料的密度一般在0.90～2.20 g/cm^3之间，平均约为铝的1/2、钢的1/5、混凝土的1/3，与木材相近。

2. 比强度高

高分子材料的比强度高是由于长链型的高分子材料分子与分子之间的接触点很多，相互作用很强，而且其分子链是蜷曲的，相互纠缠在一起。

3. 弹性好

高分子材料的弹性好是因为高分子材料受力时，其蜷曲的分子可以被拉直而伸长，当外力除去后，又能恢复到原来的蜷曲状态。

4. 电绝缘性好

由于高分子材料中的化学键是共价键，不能电离出电子，因此不能传递电流；又因为其分子细长而蜷曲，在受热或声波作用时，分子不容易振动。所以，高分子材料对于热、声也具有良好的隔绝性能。

5. 耐磨性好

许多高分子材料不仅耐磨，而且有优良的润滑性，如尼龙、聚四氟乙烯等。

6. 耐腐蚀性优良

高分子材料的耐腐蚀性优良是因为许多分子链上的基团被包在里面，当接触到能与分子中某一基团起反应的腐蚀性介质时，被包在里面的基团不容易发生变化。因此，高分子材料具有耐酸、耐腐蚀的特性。

7. 耐水性、耐湿性好

多数高分子材料憎水性很强，有很好的防水和防潮性。

高分子材料的主要缺点是：耐热性与抗火性差，易老化，弹性模量低，价格较高。在建筑工程中应用时，应尽量扬长避短，发挥其优良的基本性质。

9.2 常用建筑高分子材料

9.2.1 树脂和塑料

树脂在受热时通常有软化或熔融范围。软化时，在外力作用下有流动倾向，常温下有时是固态或半固态的聚合物，有时是液态的聚合物。广义地讲，作为塑料基材的任何高分子材料都可称为树脂。

塑料是指以树脂为主要成分，含有各种添加剂（如增塑剂、填充剂、润滑剂、颜料等），而且在加工过程中能流动成型的高分子材料。塑料按其用途可分为通用塑料和工程塑料两种。通用塑料产量大，用途广，成型性能好，价廉，如聚乙烯、聚丙烯、酚醛等。工程塑料能承受外力作用，有良好的力学性能和尺寸稳定性，在高温和低温下都具有良好性能，可作为工程构件，如ABS塑料。作为水泥混凝土或沥青混合料改性的塑料属于通用塑料，直接作为桥梁或道路结构构件的塑料属于工程塑料。

1. 聚乙烯(PE)

聚乙烯是由乙烯加聚得到的高分子材料。聚乙烯塑料是以聚乙烯树脂为基材的塑料。

聚乙烯按其密度分为：①高密度聚乙烯（简称HDPE，白色粉末状，或柱状，或半圆状颗粒，密度为0.941～0.970 g/cm^3）；②低密度聚乙烯（简称LDPE，白色或乳白色蜡状物，呈球形或圆柱形颗粒，密度为0.910～0.940 g/cm^3。其中0.926～0.94 g/cm^{3}的又称为中密度聚乙烯，MDPE）。低密度聚乙烯比高密度聚乙烯强度低，但具有较大的伸长率和较好的耐寒性，故用于改性沥青的多选用低密度聚乙烯。

聚乙烯的特点是：具有良好的活性稳定性和耐寒性（玻璃化温度可达－125～－120℃）。拉伸强度较高，延伸率较大，吸水性和透水性很低，无毒，密度小，易加工，但耐热性较差，且易燃烧。聚乙烯树脂是较好的沥青改性剂，由于它具有较高的强度和较好的耐寒性，并且与沥青的相容性较好，在其他助剂的协同作用下，可制得优良的改性沥青。

聚乙烯塑料可制成半透明、柔韧、不透气的薄膜，也可加工成建筑用的板材或管材。

近几年生产的“超高相对分子质量聚乙烯(UHMWPE)”聚合度n为100×10^4～600×10^4，密度0.936～0.964 g/cm^3，抗冲击强度、抗拉强度、耐磨性和耐热性均大大提高。

2. 聚丙烯(PP)

聚丙烯是以丙烯为单体聚合而成的高分子材料。以聚丙烯树脂为基材的塑料称为聚丙烯塑料。

聚丙烯按其分子结构可分为无规聚丙烯(APP)、等规聚丙烯(IPP)和间规聚丙烯三种。产量和用量最大的是等规聚丙烯,习惯上简称为聚丙烯。聚丙烯为白色蜡状物,耐热性好(使用温度可达 110～120 ℃),抗拉强度与刚度较好,硬度大,耐磨性好,但耐低温性和耐候性差,易燃烧,离火后不能自熄。聚丙烯主要用于装饰板、管材、包装袋等。

无规聚丙烯是生产等规聚丙烯的副产品,在常温下呈乳白色至浅棕色橡胶状物质,密度为 0.850 g/cm^3,抗拉强度较低,但延伸率高,耐寒性尚好(玻璃化温度－20～－18 ℃)。无规聚丙烯常用作道路和防水沥青的改性剂。

聚丙烯树脂经塑化加工后,常用于制成塑料薄膜或建筑板材或管材,性能与聚乙烯塑料相近。

3. 聚氯乙烯(PVC)

聚氯乙烯是由氯乙烯单体加成聚合而得的热塑性线型树脂。在加入适宜的增塑剂及其他添加剂后,可以获得性质优良的硬质和软质聚氯乙烯塑料。其中硬质聚氯乙烯塑料是建筑工程中应用最广的一种,主要用于天沟、水落管、外墙覆面板、天窗以及给排水管。

经塑化加工后制成聚氯乙烯塑料,具有较高的力学性能及良好的化学稳定性,耐风化性极高;主要缺点是变形能力低和耐热性差,使用温度一般不超过－15～55 ℃。聚氯乙烯中含有大量的氯,因而具有良好的阻燃性。聚氯乙烯树脂经塑化加工后,可制成聚氯乙烯塑料薄膜,用作建筑硬塑料管材和板材以及各种日用制品。

聚氯乙烯树脂与焦油沥青具有较好的相容性,常用作煤沥青的改性剂,对煤沥青的热稳定性有明显改善,但变形能力和耐寒性改善较少。

4. 聚苯乙烯(PS)

聚苯乙烯是以苯乙烯为单体制得的聚合物,聚苯乙烯塑料是以聚苯乙烯树脂为基材的塑料。PS 是无色透明具有玻璃光泽的材料。由于不耐冲击、性脆、易裂,故目前是通过共聚、共混、添加助剂等方法生产改性聚苯乙烯,如高抗冲聚苯乙烯(HIPS)等。

聚苯乙烯在建筑上的主要应用是泡沫塑料,其具有优良的隔热保温性。此外也用于透明装饰部件、灯罩、发光平顶板等。

5. 乙烯—乙酸乙烯酯共聚物(EVA)

EVA 是由乙烯(E)和乙酸乙烯酯(VA)共聚而得的高分子材料,化学名为乙烯—乙酸乙烯酯共聚物。

EVA 为半透明粒状物,具有优良的韧性、弹性和柔软性,同时又具有一定的刚性、耐磨性和抗冲击性等力学性能。EVA 的力学性能随乙酸乙烯酯(VA)的含量而变化,VA 含量越低,其性能则越接近低密度聚乙烯;VA 含量越高,则越类似于橡胶。

EVA 常用作沥青改性剂。改性后沥青的性能与共聚物中 VA 含量有密切关系,在选用时应注意其品种与牌号。

6. 环氧树脂(EP)

环氧树脂是指在聚合物分子链中含有醚键,同时在分子两端仅有反应性环氧基的聚合物。习惯上把含有两个或两个以上环氧基团能交联的聚合物统称为环氧树脂。

环氧树脂是线型的高分子材料，由于在它分子结构中含有活泼的环氧基、羟基、醚键等，可与多种类型的固化剂发生交联固化反应，而变为体型结构的材料，其性能也由热塑性变为热固性。以环氧树脂为主要成膜物质，添加固化剂、稀释剂、增韧剂、增强材料及其他助剂所制得的塑料称为环氧塑料。

环氧树脂常用于制备树脂混凝土和改性沥青混合料，也常用于桥面铺装防水层和桥梁混凝土的修补。

9.2.2　橡胶

橡胶是在外力作用下可发生较大形变，外力撤销后又迅速复原，在使用条件下具有高弹性的高分子材料。实际上，随着目前高分子合金的发展，它与塑料(树脂)越来越重叠交叉。

1. 橡胶的硫化

橡胶的硫化又称交联。橡胶硫化的目的是为了提高其强度、变形性、耐久性、抗剪切能力，减少其塑性。硫化的实质是利用硫化剂(又称交联剂)使橡胶由线型分子结构交联成为网状结构弹性体的过程。硫化后的橡胶又称硫化橡胶，简称橡胶。常用的橡胶制品均为硫化橡胶。

2. 橡胶的再生处理

橡胶的再生处理主要是脱硫。脱硫是指将废旧橡胶经机械粉碎和加热处理等，使橡胶氧化解聚，即由大网型结构转变为小网型结构和少量的线型结构的过程。脱硫后的橡胶除具有一定的弹性外，还具有一定的塑性和黏性。

经再生处理的橡胶称为再生橡胶或再生胶。再生橡胶主要用于沥青的改性。

3. 常用橡胶

(1)丁苯橡胶(SBR)

丁苯橡胶是丁二烯与苯乙烯的共聚物，是合成橡胶中应用最广的一种通用橡胶。按苯乙烯占总量的比例，分为丁苯-10、丁苯-30、丁苯-50 等牌号。随着苯乙烯含量增大，硬度、抗磨性增大，弹性降低。丁苯橡胶综合性能较好，强度较高，延伸率大，抗磨性和耐寒性也较好。丁苯橡胶是水泥混凝土和沥青混合料常用的改性剂。丁苯胶乳可直接用于拌制聚合物水泥混凝土，也可与乳化沥青共混制成改性沥青乳液，用于道路路面和桥面防水层。丁苯橡胶需要用溶剂法将其掺入沥青中。丁苯橡胶对水泥混凝土的强度、抗冲击和耐磨等性能均有改善；对沥青混合料的低温抗裂性有明显提高，对高温稳定性也有适当改善。

(2)丁基橡胶(IIR)

丁基橡胶又称异丁橡胶，是由异丁烯与少量异戊二烯共聚而得的共聚物。是一种无色的弹性体，相对密度为 0.92 g/cm^{3}左右，相对分子质量介于 30 000～85 000 之间，能溶于C_5以上的直链烷烃或芳香烃的溶剂中。丁基橡胶的生胶具有较好的抗拉强度和大的延伸率，耐老化性能好，玻璃化温度低且耐热性好。丁基橡胶作为沥青改性剂，可用溶剂法加入，掺量为 2.00%左右。

(3)氯丁橡胶(CR)

氯丁橡胶是以2-氯-1,3-丁二烯为主要原料通过均聚或共聚制得的一种弹性体。氯丁橡胶呈米黄色或浅棕色,密度为1.23 g/cm³,具有较高的抗拉强度和相对伸长率,耐磨性好,耐酸碱腐蚀能力强,黏结力较高,且耐热、耐寒,硫化后不易老化。由于它的性能较全面,是一种常用胶种。

氯丁橡胶在建筑工程中主要用于防水卷材和防水密封材料。可用溶剂法掺入沥青或者氯丁胶乳与乳化沥青共混,用于制备路面用沥青混合料,也可作为桥面或高架路面防水层涂料。

(4)聚丁二烯橡胶(BR)

聚丁二烯橡胶是1,3-丁二烯聚合制得的系列产品。按其结构有顺式和反式两种,顺式中只有高顺式1,4-聚丁二烯橡胶具有高弹性。聚丁二烯橡胶简称顺丁橡胶。

高顺丁橡胶呈白色至黄色透明体,它除了具有高弹性外,耐磨性也较好,特别是具有优良的耐寒性,但抗拉强度较低,相对伸长率稍低。

顺丁橡胶与其他聚合物组成的混合物,可用于沥青改性,特别是对改善沥青的低温性能有明显的效果。

(5)乙丙橡胶(EPM)

乙丙橡胶是以乙烯和丙烯为基础单体合成的弹性体共聚物。

乙丙橡胶低分子链中单体单元组成不同,有二元乙丙橡胶(EPM)和三元乙丙橡胶(EPDM),三元乙丙橡胶是乙烯、丙烯和二烯烃的三元共聚物。由于它具有较好的综合力学性能、耐热性能和耐老化性能,目前普遍用乙丙橡胶作改性沥青。

9.2.3 高分子合金

高分子合金是指多组分和多相同时并存于某一共混体系中的高分子材料。

1. 丙烯腈—丁二烯—苯乙烯共聚物(ABS)

ABS树脂是丙烯腈(A)、丁二烯(B)和苯乙烯(S)的三元共聚物。

ABS塑料的性能特点是具有优良的抗冲击性,特别是在低温下仍然较优;优良的抗蠕变性能,能在较高应力下使用;在有冲击荷载的情况下,能保持良好的抗拉强度、弯曲强度和硬度。优级ABS抗拉强度可达40.00 MPa,弯曲强度可达66.00 MPa。

主要缺点是耐热性较差。为克服这一缺点,用氯乙烯与苯乙烯和丙烯腈接枝得ACS树脂。此外,为改善其透明度,还开发有MBS、XABS等合金产品。

ABS可用于桥梁结构中替代钢材、木材等结构材料。

2. 高冲击聚苯乙烯(HIPS)

高冲击聚苯乙烯树脂是由顺丁橡胶(或丁苯橡胶)与苯乙烯接枝聚合而成的,故也称接枝型抗冲击聚苯乙烯。呈乳白色半透明或不透明颗粒状,密度约1.05 g/cm³,具有高的韧性,其冲击强度比普通聚苯乙烯高7倍以上。HIPS树脂再与其他高分子材料组成合金,用于改性沥青,可得综合性能优良的沥青。

3. 苯乙烯—丁二烯—苯乙烯嵌段共聚物(SBS)

SBS是苯乙烯(S)和丁二烯(B)的嵌段共聚物。

SBS产品外观为白色(或微黄色),呈多孔小颗粒。它的性能兼有橡胶和塑料的特性,具有弹性好、抗拉强度高、低温变性性能好等优点。而为提高黏结力,开发有苯乙烯—异戊丁烯—苯乙烯三嵌段共聚物(SBS);为改善SBS的耐候性和耐老化性,开发了饱和型SBS(即SEBS)。

SBS是沥青的优良改性剂,可提高沥青的高温稳定性和低温抗裂性,被广泛应用于高级路面和屋面防水材料。

9.3　高分子材料在建筑工程中的应用

在建筑工程中,高分子材料不仅可以直接用作防水材料,还可以作为水泥混凝土或沥青混合料的一个组分,用于改善水泥混凝土或沥青混合料的性能。

9.3.1　合成高分子防水材料

合成高分子防水材料具有优良的技术性能,如使用寿命长,施工方便,污染性低,在建筑工程中已得到较为广泛的应用。合成高分子防水材料分为防水卷材、防水涂料和防水密封材料。

1. 防水卷材

合成高分子防水卷材按主要原料可分为热塑性树脂基、橡胶基和橡胶—树脂共混基三类。

(1)热塑性树脂基防水卷材

热塑性树脂基防水卷材主要有以下三种:

①聚氯乙烯防水卷材

聚氯乙烯防水卷材是由聚氯乙烯、软化剂、填料、抗氧化剂和紫外线吸收剂等经混炼、压延等工序加工而成的弹塑性卷材。软化剂的掺入增大了聚氯乙烯分子间距,提高了卷材的变形能力;同时也起到了稀释作用,有利于卷材的生产。常用的软化剂是煤焦油。适量的增塑剂能降低聚氯乙烯的分子间力,使分子链的柔顺性提高。软化剂和增塑剂的掺入,使聚氯乙烯防水卷材的变形能力和低温柔顺性大大提高。卷材按有无复合层分为无复合层(N类)、纤维单面复合(L类)和织物内增强(W类)三类,厚度分别为1.2 mm、1.5 mm、2.0 mm。聚氯乙烯防水卷材的技术性能应满足表9-1的要求。

聚氯乙烯防水卷材的性能大大优于沥青防水卷材,其抗拉强度、断裂伸长率、撕裂强度高,低温柔性好,吸水率小,卷材的尺寸稳定性,耐腐蚀性好,使用寿命为10～15年,属于中档防水卷材。聚氯乙烯防水卷材主要用于屋面防水以及其他防水要求高的工程。施工时一般采用全贴法,也可采用局部粘贴法。

②氯化聚乙烯防水卷材

氯化聚乙烯防水卷材是以含氯量为30%～40%的氯化聚乙烯为主,加入适量的填料和其他活性添加剂经混炼、压延等工序加工而成。含氯量为30%～40%的氯化聚乙烯除具有热塑性树脂的性质外,还具有橡胶的弹性。卷材按有无复合层分为无复合层(N类)、纤维单面复合(L类)和织物内增强(W类)三类,厚度分为1.2 mm、1.5 mm、2.0 mm。氯化聚乙烯防水卷材的技术指标见表9-1。

氯化聚乙烯防水卷材的拉伸强度和不透水性好,耐老化,耐酸碱,断裂伸长率高,低温柔性好,使用寿命为10～15年,属于中档防水卷材。

③聚乙烯防水卷材

聚乙烯防水卷材又称丙纶无纺布覆面聚乙烯防水卷材,是由聚乙烯树脂、填料、增塑剂、抗氧化剂等经混炼、压延,并单面或双面覆丙纶无纺布而成的。

聚乙烯防水卷材的拉伸强度和不透水性好,耐老化,断裂伸长率较高(40%～150%),低温柔顺性好,与基层材料的黏结力强,使用寿命为10～15年,属于中档防水卷材,可用于屋面、地下等防水工程,特别适合于严寒地区的防水工程。

表9-1 聚氯乙烯防水卷材(GB 12952-2003)与氯化聚乙烯防水卷材(GB 12953-2003)的主要技术指标

项目		聚氯乙烯防水卷材(PVC)				氯化聚乙烯防水卷材(CPE)			
		N类		L类、W类		N类		L类、W类	
		Ⅰ型	Ⅱ型	Ⅲ型	Ⅳ型	Ⅰ型	Ⅱ型	Ⅲ型	Ⅳ型
拉力/(N/cm),≥		8.0	12.0	100	160	5.0	8.0	70	120
断裂伸长率/%,≥		200	250	150	200	200	300	125	250
热处理尺寸变化率/%,≤		3.0	2.0	1.5	1.0	3.0	纵向2.5 横向1.5	1.0	—
低温弯折性		−20 ℃ 无裂纹	−25 ℃ 无裂纹	−20 ℃ 无裂纹	−25 ℃ 无裂纹	−20 ℃ 无裂纹	−25 ℃ 无裂纹	−20 ℃ 无裂纹	−25 ℃ 无裂纹
抗穿孔性		不渗水				不渗水			
不透水性(0.3 MPa)		不透水				不透水			
剪切状态下的黏结性/(N/mm),≥		3.0或卷材破坏			6.0或卷材破坏	3.0或卷材破坏			6.0或卷材破坏
热老化处理	外观	无气泡、裂纹、黏结和孔洞				无气泡、裂纹、黏结和孔洞			
	拉伸强度变化率/%	±25	±20	±25	±20	+50 −20	±20	—	
	拉力/(N/cm),≥	—				—		55	100
	断裂拉伸率变化率/%	±25	±20	±25	±20	+50 −30	±20	—	
	断裂伸长率/%,≥	—				—		100	200
	低温弯折性	−15 ℃	−20 ℃	−15 ℃	−20 ℃	−15 ℃	−20 ℃	−15 ℃	−20 ℃
耐化性侵蚀	拉伸强度变化率/%	±25	±20	±25	±20	±30	±20	—	—
	拉力/(N/cm),≥	—				—		55	100
	断裂拉伸率变化率/%	±25	±20	±25	±20	±30	±20	—	
	断裂伸长率/%,≥	—				—		100	200
	低温弯折性	−15 ℃	−20 ℃	−15 ℃	−20 ℃	−15 ℃	−20 ℃	−15 ℃	−20 ℃

续表

项目		聚氯乙烯防水卷材(PVC)				氯化聚乙烯防水卷材(CPE)			
		N类		L类、W类		N类		L类、W类	
		Ⅰ型	Ⅱ型	Ⅲ型	Ⅳ型	Ⅰ型	Ⅱ型	Ⅲ型	Ⅳ型
人工气候加速老化	拉伸强度变化率/%	±25	±20	±25	±20	+50 −20	±20	—	
	拉力/(N/cm),≥	—				—		55	100
	断裂拉伸率变化率/%	±25	±20	±25	±20	+50 −30	±20	—	
	断裂伸长率/%,≥	—				—		100	200
	低温弯折性	−15 ℃	−20 ℃	−15 ℃	−20 ℃	−15 ℃	−20 ℃	−15 ℃	−20 ℃

(2)橡胶基防水卷材

橡胶基防水卷材主要有以下三种：

①三元乙丙橡胶防水卷材

三元乙丙橡胶防水卷材是以三元乙丙橡胶为主，掺入适量的交联剂、硫化剂、促硬剂、软化剂和补强剂等，经过密炼、拉片、过滤、挤出(或压延)成型、硫化、检验和分卷等工序加工制成的高弹性防水卷材，其技术指标应符合《高分子防水材料　第1部分：片材》(GB 18173.1-2006)的要求。

三元乙丙橡胶防水卷材的拉伸强度高，耐高低温性好，断裂伸长率很高，能适应防水基层伸缩与开裂变形的需要，耐老化性很好，使用寿命长(20年以上)，属于高档防水卷材。三元乙丙橡胶防水卷材最适合于屋面防水工程作单层外露防水，用于严寒地区和有大变形的部位，也可用于其他防水工程。

②氯磺化聚乙烯橡胶防水卷材

氯磺化聚乙烯橡胶防水卷材是以氯磺化聚乙烯橡胶为主，加入适量的软化剂、交联剂、填料、着色剂后，经过混炼、挤出(或压延)成型、硫化等工序加工制成的弹性防水卷材，其技术指标应符合《高分子防水材料　第1部分：片材》(GB 18173.1-2006)的要求。

氯磺化聚乙烯橡胶防水卷材的耐臭氧、耐老化、耐酸碱等性能突出，且拉伸强度高，耐高低温性好，断裂伸长率很高，对防水基层伸缩和开裂变形的适应性强，使用寿命长(15年以上)，属于中高档防水卷材。氯磺化聚乙烯橡胶防水卷材可制成多种颜色，用这种彩色防水卷材做屋面外露防水层可起到美化环境的作用。氯磺化聚乙烯橡胶防水卷材特别适合于有腐蚀介质影响部位的防水与防腐处理，也可用于其他防水工程。

③氯丁橡胶防水卷材

氯丁橡胶防水卷材是以氯丁橡胶为主，加入适量交联剂、填料后，经过混炼、挤出(或压延)成型、硫化等工序加工制成的弹性防水卷材，其技术指标应符合《高分子防水材料　第1部分：片材》(GB 18173.1-2006)的要求。

氯丁橡胶防水卷材拉伸强度高，断裂伸长率很高，耐油、耐臭氧及耐候性很好，耐高低温性好。与三元乙丙橡胶防水卷材相比，除其耐低温性能稍差外，其他性能基本相同，使用寿命长(15年以上)，属于中档防水卷材。

(3)树脂—橡胶共混防水卷材

为进一步改善防水卷材的性能，生产时将热塑性树脂与橡胶共混作为主要原料，由此生产出的卷材称为树脂—橡胶共混防水卷材。此类卷材既具有热塑性树脂的高强度和耐候性，又具有橡胶的良好的低温弹性、低温柔韧性和伸长率，属于中高档防水卷材。主要有以下两种：

①氯化聚乙烯—橡胶共混防水卷材

以含氯量为30%～40%的热塑性弹性体氯化聚乙烯和合成橡胶为主体，加入适量交联剂、稳定剂、填充料后，经过混炼、挤出(或压延)成型、硫化等工序加工制成的高弹性防水卷材。

表9-2为无织物增强的硫化型氯化聚乙烯—橡胶共混防水卷材的主要技术要求。产品厚度分为1.0 mm、1.2 mm、1.5 mm和2.0 mm。按物理力学性能分为S型和N型两类。

表9-2　氯化聚乙烯—橡胶共混防水卷材(JC/T 684-1997)

项目		S型	N型
拉伸强度/MPa，≥		7.0	5.0
断裂伸长率/%，≥		400	250
直角形撕裂强度/(kN/m)，≥		24.5	20.0
不透水性，30 min		0.3 MPa不透水	0.2 MPa不透水
热老化保持率(80 ℃，168 h)/%，≥	拉伸强度	80	
	断裂伸长率	70	
脆性温度/℃，≤		−40	−20
臭氧老化(5 μg/g，40 ℃，168 h，静态)		伸长率40%无裂纹	伸长率20%无裂纹
黏结剥离强度(卷材与卷材)，≥	kN/m	2.0	
	浸水168 h保持率/%	70	
热处理尺寸变化率/%		+1，−2	+2，−4

氯化聚乙烯—橡胶共混防水卷材断裂伸长率高，耐候性及低温柔性好，使用寿命长(20年以上)，特别适合于屋面作单层外露防水及严寒地区和有大变形的部位，也适用于有保护层的屋面或地下室、贮水池等防水工程。

②聚乙烯—三元乙丙橡胶共混防水卷材

以聚乙烯和三元乙丙橡胶为主，加入适量的稳定剂、填充料后，经过混炼、挤出(或压延)成型、硫化等工序加工制成的热塑性弹性防水卷材，具有优异的综合性能，而且价格适中。聚乙烯—三元乙丙橡胶共混防水卷材适合于屋面作单层外露防水，也适用于有保护层的屋面或地下室、贮水池等防水工程。

2. 防水涂料

防水涂料大多是以液态高分子材料为主体的防水材料，有溶剂性和水乳性两种。通常用涂布的方法将防水涂料涂刮在防水基层上，在常温下固化，形成具有一定弹性的涂膜防水层。

防水层可以由几层防水涂层的涂膜组成，也可以在几层防水涂层之间放置玻璃纤维网格布或聚酯纤维无纺布，形成增强的涂膜防水层。涂膜防水层的特点是施工操作简便，无污染，冷操作，无接缝，能适应复杂基层，防水性能好，因此其发展较快。这种新型防水涂料一般具有这样的特点：第一，防水性能好。防水涂料在施工固化前多为无定形黏稠状液态物质，适合任何复杂形状的基层施工，尤其在管根、阴阳角处，更便于封闭严密，能保证工程的防水防渗质量。第二，温度适应性强。防水涂层在－30 ℃低温下无裂缝，在30 ℃高温下不流淌；水溶性涂料在0 ℃以上，溶剂型涂料在－10 ℃以上均可进行施工。第三，操作简便，施工速度快。防水涂料既可刷涂，也可以喷涂，基层不必十分干燥。节点做法简单，操作人员易于掌握。第四，安全性好。防水涂料均采用冷施工方法，不必加热熬制，不会发生火灾、烫伤等事故，并能减少对环境的污染。

(1)聚氨酯防水涂料

聚氨酯防水涂料属单组分和双组分反应型涂料。甲组分是含有异氰酸基的预聚体，乙组分是含有多羟基的固化剂与增塑剂、稀释剂等，甲、乙两组分混合后，经固化反应，形成均匀富有弹性的防水涂膜。聚氨酯防水涂料是反应型防水涂料，固化的体积收缩很小，可形成较厚的防水涂膜，并具有弹性高、延伸率大、耐高、低温性好、耐油、耐化学药品腐蚀等优异性能。其主要技术性能应满足表9-3的要求。

表9-3　聚氨酯防水涂料的主要技术性能(GB/T 19250-2003)

<table>
<tr><th colspan="2" rowspan="2">项目</th><th colspan="2">单组分</th><th colspan="2">双组分</th></tr>
<tr><th>Ⅰ</th><th>Ⅱ</th><th>Ⅰ</th><th>Ⅱ</th></tr>
<tr><td colspan="2">拉伸强度/MPa,≥</td><td>1.90</td><td>2.45</td><td>1.90</td><td>2.45</td></tr>
<tr><td colspan="2">断裂伸长率/%,≥</td><td>550</td><td colspan="3">450</td></tr>
<tr><td colspan="2">撕裂强度/(N/mm),≥</td><td>12</td><td>14</td><td>12</td><td>14</td></tr>
<tr><td colspan="2">低温弯折性/℃</td><td colspan="2">－40</td><td colspan="2">－35</td></tr>
<tr><td colspan="2">不透水性(0.3 MPa,30 min)</td><td colspan="2">不透水</td><td colspan="2">不透水</td></tr>
<tr><td colspan="2">固体含量/%,≥</td><td colspan="2">80</td><td colspan="2">92</td></tr>
<tr><td colspan="2">表干时间/h,≤</td><td colspan="2">12</td><td colspan="2">8</td></tr>
<tr><td colspan="2">实干时间/h,≤</td><td colspan="4">24</td></tr>
<tr><td rowspan="2">加热伸缩率/%</td><td>≤</td><td colspan="2">＋1.0</td><td colspan="2" rowspan="2">—</td></tr>
<tr><td>≥</td><td colspan="2">－4.0</td></tr>
<tr><td colspan="2">潮湿基面黏结强度/MPa,≥</td><td colspan="2">0.5</td><td colspan="2">0.5</td></tr>
<tr><td rowspan="2">定伸老化</td><td>加热老化</td><td colspan="4" rowspan="2">无裂纹及变形</td></tr>
<tr><td>人工气候老化</td></tr>
<tr><td rowspan="3">热处理</td><td>拉伸强度保持率/%,≥</td><td colspan="4">80～150</td></tr>
<tr><td>断裂伸长率/%,≥</td><td>500</td><td colspan="3">400</td></tr>
<tr><td>低温弯折性/℃,≤</td><td colspan="2">－35</td><td colspan="2">－30</td></tr>
</table>

续表

项目		单组分		双组分	
		Ⅰ	Ⅱ	Ⅰ	Ⅱ
碱处理	拉伸强度保持率/%,≥	60～150			
	断裂伸长率/%,≥	500	400		
	低温弯折性/℃,≤	−35		−30	
酸处理	拉伸强度保持率/%,≥	80～150			
	断裂伸长率/%,≥	500	400		
	低温弯折性/℃,≤	−35		−30	
人工气候老化	拉伸强度保持率/%,≥	—			
	断裂伸长率/%,≥	500	400		
	低温弯折性/℃,≤	−35		−30	

聚氨酯涂料具有较大的弹性和延伸能力，耐高、低温性能好，耐油及耐腐蚀性强，涂膜没有接缝，能适应任何复杂形状的基层，使用寿命为10～15年，对在一定范围内的基层裂缝有较强的适应性，并且采用冷施工法作业。用于一般工业与民用建筑中的屋面、地下室、浴室、卫生间地面等防水工程，也可以用于水池的防水等。

(2)丙烯酸酯防水涂料

丙烯酸酯防水涂料是以丙烯酸酯树脂乳液为主，加入适量的填充料、颜料等配制而成的水乳型的防水涂料。丙烯酸酯防水涂料具有耐高、低温性能好，无毒、操作简单等优点，可在各种复杂的基层表面施工，并具有白色、多种浅色、黑色等颜色，使用寿命为10～15年。丙烯酸酯防水涂料的缺点是延伸率较小。丙烯酸酯防水涂料广泛应用于外墙防水装饰及各种彩色防水层。

丙烯酸酯防水涂料的主要技术性能应符合《聚合物乳液建筑防水涂料》(JC/T 864-2000)的要求，具体见表9-4。

表9-4 聚合物乳液建筑防水涂料技术指标(JC/T 864-2000)

项目	Ⅰ	Ⅱ
拉伸强度/MPa,≥	1.0	1.5
断裂伸长率/%,≥	300	
低温柔性(绕直径10 mm圆棒)	−10 ℃无裂纹	−20 ℃无裂纹
不透水性(0.3 MPa,30 min)	不透水	
固体含量/%,≥	65	
表干时间/h,≤	4	
实干时间/h,≤	8	

续表

项目		Ⅰ	Ⅱ
拉伸后的拉伸强度保持率/%,≥	加热处理	80	
	紫外线处理		
	碱处理	60	
	酸处理	40	
老化后的断裂伸长率/%,≥	加热处理	200	
	紫外线处理		
	碱处理		
	酸处理		
加热伸缩率/%,≤	伸长	1.0	
	缩短		

(3)有机硅憎水剂

有机硅憎水剂是由甲基硅醇钠或乙基硅醇钠等为主要原料而制成的防水涂料。产品分为水型和溶剂型两种,其质量应满足《建筑表面用有机硅防水剂》(TC/T 902-2002)的要求。

有机硅憎水剂在固化后形成一层肉眼觉察不到的透明薄膜层,该薄膜层具有优良的憎水性和不透水性,并对建筑工程材料的表面起到防污染、防风化等作用。有机硅憎水剂主要用于混凝土、砖、石材等多孔无机材料的表面,常用于外墙或外墙装饰材料的罩面涂层,起到防水、防止沾污的作用,使用年限为3～7年。

3. 建筑密封材料

密封对于建筑物来说就是防水、防尘和隔气。建筑密封技术包括三个方面:合理的密封设计、优质的密封材料和正确的密封施工方法。密封材料是密封技术的基础。

随着建筑工程结构的多样化,特别是房屋建筑的大板、条板的装配化施工及框架轻板结构的进一步发展,将对嵌缝密封材料提出更高的要求。今后密封材料发展的主要方向是,逐步用人工合成高分子材料代替沥青类材料;以中、高档次密封材料作为开发对象;同时,组织有关部门制定并完善各类密封材料的标准及试验方法。

(1)树脂基建筑密封材料

目前生产的树脂基建筑密封材料主要为丙烯酸酯建筑密封胶,简称丙烯酸酯密封胶。丙烯酸酯建筑密封胶分为溶剂型和乳液型(又称为水性)。乳液型丙烯酸酯建筑密封胶是以丙烯酸酯乳液为主,再加入适量增塑剂、填充剂、颜料等制成的单组分密封材料,属于弹塑性体。丙烯酸酯建筑密封胶按变形能力分为12.5级和7.5级,见表9-5;按弹性恢复率分为弹性类(E)和塑性类(P)。丙烯酸酯建筑密封胶的技术要求见表9-6。

丙烯酸酯建筑密封胶具有较好的黏结性和耐高温性,可在−20～80 ℃范围内使用。丙烯酸酯建筑密封胶的延伸率高,固化初期达200%～400%,经热老化试验后仍可达100%～350%。丙烯酸酯建筑密封胶还具有良好的施工性和耐候性,且不污染材料的表面,使用寿命15年以上,属于中档密封材料。

表 9-5 建筑密封胶变形级别

级别	25	20	12.5	7.5
试验抗拉幅度/%	±25	±20	±12.5	±7.5
位移能力/%	25	20	12.5	7.5

表 9-6 丙烯酸酯建筑密封胶的技术要求(JC/T 484-2006)

指标	丙烯酸酯建筑密封胶(JC/T 484-2006)		
	12.5E	12.5P	7.5P
下垂度/mm,≤	3		
表干时间/h,≤	1		
挤出性/(mL/min),≥	100		
弹性恢复率/%,≥	40	实测值	
定伸黏结性	无破坏	—	
浸水后定伸黏结性	无破坏	—	
冷拉—热压后黏结性	无破坏		
断裂伸长率/%,≥	—	100	
浸水后断裂伸长率/%,≥	—	100	
同一温度下拉伸—压缩循环后的定伸黏结性	—	无破坏	
低温柔性/℃	−20	−5	
体积变化率/%,≤	30		

丙烯酸酯建筑密封胶主要适合于屋面、墙板、门窗等的嵌缝。水乳型丙烯酸酯建筑密封胶可在潮湿的基层表面上施工。由于丙烯酸酯建筑密封胶的耐水性不是很好,故不宜用于长期浸泡在水中的工程,如水池等。此外,其抗疲劳性较差,不宜用于频繁振动的工程,如广场、桥梁等。水乳型丙烯酸酯建筑密封胶不宜在−5 ℃以下施工,且存放时需注意防冻。

(2)橡胶基建筑密封材料

①聚氨酯建筑密封胶(PUR)

PUR 分为单组分和双组分两种。双组分的聚氨酯建筑密封胶由聚氨酯、增塑剂、填充料组成主体(甲组分),在现场与交联剂(乙组分)混合后使用,交联后成为弹性体。按变形能力分为 25 级和 20 级,按拉伸模量分为高模量(HM)和低模量(LM),按流变性分为下垂型(N)和自流平型(L)。聚氨酯建筑密封胶的技术要求应满足表 9-7 的要求。

聚氨酯建筑密封胶弹性高,延伸率大,黏结强度高,并具有优良的耐低温性、耐水性、耐酸碱性、耐油性及耐疲劳性,使用寿命在 25~30 年以上,属于高档弹性密封材料。

聚氨酯建筑密封胶适合于屋面、墙板、卫生间、楼板、阳台、水池、桥梁、公路与机场跑道等的各种水平缝与垂直缝的密封防水,也适合用作玻璃、金属材料等的防水密封。

②聚硫橡胶建筑密封胶

聚硫橡胶建筑密封胶简称聚硫橡胶密封胶(PS),分为单组分和双组分两种。双组分的聚硫橡胶密封胶的主剂(甲组分)由液态聚硫橡胶和填充料等组成,交联剂(乙组分)主要为金属氧化物。使用时在现场按比例混合均匀,交联后成为弹性体。聚硫橡胶密封胶按拉伸模量分为高模量低伸长率(A类)和低模量高伸长率(B类),按流变性分为下垂型(N)和自流平型(L)。聚硫橡胶建筑密封胶的技术要求应满足表9-7的要求。

表9-7　聚氨酯建筑密封胶(JC/T 482-2003)与聚硫建筑密封胶(JC/T 483-2006)的主要技术要求

指标		聚氨酯建筑密封胶			聚硫建筑密封胶		
		20HM	25LM	20LM	20HM	25LM	20LM
流变性	下垂度/mm,≤	3			3		
	流平性/mm,	光滑平整			光滑平整		
表干时间/h,≤		24			24		
适用期/h,≥		1			2		
挤出性/(mL/min),≥		80			—		
弹性恢复率/%,≥		70			70		
拉伸模量/MPa	23 ℃	0.4 或 0.6					
	−20 ℃						
定伸黏结性		无破坏			无破坏		
浸水后定伸黏结性		无破坏			无破坏		
冷拉—热压后黏结性		无破坏			无破坏		
质量损失/%,≤		7			5		

聚硫橡胶密封胶具有优良的耐候性、耐油性、耐湿热性、耐水性、耐低温性,使用温度为−40～90 ℃,并且抗裂性强,对各种建筑工程材料具有良好的黏结性。工艺性能好,无溶剂,无毒,使用安全可靠,使用寿命30年以上,属于高档弹性密封材料。

聚硫橡胶密封胶适合于各种建筑工程材料的防水密封,特别适合于长期浸泡在水中的工程、严寒地区的工程或冷库、受疲劳荷载作用的工程(如桥梁、公路与机场跑道等)。

③硅酮密封胶

硅酮密封胶又称有机硅密封胶(SR),分为单组分和双组分两种。

硅酮密封胶具有优良的耐热性、耐寒性、憎水性,使用温度为−50～250 ℃,并具有优良的抗伸缩疲劳性能和耐候性,使用寿命30年以上,属于高档弹性密封材料。

A. 硅酮建筑密封胶

单组分的硅酮建筑密封胶属于通用密封胶,由有机硅氧烷聚合物、交联剂、填充剂等组成。密封膏在施工后,吸收空气中的水分而产生交联成为弹性体。硅酮建筑密封胶按位移能力分为25、20两个级别;按固化机理分为脱酸型(A型,也称醋酸型)、脱醇型(B型,也称醇型);按用途分为接缝用(F类)和镶装玻璃用(G类)两类;按拉伸模量分为高模量(HM类)和低模量(LM类)。其技术要求应满足表9-8的规定。

硅酮建筑密封胶除对玻璃、陶瓷等少数材料有较高的黏结性外,对大多数材料的黏结性

表 9-8 硅酮建筑密封胶(GB/T 14683-2003)与混凝土建筑接缝用密封胶(JC/T 881-2001)的技术要求

<table>
<tr><th colspan="3" rowspan="2">指标</th><th colspan="4">硅酮建筑密封胶</th><th colspan="7">混凝土建筑接缝用密封胶</th></tr>
<tr><th>25HM</th><th>20HM</th><th>25LM</th><th>20LM</th><th>25LM</th><th>25HM</th><th>20LM</th><th>20HM</th><th>12.5E</th><th>12.5P</th><th>7.5P</th></tr>
<tr><td colspan="3">表干时间/h,≤</td><td colspan="4">3</td><td colspan="7">—</td></tr>
<tr><td rowspan="3">流变性</td><td rowspan="2">下垂度/mm,≤</td><td>垂直</td><td colspan="4">3</td><td colspan="7">N 型:3</td></tr>
<tr><td>水平</td><td colspan="4">无变形</td><td colspan="7">N 型:3</td></tr>
<tr><td colspan="2">流平性/mm</td><td colspan="4">—</td><td colspan="7">光滑平整</td></tr>
<tr><td colspan="3">挤出性/(mL/min),≥</td><td colspan="4">80</td><td colspan="7">80</td></tr>
<tr><td rowspan="3">拉伸黏结性</td><td rowspan="2">拉伸模量/MPa</td><td>23 ℃</td><td colspan="2" rowspan="2">>0.4
或
>0.6</td><td colspan="2" rowspan="2">≤0.4
或
≤0.6</td><td rowspan="2">≤0.4
或
≤0.6</td><td rowspan="2">>0.4
或
>0.6</td><td rowspan="2">≤0.4
或
≤0.6</td><td rowspan="2">>0.4
或
>0.6</td><td colspan="3" rowspan="2">—</td></tr>
<tr><td>−20 ℃</td></tr>
<tr><td colspan="2">断裂伸长率/%,≥</td><td colspan="4">—</td><td colspan="5">—</td><td>100</td><td>20</td></tr>
<tr><td colspan="3">弹性恢复率/%</td><td colspan="4">80</td><td colspan="2">≥80</td><td colspan="2">≥60</td><td>≥40</td><td colspan="2"><40</td></tr>
<tr><td colspan="3">定伸黏结性</td><td colspan="4">无破坏</td><td colspan="5">无破坏</td><td colspan="2" rowspan="4">—</td></tr>
<tr><td colspan="3">紫外线照射后黏结性</td><td colspan="4">无破坏</td><td colspan="5">—</td></tr>
<tr><td colspan="3">冷拉—热压后黏结性</td><td colspan="4">无破坏</td><td colspan="5">无破坏</td></tr>
<tr><td colspan="3">浸水后定伸黏结性</td><td colspan="4">无破坏</td><td colspan="5">无破坏</td></tr>
<tr><td colspan="3">浸水后断裂伸长率/%,≥</td><td colspan="4">—</td><td colspan="5">—</td><td>100</td><td>20</td></tr>
<tr><td colspan="3">质量损失/%,≤</td><td colspan="4">10</td><td colspan="5">10</td><td colspan="2">—</td></tr>
<tr><td colspan="3">体积收缩率/%,≤</td><td colspan="4">—</td><td colspan="5">25</td><td colspan="2">25</td></tr>
</table>

较差,使用时需先用特定的涂底材料对材料的表面进行处理。硅酮建筑密封胶一次封灌不可超过 10 mm,不然内部交联速度很慢。当封灌大于 10 mm 时需分层进行或添加适量氧化镁来解决。

高模量的硅酮建筑密封胶主要用于建筑物的结构型防水密封部位,如玻璃幕墙、门窗的密封等;低模量的硅酮建筑密封胶主要用于建筑物的非结构型密封部位,特别适合伸缩较大的部位,如混凝土墙板、大理石板、花岗石板、公路与机场跑道等。脱酸型硅酮建筑密封胶在交联时会释放出醋酸,故不宜用于铜、铝、铁等金属材料,也不宜用于水泥混凝土、硅酸盐混凝土等碱性材料的防水密封。

B. 混凝土建筑接缝用密封胶

混凝土建筑接缝用密封胶按位移能力分为 25、20、12.5、7.5 四个级别,25 级和 20 级又分为高模量(HM 类)和低模量(LM 类)两个次级别,12.5 级按弹性恢复率是不是大于 40%又分为弹性类(E)和塑性类(P)两个次级别。25 级、20 级、12.5E 级属于弹性密封胶,12.5P、7.5P 属于塑性密封胶。混凝土建筑接缝用密封胶的技术性能应满足表 9-8 的规定。

混凝土建筑接缝用密封胶可用于各类混凝土建筑的接缝密封。25 级、20 级、12.5E 级适合大变形接缝部位。

上述密封材料属于不定型密封材料。此外,还有定型密封材料(又称止水带),是采用热塑性树脂或橡胶制成的定型产品，主要用于地下工程、隧道、水池、管道接头等建筑工程的各种接缝、沉降缝、伸缩缝等。定型密封材料具有良好的弹塑性和强度，并具有优良的压缩变形性能和变形恢复性能，能适应构件的变形和振动，防水效果好，耐老化。

9.3.2　涂料

涂料是指涂敷于物体表面，并能形成牢固附着、完整保护膜的材料。早期的涂料是以天然的油脂（如桐油、亚麻油）和天然树脂（如松香、柯巴树脂）为主要原料制成的，通称为油漆。

随着科学技术的发展，各种高分子合成树脂广泛用作涂料原料，使油漆产品的面貌发生根本的变化。现在通常将以合成树脂（包括无机高分子材料）为主要成膜物质的称为涂料，而将以天然油脂、树脂为主要成膜物质或经合成树脂改性的称为油漆。建筑涂料则是指使用于建筑物起装饰作用、保护作用及其他特殊作用的一类涂料。

涂料的品种虽然很多，但就其组成而言，大体上可分为三个部分，即主要成膜物质、次要成膜物质和辅助成膜物质，如表9-9。

表9-9　涂料的基本组成

<table>
<tr><td rowspan="12">涂料</td><td rowspan="5">主要成膜物质</td><td rowspan="3">油基漆</td><td>干性油</td></tr>
<tr><td>不干性油</td></tr>
<tr><td>半干性油</td></tr>
<tr><td rowspan="2">树脂基漆</td><td>天然树脂</td></tr>
<tr><td>合成树脂</td></tr>
<tr><td rowspan="3">次要成膜物质</td><td colspan="2">着色颜料</td></tr>
<tr><td colspan="2">防锈颜料</td></tr>
<tr><td colspan="2">体质颜料</td></tr>
<tr><td rowspan="4">辅助成膜物质</td><td rowspan="2">稀料</td><td>溶剂</td></tr>
<tr><td>稀释剂</td></tr>
<tr><td rowspan="2">辅助材料</td><td>催干剂、固化剂</td></tr>
<tr><td>增塑剂、触变剂</td></tr>
</table>

1. 主要成膜物质

(1)油料。油料是自然界的产物，来自于植物种子和动物的脂肪。油料的干燥固化反应主要是空气中的氧和油料中不饱和双键的聚合作用。

天然油料（油漆）的各方面性能，特别是耐腐蚀、耐老化性能不如许多合成树脂，目前很少用它单独作防腐蚀涂料，但它能与一些金属氧化物或金属皂化物配套，对金属起防锈作用，所以油料可用来改性各种合成树脂以制取配套防锈底漆。常用的油漆如表9-10所示。

(2)树脂。树脂既可以是天然树脂，也可以是合成树脂。

天然树脂是指沥青、生漆、天然橡胶等。合成树脂是指环氧树脂、酚醛树脂、呋喃树脂、聚酯树脂、聚氨酯树脂、乙烯类树脂、过氯乙烯树脂和含氟树脂等，它们都是常用的耐蚀涂料中的主要成膜物质。

表 9-10　常用油漆

名称		组成配制	主要特性	适用范围
天然漆	生漆	由漆树取得的液汁，经部分脱水、过滤而得	漆膜坚硬，富有光泽，贴合力强，耐磨，耐久，耐油，耐水，耐腐蚀，绝缘，耐热(≤250 ℃)；可自行干燥结膜；黏度大，不易施工，色深，性脆，不耐阳光直射，抗碱性较差，漆粉有毒，对人体皮肤有刺激性	适用于高级木器家具、工艺美术品及古建筑零件等的涂饰
天然漆	熟漆	由生漆熬炼而得或经改性制成的各种精制漆	漆膜坚韧，光泽动人，装饰性好，耐水，耐热，耐候，耐腐蚀	
调和漆		在熟干油中加入颜料、溶剂、催干剂等调和而成	漆膜遮盖力强，耐晒，耐蚀，经久不裂。油漆质地均匀，稀稠适度，施工方便	适用于室内外钢材、木材等表面涂饰
清漆	油质清漆（凡立水）	由合成树脂、干性油、溶剂、催干剂等配制而成，一般不掺颜料	漆膜具有琥珀色彩，装饰效果极佳。油料用量多时，漆膜柔韧，富有弹性，干燥慢；油料用量少时，漆膜坚硬，光亮，干燥快，易脆裂	多用于木制家具、室内门窗的表面涂饰，不宜用于室外
清漆	醇质清漆（泡立水）	由天然树脂虫胶溶于乙醇而成	漆膜光亮透明，能显示出材料表面原有的纹理，易干，耐酸，耐油；施工时可刷，可喷，可烤，耐候性差，不耐烫	
光漆（硝基清漆）		硝化纤维素加入天然树脂及溶剂等配制而成	漆膜干燥迅速，无色透明，坚硬耐磨，光泽度高，可以擦蜡打光，耐烫，耐水，耐候性及耐久性好，属高级油漆	适用于涂饰高级木器及家具等
磁漆		由油质清漆加入无机颜料配制而成	漆膜坚硬，平滑光亮，酷似瓷质，色泽丰富，附着力强，干燥快	适用于室内外木材及金属材料表面涂饰
喷漆		由硝化纤维、合成树脂、颜料、溶剂、增塑剂等配制而成	漆膜干燥快，光亮平滑，坚硬耐久，色泽鲜艳	适用于室内外木材及金属表面喷饰
防锈漆		采用精炼的桐油、亚麻仁油等加入颜料（红丹、黄丹等）配制而成	红丹漆对钢铁的防锈效果最好，是工程中使用最广泛的防锈底漆；黄丹漆能抵抗海水的侵蚀	适用于室内外金属材料表面涂饰

2. 次要成膜物质(颜料)

颜料是涂料的主要成分之一，在涂料中加入颜料不仅使涂料具有装饰性，更重要的是能改善涂料的物理和化学性能，提高涂层的机械强度、附着力、抗渗性和防腐蚀性能等，还有滤除有害光波的作用，从而增进涂层的耐候性和保护性。

（1）防锈颜料主要用在底漆中起防锈作用。按照防锈机理的不同，可分为两类，一类为化学防锈颜料，如红丹、锌铬黄、锌粉、磷酸锌和有机铬酸盐等，这类颜料在涂层中是借助化学或电化学的作用起防锈作用的；另一类为物理性防锈颜料，如铝粉、云母、氧化铁、氧化锌和石墨粉等，其主要功能是提高漆膜的致密度，降低漆膜的渗透性，阻止阳光和水分的透入，以增强涂层的防锈效果。

（2）体质颜料和着色颜料可以在不同程度上提高涂层的耐候性、抗渗性、耐磨性和物理机械强度等。常用的有滑石粉、碳酸钙、硫酸钡、云母粉和硅藻土等。着色颜料在涂料中主要起着色和遮盖膜面的作用。

3. 辅助成膜物质

（1）溶剂

溶剂在涂料中主要起溶解成膜物质、调整涂料黏度、控制涂料干燥速度等作用。溶剂对涂料的一些特性，如涂刷阻力、流平性、成膜速度、流淌性、干燥性、胶凝性、浸润性和低温使用性能等都会产生影响。因此，要想得到一种好涂料，正确选择和使用溶剂同样重要。

（2）其他辅助材料

为了提高涂层的性能和满足施工要求，在涂料中还常常添加增塑剂（用来提高漆膜的柔韧性、抗冲击性，克服漆膜硬脆性、易裂的缺点）、触变剂（使涂料在刷涂过程中有较低的黏度，以易于施工）。另外，还有催干剂（加速漆膜的干燥）、表面活性剂、防霉剂、紫外线吸收剂和防污剂等辅助材料。

（3）水和溶剂

水和溶剂是分散介质，溶剂又称稀释剂，主要作用在于使各种原材料分散而形成均匀的黏稠液体，同时可调整涂料的黏度，使其便于涂布施工，有利于改善涂膜的某些性能。另外，涂料在成膜过程中，依靠水或溶剂的蒸发，使涂料逐渐干燥硬化，最后形成连续均匀的涂膜。常用的溶剂有松香水、乙醇、苯、二甲苯、丙酮等。

除了常用的建筑涂料外，还有一些具有特种功能的建筑涂料，如可以使墙面具有防止霉菌生长、能使被涂覆的建筑物具有防火特性、能够降低建筑物的能耗、具有防静电功能等涂料。

9.3.3　建筑胶

建筑胶是一种能在两个物体的表面间形成薄膜，并能把它们紧密地黏结起来的材料，又称为黏结剂或黏合剂。建筑胶在建筑工程中主要用于室内装修、预制构件组装、室内设备安装等。此外，混凝土裂缝和破损也常采用建筑胶进行修补。目前，建筑胶的用途越来越广，品种和用量日益增加，已成为建筑工程材料中的一个不可缺少的组成部分。

1. 建筑胶的组成、要求及分类

建筑胶一般都是多组分材料，除基本成分为合成高分子材料（俗称黏料）外，为了满足使用要求，还需要加入各种助剂，如填料、稀释剂、固化剂、增塑剂、防老化剂等。

对建筑胶的基本要求是：具有足够的流动性，能充分浸润被粘物表面，黏结强度高，胀缩变形小，易于调节其黏结性和硬化速度，不易老化失效。

按所用黏料的不同,可将建筑胶分为热固型、热塑型、橡胶型和混合型四种。

人们从不同角度对建筑胶的黏结原理进行了研究,得出以下几种理论:

(1)机械连接理论

机械连接理论认为被粘物表面是粗糙、多孔的。建筑胶能够渗透到孔隙中,硬化后形成了许多微小的机械连接,黏结力来自机械力。

(2)物理吸附理论

物理吸附理论认为建筑胶与被粘物分子间的距离小于 0.5 mm 时,分子间的范德华力发生作用而相吸附,黏结力来自分子间的引力。分子间的作用力虽然远小于化学键力,但由于分子(或原子)数目巨大,故吸附能力很强。

(3)化学黏结理论

化学黏结理论认为某些建筑胶与被粘物表面之间能形成化学键,这种化学键对黏结力及黏结界面抵抗老化的能力有较大的贡献。

(4)扩散理论

扩散理论认为建筑胶与被粘物之间存在分子(或原子)间的相互扩散作用,这种扩散作用是两种高分子材料的相互溶解,其结果使建筑胶与被粘物分子之间更加接近,物理吸附作用得到加强。

以上理论反映了黏结现象本质的各个方面,实际上建筑胶与被粘物之间的牢固黏结往往是多种作用的综合效果。在实际应用中,为了获得较高的黏结强度,应根据被粘物的种类、环境温度、耐水及耐腐蚀性等要求,采取相应的措施。如合理选用建筑胶品种,对被粘物表面进行处理,如加热、加压(加热可改善润湿程度,加压可增大吸附作用)等。

2. 建筑工程中常用的建筑胶

建筑胶品种很多,常用建筑胶的性能及用途如下:

(1)聚乙酸乙烯建筑胶(乳白胶)

聚乙酸乙烯建筑胶的黏结性好,无毒,无味,快干,耐油,施工简易,安全,但价格较贵,耐水性和耐热性较差,易蠕变。主要用于黏结墙纸、木质或塑料地板、陶瓷饰面材料、玻璃和混凝土等。

(2)聚乙烯醇缩甲醛建筑胶(改性 107 胶,又称 801 胶)

聚乙烯醇缩甲醛建筑胶的黏结强度高,无毒,无味,耐油,耐水,耐磨,耐老化,价廉。主要用于粘贴墙纸、墙布、瓷砖、马赛克。加入水泥砂浆中可减少地板起尘,在装修工程中用途最广。

(3)丙烯酸酯类建筑胶(502)

丙烯酸酯类建筑胶的黏结强度高,固化速度快,用量少。用于金属和非金属材料的黏结。

(4)环氧树脂建筑胶

环氧树脂建筑胶的黏结强度高,耐热,电绝缘性好,柔韧,耐化学腐蚀。适于水中作业和酸碱场合,广泛用于黏结金属、非金属材料及建筑物的修补,有万能胶之称。

(5)不饱和聚酯树脂建筑胶

不饱和聚酯树脂建筑胶的黏结强度高,耐水性和耐热性较好,可在室温或低压下固化,无挥发物产生,但固化时收缩率较大。主要用于制作玻璃钢、黏结陶瓷、玻璃、金属、木材和混凝土等。

(6)聚氨酯建筑胶

聚氨酯建筑胶的黏结力强，胶膜柔软，耐溶剂，耐油，耐水，耐酸，耐震，能在室温下固化。黏结塑料、木材、皮革、玻璃、金属等，特别适合防水、耐酸、耐碱工程。

(7)氯丁橡胶建筑胶

氯丁橡胶建筑胶的黏结力较强，对水、油、弱酸、弱碱及有机溶剂有良好的抵抗性，可在室温下固化，但易蠕变，易老化，可黏结多种金属和非金属材料。常用于水泥砂浆墙面或地面上粘贴橡胶和塑料制品。

9.3.4　高分子改性水泥混凝土

水泥混凝土具有许多优良的技术品质，所以广泛应用于高等级路面和大型桥梁以及建筑工程。但是它最主要的缺点是抗拉(或抗弯)强度与抗压强度比值较低，相对延伸率小，是一种典型的强而脆的材料。如能借助高分子材料的特性，采用高分子材料改性水泥混凝土，则可弥补上述缺点，使水泥混凝土成为强而韧的材料。

目前采用高分子材料改性水泥混凝土主要有以下三种方法：

1. 聚合物浸渍混凝土

聚合物浸渍混凝土是高分子材料浸渍已硬化的混凝土(基材)经干燥后，用加热或辐射等方法使混凝土孔隙内的单体聚合而成的一种混凝土。

(1)基本工艺

高分子材料浸渍混凝土的主要工艺为浸渍、干燥和聚合等流程。

①浸渍。使配制好的浸渍液渗入混凝土孔隙中。浸渍的方法分为自然浸渍、真空浸渍和真空加压浸渍等。路面混凝土宜采用自然浸渍法。

浸渍常用的单体有甲基丙烯酸甲酯(MMA)、苯乙烯(S)、乙酸乙烯(VA)、乙烯(E)、丙烯腈(AN)、聚酯—苯乙烯等。目前最常采用的是前两种。此外，还应加入其他助剂，如引发剂、催化剂和交联剂等。

②干燥。使聚合物能渗入混凝土的孔隙，必须使混凝土充分干燥。通常干燥温度为100～150 ℃。

③聚合。使浸渍在混凝土孔隙中的单体聚合固化的过程。聚合的方法有热聚合、辐射聚合和催化聚合等。目前采用较多的是掺加引发剂的热聚合法。常用的引发剂为过氧化苯甲酰、特丁基过苯甲酸盐、偶氮双异丁腈等。引发剂事先溶解在单体中，加热时它即能使单体聚合。加热的方法有电热器、热水、蒸汽、红外线等方法。

(2)技术性能

聚合物浸渍混凝土由于聚合物充盈了混凝土的毛细管孔和由微裂缝组成孔隙系统，改变了混凝土的孔结构，因而使其物理、力学性能得到明显改善。一般情况下，聚合物浸渍混凝土的抗压强度为水泥混凝土的3～4倍，抗拉强度约提高3倍，抗弯强度提高2～3倍，弹性模量约提高1倍，抗冲击强度约提高0.7倍。此外，徐变大大减小，抗冻性、耐硫酸盐、耐酸和耐碱等性能也都有很大改善。主要缺点是耐热性较差，高温时聚合物易分解。

2. 聚合物水泥混凝土

聚合物水泥混凝土是以聚合物(或单体)和水泥共同起胶结作用的一种混凝土。生产工艺与聚合物浸渍混凝土不同,在拌和混凝土混合料时将聚合物(或单体)掺进去。因此,生产工艺简单,与水泥混凝土相似,便于施工现场使用。

(1)材料组成

聚合物水泥混凝土的材料组成基本上与普通水泥混凝土相同,只是增加了聚合物组分。常用的聚合物有以下三类:①橡胶乳液类,如天然胶乳(NR)、丁苯胶乳(SBR)和氯丁胶乳(CR)等;②热塑性树脂类,如聚丙烯酸酯(PAE)、聚乙酸乙烯酯(PVAC)等;③热固性树脂类,如环氧树脂(EP)等。

此外,还要加入某些辅助稳定剂、抗水剂、促凝剂和消泡剂等外加剂。

(2)配合比设计

聚合物水泥混凝土配合比设计与普通水泥混凝土基本相同,但是设计目标除了抗压强度的要求外,更重要的是抗弯强度和耐磨性这两项指标。在设计参数中,除了水灰比、用水量和砂率三项参数外,由于聚合物混凝土的力学性能还与聚合物的掺量有关,所以还要增加一项“聚灰比”的参数。通常聚灰比按固态聚合物占水泥的百分率计算,使用胶乳时应按其含胶量计算,并在单位用水量中扣除胶乳中的含水量。聚合物混凝土目前尚无成熟的配合比设计,主要是在普通水泥混凝土设计方法的基础上,参照已有的实践经验,在推荐范围(如聚灰比 0.05～0.20,水灰比 0.35～0.50)中,通过试拌来确定其配合比。

(3)技术性能

硬化后的聚合物混凝土与水泥混凝土相比,在技术性能上有下列特点:

①抗弯、抗拉强度高。掺加聚合物后,混凝土的抗压、抗拉和抗弯强度均有提高,特别是作为路面混凝土强度指标的抗弯、抗拉强度提高更为明显。

②抗冲击性好。由于掺加聚合物,混凝土的脆性降低,柔韧性增加,因而抗冲击能力也有明显的提高。这对作为承受动荷载的路面和桥梁用的混凝土是非常有利的。

③耐磨性好。聚合物对矿物骨料具有优良的黏附性,因而可以采用硬质耐磨的岩石作为骨料,这样可以提高路面混凝土的耐磨性和抗滑性。

④耐久性好。聚合物在混凝土中能起到阻水和填隙的作用,因而可以提高混凝土的抗水性、耐冻性和耐久性。

以上各项性能的改善程度与聚合物的性能、用量和制备工艺有关。

3. 聚合物胶结混凝土

聚合物胶结混凝土是完全以聚合物为胶结材的混凝土,常用的聚合物为各种树脂或单体,所以也称“树脂混凝土”。

(1)组成材料

聚合物混凝土由胶结材、骨料和填料组成。

①胶结材

它是用于拌制聚合物混凝土的树脂或单体。在选择时,除考虑与骨料的黏附性外,同时还能满足施工和易性的要求,以及硬化后能达到预期的强度和耐磨性能等。

最常用的聚合物有环氧树脂(PE)、呋喃树脂(ER)、酚醛树脂(PF)、不饱和聚酯树脂

(UP)等;单体有甲基丙烯酸甲酯(MMA)、苯乙烯(S)等。

另外,为满足树脂或单体能固化、聚合以及混凝土拌和物施工的和易性,还需要掺加固化剂、引发剂和稀释剂等。

②骨料

首先要选择高强度和耐磨的岩石,同时要考虑岩石的矿物成分与聚合物的黏附性。破碎成的骨料要有良好的级配,经组配后的骨料应能达到最大的密实度,以减少填料和聚合物的用量。骨料最大粒径通常不大于 20 mm。

③填料

在聚合物混凝土中,除了填充骨料的空隙以减少聚合物的用量外,更重要的是骨料有较大的表面积,与聚合物发生表面化学反应。因此,填料的细度、粒径级配和矿物成分等在很大程度上影响聚合物混凝土的物理、力学性能。一般填料粒径宜为 1～30 μm。常用的填料有碱性的碳酸钙($CaCO_3$)系和酸性的氧化硅(SiO_2)系,用时需要根据聚合物特性确定。

(2)配合比设计

聚合物混凝土配合比设计的目标是:达到设计要求的混凝土强度(特别是抗折强度的要求),满足施工和易性以及聚合物的最佳用量。其主要设计步骤如下:

①确定树脂与助剂的最佳比例。为保证在施工过程中混凝土拌和物的和易性和硬化后聚合物混凝土的强度,必须确定树脂(或单体)与固化剂(或引发剂)及稀释剂等的最佳比例。

②选择矿物骨料的最优配比。由粗细骨料和填料组成的矿物骨料,应以最大密实度(最小空隙率)为目标进行矿物骨料配合比设计。

③确定树脂(或单体)最佳用量。根据试拌,初步确定满足施工和易性要求的树脂用量,然后根据强度试验,确定既满足施工和易性又达到预期强度的最佳树脂用量。

(3)技术性能

聚合物混凝土是以聚合物为黏结料的混凝土,聚合物的特征,使混凝土具有以下技术性能:

①体积密度小。由于聚合物的密度比水泥密度小,所以聚合物混凝土的体积密度也较小,通常为 2 000～3 000 kg/m^3。如采用轻骨料配制混凝土,则能减少结构断面和增大跨度,达到轻质高强的要求。

②强度高。聚合物混凝土与普通水泥混凝土相比较,不论抗压、抗拉或抗折强度都有显著的提高,其中抗拉和抗折强度尤为突出。这对减薄路面厚度或减少桥梁结构断面都有显著的效果。

③与骨料的黏附性强。由于聚合物与骨料的黏附性强,可以采用硬质石料作混凝土路面的抗滑层,以提高路面抗滑性。此外,还可以做成空隙式路面防滑层,以防止高速公路路面的漂滑及噪声现象。

④结构密实。聚合物不仅可以填充骨料间的空隙,而且可以浸入骨料的孔隙,使混凝土结构密实,从而提高了混凝土的抗渗性、抗冻性和耐久性。

聚合物混凝土具有许多优良的技术性能,除了应用于特殊要求的道路与桥梁工程结构外,也经常用于路面和桥梁的修补工程。

9.3.5 高分子改性沥青

目前应用于改善沥青性能的高分子材料主要有树脂类、橡胶类和树脂—橡胶共聚物三类。

1. 热塑性树脂改性沥青

用作改性沥青的树脂主要是热塑性树脂，最常用的是聚乙烯(PE)和聚丙烯(PP)。由它们所组成的改性沥青主要提高了沥青的黏度，改善了高温稳定性，同时可以增大沥青的韧性，但是低温性能的改善有时并不明显。此外，无规聚丙烯(APP)由于具有更为优越的经济性，所以也经常被用来改善沥青的性能。它与前述相似，改善抗高温流动性效果较好，低温改善效果不明显，并且抗疲劳性能较差。最新研究表明，单价低廉和耐寒性好的低密度聚乙烯与其他高分子材料组成合金，可以得到优良的改性沥青。

热固性树脂如环氧树脂也曾被用来改性沥青，这种改性沥青配制的混合料具有优良的高温稳定性，并具有应力松弛特性，但是由于造价较高，所以较少采用。

2. 橡胶类改性沥青

橡胶类改性沥青的性能主要取决于沥青原材料的性能、橡胶的种类和制备工艺等因素。

(1)沥青的性能

橡胶沥青的性能取决于橡胶在沥青中的存在状态，亦即取决于两者的相容性。

(2)橡胶品种

采用相同油源和工艺的沥青，若橡胶用量相同而品种不同，则所得到的橡胶改性沥青的性能不一定相同。

目前，合成橡胶类改性沥青中，通常认为改性效果较好的是丁苯橡胶(SBR)。丁苯橡胶改性沥青的性能主要表现为：①在常规指标中，针入度值减小，软化点升高，常温(25 ℃)延度稍有增加，特别是低温(5 ℃)延度有较明显的增加；②不同温度下的黏度均有增加，随着温度降低，黏度逐渐增大；③热流动性降低，热稳定性明显提高；④韧性明显提高；⑤黏附性也有所提高。

3. 热塑性弹性体改性沥青

热塑性弹性体改性沥青的性能优于树脂和橡胶改性沥青。比如 A-100 沥青，掺入 5%的 SBS 及助剂，其改性沥青比原始沥青性能上主要有下列改善：

(1)提高低温变形能力。5 ℃时延度为 3.8 cm，脆点为－10.0 ℃的原始沥青，当掺加5%的 SBS 高聚物及助剂后，5 ℃时的延度可增加至 36.0 cm，脆点降低至－23 ℃，故改性沥青具有较好的低温变形能力。

(2)提高高温使用的黏度。掺加 SBS 高分子的改性沥青，60 ℃的黏度可由 115 Pa·s 提高为 224 Pa·s，同时软化点也可以从 48 ℃提高至 51 ℃。

(3)提高温度敏感性。改性沥青在低温时的黏度比原始沥青低，而高温(60 ℃)时的黏度提高；在更高温度(90 ℃以上)，黏度与原始沥青相近。

(4)提高耐久性。由于高分子材料中掺入防老化剂，可提高耐久性。

实训与创新

深入各实训基地，到建筑施工现场收集建筑工程中所采用的各种建筑塑料制品、合成高分子防水卷材、合成高分子防水涂料和合成高分子密封材料等，熟悉它们的技术要求以及检测方法和手段，并撰写一篇关于合成高分子材料在今后建筑工程中应用前景的科技小论文。

复习思考题与习题

9.1　何谓高分子材料？怎样分类？

9.2　高分子材料有哪些特征？应用前景如何？

9.3　常用高分子材料有哪些？有什么特点？应用范围如何？

9.4　试述线型非晶态高分子材料的玻璃态、高弹态和黏流态的物理含义及其力学特征。

9.5　试述涂料的组成成分及它们所起的作用。

9.6　聚合物浸渍混凝土、聚合物水泥混凝土和聚合物胶结混凝土在组成和工艺上有什么不同？简述它们在工程中的用途。

9.7　防水涂料应具有哪些功能？

9.8　合成高分子防水卷材有哪些优点？常用的合成高分子防水卷材有哪些？

9.9　合成高分子防水涂料有哪些优点？常用的合成高分子防水涂料有哪些？

9.10　合成高分子密封材料有哪些优点？常用的合成高分子密封材料有哪些？

9.11　在黏结结构材料或修补建筑结构(如混凝土、混凝土结构)时，一般宜选用哪类合成树脂建筑胶？为什么？

9.12　塑料的主要组成有哪些？其作用如何？常用建筑塑料制品有哪些？

第10章　功能材料

教学目的：了解建筑装饰材料基本知识，知道其品种繁多，性能各异。掌握绝热材料的作用原理，这是正确选用这类材料的基础。

教学要求：了解建筑装饰材料的基本要求、主要类型及性能特点；掌握绝热材料的作用原理，了解绝热材料的主要类型及性能特点。

10.1　建筑装饰材料

建筑装饰材料是指用于建筑物表面（如墙面、柱面、地面及顶棚等）起装饰作用的材料，也称装饰材料或饰面材料。一般是在建筑主体工程（结构工程和管线安装等）完成后，最后铺设、粘贴或涂刷在建筑物表面。

装饰材料除了起装饰作用，满足人们的美感需求外，通常还起着保护建筑物主体结构和改善建筑物使用功能的作用，是房屋建筑中不可缺少的一类材料。

10.1.1　装饰材料的基本要求及选用

1. 装饰材料的基本要求

（1）颜色

材料的颜色实质上是材料对光谱的反射，并非材料本身固有的。它主要与光线的光谱组成有关，还与观看者的眼睛对光谱的敏感性有关。颜色选择合适、组合协调能创造出更加美好的工作、居住环境，因此，颜色对于建筑物的装饰效果就显得极为重要。

材料的颜色应按《建筑工程材料色度测量方法》（GB 11942-1989）进行测定。

（2）光泽

光泽是材料表面的一种特性，是有方向性的光线反射性质，它对于物体形象的清晰度起着决定性的作用。在评定材料的外观时，其重要性仅次于颜色。镜面反射则是产生光泽的主要因素。

材料表面的光泽按《建筑饰面材料镜面光泽度测定方法》（GB/T 13891-2008）来评定。

（3）透明性

材料的透明性是与光线有关的一种性质。既能透光又能透视的物体，称为透明体；只能透光而不能透视的物体，称为半透明体；既不能透光又不能透视的物体，称为不透明体。普通门窗玻璃大多是透明的；磨砂玻璃和压花玻璃是半透明的；釉面砖则是不透明的。

(4)质感

质感是材料质地的感觉，主要是通过线条的粗细、凹凸不平等对光线吸收、反射强弱不同产生感观上的区别。质感不仅取决于饰面材料的性质，而且取决于施工方法，对同种材料采取不同的施工方法，会产生不同的质地感觉。

(5)形状与尺寸

对于块材、板材和卷材等装饰材料的形状和尺寸，以及表面的天然花纹(如天然石材)、纹理(如木材)及人造花纹或图案(如壁纸)等都有特定的要求，除卷材的尺寸和形状可在使用时按需要裁剪外，大多数装饰板材和块材都有一定的形状和规格(如长方、正方、多角等几何形状)，以便拼装成各种图案或花纹。

2. 装饰材料的选用

不同环境、不同部位对装饰材料的要求也不同，选用装饰材料时，主要考虑的是装饰效果、颜色、光泽、透明性等应与环境相协调。除此以外，材料还应具有某些物理、化学和力学方面的基本性能，如一定的强度、耐水性和耐腐蚀性等，以提高建筑物的耐久性，降低维修费用。

对于室外装饰材料，也即外墙装饰材料，应兼顾建筑物的美观和对建筑物的保护作用。外墙除需要时承担荷载外，主要是根据生产、生活需要作为围护结构，达到遮挡风雨、保温隔热、隔声防水等目的。因所处环境较复杂，直接受到风吹、日晒、雨淋、冻害的袭击，以及空气中腐蚀气体和微生物的作用，应选用能耐大气侵蚀、不易褪色、不易沾污、不泛霜的材料。

对于室内装饰材料，要妥善处理装饰效果和使用安全的矛盾。优先选用环保型材料和不燃烧或难燃烧等消防安全型材料，尽量避免选用在使用过程中会挥发有毒成分和在燃烧时会产生大量浓烟或有毒气体的材料，努力创造一个美观、整洁、安全、适用的生活和工作环境。

10.1.2　常用装饰材料

1. 石材

(1)天然石材

天然石材是指从天然岩体中开采出来的毛料经加工而成的板状或块状的饰面材料。用于建筑装饰的主要有大理石板和花岗石板两大类。通常以其磨光加工后所显示的花色、特征及石材产地来命名。饰面板材一般有正方形及矩形两种，常用规格为厚 20 mm，宽 150～915 mm，长 300～1 220 mm，也可加工成 8～12 mm 厚的薄板及异型板材。

①大理石板

大理石板材是用大理石荒料(即由矿山开采出来的具有规则形状的天然大理石块)经锯切、研磨、抛光等加工而成的板材。

大理石一般均含有多种矿物，如氧化铁、二氧化硅、云母、石墨蛇纹石等杂质，使大理石呈现出红、黄、黑、绿、灰、褐等多种色彩组成的花纹，色彩斑斓，磨光后极为美丽典雅。纯净的大理石为白色，洁白如玉，晶莹生辉，故称汉白玉。纯白和纯黑的大理石属名贵品种，是重要建筑物的高级装饰材料。

天然大理石板材为高级饰面材料，主要用于装饰等级要求高的建筑物，用作室内高级饰面材料，也可用作室内地面或踏步(耐磨性次于花岗石)，但因其主要化学成分为 $CaCO_3$，易被酸性介质侵蚀，生成易溶于水的石膏，使表面很快失去光泽，变得粗糙多孔，从而降低装饰效果。因此，除少数质地纯正、杂质少、比较稳定耐久的品种，如汉白玉、艾叶青等可用于外墙饰面外，一般大理石不宜用于室外装饰。

大理石板材的质量应符合《天然大理石建筑板材》(GB/T 19766-2005)的规定。

②花岗石板

花岗石板材是以火成岩中的花岗石、安山岩、辉长岩、片麻岩等荒料经锯片、磨光、修边等加工而成的板材。常根据其在建筑物中使用部位的不同，加工成剁斧板、机刨板、粗磨板、磨光板。

花岗石板材的颜色取决于所含长石、云母及暗色矿物的种类和数量，常呈灰色、黄色、蔷薇色、淡红色及黑色等，质感丰富，磨光后色彩斑斓、华丽庄重，且材质坚硬，化学稳定性好，抗压强度高和耐久性很好，使用年限可达 500～1 000 年之久。但因花岗石中含大量石英，石英在 573 ℃和 870 ℃的高温下均会发生晶态转变，产生体积膨胀，故火灾时花岗石会产生严重开裂破坏。

花岗石是公认的高级建筑装饰材料，但由于其开采运输困难，修琢加工及铺贴施工耗工费时，因此造价较高，一般只用在重要的大型建筑中。花岗石剁斧板多用于室外地面、台阶、基座等处；机刨板材一般用于地面、台阶、基座、踏步、檐口等处；粗磨板材常用于墙面、柱面、台阶、基座、纪念碑、墓碑等处；磨光板材因其具有色彩绚丽的花纹和光泽，故多用于室内外墙面、地面、柱面等的装饰，以及用作旱冰场地面、纪念碑、奠碑等。

花岗石板材的质量应符合《天然花岗石建筑板材》(GB/T 18601-2009)的规定。

(2)人造石材

由于天然石材加工较困难，花色品种较少，因此，20 世纪 70 年代以后，人造石材发展较快。人造石材是以天然石材碎料、石英砂、石渣等为骨料，树脂、聚酯树脂或水泥等为胶结料，经拌和、成型、聚合或养护后，打磨抛光切割而成。

人造石材具有天然石材的质感，但质量轻，强度高，耐腐蚀，耐污染，可锯切、钻孔，施工方便，适用于墙面、门套或柱面装饰，也可用作工厂、学校等的工作台面及各种卫生洁具，还可以加工成浮雕、工艺品等。与天然石材相比，人造石材是一种比较经济的饰面材料。

根据人造石材使用的胶结材料可将其分为以下四类：

①树脂型人造石材

这种人造石材一般以不饱和树脂为胶结料，石英砂、大理石碎粒或粉末等无机材料为骨料，经搅拌混合、浇筑、固化、脱模、烘干、抛光等工序制成。不饱和树脂的黏度低，易于成型，且可以在常温下固化。产品光泽好，基色浅，可调制成各种鲜明的颜色。

②水泥型人造石材

以各种水泥为胶结料，与砂和大理石或花岗石碎粒等骨料经配料、搅拌、成型、养护、磨光、抛光等工序制成。水泥胶结剂除硅酸盐水泥外，也有用铝酸盐水泥的。如果采用铝酸盐水泥和表面光洁的模板，则制成的人造石材表面无需抛光即可有较高的光泽度，这是由于铝酸盐水泥的主要矿物 CA($CaO \cdot Al_2O_3$)水化后生成大量的氢氧化铝凝胶，这些水化产物与光滑的模板相接触，形成致密结构而具有光泽。

这类人造石材的耐腐蚀性较差，且表面容易出现微小龟裂和泛霜，不宜用作卫生洁具，也不宜用于外墙装饰。

③复合型人造石材

这类人造石材所用的胶结料中，既有有机聚合物树脂，又有无机水泥。其制作工艺可以采用浸渍法，即将无机材料(如水泥砂浆)成型的坯体浸渍在有机单体中，然后使单体聚合。对于板材，基层一般用性能稳定的水泥砂浆，面层用树脂和大理石碎粒或粉末调制的浆体制成。

④烧结型人造石材

烧结型人造石材的生产工艺类似于陶瓷，是把高岭土、石英、斜长石等混合配料，制成泥浆，成型后经1 000 ℃左右的高温焙烧而成。

以上种类的人造石材中，目前使用最广泛的是以不饱和聚酯树脂为胶结料而生产的树脂型人造石材。根据生产时所加颜料不同，采用的天然石料的种类、粒度和纯度不同，以及制作的工艺方法不同，则所制成的人造石材的花纹、图案、颜色和质感也就不同，通常制成仿天然大理石、天然花岗石和天然玛瑙石的花纹和图案，分别称为人造大理石、人造花岗石和人造玛瑙。

2. 建筑陶瓷

凡以黏土、长石、石英为基本原料，经配料、制坯、干燥、焙烧而制成的成品，称为陶瓷制品。用于建筑工程中的陶瓷制品，则称为建筑陶瓷。

陶瓷制品按其致密程度分为陶质、瓷质和炻质三大类。

陶质制品为多孔结构，通常吸水率较大，断面粗糙无光，敲击时声粗哑，有无釉和施釉两种制品。根据其原料土杂质含量的不同，又可分为粗陶和精陶两种。粗陶不施釉，建筑上常用的烧结黏土砖、瓦就是最普通的粗陶制品；精陶一般施有釉，建筑饰面用的釉面砖，以及卫生陶瓷和彩陶等均属此类。

瓷质制品结构致密，吸水率小，有一定透明性，表面通常均施有釉。根据其原料土的化学成分与制作工艺的不同，又分为粗瓷和细瓷两种。瓷质制品多为日用餐具、陈设瓷、电瓷及美术用品等。

炻质制品是介于陶质和瓷质之间的一类陶瓷制品，也称半瓷。其构造比陶质致密，一般吸水率较小，但又不如瓷质制品那么洁白，其坯体多带有颜色，且无半透明性。按其坯体的细密程度不同，又分为粗炻器和细炻器两种。建筑饰面用的外墙面砖、地砖和陶瓷锦砖等均属炻器。

建筑装饰工程所用的陶瓷制品，一般都为精陶至粗炻器范畴的产品。

(1)建筑陶瓷制品的技术性质

①外观质量。外观质量是建筑陶瓷制品最主要的质量指标，往往根据外观质量对产品进行分类。

②吸水率。吸水率是控制产品质量的重要指标，吸水率大的陶瓷制品不宜用于室外。

③耐急冷、急热性。陶瓷制品的内部和表面釉层热膨胀系数不同，温度急剧变化可能会使釉层开裂。

④弯曲强度。陶瓷材料质脆易碎，因此对弯曲强度有一定的要求。

⑤耐磨性。用于铺地的彩釉砖应有较好的耐磨性。

⑥抗冻性。用于室外的陶瓷制品应有较好的抗冻性。

⑦抗化学腐蚀性。用于室外的陶瓷制品和化工陶瓷应有较好的抗化学腐蚀性。

(2)常用建筑陶瓷制品

建筑陶瓷包括釉面砖、墙地砖、锦砖、建筑琉璃制品等。广泛用作建筑物内外墙、地面和屋面的装饰和保护,已成为极为重要的装饰材料。

①釉面砖

釉面砖又称内墙砖,属于精陶类制品。它以黏土、石英、长石、助熔剂、颜料以及其他矿物原料,经破碎、研磨、筛分、配料等工序加工成含一定水分的生料,再经模具压制成型、烘干、素烧、施釉和釉烧而成,或坯体施釉一次烧成。这里所谓的釉,是指附着于陶瓷坯体表面的连续玻璃质层,具有与玻璃相类似的某些物理化学性质。

釉面砖具有色泽柔和而典雅、美观耐用、朴实大方、防火耐酸、易清洁等特点,主要用作建筑物内部墙面,如厨房、卫生间、浴室、墙裙等的装饰和保护。其性能应符合《陶瓷砖》(GB/T 4100-2006)的规定。

②墙地砖

其生产工艺类似于釉面砖,或不施釉一次烧成无釉墙地砖。产品包括内墙砖、外墙砖和地砖三类。

墙地砖具有强度高、耐磨、化学性能稳定、不燃、吸水率低、易清洁、经久不裂等优点。其性能应符合《陶瓷砖》(GB/T 4100-2006)的规定。对于铺地砖还有耐磨性要求,并根据耐化学腐蚀性分为AA、A、B、C、D五个等级。

③陶瓷锦砖

俗称马赛克,是以优质瓷土为主要原料,经压制烧成的片状小瓷砖,表面一般不上釉。通常将不同颜色和形状的小块瓷片铺贴在牛皮纸上形成色彩丰富、图案繁多的装饰砖成联使用。

陶瓷锦砖具有耐磨、耐火、吸水率小、抗压强度高、易清洗以及色泽稳定等特点,广泛适用于建筑物门厅、走廊、卫生间、厨房、化验室等内墙和地面,并可作建筑物的外墙饰面与保护。

④陶瓷劈离砖

陶瓷劈离砖又称劈裂砖、劈开砖和双层砖,是以黏土为主要原料,经配料、真空挤压成型、烘干、焙烧、劈离(将一块双联砖分为两块砖)等工序制成。产品具有均匀的粗糙表面、古朴高雅的风格、良好的耐久性,广泛用于地面和外墙装饰。其性能应符合《陶瓷砖》(GB/T 4100-2006)的规定。

⑤卫生陶瓷

卫生陶瓷为用于浴室、盥洗室、厕所等处的卫生洁具,如洗面器、坐便器、水槽等。卫生陶瓷多用耐火黏土或难熔黏土经配料制浆、灌浆成型、上釉焙烧而成。卫生陶瓷结构形式多样,颜色分为白色和彩色,表面光洁,不透水,易于清洗,并耐化学腐蚀。其性能应符合《卫生陶瓷》(GB 6952-2005)的规定。

⑥建筑琉璃制品

建筑琉璃制品是我国陶瓷宝库中的古老珍品之一,是用难熔黏土制坯,经干燥、上釉后焙烧而成。颜色有绿、黄、蓝、青等。品种可分为三类:瓦类(板瓦、滴水瓦、筒瓦、沟头)、脊类和饰件类(吻、博古、兽)。

琉璃制品色彩绚丽,造型古朴,质坚耐久,所装饰的建筑物富有我国传统的民族特色。主要用于具有民族色彩的宫殿式房屋和园林中的亭、台、楼阁等。其性能应符合《建筑琉璃制品》(JC/T 765-2006)的规定。

3. 装饰涂料

建筑涂料品种很多,按其使用部位和作用可分为内墙涂料、外墙涂料、地面涂料及屋面防水涂料等。现将常用的内墙涂料、外墙涂料、地面涂料分别列于表 10-1、表 10-2 和表 10-3 中。

表 10-1　常用内墙涂料

名称	主要特征	适用范围
聚乙烯醇水玻璃涂料(106 涂料)	干燥快,涂膜光滑,无毒,无味,不燃,施工方便,价廉,可配成多种色彩,有一定的装饰效果。不耐擦洗,属低档涂料	广泛应用于住宅和一般公共建筑的内墙饰面
聚乙烯醇缩甲醛涂料(107 涂料、803 涂料)	是 106 涂料的改进产品,耐水性和耐擦洗性略优,其他性能同上	广泛应用于住宅和一般公共建筑的内墙饰面
聚乙酸乙烯乳液内墙涂料(乳胶漆)	无毒,无味,不燃,易于施工,干燥快,透气性好,附着力强,无结露现象,耐水性好,耐碱性好,耐候性良好,色彩鲜艳,装饰效果好,属中档涂料	适用于装饰要求较高的内墙饰面
乙—丙有光乳胶漆	涂膜外观细腻,耐水,耐碱,耐久性好,保色性优,并具有光泽,属中高档涂料	适用于高级建筑的内墙饰面
苯—丙乳胶漆	耐碱、耐水、耐擦洗、耐久性等各方面性能均优于上述各种涂料。加入云母粉等填料可配制乳胶涂料,加入彩砂可制成彩砂涂料。质感强,不褪色,属高档涂料	同上,厚涂料可用于室内外新旧墙面、天棚的装饰涂层,彩砂涂料内外墙饰面均可用
多彩内墙涂料	涂层色泽丰富,有立体感,装饰效果好。涂膜质地较厚,有弹性,类似壁纸,耐油,耐水,耐腐蚀,耐洗刷,透气性较好	适用于办公室、住宅、宾馆、商店、会议室等内墙和顶棚水泥混凝土、砂浆、石膏板、木材、钢、铝等多种基面的装饰
幻彩涂料	涂膜光彩夺目,色泽高雅,意境朦胧,具有梦幻般、写意般的装饰效果,耐水性、耐碱性、耐洗刷性优良	适用范围同上

表 10-2　常用外墙涂料

名称	主要特征	适用范围
过氧乙烯外墙涂料	色彩丰富,干燥快,涂膜平滑,柔韧而富有弹性,不透水,能适应建筑物因温度变化而引起的伸缩变形,耐腐蚀性、耐水性及耐候性良好	适用于抹灰墙面、石膏板、纤维板、水泥混凝土及砖墙饰面
氯化橡胶外墙涂料	耐水、耐碱、耐酸及耐候性好,涂料的维修重涂性好,对水泥混凝土和钢铁表面有较好的附着力	适用于水泥混凝土外墙及抹灰墙面
聚氨酯系外墙涂料	涂膜柔软,弹性变形能力强,与基层粘接牢固,可以随基层变形而延伸,耐候性优良,表面光洁,呈瓷釉状,耐污性好,价格较贵	适用于水泥混凝土外墙,金属、木材等表面
丙烯酸酯外墙涂料	装饰效果好,施工方便,耐碱性好,耐候性优良,特别耐久,使用寿命可达 10 年以上,0 ℃以下的严寒季节也能干燥成膜	适用于各种外墙饰面
丙烯酸酯乳胶漆	涂膜主要性能较丙烯酸酯外墙涂料更好,但成本较高	适用于各种外墙饰面
JH80-2 无机外墙涂料	涂膜细腻、致密、坚硬,颜色均匀明快,装饰效果好,耐水,耐酸、碱,耐老化,耐擦洗,对基层附着力强	适用于水泥砂浆墙面、水泥石棉板、砖墙石膏板等多种基层饰面
坚固丽外墙涂料	装饰性能优良,耐水性、耐碱性、耐候性均好,耐沾污性强,施工性能优异,耐洗刷性可达 1 万次以上,可在稍潮湿的基层上施工	适用于高层、多层住宅、工业厂房及其他各类建筑物外墙面装饰

表 10-3　常用地面涂料

名称	主要特征	适用范围
过氯乙烯地面涂料	干燥快,与水泥地面结合好,耐水,耐磨,耐化学腐蚀,重涂性好,施工方便。室内施工时注意通风、防火、防毒。要求基层含水不大于 8%	适用于室内地面
聚氨酯弹性地面涂料	涂层有弹性,步感舒适,与地面粘接力强,耐磨,耐油,耐水,耐酸,耐碱,色彩丰富,重涂性好。施工较复杂,施工中注意通风、防毒,价格较贵	适用于高级住宅室内地面、化工车间地面
环氧树脂厚质地面涂料	涂层坚硬、耐磨,有韧性,有良好的耐化学腐蚀性,耐油,耐水,粘接力强,耐久性好,可涂刷成各种图案。施工较复杂,施工中应注意通风,防火。要求地面含水率不大于 8%	适用于室内地面
聚合物—水泥地面涂料	由水溶性树脂或聚合物乳液与水泥组成的有机—无机复合涂料。涂层坚硬,耐磨,耐腐蚀,耐水	适用于室内地面

4. 建筑玻璃

玻璃是用石英砂、纯碱、长石和石灰石等原料于1 550～1 600 ℃高温下烧至熔融，成型后急冷而制成的固体材料。

其成型方法有引上法和浮法。引上法成型是通过引上设备使熔融的玻璃液被垂直向上提拉，经急冷后切割而成。它的优点是工艺比较简单，缺点是玻璃厚度不易控制，并易产生玻筋、玻纹等，使透过的影像产生歪曲变形。浮法成型是将熔融的玻璃液流入盛有熔锡的锡槽炉，使其在干净的锡液表面自由摊平，逐渐降温、退火而成。该法生产的玻璃表面十分平整、光洁，且无玻筋、玻纹，光学性能优良。现在国内外普遍流行浮法生产玻璃。

(1)普通玻璃的技术性质

①透明性好。普通清洁玻璃的透光率达 82%以上。

②热稳定性差。玻璃受急冷、急热时易破裂。

③脆性大。玻璃为典型的脆性材料，在冲击力作用下易破碎。

④化学稳定性好。其抗盐和酸侵蚀的能力强。

⑤密度较大。为2 450～2 550 kg/m^3。

⑥导热系数较大。为 0.75 W/(m·K)。

(2)建筑玻璃制品

①普通平板玻璃

普通平板玻璃是指由浮法或引上法熔制的，经热处理消除或减小其内部应力至允许值的平板玻璃。平板玻璃是建筑玻璃中用量最大的一种，厚度为 2～12 mm，其中以 3 mm 厚的使用量最大。无论是浮法生产的平板玻璃，还是引上法生产的平板玻璃，其质量均应符合《平板玻璃》(GB 11614-2009)的规定。

平板玻璃的产量以标准箱计。以厚度为 2 mm 的平板玻璃，每 10 m^2 为一标准箱。对于其他厚度规格的平板玻璃，均需要进行标准箱换算。

普通平板玻璃大部分直接用于房屋建筑和维修，作为窗玻璃，一部分加工成钢化、夹层、镀膜、中空等玻璃，少量用作工艺玻璃。

②安全玻璃

安全玻璃是指具有良好安全性能的玻璃。主要特性是力学强度较高，抗冲击能力较好。被击碎时，碎块不会飞溅伤人，并兼有防火的功能。我国《建筑玻璃应用技术规程》(JGJ 113-2009)规定，钢化玻璃和夹层玻璃为安全玻璃。另外，夹丝玻璃也具有一定的安全性。

A. 钢化玻璃。钢化玻璃是平板玻璃经物理强化方法或化学强化方法处理后所得的玻璃制品，具有比普通玻璃好得多的机械强度和耐热、抗震性能，也称强化玻璃。

物理强化方法也称淬火法，是将玻璃加热到接近玻璃软化温度(600～650 ℃)后迅速冷却的方法；化学法也称离子交换法，是将待处理的玻璃浸入钾盐溶液中，使玻璃表面的钠离子扩散到溶液中，而溶液中的钾离子则填充进玻璃表面钠离子的位置。上述两种强化处理方法都可以使玻璃表面产生一个预压的应力，这个表面预压应力使玻璃的机械强度和抗冲击性能大大提高。一旦受损，整块玻璃呈现网状裂纹，破碎后，碎片小且无尖锐棱角，不易伤人。钢化玻璃在建筑上主要用作高层建筑的门窗、隔墙与幕墙。钢化玻璃的质量应符合《建筑用安全玻璃　第 2 部分：钢化玻璃》(GB 15763.2-2005)的规定。

B. 夹层玻璃。夹层玻璃是两片或多片平板玻璃之间嵌夹透明塑料薄片，经加热、加压、黏合而成的复合玻璃制品。

夹层玻璃的原片可以采用普通平板玻璃、钢化玻璃、吸热玻璃或热反射玻璃等，常用的塑料胶片为聚乙烯酸缩丁醛。

夹层玻璃抗冲击性和抗穿透性好，玻璃破碎时，不裂成分离的碎片，只有辐射状的裂纹和少量玻璃碎屑，碎片仍粘贴在膜片上，不致伤人。

夹层玻璃在建筑上主要用于有特殊安全要求的门窗、隔墙、工业厂房的天窗和某些水下工程。夹层玻璃的质量应符合《建筑用安全玻璃　第3部分：夹层玻璃》(GB 15763.3-2009)的要求。

C. 夹丝玻璃。夹丝玻璃是将预先编织好的钢丝网压入已软化的红热玻璃中而制成的。其抗折强度高，防火性能好，破碎时即使有许多裂缝，碎片仍能附着在钢丝上，不致四处飞溅而伤人。

夹丝玻璃主要用于厂房天窗、各种采光屋顶和防火门窗等。夹丝玻璃的质量应符合《夹丝玻璃》[JC 433-1991(1996)]的规定。

③保温绝热玻璃

保温绝热玻璃既具有特殊的保温绝热功能，又具有良好的装饰效果，包括吸热玻璃、热反射玻璃、中空玻璃等。除用于一般门窗外，常作为幕墙玻璃。普通平板玻璃对太阳光中红外线的透过率高，易引起温室效应，使室内空调能耗增大，一般不宜用于幕墙玻璃。

A. 吸热玻璃。吸热玻璃是既能吸收大量红外线辐射能，又能保持良好的透光率的平板玻璃。吸热玻璃是在玻璃中引入有着色作用的氧化物，或在玻璃表面喷涂着色氧化物薄膜而成。吸热玻璃可呈灰色、茶色、蓝色、绿色等颜色。

吸热玻璃广泛应用于建筑工程的门窗或幕墙。它还可以作为原片加工成钢化玻璃、夹层玻璃或中空玻璃。吸热玻璃的质量应符合《平板玻璃》(GB 11614-2009)的规定。

B. 热反射玻璃。热反射玻璃是既具有较高的热反射能力，又能保持良好透光性的玻璃，又称镀膜玻璃或镜面玻璃。热反射玻璃是在玻璃表面用热、蒸发、化学等方法喷涂金、银、铜、镍、铬、铁等金属或金属氧化物薄膜而成的。

热反射玻璃反射率高(达30%以上)，装饰性强，具有单向透视作用，越来越多地用作高层建筑的幕墙。应当注意的是，热反射玻璃使用不适当时，会给环境带来光污染。

C. 中空玻璃。中空玻璃由两片或多片平板玻璃构成，用边框隔开，四周边缘部分用密封胶密封，玻璃层间充有干燥气体。构成中空玻璃的原片玻璃除普通退火玻璃外，也可以用钢化玻璃、吸热玻璃、热反射玻璃等。

中空玻璃的特性是保温，绝热，节能性好，隔声性能优良，并能有效地防止结露，非常适合在住宅建筑中使用。

中空玻璃的质量应符合《中空玻璃》(GB 11944-2002)的规定。

④压花玻璃

压花玻璃是将熔融的玻璃液在快冷时通过带图案花纹的辊轴滚压而成的制品，又称花纹玻璃或滚花玻璃。

压花玻璃具有透光不透视的特点，这是由于其表面凹凸不平，当光线通过时即产生漫反射，使物像模糊不清。另外，压花玻璃因其表面有各种图案花纹，所以具有一定的艺术装饰效果。压花玻璃多用于办公室、会议室、浴室、卫生间以及公共场所分离的门窗和隔断处。

使用时应注意的是，如果花纹面安装在外侧，不仅很容易积灰弄脏，而且沾上水后，就能透视。因此，安装时应将花纹安装在内侧。

压花玻璃的质量应符合《压花玻璃》(JC/T 511-2002)的要求。

⑤磨砂玻璃

磨砂玻璃又称毛玻璃，是将平板玻璃的表面经机械喷砂、手工研磨或氢氟酸溶蚀等方法处理成均匀毛面。其特点是透光不透视，且光线不刺眼，用于需透光而不透视的卫生间、浴室等处。安装磨砂玻璃时，应注意将毛面面向室内。

⑥玻璃空心砖

玻璃空心砖一般是由两块压铸成的凹形玻璃，经熔接或胶接成整块的空心砖。砖面可为平光，也可在内、外压铸各种花纹。砖内腔可为空气，也可填充玻璃棉等。砖形有方形、圆形等。玻璃砖具有一系列优良的性质：绝热，隔声，光线柔和。砌筑方法基本与普通砖相同。

⑦玻璃马赛克

玻璃马赛克也叫玻璃锦砖，它与陶瓷锦砖在外形和使用方法上有相似之处，但它是半透明的玻璃质材料，呈乳浊或半乳浊状，内含少量气泡和未熔颗粒。

玻璃马赛克具有色调柔和、朴实、典雅、美观大方、化学性能稳定、冷热稳定性好等优点。此外，还具有不变色、不积灰、历久常新、质量轻、与水泥黏结性能好等特点。常用于外墙装饰。

玻璃马赛克的质量应符合《玻璃马赛克》(GB/T 7697-1996)的要求。

5. 建筑塑料装饰制品

建筑塑料装饰制品包括塑料壁纸、塑料地板、塑料装饰板及塑料地毯等。塑料装饰制品具有质轻、耐腐蚀、隔声、色彩丰富、外形美观等特点。

(1)塑料壁纸

塑料壁纸是以一定材料为基材，表面进行涂塑后，再经过印花、压花或发泡处理等多种工艺而制成的一种墙面装饰材料。

塑料壁纸的装饰效果好，由于塑料表面加工技术的发展，通过印花、压花等工艺，模仿大理石、木材、砖墙、织物等天然材料，花纹图案非常逼真。此外，塑料壁纸防污染性较好，脏了可以清洗，对水和洗涤剂有较强的抵抗力。广泛用于室内墙面、顶棚和柱面的裱糊装饰。

(2)塑料地板

塑料地板是指用于地面装饰的各种块板和铺地卷材。塑料地板的装饰性好，色彩及图案不受限制，耐磨性好，使用寿命长，便于清扫，脚感舒适，且有多种功能，如隔声、隔热和隔潮等，能满足各种用途的需要，还可以仿制天然材料，十分逼真。地板施工铺设方便，可以粘贴在如水泥混凝土或木材等基层上，构成饰面层。

地板品种较多，有聚氯乙烯塑料地板、氯乙烯—乙酸乙烯塑料地板、聚乙烯塑料地板、聚丙烯塑料地板等。其中聚氯乙烯塑料地板产量最大。塑料地板按材质不同，有硬质、半硬质和弹性地板；按外形有块状地板和卷材地板。

(3)塑料地毯

地毯作为地面装饰材料，给人以温暖、舒适及华丽的感觉。具有绝热、保温作用，可降低空调费用；具有吸声性能，可使住所更加宁静；还具有缓冲作用，可防止滑倒，使步履平安。塑料地毯是从传统羊毛地毯发展而来的。由于羊毛地毯资源有限，价格高，而且易被虫蛀，易霉变，故其应用受到限制。塑料地毯以其原料来源丰富，成本较低，各项使用性能与羊毛地毯相近而成为普遍采用的地面装饰材料。地毯按其加工方法的不同，可分为簇绒地毯、针扎地毯、印染地毯和人造革皮四种。其中簇绒地毯是目前使用最为普遍的一种塑料地毯。

(4)塑料装饰板

塑料装饰板主要用作护墙板和屋面板。其质量轻，能降低建筑物的自重。如塑料贴面装饰板，是以印有各种色彩、图案的纸为胎，浸渍三聚氰胺树脂和酚醛树脂，再经热压制成的可覆盖于各种基材上的一种装饰贴面材料，有镜面型和柔光型两种。产品具有图案和色调丰富多彩，耐湿，耐磨，耐烫，耐燃烧，耐一般酸、碱、油脂及乙醇等溶剂的侵蚀，表面平整，极易清洗，适用于装饰室内和家具。此外，还有聚氯乙烯塑料装饰板、硬质聚氯乙烯透明板、覆塑装饰板、玻璃钢装饰板、钙塑泡沫装饰吸声板等。

10.2 保温隔热材料

保温隔热材料(又称绝热材料)是指对热流具有显著阻抗性的材料或材料复合体，在建筑中可以起到保温隔热的双重作用。在建筑中，习惯上把用于控制室内热量外流的材料叫作保温材料；把防止室外热量进入室内的材料叫作隔热材料，又称热绝缘材料。

绝热材料一方面满足了建筑空间或热工设备的热环境，另一方面也节约了能源。因此，有些国家将绝热材料看作是继煤炭、石油、天然气、核能之后的“第五大能源”。在建筑工程中，合理选用绝热材料，能提高建筑物的使用效能。例如，房屋的围护结构及屋面采用绝热材料，就能使室内冬暖夏凉，减少热损失，节约能源消耗，这对节能具有十分重要的意义。

10.2.1 保温隔热材料的性能要求

不同材料的绝热性能差别很大。用材料的导热性来衡量建筑材料绝热性能的优劣。材料的导热性是指材料本身用来传导热量的一种能力，用导热系数表示。导热系数是指在稳定传热条件下，1 m厚的材料，两侧表面的温差为1 K时，在1秒内通过1 m^2面积传递的热量，用λ表示，单位为W/(m·K)。

材料的导热系数λ值越小，表示材料本身传导的热量越少，导热性能就越差，相应地，该材料的绝热性能就越好。绝热性能与λ值成反比。

导热系数与材料的组成结构、密度、含水率、温度等因素有关。非晶体结构、密度较低的材料，导热系数较小。材料的含水率、温度较低时，导热系数较小。

1. 材料类型

绝热材料类型不同，导热系数不同。绝热材料的物质构成不同，其物理热性能也就不同，导热性能或导热系数也就各有差异。对于材料的导热系数，金属最大，非金属次之，有机材料最小；液体较小，气体最小。

即使对于同一物质构成的绝热材料，内部结构不同，或生产的控制工艺不同，导热系数的差别有时也很大。对于孔隙率较低的固体绝热材料，结晶结构的导热系数最大，微晶体结构的次之，玻璃体结构的最小。但对于孔隙率高的绝热材料，由于气体(空气)对导热系数的影响起主要作用，固体部分无论是晶态结构还是玻璃态结构，对导热系数的影响都不大。所以，在实际操作中，为了降低材料的导热系数，就可以通过改变材料的微观结构来实现。

2. 孔隙特征

在孔隙率相同的条件下，孔隙尺寸越大，导热系数越大；互相连通型的孔隙比封闭型孔隙的导热系数高，封闭孔隙率越高，则导热系数越低。

3. 体积密度大小

体积密度是材料气孔率的直接反映。由于气相的导热系数通常均小于固相导热系数，所以保温隔热材料往往都具有很高的气孔率，也即具有较小的表观密度。一般情况下，增大气孔率或减少表观密度都将导致导热系数的下降。

但对于表观密度很小的材料，特别是纤维状材料，当其表观密度低于某一极限值时，导热系数反而会增大，这是由于孔隙率增大时互相连通的孔隙大大增多，从而使对流作用得以加强。因此这类材料存在一个最佳表观密度，即在这个表观密度时导热系数最小。

4. 松散材料粒度

常温时，松散颗粒型材料的导热系数随着材料粒度的减小而降低。粒度大时，颗粒之间的空隙尺寸增大，其间空气的导热系数必然增大。此外，粒度越小，其导热系数受温度变化的影响越小。

5. 填充气体

隔热材料中，大部分热量是通过孔隙中的气体传导的。因此，隔热材料的热导率在很大程度上取决于填充气体的种类。

6. 比热容

绝热材料的比热容对于计算绝热结构在冷却与加热时所需要冷量（或热量）有关。在低温下，所有固体的比热容变化都很大。

在常温常压下，空气的质量不超过绝热材料的 5%，但随着温度的下降，气体所占的密度越来越大。因此，在计算常压下工作的绝热材料时，应当考虑这一因素。

7. 线膨胀系数

计算绝热结构在降温（或升温）过程中的牢固性及稳定性时，需要知道绝热材料的线膨胀系数。绝热材料的线膨胀系数越小，则绝热结构在使用过程中受热胀冷缩影响而损坏的可能性就越小。大多数绝热材料的线膨胀系数值随温度下降而显著下降。

8. 工作温度

温度对各类绝热材料导热系数均有直接影响，温度提高，材料导热系数上升。因为温度升高时，材料固体分子的热运动增强，同时材料孔隙中空气的导热和孔壁间的辐射作用也有所增加。但这种影响在温度为 0～50 ℃范围内并不显著，只有对处于高温或负温下的材料，才要考虑温度的影响。

9. 含湿比例

绝大多数的保温绝热材料都具有多孔结构，容易吸湿。材料吸湿受潮后，其导热系数增大。当含湿率大于 5%～10%时，导热系数的增大在多孔材料中表现得最为明显。

这是由于当材料的孔隙中有了水分(包括水蒸气)后,孔隙中蒸汽的扩散和水分子的运动将起主要传热作用,而水的导热系数比空气的导热系数大20倍左右,故引起其有效导热系数明显升高。如果孔隙中的水结成了冰,冰的导热系数更大,其结果使材料的导热系数更加增大。所以,非憎水型隔热材料在应用时必须注意防水避潮。

10. 热流方向

导热系数与热流方向的关系,仅仅存在于各向异性的材料中,即在各个方向上构造不同的材料中。

纤维质材料从排列状态看,分为纤维方向与热流向垂直和纤维方向与热流向平行两种情况。传热方向和纤维方向垂直时的绝热性能比传热方向和纤维方向平行时要好一些。一般情况下纤维保温材料的纤维排列是后者或接近后者,同样密度条件下,其导热系数要比其他形态的多孔质保温材料的导热系数小得多。

对于各向异性的材料(如木材等),当热流平行于纤维方向时,受到阻力较小;而垂直于纤维方向时,受到的阻力较大。以松木为例,当热流垂直于木纹时,导热系数为0.17 W/(m·K);平行于木纹时,导热系数为0.35 W/(m·K)。

气孔质材料分为气泡类固体材料和粒子相互轻微接触类固体材料两种,具有大量或无数多开口气孔的隔热材料,由于气孔连通方向更接近于与传热方向平行,因而比具有大量封闭气孔材料的绝热性能要差一些。

10.2.2 保温隔热材料的类型

绝热材料的品种很多。(1)按化学成分可以分为有机绝热材料和无机绝热材料两类。有机绝热材料的保温隔热性能优良,但吸湿性较大,耐久性较差,不耐高温。常用品种有木丝板、纤维板、软木制品和泡沫塑料等。无机绝热材料的保温隔热性能一般不如前者,但耐久性好,不燃烧,耐热性能较好。常用品种有石棉、岩棉、矿渣棉、玻璃棉、膨胀蛭石、膨胀珍珠岩、加气混凝土和微孔硅酸钙等。(2)按组织结构可以分为纤维状结构材料(如矿物棉、有机纤维制品等)、微孔状结构材料(如硅藻土、轻集料等)、气泡状结构材料(如加气混凝土、泡沫塑料等)和层状结构材料(如铝箔、热反射玻璃等)。建筑工程中常用的绝热材料有硅酸盐绝热材料、矿物棉绝热材料、有机绝热材料和复合绝热材料四类。其分类见表10-4。

表10-4 主要绝热材料分类

分类			品种
纤维状	无机质	天然	石棉纤维
		人造	矿物纤维(矿渣棉、岩棉、玻璃棉、硅酸铝棉等)
	有机质	天然	棉麻纤维、稻草纤维、草纤维等
		人造	软质纤维板类(木纤维板、草纤维板、稻壳板、蔗渣板等)
微孔状	无机质	天然	硅藻土
		人造	硅酸钙、碳酸镁等
	有机质	天然	炭化木材

续表

分类			品种
气泡状	无机质	人造	膨胀珍珠岩、膨胀蛭石、加气混凝土、泡沫玻璃、泡沫硅玻璃、火山灰微珠、泡沫枯土等
	有机质	天然	软木
		人造	泡沫聚苯乙烯塑料、泡沫聚氨酯塑料、泡沫酚醛树脂、泡沫脲醛树脂、泡沫橡胶、钙塑绝热板等
层状	金属		铝箔、锡箔等

1. 无机绝热材料

(1)纤维状绝热材料

纤维类绝热材料既有自然矿产，如石棉，又有人工制造的各类纤维，如岩矿、矿棉（又称矿渣棉）、玻璃棉等。

①岩棉、矿渣棉及其制品

矿渣棉又称矿棉，是以工业矿渣，如高炉矿渣、林矿渣、粉煤灰等为主要原料，经过重熔、纤维化而制成的一种无机质纤维。岩棉又称岩石棉，是以天然岩石，如玄武岩、辉绿岩、安山岩等为基本原料，经熔化、纤维化而制成的一种无机质纤维。两者经常并称为岩矿棉或矿岩棉。

矿渣棉纤维较短、较脆。岩棉的最高使用温度高于矿渣棉，纤维长，化学耐久性和耐水性能也较矿渣棉好。

②玻璃棉制品

玻璃棉是采用天然矿石，如石英砂、白云石、蜡石等，配以其他化工原料，如纯碱、硼酸等熔制成玻璃，在熔融状态下借助外力拉制、吹制或甩成极细的纤维状材料。玻璃棉制品在高温或低温条件下均具有良好的隔热性能，不燃烧，不产生有害气体，被各国认定为“法定不燃材料”；具有均匀的弹性回复力；具有从中、低频直至高频的吸声性能，降噪效果优良；在潮湿条件下吸湿率小；线膨胀系数小，老化速率低，经过长期使用后能维持当初的性能；具有良好的加工性能。

(2)微孔状绝热材料

①硅藻土

硅藻土是由水生硅藻类生物的残骸堆积而成的，具有良好的绝热性能，多用作填充料。

②硅酸钙绝热制品

硅酸钙保温材料是一种以水化硅酸钙为主要成分并掺以增强纤维的保温材料。这种保温材料具有表观密度小、导热系数低、耐高温和强度大等特点。目前生产的硅酸钙保温制品有两大类，一类是以托贝莫来石($5CaO \cdot 6SiO_2 \cdot 5H_2O$)为主要成分的硅酸钙保温制品，最高使用温度为650 ℃；另一类是以硬硅钙石($6CaO \cdot 6SiO_2 \cdot H_2O$)为主要成分的耐高温硅酸钙保温制品，最高使用温度为1 000 ℃。

(3)气泡状绝热材料

①膨胀珍珠岩及其制品

膨胀珍珠岩是由天然珍珠岩烧制而成的。珍珠岩是由一种地下喷出的熔岩冲到地表后急剧冷却而形成的呈酸性的火山玻璃质岩石，其煅烧膨胀后呈现出一种白色或灰白色的蜂窝状松散状态，即为膨胀珍珠岩。它的堆积密度为 40～300 kg/m³，导热系数为 0.047～0.070 W/(m·K)，耐热温度为 800 ℃，具有轻质、绝热、无毒、不易燃、耐腐和施工方便等特点，是一种高效的保温填充材料。广泛应用于建筑上的保温隔热处理，也可用作吸声材料。

膨胀珍珠岩制品是以膨胀珍珠岩为主料，加入适量的胶凝材料(水泥、水玻璃、沥青等)，经拌和、成型、养护后制成的板、砖、管等产品。目前常见的产品有水泥膨胀珍珠岩制品、水玻璃膨胀珍珠岩制品和沥青膨胀珍珠岩制品等。

②膨胀蛭石及其制品

蛭石是一种主要含复杂的镁、铁和水铝硅酸盐的天然矿物，由云母类矿物风化而成，具有层状结构，因其在膨胀时像水蛭蠕动而得名蛭石。是一种有代表性的多孔轻质类无机绝热材料，具有隔热、耐冻、抗菌、防火、吸声和吸水性好等特性。在 850～1 000 ℃高温下煅烧时，蛭石的体积会急剧膨胀 8～15 倍，其中单个颗粒的体积膨胀高达 30 倍，膨胀后的密度为 50～200 kg/m³，颜色变为金黄或银白色。蛭石的堆积密度为 80～200 kg/m³，导热系数为 0.046～0.07 W/(m·K)。其特性为：在1 000～1 100 ℃下使用，防火，防虫蛀，防腐蚀，化学稳定性强，无毒无味，吸水性强，是一种良好的保温材料。多用于建筑中墙壁、楼板、屋面的夹层中，作为松散填充料，起到绝热、隔音的作用。

③加气混凝土

加气混凝土的组成材料主要有水泥、石灰、粉煤灰、发气剂(铝粉)，是一种保温隔热性能良好的轻质材料。其表观密度小，导热系数小，24 cm 厚的加气混凝土墙体的隔热效果好于 37 cm 厚的砖墙。加气混凝土还具有良好的耐火性能。

④泡沫玻璃

泡沫玻璃是在碎玻璃中加入 1%～2%的发泡剂(石灰石或碳化钙)、改性添加剂和发泡促进剂等，经过一系列加工工序制成的无机非金属玻璃材料，它是由大量直径为 0.1～5 mm 的封闭气泡结构组成的。其表观密度为 150～600 kg/m³，导热系数为 0.058～0.128 W/(m·K)，抗压强度为 0.8～15 MPa，最高使用温度为 300～400 ℃(无碱玻璃粉生产时，最高温度为 800～1 000 ℃)。

它的特性主要有：导热系数小，抗压强度高，防水，防火，防蛀，防老化，绝缘，防磁波，防静电，无毒，耐腐蚀，抗冻性好，耐久性好，易于进行机械加工，与各类泥浆粘接性好，性能稳定，并且对水分、水蒸气和其他气体具有不渗透性，是较为高级的保温材料，还可以根据不同使用要求，通过变更生产技术参数来调整产品性能，以此来满足多种绝热需求。

泡沫玻璃作为绝热材料主要用于寒冷地区低层的建筑物墙体、地板、天花板及屋顶保温，也可用于各种需要隔声隔热的设备上，河渠、护栏等的防蛀防漏工程上，甚至还可以起到家庭清洁和保健功效，比传统的隔热材料性质优良。

(4)层状绝热材料

金属绝热材料是利用对辐射的反射而使外来热(辐射热)传回空间或返回热力设备和管道，从而取得绝热效果的材料。金属绝热材料主要是铝箔和不锈钢箔两种，近年各国均以研究铝箔为主。金属绝热材料主要有以下特殊性能：①绝热结构清洁不易产生尘埃；②安装和拆卸方便；③有足够的机械强度；④有良好的去污性；⑤对设备和管道不产生腐蚀；⑥具有绝热屏蔽双重功能。

2. 有机高分子绝热材料

有机高分子绝热材料是以各种树脂等高分子材料为基料，气体为填料，加入助剂，经加热发泡而成的一种轻质、吸声、防震、隔热材料。各类泡沫塑料在其中占有很大比例，在很多场合下成为有机高分子绝热材料的同义语。这类材料的特点是质轻、多孔、导热系数小，但吸湿性大，不耐久，不耐高温。

(1)泡沫塑料

以合成树脂为基料，加入适当发泡剂、催化剂和稳定剂等辅助材料，经加热发泡而制成的轻质绝热材料。它以所用的合成树脂命名，常用的有聚苯乙烯泡沫塑料和聚氨酯泡沫塑料两种。

①聚苯乙烯泡沫塑料

有普通型可发性聚苯乙烯泡沫塑料、自熄型可发性聚苯乙烯泡沫塑料和乳液聚苯乙烯泡沫塑料三个品种。聚苯乙烯泡沫塑料材质轻，具有优良的绝热性质[导热系数为0.043 W/(m·K)]，力学强度和韧性较好(抗压强度为0.176 MPa)，吸水率为0.4%，使用温度为−35～80 ℃，抗化学腐蚀，防水，易分割，易成型，是较理想的隔热、保温、防震材料。

②聚氨酯泡沫塑料

它是以聚醚或聚酯树脂为基料，与甲苯二异氰酸酯、水、催化剂、泡沫稳定剂等按一定比例混合、搅拌、发泡所制成的开孔型泡沫塑料。它具有质轻，透气，吸尘，吸油，吸水性好，耐肥皂水、氢氧化钠(50%浓度)、碳酸钠(10%浓度)、氨水及多种有机溶剂侵蚀，使用温度范围宽(100～160 ℃)等优点。

(2)钙塑泡沫板

以聚乙烯树脂和无机填料经混炼、模压、发泡而成，分为一般板和难燃板两种。表面可做成多种凹凸图案或穿孔图案。其具有质轻、隔热、吸声、耐水、耐寒性能好、施工方便等特点，适用于各种建筑物的天棚、墙面及室内装修。

(3)木丝板

木材下脚料经刨制成均匀木丝，用硅酸钠溶液处理，与普通硅酸盐水泥混合，经铺模、冷压成型、干燥和养护而成。表观密度约为500 kg/m^3，导热系数为0.083 W/(m·K)，抗弯强度为0.8 MPa，是一种廉价的保温、隔热、吸声材料。

(4)纤维板

采用木材或禾科植物秸秆为原料，经削片、纤维分离、板坯成型，在热压作用下，使纤维、半纤维素和木质素塑化而制成的板材。根据产品用途，制造时可掺入黏合剂和浸渍剂，按湿法、半干法和干法等工艺制成软质纤维板，作为一般民用建筑的保温材料。

(5)软木制品

用栓皮树的外皮，经切皮粉碎、筛选、压缩成型、焙烘加工而成。它具有质轻、弹性好、耐腐蚀、耐水、不燃等特点，是一种优良的保温、隔热、吸声、防震材料，可制成软木砖、软木板、胶合软木板、软木管、软木纸等产品。软木板的表观密度为150～200 kg/m^3，导热系数为0.04～0.075 W/(m·K)。

3. 新型绝热材料

(1)纳米孔硅质材料

目前发展最快的新型绝热材料主要是超效绝热材料。一般认为超效绝热材料是指，在预定的使用条件下，其导热系数低于“无对流空气”导热系数的绝热材料。超效绝热材料有两种：一种是真空绝热材料，另一种就是纳米孔绝热材料。20 世纪 40 年代，Samuel Kistler 将纳米孔结构模型首先在硅气凝胶上变成现实，他通过保留 SiO_2 颗粒在其凝胶状态下的排列结构，成功制造了纳米孔型的硅气凝胶。随着技术的不断发展，纳米孔硅质绝热产品正在向系列化发展，已满足各种实际应用需求，如气凝胶节能窗、气凝胶新型板材、屋面太阳能集热器等。

(2)真空绝热材料

真空多孔绝热材料即在真空空间内填充多孔绝热材料，缩短空间间壁的距离，无需很高的真空度就可以使空气的热传导几乎为零，又因气体被分隔或封闭在无数微小空间内，因此对流传热量比例也很小。另外，真空绝热芯材可以起到对红外热辐射进行吸收、散射的作用。真空绝热板和真空绝热容器就是典型的真空绝热材料。

(3)低辐射绝热材料

低辐射绝热材料能够尽量减少对热辐射的吸收率和投射率，而提高反射率，使绝大部分辐射热被反射回去而封闭在保温结构内，等同于有效地提高了保温结构的总热阻。由于材料的热反射和热辐射性能仅与材料表面性能有关，故低辐射绝热材料的厚度可以比一般绝热材料小很多，也可以在现有保温结构外表面再包覆一层低辐射绝热材料，提高保温效率，比如保温涂层等。另外，低辐射绝热材料还可以应用于建筑节能。经检测，其对太阳热辐射的反射率可达 0.80，可广泛地用于建筑屋顶或外墙。另外，低辐射绝热材料在温室大棚、冷库、遮阳棚等场合也将有较好的应用前景。

(4)相变储能材料

相变材料是一种能够从一种状态到另一种状态转变的物质。在转变的过程中物质的分子迅速由有序转变成无序，同时伴随发生吸热或放热现象。它能够吸收环境的热(冷)量，并在需要的时候放出热(冷)量，从而达到控制周围环境温度和保温的目的。总的来说，相变绝热材料可以分为无机和有机两大类。无机类相变材料除热密度大，熔解热大，但存在过冷和相分离现象。有机类相变材料具有良好的热行为，物理化学性质稳定，但导热系数较低。相变储能材料已被广泛应用于空调储冷、建筑保温领域。

10.2.3 保温隔热材料的应用

绝热材料的抗压强度一般不应小于 0.3 MPa，并需具备良好的防火、耐腐蚀及耐久性能，以满足使用要求。为了克服一般绝热材料强度偏低的缺点，经常把保温隔热层与承重结构层配合使用，作为建筑物的外墙和屋面。在轻型结构建筑上应用多种形式的复合保温板材(如 EPS 隔热加芯板、纤维增强聚苯乙烯复合板和钢丝网架复合板等)，具有良好的绝热性能和技术经济效益。在选择绝热材料时，应考虑以下几点：

(1)耐温范围；

(2)材料的物理形态和特性；

(3)材料的化学特性；

(4)材料的保温隔热性能；

(5)材料的环保等级；

(6)材料的成本。

总之，选择保温隔热材料就是根据使用环境选择出形态、物理特性、化学特性、保温隔热性能符合使用环境，环保等级满足设计需求的保温隔热材料，经过核算成本，最终确定所要使用的保温隔热材料。

10.2.4　保温隔热材料的发展趋势

1. 现有绝热材料产品性能的提高

现有很多绝热材料的应用领域，不但要求具有隔热、绝热作用，还要求材料具有一定的强度、憎水、防火等其他综合特殊性能。如船舶用硅酸钙隔仓板，要求轻质、高温、防火，担负起多种功能。针对各种绝热材料生产和使用过程中的问题加以改进和提高，如聚氨酯泡沫塑料向无氟利昂发光及提高阻燃性方向发展，硅酸钙绝热材料向超轻型全憎水方向发展，因此全憎水性是绝热材料的重要发展方向。应提高现有绝热材料的技术和性能，使绝热材料向更轻型或者超轻型发展。

2. 研制多功能复合型绝热材料

目前使用的绝热材料在应用上都存在着不同的缺陷。如硅酸钙在含湿气状态下，易存在腐蚀性的氧化钙，并长时间内保有水分，不易在低温环境下使用；玻璃纤维易吸收水分，不适于低温环境，也不适于 540 ℃以上的高温；矿物棉同样存在吸水问题，不易用于低温环境，只能用于不存在水分的高温环境下，而且易燃，收缩，产生毒气；泡沫玻璃对热冲击敏感，不能用于温度急剧变化的状态下。因此，为了克服绝热材料的不足，各国纷纷研制轻质多功能复合型绝热材料，将两种绝热材料按各自的功能优点取长补短，形成一种技术性能更全面、更优越，可降低工程造价的复合型绝热材料。

3. 发展环保友好型绿色绝热材料

减少绝热材料产品生产过程中的能耗与污染物排放量，考虑产品的可回收再利用；尽量减少对天然矿物的需求，采用废弃物为生产原料。从原材料的准备、产品生产及使用，以及日后的处理问题，都要求最大限度地节约能源和减少对环境的危害。如有机质发泡绝热材料不再用氟利昂，开发以日用废塑料制品为主要原料的建筑绝热材料制品等。

4. 利用纳米技术研制超级绝热材料

在绝热材料生产中应用纳米技术有可能对绝热材料行业带来划时代的“革命性”变化。纳米技术在其他领域的应用已为绝热材料发展展现了无限的空间，可以利用纳米技术来研制超级绝热材料。目前超级绝热材料主要有真空绝热材料和纳米孔材料两种。设想使绝热材料的孔隙直径小于气体分子的自由程(一般应小于100 nm)，从而控制气体分子的对流热传导，再添加适当的遮光剂来降低材料的辐射热传导，可使材料的绝热性能以及其他性能达到意想不到的效果。

实训与创新

深入各实训基地，到建筑装饰施工现场收集建筑工程中所采用的各种建筑装饰材料、绝热材料等功能材料，熟悉它们的种类、技术要求以及检测方法和手段，并撰写一篇关于建筑装饰材料、绝热材料在今后建筑工程中发展前景的科技小论文。

复习思考题与习题

10.1 装饰材料在外观上有哪些基本要求？

10.2 选用装饰材料应注意哪些问题？

10.3 常用装饰材料有哪几类？

10.4 在本章所列的装饰材料中，你认为哪些适宜用于外墙装饰？哪些适宜用于内墙装饰？说明原因。

10.5 影响材料导热系数的因素有哪些？

10.6 选用绝热材料时应注意哪些问题？

参考文献

[1]柯国军主编.土木工程材料[M].北京:北京大学出版社,2006.
[2]葛勇主编.土木工程材料[M].北京:中国建材工业出版社,2007.
[3]湖南大学等合编.土木工程材料[M].北京:中国建筑工业出版社,2002.
[4]陈建奎主编.混凝土外加剂原理与应用(第二版)[M].北京:中国计划出版社,2004.
[5]陈宝璠.土木工程材料[M].北京:中国建材工业出版社,2008.
[6]黄晓明,吴少鹏,赵永利编著.沥青与沥青混合料[M].南京:东南大学出版社,2002.
[7]张雄主编.建筑功能材料[M].北京:中国建筑工业出版社,2000.
[8]陈宝璠.土木工程材料检测实训[M].北京:中国建材工业出版社,2009.
[9]郭正兴.土木工程施工[M].南京:东南大学出版社,2007.
[10]杨嗣信.建筑业重点推广新技术应用手册[M].北京:中国建筑工业出版社,2003.
[11]陈宝璠.建筑装饰材料[M].北京:中国建材工业出版社,2009.
[12]刘东辉等.建筑水暖电施工技术与实例[M].北京:化学工业出版社,2009.
[13]陈宝璠.建筑水电工程材料[M].北京:中国建材工业出版社,2010.
[14]杨天佑.建筑装饰工程施工(第3版)[M].北京:中国建筑工业出版社,2003.
[15]何世玲.土力学与基础工程[M].北京:化学工业出版社,2005.
[16]陈宝璠.建筑水电工程材料安装操作实训[M].北京:中国建材工业出版社,2010.
[17]编写组.建筑施工手册(第4版)[M].北京:中国建筑工业出版社,2008.
[18]张原.土木工程施工(上、下册)[M].北京:中国建筑工业出版社,2008.
[19]陈宝璠.土木工程材料实用技术手册[M].北京:中国建筑工业出版社,2011.
[20]陈宝璠.土木工程材料(第二版)[M].北京:中国建筑工业出版社, 2012.

图书在版编目(CIP)数据

建筑工程材料/陈宝璠主编.—厦门:厦门大学出版社,2012.7
ISBN 978-7-5615-4231-6

Ⅰ.①建… Ⅱ.①陈… Ⅲ.①建筑材料-高等职业教育-教材 Ⅳ.①TU5

中国版本图书馆 CIP 数据核字(2012)第 073162 号

厦门大学出版社出版发行
(地址:厦门市软件园二期望海路 39 号 邮编:361008)
http://www.xmupress.com
xmup @ xmupress.com
三明市华光印务有限公司印刷
2012 年 7 月第 1 版 2012 年 7 月第 1 次印刷
开本:787×1092 1/16 印张:20.25
字数:495 千字 印数:1~3 000 册
定价:32.00 元